国家出版基金项目
NATIONAL PUBLICATION FOUNDATION

国家出版基金资助项目
“十一五”国家重点图书规划项目
《生态文明与绿色低碳经济发展论丛》
刘思华　主编

生态文明与绿色低碳经济发展总论

刘思华　著

中国财政经济出版社

图书在版编目（CIP）数据

生态文明与绿色低碳经济发展总论/刘思华著．—北京：中国财政经济出版社，2011.11

（《生态文明与绿色低碳经济发展论丛》/刘思华主编）

国家出版基金资助项目　“十一五”国家重点图书规划项目

ISBN 978－7－5095－2523－4

Ⅰ.①生…　Ⅱ.①刘…　Ⅲ.①生态环境—环境保护—中国—文集②环境经济—经济发展—中国—文集③社会主义建设模式—中国—文集

Ⅳ.①X321.2－53②F124－53③X196－53④D616－53

中国版本图书馆 CIP 数据核字（2010）第 196675 号

责任编辑：卢关平　　责任校对：黄亚青

封面设计：朱江　　版式设计：董生萍

中国财政经济出版社 出版

URL：http：//www.cfeph.cn

E－mail：cfeph @ cfeph.cn

社址：北京市海淀区阜成路甲 28 号　邮政编码：100142

发行处电话：88190406　财经书店电话：64033436

北京富生印刷厂印刷　各地新华书店经销

787×1092 毫米　16 开　28.25 印张　381 000 字

2011 年 12 月第 1 版　2011 年 12 月北京第 1 次印刷

定价：56.00 元

ISBN 978－7－5095－2523－4/F·2147

（图书出现印装问题，本社负责调换）

本社质量投诉电话：010－88190744

国家出版基金资助项目

“十一五”国家重点图书规划项目

《生态文明与绿色低碳经济发展论丛》编委会

总 序

建设生态文明·发展绿色经济·构建和谐社会

——论发展中国特色社会主义“三大法宝”

党的十六大以后，以胡锦涛为总书记的党中央，科学分析我国全面参与经济全球化的新机遇、新挑战，全面认识工业化、信息化、生态化、市场化、国际化深入发展的新形势、新任务，正确把握当今世界和当代中国发展的面临的新课题、新矛盾；不仅认真总结发展中国特色社会主义的实践经验，而且高度重视世界各国发展的实践经验，从而提出科学发展观、构建和谐社会、建设生态文明、发展绿色经济①等一系列崭新发展理念和重大战略思想，集中体现了新世纪新阶段我们党、国家、政府在中国特色社会主义发展与经济发展问题上重大理论与实践的双重创新。因此，用科学发展观统领建设生态文明、发展绿色经济、构建和谐社会，这是以胡锦涛为总书记的中央领导集

① 本书所说的发展绿色经济是广义的，不仅是指广义的绿色产业，而且包括低碳经济、循环经济、清洁能源与可再生能源经济、碳汇经济以及其他节约能源资源与保护环境生态的经济等。

体的伟大创造。从理论层面上说，这三大重要战略思想，是中国特色社会主义发展理论与经济发展理论的基本观点，是胡锦涛为总书记的中央领导集体对中国特色社会主义理论的丰富和发展，所作出的特有的重大理论贡献，开辟了马克思主义发展理论在当代中国创新与发展的新境界，谱写了马克思主义中国化、时代化、大众化的新篇章。从实践层面上看，我们按照科学发展观的客观要求，建设生态文明、发展绿色经济、构建和谐社会的伟大实践，是中国特色社会主义实践的基本形式，应该说是21世纪中国发展的主旋律；甚至可以说，它们是21世纪发展中国特色社会主义的“三大法宝”，必将展现出中华文明发展所追求的中国生态经济社会有机整体绿色、和谐、协调、可持续发展的最高境界。“十一五”国家重点图书规划项目《生态文明与绿色低碳经济发展论丛》（以下简称《论丛》），是新中国成立以来最大的生态经济学哲学社会学出版工程，它力图从新兴交叉学科视角反映中国特色社会主义发展与经济发展的理论和实践双重创新。因此，本论丛的每部著作，都是选择发展中国特色社会主义的某个重大理论与实践问题进行双重探索，都有所创新。这就涉及发展中国特色社会主义的理论与实践问题很多，在此，仅把其中10个重大问题特意推出并加以简论，是为序。

一

科学发展观是建设生态文明、发展绿色经济、构建和谐社会的理论前提和生命线。党的十七大最终确立了社会主义生态文明观，这是把科学社会主义同中国基本国情与具体实践相结合得出来的马克思主义论断。建设生态文明，是中国特色社会主义的应有之义和重要内涵。它必然成为科学发展观的重要内涵与组成部分，是科学发展观的新发展的重要标志，使我们党的发展理论和文明理论由原来局限于

"社会的世界"扩展到"自然的世界"，反映了当今世界和人类文明的最新发展理念。它不仅是对人类经济社会发展的经验，而且是对生态自然发展的经验的深刻总结与高度概括。这是科学发展观具有划时代意义的根本含义。因此，以人为本的科学发展观的完整内涵和精神实质具有两层含义：一是在经济社会领域里，处理人与人的社会关系是以人为本；二是在生态自然领域里，处理人与自然的生态关系是以生态为本。在此，广义的"生态"，既是科学发展、和谐发展的核心要义，也是衡量科学发展、和谐发展的根本标志。因此，我们完全可以说，科学发展观是以人为本和以生态为本的双重价值取向的内在统一，是经济社会发展观和生态自然发展观的有机统一观。这就是科学发展观的核心内涵与基本要求的内在统一。因为，在21世纪建设生态文明、发展绿色经济、构建和谐社会的世纪，无论是全面发展，还是协调发展，尤其是可持续发展，都是与自然生态环境良性循环不可须臾分离的绿色发展，离开了人与自然和谐统一的生态发展即绿色发展就没有全面、协调、可持续发展可言。当然，也就没有科学发展可言。由此，我们必然得出一个合乎逻辑的结论：科学发展是以绿色发展、和谐发展为核心的全面、协调、可持续发展。这充分体现了科学发展观的绿色发展属性和特征。

科学发展观作为发展着的科学理论，它的理论内涵，不仅涵盖了建设生态文明的思想观念，而且涵盖了发展绿色经济的思想观念。如果说，生态文明与和谐发展是科学发展观和中国特色社会主义的应有之义与重要内涵，那么完全可以说绿色经济与绿色发展也是科学发展观和中国特色社会主义的应有之义与重要内涵。尤其是人与自然和谐协调发展，是生态文明的核心理念，也是生态自然发展观的核心理念；绿色经济的实质是经济生态和谐协调发展；和谐社会的本质是社会生态和谐协调发展。正是从"生态—经济—社会"有机整体的生态和谐协调发展意义上说，生态和谐协调已经成为当今中国和谐协调发展的根本基础。它是科学发展观在生态经济社会有机整体发展现实中的具体体现，也是社会主义和谐社会的一个最基本特征。正是在这个意义上说，在哲学层面上，科学发展观是中国特色社会主义生态文明观；在经济学层面上，是生态自然发展观和经济社会发展观有机统一的绿色经济发展观；在社会学层面上，则是中国特色社会主义和谐社会发展观。

二

发展是我们党执政兴国的第一要务。那么，发展的终极目的与价值尺度又是什么呢？尤其“三大法宝”实践选择的终极目的与价值尺度是什么呢？这是新世纪新阶段发展中国特色社会主义要解决的首要的重大理论与实践问题。党的十七大以后，传统或纯哲学社会科学理论，当然也包括传统或纯马克思主义经济学理论在内，都仍然认为，发展尤其是经济发展的终极目的与价值尺度，只是为了人的生存与发展的需要和利益，把非人类生命物种生存与发展的需要与利益，排斥在人的经济社会实践的终极目的和价值尺度之外。国际国内学术界都是如此。西方学者有句名言：“人类保护自然是出于保护自己的目的。”近几年来，学术界在阐明以人为本的科学发展观，纠正了过去把人作为工具和手段来实现经济增长的目的的错误观念，认为科学发展观的以人为本是指发展的出发点和落脚点，是为了人的生存与发展的需要和利益，人的发展是目的，即坚持把人民群众作为发展的终极目的和价值尺度。这是理论上一大进步。一些著名学者和权威刊物发表文章说：“建设生态文明，归根结底是为了人类自身的利益，也正是我们建设生态文明的归宿”。“注重生态价值和呵护好生态利益，归根到底为了人类利益，是为了更好坚持以人为本”。这种解说实际上是沿着极端人类中心主义和工业文明的思路来诠释建设生态文明，仍然没有摆脱工业文明发展的窠臼；把自然作为工具和手段来实现经济增长和最大限度地占有物质财富的目的。“三大法宝”的伟大实践，就向这种单一的终极目的和价值尺度发出了挑战。理论与实践都充分表明，工业文明是反人性（社会）和反自然（生态）的文明形态，工业文明时代的黑色经济是反人性（社会）和反自然（生态）的现代经济，资本主义工业社会是反人性（社会）和反自然（生态）的现代社会。当今我们建设社会主义生态文明、和谐社会和发展绿色经济，是人性化和生态化的崭新的现代文明、现代社会和现代经济，既要保证满足全体人民可持续生存与全面发展的需要和利益；又要保证满足非人类生命物种的生存健康与安全发展的需要和利益。这就是“三大法宝”实践选择的两重终极目的和价值尺度，这是自然、人、社会有机整体和谐协调为导向的生态文明、绿色经济、和谐社会的理论与实践的基本价值取向，更是我们探索中国特色社会主义发展与经济发展道路的理论与实践宗旨。因此，我们重构马克思主义经济学双重价值取向理论，寻找马克思主义经济学与当代人与人的发展问题和自然与生态发展问题之间的有机联系，使两者回归马克思主义经济学视野，确立它们在马克思主义经济学基本价值维度的地位。于是，我们把人和自然都是发展的终极目的的双重价值取向理论，运用到建设生态文明，发展绿色经济，构建和谐社会中来，不仅是经济智慧的升华，而且是生态智慧的升华；不仅是生存智慧的升华，而且是发展智慧的升华，必将引起包括新兴、交叉科学在内的哲学社会科学尤其会给马克思主义经济学研究带来革命性变革。

三

建设生态文明，构建和谐社会，都必须也应当大力发展绿色经济，形成生态和谐、社会和谐和经济和谐一体化的绿色经济形态。这是因为，绿色经济既是生态文明时代全新的经济形态与发展模式，又是和谐社会的最佳经济形态与发展模式。

马克思主义生态文明观认为，生态文明作为一种后工业文明，是社会形态和经济形态内在统一的全新的文明形态。从文明形态对人与自然发展关系的影响来说，工业文明是人与自然分裂与冲突的不和谐发展，可以称之为“黑色文明”，生态文明是人与自然内在统一与和谐共生的和谐发展，可以称之为“绿色文明”。因而，从生态与经济的发展关系而言，工业文明的经济形态是“黑色经济”，生态文明的经济形态是绿色经济。21 世纪是建设生态文明、发展绿色经济、构建和谐社会的世纪。这个新世纪的社会形态的主导形态是生态文明或绿色文明，它们也是和谐社会的主导社会形态，这个新世纪的经济形态的主导形态是生态经济或绿色经济，它们在本质上是可持续发展经济，也是和谐社会的主导经济形态。首先，从绿色经济本质属性来看，我曾作过这样的概括：“绿色经济是可持续经济的实现形态和形象概括。它的本质是以生态经济协调发展为核心的可持续发展经济。”① 这就确认了绿色经济的生态经济属性，揭示了它的可持续经济的本质内涵。正是从这个意义上说，绿色经济作为生态文明时代的经济形态，是生态经济形态的现实象征与生动概括。其次，从现时代的经济发展实践来看，绿色经济正在朝着成为人类社会文明发展继农业文明的农业经济、工业文明的工业经济与知识经济之后的崭新经济形态的方向发展，并且现实已成为建设生态文明、构建和谐社会的重要经济发展模式。再次，从人类社会的经济形态演变的客观进程来看，生态文明是一种后工业文明形态，绿色经济是一种后工业经济形态；而包括信息经济在内的知识经济，既是工业文明高度发达的突出表现，又是在此基础上发展起来的一种后工业经济，是从工业文明的黑色经济向生态文明的绿色经济转型的经济形态，必然充当了工业文明

① 刘思华主编：《绿色经济论》，中国财政经济出版社 2001 年版，第 3 页。

和生态文明、黑色经济和绿色经济的中介。正是这个意义上，我们对绿色经济重新界定为：以生态文明为价值取向，以生态、知识、智力资本为基本要素，以人与自然和谐发展和生态与经济协调发展为根本目标，实现生态资本增殖的可持续经济。正因如此，2009 年 11 月，欧盟正式提出了新的战略构想，其核心要素就是发展绿色经济，要在未来的 10 年内，将欧盟打造成为一个“绿色知识经济体”。

社会主义和谐社会是一个自然生态和社会经济有机整体可持续发展的社会，这就决定了和谐社会的经济形态与发展模式，必然也应当是绿色经济。我曾在一些论著中提出“社会主义和谐社会是生态经济可持续性发展的社会”的新论点，此论准确地反映了和谐社会的生态经济属性和可持续发展经济的经济特征。因此，现在，我们完全可以说，发展绿色经济，铸造绿色经济形态，是对社会主义和谐社会生态经济属性和可持续经济特征的最充分体现。首先，社会主义和谐社会的科学命题，是对中国特色社会主义社会的生态与生态经济本质的最充分表达。因为社会和谐是中国特色社会主义的本质属性；生态和谐是构建社会主义和谐社会的生态基础，也是中国特色社会主义的本质属性；经济和谐是构建社会主义和谐社会的经济基础，当然是中国特色社会主义的本质属性。尤其是对于生态文明时代的现代社会主义社会，是自然生态关系和社会经济关系内在统一与和谐共生的生态经济社会有机整体。正是自然生态属性和社会经济属性的内在统一与和谐共生，才构成中国特色社会主义的本质。这种本质集中体现在人、社会、自然之间形成和谐、协调、可持续发展的关系。因此，社会主义和谐社会是一个生态经济可持续本质的社会。其次，建设生态文明、构建和谐社会，是对工业文明社会的人与自然相分裂、个人与社会相脱离、自然与社会互损而付出双重代价的基本特征的否定，是要真正实现人与自然双盛、个人与社会双强、社会与自然双赢，达到人、社会、自然和谐共生，共同繁荣与可持续发展的至高境界，最终创造一个自然生态和社会经济有机整体和谐协调可持续发展的社会。这是建设生态文明的真谛，也是构建和谐社会的要旨。再次，能够满足上述要求的只能是也应该是符合建设生态文明与构建和谐社会要求的绿色经济；只有发展绿色经济，才能建设生态和谐与经济和谐相统一的和谐经济。从自然生态意义上说，大力发展绿色经济是为和谐社会发展提供生态基础；从社会经济意义上说，大力发展绿色经济是为和谐社会发展提供经济基础。因此，大力发展绿色经济已成为当今世界经济社会发展和人类文明进步的一大趋势；绿色发展与绿色崛起更是当代中国经济社会发展、中华文明进步的势不可挡的大趋势。

四

建设生态文明、发展绿色经济、构建和谐社会，必须实施生态主导型的发展战略。这是发展中国特色社会主义的新战略，也是21世纪中国现代化发展的基本战略。这是建设生态文明和构建和谐社会的客观要求。(1) 生态文明是21世纪人类社会文明的主导文明形态，它是人与自然、人与人、人与社会、人自身四大和谐协调发展的现代文明。生态文明的这种总体特征，也是构建和谐社会的基本内容与根本目标，将成为21世纪现代经济发展和人类文明进步的主旋律和大趋势。而社会主义和谐社会的科学内涵内含着“四大和谐协调发展”，因此，建设社会主义生态文明的主旨，同构建社会主义和谐社会的主旨完全一致，这种一致性要求实施生态主导型的现代化发展战略。(2) 从我国实践来看，进入21世纪以来，我国一些地区大力提倡生态优先的发展理念，实施“生态立市（省）、环境优先”的发展战略，使一些城市、地区在走中国特色的新型工业化道路过程中，不仅在克服工业文明的弊端，而且超越工业文明，正在朝着建设生态文明社会方面前进，这实质上体现了“生态主导型的现代化发展”的基本战略。(3) 当然，从当今中国的总体上看，生态危机还在加深，它在本质上不仅是当代中国的发展危机，而且是当代中国的生存危机，是中华民族的生存方式的危机，真正缓解和克服生态危机的根本出路就在于从根本上改变现行的现代化的基本战略，实施生态主导型的现代化发展战略。(4) 全面贯彻落实科学发展观，必须把不断追求和递进实现“四大和谐协调发展”作为建设生态文明、发展绿色经济、构建和谐社会的价值原则、根本目标和运作航标，就必须要求实施自然生态、社会生态、人体生态一体化的生态文明发展战略，它在本质上是生态主导型的现代化发展战略。这种绿色发展与绿色崛起应当视为胡锦涛为总书记的中央领导集体实施科学发展战略的核心。因此，用绿色崛起带动和平崛起，走绿色和平发展道路，这是中华文明伟大复兴的必由之路。(5) 实施生态主导型的现代化发展战略，在经济领域内，就是实施绿色经济与绿色发展战略。这是21世纪可持续发展战略的集中体现。实现绿色经济发展战略，是加快转变经济发展方式、大力调整经济结构，走生态文明发展道路，从根本上促进中国生态经济社会有机整体和谐协调发展的根本大计，是具有全局性和战略性的重大战略。

五

建设生态文明、发展绿色经济、构建和谐社会的战略目标，就是把我国建设成为富强民主文明和谐的社会主义现代化国家，在发展中国家率先跨入生态文明社会，即可称之为生态社会或绿色社会。人类文明发展到今天，随着工业文明高度发达，人类社会生产与生活过程和自然界的生态过程已经完全相互交织与相互融合而浑然一体。当今维系人类生命和非生命形式的这个濒临失衡的球体上，客观存在的只是自然生态系统和社会经济系统互相依存、互相制约、互相作用、互相转化的生态经济社会有机整体。当今社会主义也是这样的有机整体，应该是人与自然、人与人、人与社会、人自身和谐共生共荣的社会有机整体发展形态。这就决定了“三大法宝”的战略目标和根本任务在实质上是完全一致的，甚至可以说，建设社会主义生态文明和构建社会主义和谐社会的目标和任务，是同一个问题的两个方面。

首先，不管是狭义还是广义的生态文明之说，建设社会主义生态文明，都必须是牢固地建立在马克思主义人、社会、自然有机整体和谐协调发展理论的基础上，推进人与自然、人与人、人与社会、人与自身和谐共生共荣、生态自然和经济社会的全面协调发展，实现生态经济社会有机整体的科学发展、和谐发展、绿色发展。只有这样，才能把中华文明建设成为人与自然、人与人、人与社会、人自身和谐协调发展的现代文明形态。这是建设社会主义生态文明的主旨，是实践马克思主义人、社会、自然有机整体和谐协调发展理论的生动体现。

其次，生态文明时代的绿色经济同工业文明时代的黑色经济的本质区别，就在于后者是建立在人与自然相分裂、社会与自然相互损的基础上；前者是建立在人与自然内在统一、社会与自然和谐共生的基础上。因此，绿色经济发展是以人与自然和谐发展、生态与经济协调发展为根本目标，是人、社会、自然和谐共生共荣的现代经济，是把中国特色社会主义经济发展的生态环境代价和社会经济成本减少到最低限度的可持续性的和谐经济。

再次，社会主义和谐社会必须是经济、政治、思想文化、生态环境等社会领域，各种要素及各个关系之间互相协调、相互融合的和谐发展状态。笔者曾把这种发展状态概括为：是“以人为主体的社会和谐发展状态，它包括人与人之间的和谐、人与自然之间的和谐、人与社会之间的和谐、人自身关系和谐四个方面的基本内涵”①。因此，构建和谐社会，实际上是人们不断追求和递进实现人与自然、人与人、

① 刘思华：《生态马克思主义经济学原理》，人民出版社2006年版，第484页。

人与社会之间关系的和谐发展，并最终达到人自身关系和谐发展，实现人、社会、自然有机整体和谐协调发展。正如胡锦涛同志所指出的："我们要构建的社会主义和谐社会，是经济建设、政治建设、文化建设、社会建设协调发展的社会，是人与人、人与社会、人与自然整体和谐的社会，要贯穿于建设中国特色社会主义的整个历史过程。"①

由上可知，在科学发展观的统领下，建设生态文明，就是建设生态和谐、经济和谐、社会和谐相统一的现代文明；发展循环经济，就是发展生态效率、经济效率、社会效率相统一的现代经济；构建和谐社会，就是构建生态公平、经济公平、社会公平相统一的现代社会。这样的现代文明形态和经济社会状态，就标志现代中国跨入了生态文明社会。从国内外学术界对后工业社会的研究，生态文明社会可以概括为生态社会或绿色社会。

在1994年出版的《当代中国的绿色道路》一书中，笔者明确提出："生态社会是现代经济社会发展的远景"，"农业社会——工业社会——生态社会并列为人类社会文明递进的发展序列"。在2006年出版的《生态马克思主义经济学原理》一书中，进一步指出："生态社会是和谐社会的理想模式"，揭示了绿色社会模式同和谐社会、生态文明的内在统一性。在国际上，许多学科学者的后工业社会或后现代社会的主张同笔者的主张基本相同。自20世纪90年代以来，先是西方生态学家试图以系统整体观和生态中心主义思想为基础，来构造全盘改造工业文明社会的方案，提出了"最终建立一种无等级差别的理想的生态社会"的主张。生态自治主义者对后现代社会的设想是一个在人与自然和人与社会关系上都消灭了统治、征服与压抑的绿色社会，是一个合作和谐的社会。英国学者伊恩·莫法特在《可持续发展》一书中，描述了可持续发展社会的景象，并称之为绿色社会模

① 引自《科学发展观重要论述摘编》，中央文献出版社2008年版，第72页。

式。日本经济学家在1999年提出了生态发展的共生与社会发展的共生相统一的"生态社会发展理论"。尤其是美国社会生态学者和生态社会主义学者，都设想了未来的生态社会的总体轮廓，提出了他们的生态社会观。生态社会主义理论对未来社会主义或共产主义社会发展模式的构想，就是构建一种超越资本主义和现实社会主义模式，按照生态可持续性原则，形成的人与自然、人与社会（人）、人自身和谐发展的新型社会主义社会，在这个总目标下，未来生态社会主义发展蓝图，也就是绿色社会模式。这同笔者所说的绿色社会模式，不仅是生态社会模式的形象概括，而且是"四大和谐有机整体"的生态社会的绿色概括，是完全一致的。在此，我还要特别强调的是，美国生态后现代主义的奠基人查伦·斯普瑞特克在2006年作了"生态社会的分析和展望"的演讲，指出"生态社会的选择正在高涨，并且正在成功地融入主流"，他用现实事实说明转向"生态社会的紧迫性"，还对中国给予厚望："参与到生态社会的世界观中去，中国的社区和地区就可能在种种超越现代性的意识形态，走向绿色未来的道路上成为典范。"①

综上所述，在当代中国建设生态文明、发展绿色经济、构建和谐社会的终极目标，就是努力探索一个当今农业、工业、生态文明并存的"三元文明结构"的社会主义大国，实现中国特色社会主义文明形态超越发展，建设成为绿色经济强国、生态文明富国，在发展中国家率先把十几亿人口带进生态社会或绿色社会，即是生态（绿色）社会主义的和谐社会。这是在21世纪把我国建设成为富强民主文明和谐社会主义现代化国家的最高层次含义。

---

① ［美］查伦·斯普瑞特克著，张妮妮译：《生态后现代主义对中国现代化的意义》，《马克思主义与现实》2007年第2期。

六

建设生态文明、发展绿色经济、构建和谐社会的双重战略任务;这是中国的基本国情和21世纪中国特色社会主义发展的特殊规律所决定的。在人类文明发展史上,西方发达国家用了近300年时间,才实现工业化,使10亿人口进入工业社会。而我国仅用了60年就阔步进入工业化中后期,把13亿人口带进工业社会。但工业化的任务还没有最终完成,要继续进行工业文明建设。就在此进程中,我们又提出了建设生态文明的重大战略任务。这就是说,我们要遵循当今世界文明发展的普遍规律和共同思想,即人类文明发展正在进入生态时代,必须按照生态文明的要求进行工业文明建设,完成工业化的任务;发达国家是实现了工业化、建成高度发达的工业文明之后,才提出建设后工业文明,而中国特色社会主义则在建设工业文明的过程中就要正视建设生态文明问题。这如实反映了21世纪中国特色社会主义文明发展的特殊规律。社会主义中国作为世界上最大的发展中国家,必须坚持把发展作为党执政兴国的第一要务。因此,我们背负着建设工业文明、实现工业化和建设生态文明、实现生态现代化的双重战略任务;既面临着克服、消除工业文明的黑色经济形态与发展模式的黑色弊端,将其改造成为绿色经济形态,又面临着构建与生态文明发展相适应的绿色经济形态与发展模式的双重压力与双重应对。这是21世纪中国发展与经济发展的最根本的特殊性。根据这种特殊性来探索中国特色社会主义发展道路,使我们找到了"三大法宝",它们充分体现了中国特色社会主义发展与经济发展应对双重压力和完成双重任务的时代步伐和客观进程。

正确认识和理解"三大法宝"尤其是建设生态文明与发展绿色经济同新型工业化的辩证关系,赋予新工业文明理论特质与新的实践导向，这是把中国经济切实转移到科学发展轨道上来所要解决的一个重大理论与实践问题。因为，(1) 党的十六大确定的新型工业化道路，只是赋予了新工业文明的信息化内涵与信息经济的特征。新工业文明只有信息维度。这种工业化与信息化融合，只是表明工业化由大机器生产力发展到信息生产力，这是工业文明发展的新阶段。由于它缺乏生态内涵，使新型工业化在本质上仍然属于工业文明形态。(2) 工业化和信息化融合难以克服传统工业化的弊端。这种弊端在人与自然的生态关系方面，是资源短缺、环境污染、生态恶化；在人与人的社会经济关系方面，是贫富悬殊、缺乏经济社会公平。我们探索新型工业化道路以来的7年间，不仅环境污染和生态破坏日益严重，而且为富不仁、劳资对立、贫富差距也变得越来越严重。从学理上说，信息化是应当获得资源消耗低的效果，但是这7年间资源高消耗没有得到缓解。对此，不少学者认为，我国探索新型工业化道路并没改变我们在传统工业文明发展老路上前行的步伐，没有达到新型工业化和建设生态文明的一致性。(3) 只有信息维度的新型工业化的主旨，主要是对传统工业文明的弊端加以限制，不会改变工业文明整体的反人性、反生态性质和不可持续性，是不能使新型工业化直接成长为生态文明的。因此，新型工业化道路在本质上是建设工业文明的发展道路；建设生态文明，是生态文明发展道路，不能把两者混为一谈。因此，在实践中推进新工业文明同生态文明有机结合与融合发展，这必须将走新型工业化道路综合为生态文明发展道路的内在环节，使建设新工业文明纳入建设生态文明之中，使它成为中华文明由工业文明向生态文明转型的过渡性文明形态。为此，我们必须对新型工业化的理论特质与实践导向重新界定。(4) 按照“三大法宝”尤其建设生态文明的新要求，赋予新型工业化生态内涵，确立新工业文明信息化维度和生态化维度的有机统一，开启新工业文明的生态视阈，为我国现代工业体系和产业结构的知识化（包括信息化）与生态化的相互协调与融合发展提供理论前提。(5)笔者曾在《生态马克思主义经济学原理》一书中提出：探索新型工业化道路，应当从一个基本点升华为两个基本点，“以信息化带动工业化，以工业化促进信息化：以生态化优化工业化，以工业化推动生态化，走出一条科技含量高、经济效益好、资源消耗低、环境污染少、人力资源优势得到充分发展的新型工业化路子。”[①] 因此，新工业文明不仅要大量推进信息化与工业化融合，而且要大力推进生态化与工业化融合。它不仅是实现工业化，建设高度发达工业文明的过程；而且是这种过程同信息化与生态化并行不悖且相互融合，从而推进工业文明向生态文明转型的跃迁过程。

七

加快转变经济发展方式，形成与建设生态文明、构建和谐社会相适应的绿色经济发展模式，这是21世纪现代经济发展模式的伟大革命，是生态文明与可持续经济发展理论研究的一个历史性课题，也是中国特色社会主义经济发展理论研究的一场攻坚战。首先，党的十七大明确指出，“经济增长的资源环境代价过大”，“建设生态文明；基本形成节约能源资源和保护生态环境的产业结构、增长方式、消费模式。”这表明我们建设生态文明需要由高昂代价的黑色经济发展方式向最低代价的绿色经济发展方式转变，形成最低代价的可持续的绿色经济发展模式。长期以来，我国学界对我国经济发展的创新理论模式的研究，显得十分薄弱，尤其是近年来，对建设生态文明、构建和谐社会的经济发展“模式化”问题研究，可以说还没有破题。大家知道，党的十四届五中全会制定了经济体制和增长方式两个根本转变的战略方针，时至今日，经济体制的根本转变基本实现而增长方式的转变没有实现，并且粗放型增长方式更加强化，使在工业文明发展过程

---

① 刘思华：《生态马克思主义经济学原理》，人民出版社2006年版，第541页。

中形成的缺乏生态内涵的经济增长方式与经济发展模式仍然处于主导地位。因此，彻底改变、超越工业文明发展的经济模式，形成生态文明发展的经济模式，这是中国特色社会主义道路的战略重点和发展思路，也是建设生态文明与构建和谐社会的极其重大的难题。我们可以说，中国现代化建设和改革开放能否取得最终成功，将取决于我们能否成功地实现工业文明发展的经济模式向生态文明发展的经济模式转变。

其次，可持续发展经济学及它的马克思主义形态的生态马克思主义经济学，全方位论证了生态是21世纪现代经济运行和经济发展中的内生变量，探讨了生态发展规律及其对经济发展和运行效率的影响，构建了最低代价生态内生经济发展模式的基本框架。绿色经济发展模式，就是这种模式的现实形态，也就是说，绿色经济发展在本质上是最低代价生态内生经济发展模式。历史与现实都表明，工业文明发展的经济模式，是"大量生产、大量消耗、大量消费、大量废弃"的不可持续的黑色经济发展模式。这种经济模式在我国工业文明发展中，形成"高开采、高投入、高消耗、高污染、低利用、低产出、低质量"的粗放型经济增长方式，这是目前我国最高代价生态外生经济发展模式的基本实现形态。因此，改革开放30年来，我国经济快速高速增长，可以说是完全被工业文明的经济发展模式所浸透。这就迫切要求我们必须创造一种与自然生态相和谐协调的科学发展模式，这已成为当今中国现代化建设的当务之急。党的十七大标志着中华文明中一个建设社会主义生态文明的新时代正在到来，建设生态文明与构建和谐社会的经济发展"模式化"，就是要形成与社会主义生态文明、和谐社会发展相适应的绿色经济模式。这就是中国特色的绿色经济发展模式，应该是超越资本主义经济模式，其本质内涵应当是最低代价的、生态内生的生态经济和谐协调可持续发展模式，即是生态自然和经济社会和谐协调可持续发展双赢发展模式。

再次，从学理上说，绿色经济是生态文明时代的崭新经济形态，从实践层面上说绿色经济是生态文明发展的全新经济模式，无论是前者还是后者，其现实的具体的实现形式，都具有多样性，其中最基本的形态，或者说主要经济技术模式，就是以低能耗、低污染、低排放为基础的低碳经济和减量化、再利用、资源化为特征的循环经济，它们都属于绿色经济范畴，都是绿色经济模式的现实体现。

八

深化经济体制改革，建立社会主义生态市场经济体制，为建设生态文明、发展绿色经济、构建和谐社会提供制度基础和体制环境。这是中国经济体制的第二次革命，即经济体制的生态革命。我国经济改革与发展，实行两个具有全局意义的根本性转变之所以呈现逆向运动，其中一个根本原因就在于，我国初步建立起的社会主义市场经济体制，未能摆脱传统计划经济体制的窠臼，仍然保留着生态与经济相脱离、人与自然不和谐的基本特征，甚至可以说，还是一个以牺牲生态环境和以牺牲大多数平民百姓的利益（包括人的生命安全与心身健康）为代价而使一部分人富起来的经济体制，它实质上是建设工业文明的经济体制。正是从这个意义上说，改革开放30年来，我国经济体制改革，基本上是沿着工业文明发展“体制化”的方向前行。所以，现行的社会主义市场经济体制克服工业文明发展那种牺牲生态环境和大多数平民百姓利益的制度与机制，显得勉为其难和无能为力。

在当今世界，无论是发达国家还是发展中国家，各国市场经济体制及运行机制，基本上是以人与自然、生态与经济相分裂与对立为特征的，使现代经济运行与发展往往不能反映生态学真理。正如一位德国学者所指出的：“迄今为止，还没有一个国家拥有围绕关注环境而组织的市场经济，德国也不例外。”[①] 因此，当今世界各国的现代市场经济体制尤其是发达国家的自由市场经济体制，不仅是当今有效需求不足的国际金融危机与全球资本主义经济危机的体制原因，而且更是生态资本有效供给不足的全球生态危机的体制原因。在改革开放30年间，我国坚持资源配置市场化的改革方向，从根本上改变了高度集中的计划经济体制，建立了社会主义市场经济体制，带来了空前的经济繁荣，创造了世界经济发展的奇迹，使我国物的世界大大发展，初步实现由贫穷向富裕的根本转变。但是，初步建立起的现代市场经济体制即没有克服当今世界各国的现代市场经济体制的根本缺陷，这就是没有超越人与自然、生态与经济相分裂与对立的根本特征，仍然是一种生态外生的非持续发展经济体制。这是我国现行的社会主义市场经济体制还很不完善的一个根本方面。它还存在着排斥市场经济体制与运行机制的生态要素，以及市场主体的厂商追求效用最大化、利润最大化与环境保护、生态建设与发展的尖锐矛盾；从而经济运行不能反映生态学真理，在创造物质生产力、使我国经济发展、日益富裕的同时，消灭了生态生产力，使我国生态资本有效供给不足、生态贫困越来越严重。国内外现代市场经济运行与发展正反两方面事实充分表明，中国特色的社会主义市场经济体制，应该是市场对资源配置的基础性调节作用同国家宏观调控与政府监督对经济社会的主导性调控作用相结合的政府主导型市场经济，这是一方面；另一方面，建立和完善社会主义市场经济必须内在地具有可持续发展的生态机制，使生态环境真正成为现代经济良性运行与可持续发展的内生要素与内在机制，就能表现出超越发达资本主义市场经济的制度优势。这是完善社会主义市场经济市场体制即现代市场经济体制创新的一个根本方向。

因此，符合生态文明发展的绿色经济发展、和谐社会发展要求的

① 吴晓东等译：《人类需要多大的世界MIPS——生态经济的有效尺度》，清华大学出版社2003年版，第146页。

经济体制，是生态与经济一体化的生态内生经济体制，这就是以生态可持续性为核心的可持续发展经济体制。它要求我们必须推进生态掠夺型的工业文明经济体制向生态发展型的生态文明经济体制转变。唯有如此，才能使我国社会主义市场经济既能反映经济学的真理，又能反映生态学真理。这是建设生态文明和构建和谐社会尤其是发展绿色经济"体制化"的正确方向和重大任务，更是完善社会主义市场经济体制的正确方向与重大任务。

早在10多年前，我在《可持续发展经济学》一书中批判了传统经济体制的根本缺陷与主要弊端，深刻论述了可持续发展经济体制的本质内涵与基本特征，提出了我国经济体制改革的本身应当实现两个根本转变：一是从传统计划经济体制向现代市场经济体制的根本转变，即建立社会主义市场经济体制：二是从现代市场经济体制向可持续发展经济体制的根本转变。这种体制的要义应是基于生态关怀和人文关怀的生态可持续性，在此基础上构建全新的生态内在现代市场经济体制，即中国特色的社会主义可持续发展经济体制，它实质上是中国特色的社会主义生态市场经济体制，是对现行的现代市场经济的现实超越与理论超越。因此，实践"三大法宝"都内在要求现行市场经济体制和运行机制，克服自身的根本缺陷，使之具有生态向度和人文向度及其统一性，真正建立起生态与经济一体化的、生态内在的可持续发展经济体制。这种经济体制才是符合生态文明发展、绿色经济发展、和谐社会发展的崭新的经济体制。这是一个新的历史跨越、新的伟大实践。在理论上，尤其在实践上，这是个21世纪中国改革与发展的难题。

九

建设生态文明、发展绿色经济、构建和谐社会，都需要一场彻底的生态革命，形成整个社会主义社会运行与发展机制的全面生态化即全面绿化。20世纪下半叶以来，发达国家的工业文明高度发达，把现代人类逼进了生态危机的深渊，现今全人类还处于大规模的生态灾难之中。它不仅吞噬着自然生态（即人身外的自然），而且毁坏着人体生态（即人自身的自然），使现存的人类生存方式具有毁灭性。这是资本主义工业文明和自由市场经济的反生态和反人性的集中表现。这种人类生存方式危机的深刻根源，就是人们经济社会活动的价值观念、行为方式、社会经济、政治文化、科学技术机制的反生态化和人性化。因此，当今人类可持续生存与全面发展，需要一场深刻的生态革命，推进人类生存与发展的生产方式和生活方式的生态化转型，实现人类生存方式的全面绿化；其关键又在于现代经济领域里必须进行一场彻底的生态革命，实现现代经济运行与发展的全面绿化。生态革命要求现代经济社会活动必须按照反映自然生态规律的自然生态原则去实现世界系统运行的生态合理性，也就内在要求经济、科技、文教、政治、社会活动等经济社会运行与发展的全面绿化，当代中国的生态革命的根本目标，就是追求生态经济社会有机整体内部机制的生态化，形成社会主义生态市场经济体制机制，使中国特色的社会主义经济社会体系运行朝着人性化与生态化的方向发展，这是科学发展观和社会主义生态文明对工业文明的时代性扬弃和实践超越。生态文明、绿色经济、和谐社会是生态化和人性化内在统一的现代文明、现代经济、现代社会。因此，实践“三大法宝”，都内在要求现代经济社会运行与发展机制的人性化与生态化，实现自然生态、社会生态和人体生态的和谐协调发展。

进行经济社会的彻底生态革命，不仅要用生态理性绿化现代经济和现代社会，更重要的是而且首先是用生态理性绿化思想观念，进行彻底的思想观念的生态革命。近年来，世界各国应对国际金融危机和气候变化的过程，正如李克强同志所说：“是人们思想革故鼎新的过程，也是世界经济创新发展的过程。”在今日之中国，实践“三大法宝”的过程，确实是中国特色社会主义创新发展的过程，是推动中国特色社会主义经济发展从要素驱动向创新驱动转变的过程，这是首先要创新思想观念。从根本上说，应当是革工业文明思想观念之故，鼎生态文明思想观念之新。然而，不要说包括当代中国在内的发展中国家，就是当代发达国家已经发展到后工业社会，进入“后工业文明时代”，但人们的价值观、财富观、发展观、实现观还停留在工业文明社会，基本处于工业文明时代。正如美国学者 H. 梅多斯所说的：“生活在今天的人们是很难理解工业革命是如何深刻改变人类思想的，因为我们自己一直都在运用工业革命的思维模式进行思考。”① 因而需要一场彻底的思想观念生态革命。建设生态文明、发展绿色经济、构建和谐社会，当务之急就是进行新一轮的思想解放，其主旨是思维模式的生态革命。这就是从建设工业文明观念、思想、理论的禁锢下解放出来，树立和践行建设社会主义生态文明的价值观、财富观、发展观、实现观和政绩观，才能保证中国特色社会主义经济社会运行与发展朝着生态化与人性化方向发展。

十

建设生态文明、发展循环经济、构建和谐社会的最大难题和严峻挑战，就是今日之中国“资本的逻辑”已差不多成为支配社会生活一切的逻辑。“资本的逻辑”是同“三大法宝”的“劳动的逻辑”相对立的，尤其是与生态和谐、经济和谐、社会和谐不相容。因此，如何克服、摆脱“资本的逻辑”的束缚，构建和谐生态、和谐经济、和谐社会，并推进当代中国生态经济社会有机整体和谐协调发展，这是发

① ［美］唐标勒·H. 梅多斯等著，赵旭等译：《超越极限》，上海译文出版社 2001 年版，第 231 页。

展中国特色社会主义的“歌德巴赫”猜想。

首先，马克思主义对资本主义社会的批判，就是对资本逻辑的批判。在资本主义私有制下，建设工业文明是通过发展市场经济（从总体上看，主要表现为自由市场经济）来创建资本主义工业文明。于是“资本霸权逻辑”就成为资本主义工业文明和市场经济的内在性的社会经济属性。它们就完全被资本主义制度的反人性和反自然的本质特征所浸透，使反人性和反自然成为它们的内在特质。马克思曾经强调指出，资本家是“人格化的资本”，贪婪和惟利是图是他们的本性，在他们看来，世界上没有一样东西不是为了金钱而存在，他们活着就是为了赚钱。因此，资本[①]的惟一价值取向，就是要使自身不断增殖，以赚钱为本，追求资本利益最大化，最大限度地获取经济利益，实现赚钱发财的目的。这种资本的本性支配着企业乃至整个社会生活，它们就围绕利润最大化这一核心运转，在这种“资本霸权逻辑”支配下，资本主义工业文明与市场经济发展，就必然以牺牲精神道德为代价，以牺牲生态环境为代价，以牺牲人的生命安全与心身健康为代价，尤其是掠夺自然，破坏环境，蹂躏生态，成为“资本霸权逻辑”支配、主宰自然的必然逻辑。当今发达国家资本主义文明在“资本霸权逻辑”的支配下，不仅发生金融危机与经济危机；而且是生态经济社会极不公平、不和谐、极度片面发展的现代文明。可见，资本逻辑确实是与生态文明、绿色经济、社会和谐相对立的，资本的价值取向和生态的价值取向是相对抗的。

其次，当今之中国，处于社会主义初级阶段，改革开放初步建立起社会主义市场经济，已从排斥资本变为接纳资本，甚至允许资本扩张。在我国是以公有制为主体的多种所有制并存，个体经济、民营经济、外资经济等私人资本在数量可能超过国有资产；加之私营企业家也可以入党，以赚钱为主旨的人们无疑已成为中国社会的中坚。这样

① 这里所说的资本，是指物质资本，即是马克思《资本论》中所说的资本概念。

“资本的逻辑”已差不多成为支配中国经济社会运行的主导逻辑。从我国前段时期利用资本所带来的负效应来看，出现了许多企业见利忘义、惟利是图，道德滑坡，不择手段牟取非法暴利，官商勾结，权钱交易，腐败现象日益严重。贫富差距日益扩大，生态环境日益恶化，制造出癌症村越来越多等破坏经济和谐、生态和谐、社会和谐，使我国发展陷入了“挤资源求发展”、“有发展无幸福”的困境。这是新自由主义经济学在实践中酿成的必然恶果，其罪魁祸首，就是“资本的逻辑”。2008年的山西溃坝事件和三鹿奶粉事件的罪魁祸首也正是“资本的逻辑”。因而，在我们面前出现了这样一个世界难题，中国现代化事业尤其经济发展离不开资本的扩张，发展私营资本经济，而在我国现阶段又难以消解、改变资本的本性，社会主义市场经济和工业文明，又不能克服市场经济和工业文明的反人性和反生态的特性，那么我们究竟如何破解这个难题呢？

再次，丰富和发展中国特色社会主义理论，消除马克思主义生态文明与和谐社会理论同我国工业文明发展与市场经济发展实践之间的尖锐矛盾，这就必须把建设工业文明纳入建设生态文明的轨道，探索中国特色社会主义生态文明、绿色经济、和谐社会发展道路。按照马克思主义观点，社会主义的最终目标，是要消灭私有经济，逐步克服、消除“资本霸权逻辑”。然而，今日之中国资本存在具有合理性，但不能认为只有等到资本的合理性完全丧失殆尽以后再去考虑超越资本。因此，“为了确保经济的发展和社会的稳定，国家不能让资本权力无限地张扬，而是通过国家的调节，以缓解资本与社会的对抗。”这就是说，“在现阶段，我们需要资本，但必须限制资本的霸权，这就是基本结论。”① 所以，我们为了建设生态文明、发展绿色经济、构建和谐社会，“我们不仅要利用资本与限制资本结合在一起，还要把

① 详见孙承叔：《真正的马克思》，人民出版社2009年版，第398—400页。

利用资本与超越资本结合在一起。”[①] 这就是我们要实行利用、改造、限制、超越资本的“八字”方针。利用资本发展经济，使物质生产力高度发展；改造资本就是利用资本绝对不能拜倒在资本的脚下而自由放任，而要逐步改变它的反人性和反生态性的负面影响；限制资本就是绝对不能任凭资本逻辑的横行霸道，不能让资本权力无限张扬，必须采取种种限制措施，把资本增殖、追求利润最大化，以“三个牺牲”为高昂代价降到最低限度；超越资本就是摆脱“资本的逻辑”束缚，逐步扬弃资本原则。只有这样，我们探索中国特色社会主义发展道路，才能实现生态和谐、经济和谐、社会和谐，使中华文明发展走向生态经济社会有机整体和谐协调可持续发展的理想境界，最终建设成为富强民主文明和谐的社会主义现代化国家。

最后，我还要指出的是，自党的十七大以来，建设生态文明问题已成为我国学术理论界的研究热点，引起多学科学者的极大兴趣，发表了大量的论文，出版了不少著作，国家社科基金也立项了多项课题。然而，令人遗憾的是，运用马克思主义的立场、观点、方法，研究生态文明理论，真正认识建设社会主义生态文明问题的学者（如像陈学明教授那样）却是少数；多数学者没有真正认识生态文明本身所特有的基本范畴、基本理论及其发展规律；甚至有些学者把西方经济学的环境污染治理思想，这种西方工业文明发展先污染后治理的理论表现，也归纳成为生态文明理论，这是把工业文明和生态文明混为一谈，在理论上是很不科学的。所以，我认为，在今日之中国，对建设生态文明理论的马克思主义研究，还是刚刚起步。因此，目前和今后加强对建设社会主义生态文明与和谐社会、发展中国特色的绿色经济及其相互关系研究，是中国特色社会主义生态经济社会发展理论研究的一场硬战。虽然说，本论丛存在着不少值得商榷之处，但它的出版，会为我国学术理论界更深层次的研究，提供有益的丰富的思想材

---

① 陈学明：《生态文明论》，重庆出版社2008年版，第63页。

料，必将推动中国特色社会主义生态经济社会理论与实践的不断探索与日益发展。

刘思华

2010年11月于湖北恩施

前　言

当人类文明发展进入21世纪时，国际学术界重视可持续发展的研究，从可持续发展思想升华为可持续性科学。可持续性科学成为一门新兴交叉科学。它研究的主题是自然与社会的相互作用关系，力图解决这种相互作用的复杂性，尤其是解决世界文明延续和发展永续的问题。2008年，“马克思主义与可持续发展——世纪政治经济学学会第三届论坛”上，我首次提出了可持续性经济科学的新概念，并认为，在当代中国可持续性经济学科学，至少要包括生态经济学、可持续发展经济学、绿色经济学、生态马克思主义经济学等新兴交叉经济学科。建设社会主义生态文明与发展绿色经济，构建社会主义和谐社会及其相互关系，这是可持续性科学与可持续性经济科学在当代中国最前沿性问题，是21世纪发展中国特色社会主义的时代课题。正是在这个意义上说，《生态文明与绿色低碳经济发展论丛》（以下简称《论丛》），在本质上是我国首套可持续性科学与可持续性经济科学丛书。而本书准确地反映了这个本质，故把它称之为总论。

从20世纪60年代中期起，我就开始研究社会主义经济问题，到80年代初则由传统经济学研究转向新兴交叉经济学研究，致力于生态经济学和马克思主义生态经济学说的研究，创建了理论生态经济学。20世纪90年代以来，就把生态经济协调发展理论引入可持续发展领域，创立了可持续发展经济理论的新学说。进入21世纪后，我又全力研究中国特色的生态经济学和可持续发展经济学的马克思主义形态，创立了生态马克思主义经济学。因此，正如《世界马克思主义经济学家思想论集》所介绍的那样；刘思华教授的学术成就与理论贡献可以集中到一点，就是以马克思主义为指导，创立了具有独创性的生态经济协调可持续发展理论的新学说，这是他全部论著的理论精华。在此，我强调指出的是，刘思华创立的生态经济协调可持续发展理论的新学说，在他所著《生态马克思主义经济学原理》一书中，就进一步发展为马克思主义生态经济协调可持续发展理论的新学说。在创立这个新学说的进程中，也就是刘思华教授的几十年学术生涯中，有两个突出的重大理论创新：一是创立生态文明与社会主义物质、政治、精神、生态文明全面协调发展理论，最早提出建设社会主义生态文明的科学命题，探索中国特色社会主义生态文明发展道路；二是创立绿色经济理论，探索中国特色社会主义市场经济的绿色发展道路①，即中国绿色经济（包括循环经济和低碳经济）发展道路。这是推进社会主义和谐社会发展的光辉道路。本书是部建设社会主义生态文明专题文集，它记录了作者对生态文明与四大文明全面协调发展理论的形成与发展及其绿色经济与循环经济理论的探索过程与系统见解，记录了作者把生态文明、绿色经济、循环经济、和谐社会主义理论纳入生态马克思主义经济学的理论框架的探索过程与基本见解，从而代表了中国可持续性科学与可持续性经济科学研究的新境界和学术水平，并从一个侧面反映了中国理论经济学与马克思主义经济学的新发展和现代化历史轨迹。因此，把这部专题文集作为本论丛的总论出版，既提升了本论丛的学术水平，又扩展了这部专题文集的理论张力。

近两年来，我多次强调：用科学发展观统领建设生态文明、发展绿色经济，构建和谐社会，这是以胡锦涛为总书记的党中央的伟大创造，是中国特色社会主义的基本观点和中国特色社会主义实践的基本形式，甚至可以说，它们是21世纪中国实现科学发展、和谐发展、绿色发展的“三大法宝”。因此，本书收录的马克思主义生态经济协调可持续发展新

① 详见世界政治经济学学会编：《世界马克思主义经济学家思想论集》，中国财政经济出版社2010年版，第352—358页、第383—384页。

学说的一系列新观念、新思想、新理论，有许多是10年前甚至有的还是20年前提出的，但今天我们读起来好像是昨天写的，确实深感十分新鲜。因为，它们具有很强的时代性、前瞻性、创新性、战略性、现实性和实践性，这些新理论既反映当代中国21世纪发展和经济发展的主旋律，又体现当今世界发展与经济发展的时代洪流，因而是科学真理。

已出版的《刘思华选集》、《刘思华文集》、《刘思华可持续经济文集》都是收录的论文和几部获奖著作中的一些章节，而本书不仅如此，还要将星散在我著作中的有关生态文明、绿色经济和循环经济、和谐社会论述摘录出来，按照原意概括收录的题目。凡是这种情况，编者在正文标题右角加上*号。本书收录的论文在每卷内按发表的时间序列排序，全部文稿都保持当时撰写或发表的原貌，即使某些观点或提法现在看来不够确切，甚至还有不妥之处，这次收录时也不删除或按目前观点加以修改，从而如实反映作者的学术探索过程和认识的发展。当然，在编选过程中，对全部收录的文稿进行校对时，发现有文字错漏或存在技术性问题，故作校正和改动，其内容不作文字变动，敬请读者谅解。

本书编辑组成员方时姣、张新平、黄娟、高红贵、胡芬、唐静、苗艳青、林新波为本书的出版，付出了心血，对他们表示感谢！

我还要对中国财政经济出版社副总编张立宪先生和经济理论出版中心主任刘五书先生把这本研究建设社会主义生态文明的文集纳入《论丛》作为总论出版，表示深深的谢意！

作　者

2011年6月15日

目　录

上　　篇

生态文明理论与实践

马克思主义人、社会与自然相互关系的学说与社会主义三大文明建设同步协调发展论*

现代经济社会是一个生态经济有机体，不仅有客观事实依据，而且有科学理论依据。马克思主义关于人类及社会和自然相互关系的学说，为这个科学命题提供了坚实的基础。

在19世纪中期，人类面临的生态问题还未引起许多自然科学家足够重视的时候，伟大的科学家马克思和恩格斯以自己的远见卓识和极大热情，深入考察了许多历史上的自然现象和社会现象，就已经开始认识到生态经济问题的重要性，非常重视和强调人类与自然之间的关系。马克思指出："自然界，就它本身不是人的自身而言，是人的无机的身体。人靠自然界生活。""人的肉体生活和精神生活同自然界相联系，因为人是自然界的一部分。"①恩格斯还谆谆告诫人们："我们必须时时记住：我们统治自然界，决不像征服者统治异民族一样，决不像站在自然界以外的人一样——相反地，我们连同我们的肉、血和头脑都是属于自然界，存在于自然界的；我们对自然界的整个统治，是在于我们比其他一切动物

---

* 编者按照原文意思新增的，下同。

① 《马克思恩格斯全集》第42卷，人民出版社1979年版，第95页。

强，能够认识和正确运用自然规律。”“特别从本世纪自然科学大踏步前进以来，我们就愈来愈能够认识到，因而也学会支配至少是我们最普通的生产行为引起的比较远的自然影响。但是这种事情发生得愈多，人们愈会重新地不仅感觉到，而且也认识到自身和自然界的一致。”① 因此，马克思和恩格斯十分强调人、社会与自然界紧密结合的不可分割，是有机的统一整体，从而提出了“属人的自然”、“社会的自然”、“人化了的自然界”的生态经济系统思想，创立了马克思主义人、社会与自然相互关系的学说。

因此，马克思和恩格斯研究资本主义经济社会发展运动规律，首先就是以人类与自然的关系为基础的。马克思关于人类历史发展的一个根本命题就是社会经济形态的发展是一种“自然历史过程”，以往的历史观恰恰是把“人对自然界的关系从历史中排除出去了，因而造成了自然界和历史之间的对立”②。马克思和恩格斯则是把人对自然界的关系放在社会历史发展的进程之中。研究资本主义社会经济运动，从详细考察生产力发展过程中的资本主义生产过程的自然过程和社会过程开始，认为它“既是人类生活的物质生存条件的生产过程，又是一个在历史上经济上独特的生产关系中进行的过程”。这就是说，资本主义生产过程既具有一切社会发展形式所共同的人与自然之间的单纯过程，又具有资本主义市场关系所特有的经济过程。然而他们揭示出资本主义生产过程中自然和社会双重属性的相互作用及其表现形式，从而有力地剖析了资本主义制度造成的生态环境问题，无情地揭露了资本主义制度“像狼一般地”破坏着自然资源和人类与自然之间的物质变换过程，激化了资本主义生产方式的基本矛盾，使资本主义社会的生产力和生产关系不断变化和发展。在这里，马克思和恩格斯揭示的资本主义经济社会运动发展过程，从某种意义上讲，完全能说是人与自然、社会经济与自然生态相互联系、相互作用的有机整体运动发展过程。可见，我们提出的现代经济社会是

---

① 《马克思恩格斯全集》第3卷，人民出版社1972年版，第518页。
② 《马克思恩格斯全集》第1卷，人民出版社1972年版，第44页。

一个生态经济有机整体的论点，其主要的理论渊源就是根据根植于马克思主义关于人、社会与自然关系的学说。

* *

综上所述，生态经济协调发展战略，从发展目标的建立过程，到社会生产过程，再到资源利用过程，都与传统的经济社会发展战略从本质上区别开来，成为一个完整的、科学的战略体系，从而完成了由传统战略观到生态经济协调发展战略观的根本性转变。在中国，实现这个根本性转变，就其深远的意义来说，是要把中国社会主义劳动者对大自然的生物圈的保护和再生产作为自己社会经济活动的重要目标和要求，把中国经济建设真正转变到严格按照生态经济协调发展规律办事的轨道上来，自觉地协调人们经济活动与自然生态发展关系，实现人与自然的和谐相处、社会与自然的和谐发展，开创中国社会主义经济社会发展的新时期，也就是中国社会主义物质文明、精神文明和生态环境建设的同步协调发展的新时期。

（本文系《生态经济协调发展论》研究报告，提交1986年在上海召开的《中国生态经济发展战略学术讨论会》；原载《刘思华可持续经济文集》，中国财政经济出版社2007年版，第377—378页、第402页）

社会主义应该满足人民的全面需要

人类全面需求的产生和发展，是一种自然历史过程。它是在社会实践中得到满足和实现的，并随着客观条件的变化而变化。因而，它实现的程度及其实现方式，不仅取决于社会生产力，而且取决于社会制度。社会主义消灭了阶级剥削与压迫，使全体人民真正以主人翁的身份去实现自己的全面需要，从而开辟了满足人类全面需求的新时期。所以，社会主义应该满足人民的全面需要。

一、满足人民的全面需要是社会主义经济的重要特征

社会主义生产的直接目的是保证满足人民的全面需要，如实反映社会主义生产的实质，正确体现社会主义经济的性质，是社会主义生态经济关系的本质表现。

大家知道，资本主义生产的直接目的和动机是生产剩余价值，保证资本家榨取利润的需要。资本主义生态经济系统中的一切经济活动，都是围绕着这个目的的。至于人民的消费需要，根本不是社会生产的目的，它只是资本家作为生产剩余价值的手段。因而，在资本主义剥削制度下，资本主义生产的任何发展，不仅是资本家残酷掠夺劳动者，而且是肆无忌惮地掠夺生态环境。所以，在西方资本主义国家实现现代化的过程中，虽然社会的物质生活水平提高了，但因现代化过程中出现生态条件恶化、环境质量下降，使人民的生态需要得不到满足，直接威胁着他们的生存

和发展，广大人民为争生存，从掀起反公害运动发展到反生态危机的生态运动。

在社会主义制度下，生产资料的社会主义公有制，决定了社会主义生产的直接目的，就是在可能的条件下，在现在生产力发展的基础上，最大限度地满足人民经常增长的消费需要，使他们的利益得到实现、生活得到改善，这是马克思主义的一个基本观点。因而，与资本主义相比，社会主义经济的本质和活力，就在于最大限度满足人民的消费需要，成为关系社会主义经济兴衰的根本问题。社会主义的生命力和优越性取决于能否较好地实现全体人民的全面需要。社会主义经济现代化建设如果不是把满足全体人民的消费需要作为直接目的，人民群众因需要得不到满足使其利益不能够真正实现，他们就会处于贫穷状态。而贫困绝不是什么社会主义。离开满足人民的全面需要来谈社会主义，这不是人民所需要的社会主义。社会主义只有在满足人民的全面需要的过程中，才能完成社会主义的历史任务，推动社会主义生产不断发展，社会主义经济日益繁荣。

在社会主义制度下生态经济系统中人的消费需要，也是一个生态经济体系，它要受社会主义制度本质的制约。长期以来，传统经济学把人的消费需要只看成纯经济需要，因而，把社会主义生产目的的内涵，概括为物质和文化两个部分，通常说成是物质需要和精神需要两类。它们是用物质产品和精神产品来实现人民的消费需要，这是经济系统的产品，因而我们把它称之为经济需要。按照生态经济学的观点，人作为社会的人，决定了他的经济需求；人作为自然的人，决定了它的生态需求，而人是自然人和社会人的有机统一体，这就决定它的生态经济需求。因此，从生态经济学来看人的消费需要，就应该概括为生态、物质、精神需要三个部分，可以说是生态需要、物质需要、精神需要三类。在社会主义制度下这三类需要的实现过程，也是三个文明建设过程，即社会主义现代文明建设过程。人民群众的物质需要及其满足程度和实现方式，构成社会主义物质文明的基本内容；人民群众的精神需要及满足程度和实现方式，构成社会主义精神文明的基本内容；人民群众的生态需要及其满足程度和实现方式，构成社会主义生态文明的基本内容；也是社会主义物质文明和精神文明的重要表现。因此，在社会主义制度下，人民群众的全面需要及其满足程度和实现方式，是社会主义物质文明、精神文明、生态文明三大文明建设的根本问题。我们建设社会主义现代文明，必须把保证满足人民群众的全面需要作为出发点和归宿，否则，社会主义现代化建设难以发展，社会主义难以存在。列宁早就说过："如果不同大自然搞好友谊，社会主义是不可思议的，也是无法存在下去的。"① 建立在现代化大生产基础上的社会主义制度的本质，同满足人民的全面需要的要求是完全一致的社会主义劳动者作为社会和自然的真正主人，实现其全面需要，已不再受剥削阶级的约束，仅仅只受生产力发展水平的限制，因而社会主义劳动者追求满足自己现有生产力发展水平基础上的全面需要，这是社会主义制度本质决定的，是社会主义经济发展的内在规律。

因此，在社会主义制度下，社会主义劳动者合理调节他们和自然的物质变换关系，发展社会主义生产，不仅要生产出日益丰富的物质产品和精神产品，保证满足人民物质文化的需要，使人民物质文化生活水平不断提高；而且还要创造良好的生态环境，保证满足人民的生态需要，使人民生活质量不断改善实现社会主义满足人民群众的全面需要，达到社会主义物质文明、精神文明、生态文明的高度统一。这是社会主义现代文明的重要特征，也是国家富强、民族兴旺、人民幸福的重要标志。

二、实现人民的全面需要是社会主义现代化的根本任务和必然趋势

在社会主义社会里，人的全面需要，既包括劳动者个人及其家庭需要，也包括劳动者的共同需要；既包括人民的目前需要，又包括人民的长远需要。或者说，既包括个人的利益，又包括共同的利益；既包括目前的利益又包括长远的利益。本书第二章就说过，社会主义经济中，社

① 转引自［苏］伊·米·库特林：《防止空气和地下水的污染》，新华出版社 1981 年版，第 49 页。

会的共同利益与需要，全体人民的长远利益与需要，是它所关心的根本问题，不存在着经济利益和生态利益矛盾冲突的经济根源，因而社会主义现代化建设就是为实现人民经济利益与经济需要、生态利益与生态需要而进行的。满足这种利益和需要，是他们经济活动的起因和原动力。所以，保证人民的全面需要的实现，是调动他们的社会主义积极性和创造性，推动社会主义经济发展和生态发展的直接动力，是社会主义现代化建设的内在动力。

现代生产力的发展，劳动者的素质和体力、智力的全面发展，是实现社会主义现代化的重要条件。现代化生产要求具有体力、智力全面发展的新型劳动者，而造就这种新型的劳动者，在现代经济社会条件下，又必须具备必要的物质、文化和生态条件，因为，要使劳动者体力和智力得到全面发展，不仅要吃、穿、住、用等物质生活得到改善，而且要使文化娱乐、教育训练、精神享受等精神生活得到改善，还要使生存和发展的生态环境得到改善。社会主义不仅必要而且也有可能做到，现代人的全面需要能够在社会主义制度下更好地实现，这实质上是说，人类社会的现代文明建设能够在社会主义制度下更好地进行，社会主义能够使物质文明、精神文明、生态文明协调发展，逐步显示社会主义的强大生命力和巨大优越性。

（原载《理论生态经济学若干问题研究》，广西人民出版社1989年版，第273—277页）

社会主义物质、精神、生态文明协调发展的一个重要原则

我们要坚定不移地贯彻保护和改善生态环境的基本国策，实现这项战略任务，就必须在企业现代化建设的过程中，遵循社会主义生态经济利益原则，处理好社会主义经济的各种利益关系。这是保证社会主义物质文明建设、精神文明建设和生态文明建设协调发展的根本问题。生态经济利益原则是正确处理经济社会和自然生态发展关系的一项基本原则。它反映了社会主义公有制基础上的各种利益的有机统一和协调结合。认真实行这个原则，就能把我们的现代化建设事业转移到严格按照自然规律和经济规律办事的轨道上来，自觉地协调企业经济活动与自然生态发展的相互关系，为社会主义现代文明建设达到物质文明、精神文明和生态文明的高度统一与协调发展，开辟广阔的道路。

一、生态经济利益的实质

要明确生态经济利益及其实质，首先要了解什么是生态利益。人们对于经济利益这个概念是很熟悉的，而对生态利益这个概念却很陌生。所以，我们还要从什么是经济利益说起。有的经济学家认为经济利益，就是在一定社会经济形式中满足主体经济需要的一定数量的社会经济成果，这是很有道理的。人们从事物质资料生产活动，以解决食、衣、住、

行、用等消费资料，是经济系统生产的经济产品。人们的一切经济活动最终是为了实际占有和享用这些经济产品，实现其经济利益。这是人们的最基本的经济利益。然而，人们的物质资料生产活动过程，不仅是个经济过程，而且是个生态过程；人们维持生存和发展的消费资料，不仅是经济产品，而且还是生态产品。这就是由生态系统直接提供的新鲜的空气、明媚的阳光、清洁的淡水、生态健全的环境等，即生态系统生产的生态产品。所谓生态利益，就是指以一定的人为主体的生态系统中满足人们生态需要的一定数量的自然生态成果，它是为整个社会和全体社会成员提供生态消费资料的，因而具有全民性和公用性。所以，生态利益的实质，就是保持整个社会和全体人民的共同的、长远的利益。

在现实生活中，生态利益和经济利益是相互联系、相互制约、相互作用而形成的有机统一体，这就是生态经济利益。我们可以把这个新的利益形态的含义大致表述如下：在一定社会经济形式下的经济活动改变自然生态环境，使生态经济系统的经济活动中提供给人们需要的利益。但这种利益在生态系统本身不能直接表现出来，而是通过人们经济活动所取得的一定数量的劳动成果（包括生态产品和经济产品）或人们的经济活动破坏生态环境造成的一定数量的生态经济损失表现出来的。从本质上看，生态经济利益不管社会生产方式如何，应该说，比经济利益更具有保持整个社会和全体人民的共同的、长远的利益。社会主义经济是全体人民的各种利益的统一体，提供了把各种利益有机结合起来的客观可能性。正是从这个意义上说，社会主义经济的本质，就是全体人民的共同利益与个人利益的有机统一，整体利益和局部利益的有机统一，长远利益和眼前利益的有机统一。因此，发展社会主义经济，社会的共同利益、人民的长远利益是它所关心的根本问题。这就决定了人民的政府直至每个企业都应理所当然地把国家的整体利益、人民的长远利益，放在首要地位。积极地防治污染，保持环境，改善生态，建设自然，克服物质生产所带来的对生态环境破坏的消极作用，实现经济利益和生态利益的有机结合与协调统一。可见，社会主义生态经济利益的实质，就是实现和保持整个社会的整体利益和各个企业的局部利益的有机结合和协调统一，全体人民的长远利益和各个企业的目前利益的有机结合和协调统一。所以说，生态经济利益的实质充分体现了社会主义经济的本质。

然而，实践中的社会主义经济表明，社会主义经济的各种经济利益之间存在着非对抗性矛盾，尤其是社会主义商品经济运行过程中，不仅同一所有制内部不同经济利益之间，而且不同所有制的经济利益主体之间，其利益的矛盾和差别是大量存在的，并是经常互为消长。如果企业经济活动中，只顾本单位的局部的、眼前的利益，不顾全社会的整体的长远的利益，在公有制商品经济中也会产生外部不经济性，导致生态利益和经济利益的矛盾尖锐化。因此，我们必须把实现生态经济利益作为一项重要原则，贯彻到企业生产经济活动中去，为生态利益和经济利益的有机结合和协调统一，开辟广阔的现实道路。

二、必须改变急功近利的短视行为

一位生态学家在一次全国性学术讨论会上向全社会呼吁说：历史上人类所犯的最大错误就在于急功近利，过分陶醉于眼前利益，贪婪地、粗暴地、野蛮地掠夺自然，破坏生态平衡，破坏自身的生存环境。这种因小利而失大局，因近利而遭万劫不复之祸的历史教训是十分惨痛的。前车之鉴，应引起我们认真反思。这段话，说得多少深刻，讲得多么好啊！我国社会主义工业化初期，生产力发展水平低，无论是国家、企业，还是劳动者个人，都迫切希望尽快发展生产力，把经济搞上去，使生活大改善，因而往往会在经济建设中急于求成，急功近利，只顾眼前，不顾长远；只讲经济增长，不管生态环境。自 20 世纪 50 年代中期以来，就不断出现这种不良倾向，直到目前，急于求成，急功近利的短视行为，还严重危害着我国现代化建设事业。这主要表现在：第一，许多农业企业和乡镇企业，搞掠夺性经营，靠牺牲生态环境和抢吃生态老本来取得较好的经济收益，想在短时间内尽快富起来，造成生态利益损失难以计算；第二，许多工矿企业片面追求生产速度、产值的增长，靠大量消耗环境资源来换取生产增长速度，使某些环境资源日益短缺；第三，一些城市和地区工业发展严重地污染了产业和产品，又忽视环境保护，舍不得环保投资，防治污染“三废”长期不加有效处理，造成大气、水体、土壤等严重污染，其经济损失转嫁给社会；第四，一些企业因片面追求速度、产值而不顾社会需要刺激起来的不必要生产，造成产品积压，商品霉烂残损惊人，加剧了资源的短缺，等等。这些只顾眼前而牺牲长远的生产经营活动，对生态环境的破坏，常常是长远的根本性的破坏，一旦破坏以后，恢复起来相当困难，有些甚至是不可逆转的。因此，我们安排各项生产经营活动，不仅要考虑近期的经济收益，还要考虑今后的长远经济利益，而且在为当代人的长远利益着想的同时，也要为后代人的利益着想。我们再不能急于求成，急功近利，做出那些只顾眼前，牺牲长远，只为当代谋利益，而贻害子孙的蠢事。

改变我们生产经营活动的急功近利的短视行为，必须正确处理目前利益和长远利益的关系，真正实现两者的有机结合。这是实现生态利益和经济利益有机结合的核心问题。一些企业在这方面也有成功的经验。例如，有个化工厂在生产经营中，并不单纯以企业的眼前利益来决定产品生产方向。正如该厂厂长所说的：“我们选择产品时不仅要考虑利润大小，想我们能得到什么，而且更要想到我们会给当地人民，给子孙后代留下什么。”在这种讲求生态经济利益的原则指导下，几年来，这个厂做到，一是对铬酸酐这种利润高、原料供应、销路有保证，但污染严重而又无能力治理的产品，断然不生产；二是对用废电池生产锌肥，这种产品虽然有日本一公司包原料运输，生产技术、产品销售等条件优厚而收益多，但生产这种产品排放含镉、汞的有害废渣该厂难以处理，深埋对地下水会严重污染，也断然不生产；三是对已确定的产品如硫磺粉，为了减少排泄物的有害物质，也不用价格较低而含砷量较高的原料进行生产。这样，使这个厂以产品质量高、厂区环境美而挺立于乡镇企业之林。这个事实说明，在社会主义制度下，企业按照生态经济利益原则办事，在经济发展过程中是有可能既做到取得企业的眼前利益，又能做到不使人民的长远利益受到损害，并能实现企业的经济利益和社会的生态利益很好结合起来，为人民造福。

三、切莫把企业的不经济性转嫁给社会

在企业生产经营中，正确处理单位的局部利益和社会的整体利益的关系，实现两者的有机结合和协调统一，这是实行生态经济利益原则的关键问题。社会主义经济仍然是商品经济，每个企业都是商品生产者和经济利益主体，它们的生产经营活动无疑是首先直接关心自身的局部利益，而容易忽视国家的整体利益。于是，在某些情况下，企业生产经营为谋取自身更多经济利益而进行的经济活动，就有可能同国家或社会的利益，尤其是社会的生态利益发生矛盾和冲突。事实上，这种矛盾和冲突在现实经济生活中是经常大量发生的。因此，正确处理局部利益和整体利益的关系，通盘考虑，统筹安排，切实克服只顾局部、牺牲全局的错误做法，才能保证企业的局部利益和社会的生态利益的有机结合和协调发展。

企业在遵循生态经济利益原则问题上，处理好局部利益和整体利益的关系，主要是切实有效地防止企业生产经营单位采取掠夺性经营和过量消耗环境质量来发展经济，谋取经济利益。当前，最突出的是，无论城市工业企业，还是乡镇工业企业，都不同程度地任意排放工业“三废”，使水体、大气、土壤污染，生态破坏，其后果又转化为严重的经济损失。但是，这种生态经济损失，主要不是直接落在企业，而是转嫁给社会和其他人，从而损害了国家和社会的利益。这就使企业的经济性变为社会的不经济性。这是局部利益和整体利益之间矛盾冲突的突出表现。长期以来，我国许多经济工作领导者和企业领导者，往往只管发展经济，不顾生态环境，只看到局部利益，不管给整体带来的经济损失，对于外部的不经济性闭目塞听，甚至达到麻木不仁的地步！

（原载刘思华：《企业生态环境优化技巧》，《管理思维经营技巧大全》第6卷，科学出版社1991年版，第478—481页）

四大文明全面协调发展是社会主义现代化建设的基本任务和奋斗目标*

社会主义的存在与发展，其根本目的是替人民谋福利，是为了人民的幸福。因此，社会主义生产的直接目的是保证满足人民日益增长的消费需要，实现国家富强，人民幸福。大家知道，资本主义生产的直接目的和动机是生产剩余价值，保证资本家榨取利润的需要。资本主义企业的一切生产经济活动，都是围绕这个目的的。至于人民的消费需要，根本不是社会生产的目的，它只是资本家作为生产剩余价值的手段。因而，在资本主义剥削制度下，资本主义生产的任何发展，不仅是资本家无情掠夺劳动者，而且是资本家肆意掠夺生态环境和自然资源。所以，在西方资本主义国家实现工业化、现代化的过程中，虽然社会物质生活水平提高了，但因现代化过程中出现的生态条件恶化，环境质量下降，以至直接威胁着他们的生存和发展，广大人民为争生存，掀起反公害运动发展到反生态危机的生态运动，喊出了“还我阳光”、“还我蓝天”、“还我清水”的强烈呼声，几乎席卷资本主义世界。西方资本主义国家实现工业化、现代化的过程中酿成的世界性的生态环境问题，我们不能不引以为戒。

在社会主义制度下，发展生产力的最终目的，是为了适合人民的消费需要，实现他们体力和智力的全面发展。在这里，无论是宏观经济的社会主义社会的生产目的，还是微观经济的社会主义企业的生产目的，在本质上是一致的。社会的生产目的是通过企业的生产目的来实现，企业生产目的是社会生产目的的具体化；在内容上也是一致的，都是为了满足人民群众的消费需要，既包括企业局部成员的消费需要，又包括社会全体成员的消费需要。

然而，作为企业生态经济学所要研究的消费需要是指哪些具体内容呢？长期以来，传统的经济学把社会主义生产目的说成只是保证满足人民的物质需要和文化需要两个方面。这不完全反映现代经济社会发展的实际情况。生活在社会主义制度下的人民群众，作为社会和自然的真正主人，他们不仅希望自己的物质精神生活日益丰富，不断提高，而且希望自己的生存发展的生态环境不断改善。如果随着社会主义工业化、现代化的不断发展，他们过着优裕的物质生活，享有丰富的文化生活，而他们生存的环境质量下降，生活在那种尘雾弥漫、空气污浊、废水横流、垃圾遍地、噪声震耳、绿地消失的恶劣环境之中，到处呼吸不到新鲜空气，喝不到清洁的淡水！找不到安静休息的地方，这种连人民生存和发展的基本条件也得不到保障，即使物质文化生活提高了，但生态环境恶化了，生活质量下降了，也难以保证人民体力和智力的全面发展，怎么能说人民“过最美好、最幸福的生活”呢？怎么谈得上是合格的社会主义呢？因此，在人民生活的全部消费需要中，增进人民心身健康和智力发展的生态需要，则是人民生活的最基本的消费需要。所以，我们把满足人民的生态需要，包含在满足人民生活需要之内，既是社会生产和企业生产目的的重要内容，又是保证满足人民物质文化需要的基础。

由此看来，在社会主义制度下，进行现代化建设，发展社会主义生产，不仅要生产出日益丰富的物质产品和精神产品，保证满足人民物质文化的需要，使人民物质文化生活水平不断提高，而且还要创造良好的生态环境，保证满足人民的生态需要，不仅要使人民生活质量不断改善；而且要造福于子孙后代。我们要留给子孙后代一个经济发达、文化昌盛、高度物质精神文明、没有污染、高度生态文明的社会。从这一社会主义现代化建设的根本目的出发，就决定了防治污染，保护环境，改善生态，建设自然，是社会主义现代化建设和企业现代化建设的一项战略任务。

我们建设的社会主义社会，是既有高度物质文明和精神文明、又有高度社会主义民主的社会。然而，从生态经济学的观点来看，我们所要建设的社会主义现代文明，应该是高度的物质文明、精神文明、生态文明和社会主义民主的有机统一。在建设社会主义现代文明中，离开生态文明建设，那是不可思议的。因此，我们必须把创造良好的生态环境和提高全民族的生态环境意识的生态文明建设，作为现代化建设的一项基本任务，才能达到社会主义物质文明、精神文明、生态文明和社会主义民主的高度统一。这是社会主义现代文明的重要特征，也是国家富强，企业兴旺，人民幸福的重要标志。

首先，社会主义的社会生产和企业生产的目的既然是保证满足全体人民的生态、物质和文化的需要，那么，人民的消费需要，就应该包括生态、物质、精神三个部分，可以说是生态需要、物质需要、精神需要三类。在社会主义制度下这三类需要的实现过程，也就是三个文明建设过程，即社会主义现代文明建设过程。人民群众的物质需要及其满足程度和实现方式，构成社会主义物质文明的基本内容；人民群众的精神需要及其满足程度和实现方式，构成社会主义精神文明的基本内容；人民群众的生态需要及其满足程度和实现方式，构成社会主义生态文明的基本内容。所以，我们建设社会主义现代文明，必须坚持物质文明、精神文明、生态文明这三大文明建设一起抓。这是我们实现工业化、现代化所必须遵循的路线，是社会主义企业现代化建设所必须遵循的路线。

其次，我国建设社会主义的实践，从正反两个方面都充分表明，社会主义社会是全面发展的社会。发展是当代中国创造社会主义现代文明的主题。我国社会主义工业化、现代化不是纯粹的经济现代化，而是以此为中心的多元现代化。它的发展既包括经济发展也包括政治、文化、科技、社会的发展，还包括自然生态、环境的发展，并且经济发展必须同政治、文化、科技、社会、自然生态环境的发展相协调。社会主义企业是社会主义社会的基本单位，只有通过社会主义企业的全面发展，才能实现社会主义社会的全面发展。所以，社会主义企业的发展过程，就必然表现为经济与生态、社会与环境、人、社会与自然的全面发展过程。社会主义企业现代文明，也应该是社会主义的物质文明、精神文明、生态文明和社会主义民主的高度统一。三大文明建设和社会主义民主建设，都是社会主义企业现代化建设的基本任务。

再次，我们把保护和改善生态环境，创造社会主义生态文明，作为社会主义现代化建设的一项战略任务，努力实现经济社会和自然生态的协调发展。这是社会主义现代化建设的客观规律。社会主义现代化建设，是一个以生态文明建设为基础，物质文明建设为中心，精神文明建设为先导，民主建设为保证的四项建设互为条件、互相促进、互相作用的全面协调发展过程。否则社会主义现代化建设难以发展，社会主义难以存在。因此，只有把建设高度的物质文明、精神文明、生态文明和社会主义民主，都作为现代化建设的基本任务和奋斗目标，才符合社会主义现代化发展的客观规律。

（原载刘思华：《企业生态环境优化技巧》，《管理思维经营技巧大全》第6卷，科学出版社1991年版，第476—477页）

生态时代论*

现在，人类历史发展进入世纪之交，是现代人类社会发展史上的一个巨大变革时期，其重要标志是人类文明将由工业文明的时代进入生态文明的时代，因此，探索生态时代及其发展前景就成为现代人类迫切关心的国际性的重大课题。20世纪80年代后期以来，它引起国内外科学家的极大兴趣，是国际学术的研究热点。然而，对什么是生态时代，它的历史必然性及基本特征。以及对现代文明建设与社会主义和现代市场经济发展的影响等问题的认识却不尽相同。可以说是众说纷纭，相去甚远。本文拟就这些问题进行研究，投一叶于激流之中，以求教于同志们。

一、生态时代和历史潮流

什么是生态时代。国际上有些科学家从当代生态环境问题的严重性出发，认为生态环境破坏带来的灾难，将是21世纪人类发展面临的最大威胁。要走出这种困境，必须重建被破坏的生态基础，就会出现一个发展的新时代。这就是生态时代。21世纪将是生态学的世纪。

在我国，一些学者根据现代经济社会条件下生态环境的现状及其发展趋势，并把它与世界经济竞争联系起来预言，21世纪是“环境世纪”或“生态世纪”。他们认为目前人类历史发展处于大转变的历史时期。

---

* 本文系作者1992年在中南财经政法大学和中南民族大学的一次生态经济专题讲座。

从人与自然的发展关系来看，要从人是自然的主宰变为自然的伙伴，由征服、掠夺自然转为保护、建设自然，使其与自然保持和谐统一，已成为人类历史发展的必然趋势。这是一个划时代的大转变，正是从这个意义上说，现在我们开始重建人与自然和谐统一的时代，就是生态时代。

协调人与自然的关系是现代经济社会发展的基本内容。因此，人与自然发展关系的核心问题，是生态与经济发展的关系。经济社会发展必须与生态环境状况相协调。使当代经济发展从牺牲生态环境转变成为在生态良性循环基础上的生态与经济协调发展，已是现代经济发展的重要特征与必由之路。这是人类社会发展过程中一个划时代的大转变。正是从这个意义上说，我们重建人与自然和谐统一，促进生态与经济协调发展的时期，就是生态时代。所以，我们可以说，“现在已进入生态时代”①，生态建设总体规划的研究，是对人类奉献的一朵璀璨夺目的生态之花，是生态时代的必然抉择②。

可见，我们所说的生态时代，是指人与自然、社会经济与自然生态的发展关系进入了一个崭新的时代。这就是人与自然和谐统一，形成人与自然的全面优化关系，社会经济与自然生态有机统一，形成人、社会与自然的全面协调关系，使现代经济社会发展建立在生态与经济良性循环的牢固基础上，在这种自然和社会的良好条件下，人与自然共同生息，生态与经济共同繁荣而获得持续协调发展的文明时代。

在人类历史发展的长河中，人与自然的发展关系经历了一个曲折的演变过程。我们以人类经济活动为主线来考察，它们的相互关系，在每一个历史时期都随着经济发展或快或慢地发展而不断变化。从质的规定性来看，这种发展关系大致可以划分为三个时代和四个阶段。

第一个时代，是人类依附并初步利用自然的蒙昧时代，也是人与自然之间的蒙昧阶段。这时，人类适应利用自然的范围很小，基本上是被

---

① 石山：《时代呼唤着新的理论》，《生态经济》1991 年第 3 期。

② 参见刘国光为《长沙市城市生态建设总体规划研究》一书作的序，湖南科学技术出版社 1992 年版。

原生的自然界所包围。生活在没有改变的自然生态系统之中，是同质的和谐。处于一种极低水平的原始有机统一体中。正是在这个意义上说，人与自然的关系，基本上是属于生态系统内部的关系，在很大程度表现为一种自然生态发展过程。这个时期，人类社会大体上处于原始狩猎时代。

第二个时代，是人类掠夺自然，破坏生态而导致生态危机的征服时代，这个时代经历了人与自然发展的两个阶段。一是人与自然之间从无知走向对立，改变了人类对自然完全依附状态，开始了初步征服大自然的古代文明时期。二是人与自然之间从对立走向掠夺，进入了全面征服大自然的近代文明时期。尤其是20世纪中叶现代生产力的诞生并获得迅速发展，人类征服自然的能力空前提高，现代人类对大自然野蛮开发和肆意地掠夺。以牺牲生态环境来换取现代文明，已达到登峰造极的地步，使人与自然的关系紧张到了空前尖锐的程度。因而人与自然的和谐统一体完全瓦解了，导致环境危机和生态危机此起彼伏，直接威胁着人类自身的生存和发展。这是现代人类生存危机，同时也是现代社会经济的发展危机。因此，协调人与自然的关系，就成为现代人类和现代社会发展的一个根本问题。

第三个时代，是重建人与自然的有机统一体达到新的更高水平的和谐协调发展的生态时代。全人类面临着严峻的生态环境问题，促使现代人类觉醒。人类为了继续生存与发展下去，必须探索出一条有效解决生态环境问题，克服生态环境危机的新路。毫无别的选择。这是时代的呼唤。因此，人与自然之间从对立、掠夺又走向和谐。在恢复被破坏了的自然生态秩序的基础上重建人类与自然共生共荣的协调关系、伙伴关系，实现人与自然的协调发展关系。经历这种否定之否定的辩证发展过程，必然使现代人类带着辉煌的成就和切肤的创痛。把现代文明推进到一个崭新、和谐协调与自然反战关系的必然趋势是不可抵抗的历史潮流。

人与自然之间从对立、掠夺走向和谐统一，必然使经济与生态相互分离走向有机结合和协调发展，这是现代经济社会发展的内在要求与必然趋势。这就决定了当代人类和当今社会发展的伟大历史使命，就是要把生态与经济相分离的状态重新统一起来，建设一个遵循人与自然共同生息、生态与经济共同繁荣的现代经济社会，使它成为自然与社会互相融合的生态经济有机整体。人类社会发展到今天，自然与社会是难以分开的。当代维系人类生命和社会发展的这个生态脆弱的球体上，客观存在的只是自然生态和经济社会互相依存、互相制约、互相作用的有机统一体。因而，“生态与经济越来越紧密地交织在一起——在局部、地区、国家和全球范围内成为一张无缝的因果网”①。所以，当代经济社会发展必须与生态环境状况相协调，必须围绕着改善生态环境而发展，于是，保护自然、建设自然、爱惜资源、改善生态，将现代经济社会发展建立在生态良性循环基础上的必要性和迫切性已经超过历史上任何时期，已成为我们这个时代的最强音。因而，协调人与自然的发展关系，实现生态与经济协调发展已成为全世界普遍关注的中心议题。全人类正在为实现生态与经济协调发展而采取全球范围内的共同行动，正在载入人类历史发展的光辉史册。这是现代文明的希望曙光。

二、生态革命和生态时代

人与自然发展关系的三个时代和四个阶段，是由人类社会发展发生了三次技术革命而导致人与自然之间物质交换关系的三次巨大变革所引起的，随之使人类历史发展出现三次大转变。

农业技术的发明与使用是人类历史上的第一次伟大的技术革命。这是人与自然之间物质变换关系的第一次飞跃，使人类历史上出现了第一次大转变。这次大转变将人类从完全受自然的支配而神化和供奉自然中解放出来，这实质上是人类社会由直接消费生态环境资源到利用控制生态环境资源的转变，成为人类经济社会发展的第一次转折点。由于农业革命引起了人类生产技术的根本变革，形成了农业技术体系，使人类社

① 《我们共同的未来》中译本，世界知识出版社1989年版，第20页。

会由狩猎时代进入农业文明社会。从此才有了所谓人类文明。

蒸汽机的发明与使用，引爆了震撼世界的工业技术革命，又称之为近代科技革命。它是人类历史上第二次伟大的技术革命，是人与自然之间物质变换关系的第二次飞跃，使人类历史发展出现了第二次大转变，工业生产技术体系代替了农业技术体系。人类社会由农业社会进入工业文明社会。不可否认工业革命在人类文明史上谱写了极其光辉的历史篇章，但是工业技术体系具有根本缺陷，使这种文明建立在依靠大量消耗资源和能源的基础上，尤其是人类社会步入现代经济社会的发展时期以来，人类在资本主义生产关系下创造现代文明的过程中，贪婪地粗暴地野蛮地掠夺自然，破坏自然，带来了前所未有的环境危机直至生态危机，造成自然资源正在衰竭，环境质量正在恶化。生态条件正在退化，已成为当代经济社会发展面临的全球性普遍的尖锐问题。所以，第二次大转变实质上是人类社会由利用控制生态环境到征服掠夺生态环境资源的转变，使现代人类发展陷入严重的生态困境之中，搞不好，“生态爆炸”最终将会导致现代文明的毁灭。

当代人类历史发展正处于第三次大转变。这是由全球性的生态环境问题所引起的。按照马克思主义观点，产生问题和解决问题是同时存在的，这是历史辩证法。生态危机必然酝酿着一场新的巨大变革潮流。西方学者称它为“第三次浪潮”、“信息革命”等；我国学者称之为“第三次产业革命”、“生态革命”等。它是人类历史上第三次伟大的技术革命，是人与自然之间物质变换关系的第三次飞跃。当代世界范围内兴起的新技术革命的浪潮，不仅是能源（发现和利用清清的新能源）革命、物质（新材料、生物工程、无污染工业等）革命，将导致工业技术体系向生态与生物技术体系的大转变。而且是智能机器代替人类的部分脑力，深刻地改变着技术圈，创造比技术圈更高级、更复杂的智慧圈。它是生物演化与发展的最新阶段，有几个突出的特点：（1）生态环境状况与经济社会发展的最佳程度的协调一致。（2）保护生物圈的完整性。（3）自然界的消耗得到补偿，资源更新能力得到保护。（4）一切有害生态环境的生产技术将被无害生态环境的生产技术所代替，使人类活动保持生态学的洁净，而与其生态环境保持和谐一致。总之，这场新技术革命从根本上说是场信息革命，将会形成生态与生物技术以至整个科学技术与经济社会一体化发展的新格局，促使人与自然、经济与生态、人、社会与自然界的和谐统一和协调发展。因此，新技术革命实质上是人类社会由征服掠夺生态环境到保护建设生态环境的大转变。所以，我们说，信息革命同时就是生态革命。这是现代科学技术革命的客观过程。

早在20世纪50年代美国经济学家K. 博尔丁就提出了生态革命的主张。可以说，这种主张后来成为20世纪60年代末和70年代初西方兴起的生态运动的一个思想基础。到了20世纪80年代后，不仅主要资本主义国家，而且一些发展中国家都出现了绿色浪潮。美国世界观察研究所发表的一份报告中认为，现在全球生态环境状况正在恶化，人类需要进行一场环境革命来拯救人类的命运。我们可以肯定地说，绿色浪潮之势必然促进环境革命或生态革命高潮到来。它同历史上的农业革命和工业革命一样，是符合人类历史发展的客观规律的，必定开辟人类历史发展的新纪元。把人类社会由工业社会推向信息社会或后工业社会，这是一个以生态为基础的文明社会。所以，我们完全可以说，信息时代同时就是生态时代，是现代经济社会发展的必由之路。

生态革命是现代经济社会的社会与自然相互作用的必然产物。自20世纪80年代以来，一个生态环境保护的绿色浪潮滚滚而来，正在席卷全球，猛烈地冲击着现代人类社会的传统的生产方式、生活方式、思维方式，触及现代人类社会的各个领域。这主要有：绿色运动纵深发展，绿色政治逐渐强化，绿色组织成长壮大；绿色外交异常活跃，绿色计划纷纷出台；绿色战略相继实施，绿色科技备受青睐，绿色产业方兴未艾，绿色产品日益增多，绿色市场深受欢迎，绿色银行不断出现，绿色教育蓬勃兴起，绿色文化引起重视，绿色法律作用加强，绿色观念空前增强等等。总之，绿色浪潮正以不可阻挡之势正在推进第三次转变的实现，已成为生态革命的准备与序幕，意味着人类历史发展继农业革命和工业革命之后的生态革命必然到来。

现代人类通过这场具有划时代意义的生态革命，用现代科学的思想方法来反思自己与自然的发展关系，重新审视自己的行为，从根本上调整自己与自然的相互关系。彻底改变"人类中心论"的传统观念，努力摒弃牺牲生态环境为代价的现代文明建设，创建人与自然和谐统一、生态与经济协调发展的新的现代文明，使人类历史发展步入现代文明发展的崭新时期，这就是生态时代。

至此，我们可以对生态时代的基本特征作出几点论断：

第一，生态时代是对现代经济社会的生态和生态经济实质的最充分表达，这是以生态为基础的人类历史发展的时代。生态是人类社会发展的基础，是人类社会发展的普遍规律，只是工业社会的发展极大损害了它的生态基础，违背了这个客观规律，由此受到了大自然的无情惩罚，迫使人们进行反思，才认识到生态不仅是农业社会和工业社会的发展基础，而且是后工业社会发展的基础。工业革命迄今以来的正反两个方面的事实表明，良性循环的生态系统，是经济发展、社会稳定、人类生存的物质基础。现代经济社会发展必须建立在生态系统良性循环的稳固基础之上，只能以生态环境和自然资源的持久、稳定的支撑能力和供给能力为基础，使现代经济社会运行"绝对建立在它的生态基础上"①，确保这种基础受到绝对保护和健全发展，以使它能够长期地、稳定地支撑现代经济社会的发展。

第二，生态时代是现代科学技术进步的新时代。当今在世界范围内兴起的新技术革命的浪潮，是以信息技术革命和生物技术革命有机结合为核心的群体技术的大转变，有力地推动着智能圈的进化和发展，使现代科学技术在现代经济社会中的主导作用日益强化，并呈现新的特点，这就是现代科学技术生态化的趋势，或者说，高新技术绿化的趋势。因而，现代科技的基本职能和价值目标就由单纯开发、利用自然向在开发、

① 引自《我们共同的未来》，世界知识出版社1989年版，第16—17页。

利用自然中有效保护、大力建设自然的根本转变；使有害生态环境的生产技术向无害生态环境的生产技术的根本转变。所以，随着生态时代的到来，现代人类将会高度重视运用现代科技的力量来调整人与自然的发展关系，极大发挥它保护生态环境和提高现代质量的生态基础的职能作用，尤其是非常重视高新技术保护环保和培植自然作为主要的价值目标之一[①]。并为调节人与自然之间的伙伴关系提供新手段，为调整生态与经济之间的协调关系开辟新途径，保证现代经济社会在健全的生态基础上良性运行与协调发展。

第三，生态时代的发展，必须把生态经济建设放在首位。生态经济建设是现代经济社会发展过程中不可逾越的历史阶段，是工业社会发展的必然产物，生态经济建设是以生态环境建设即生态文明建设为核心展开的，它调整了现代文明建设的战略重点，开辟了一条新的发展道路，即经济社会与生态环境相协调的发展道路。这条新的发展道路“不是一条仅能在若干年内在若干地方支持人类进步的道路，而是一直到遥远的未来都能支持全球人类进步的道路”[②]。因此，可持续发展战略与协调发展道路，成为人类历史发展的时代洪流，人类社会发展的主导潮流，它不仅是发展中国家的发展战略，而且也是发达国家的发展战略，为了实行这种发展战略，当今一些国家的发展正在探索一条集约化和生态化相结合的发展道路，从而把缓解人、社会与自然界之间的尖锐矛盾作为现代经济社会发展的方向。经济社会发展的最基本的产业，农业集约化生态化即生态农业道路，工业的集约化生态化即生态工业道路，走对生态环境无害的技术发展道路等，已成为当今世界的现代农业、工业、科技发展的正确方向。因此，生态化是现代生产技术体系和现代国民经济体系变革的实质和方向。这种崭新的发展道路与方向，是人类文明由工业文明进入更高级的生态文明的客观要求与必然进程。

第四，在生态时代里，与新的发展道路相适应的，必然要伴随一个

---

① 参见吴晓江：《生态哲学视野中的“第一生产力”》，《哲学研究》1991 年第 12 期。

② 引自《我们共同的未来》，世界知识出版社 1989 年版，第 19 页。

发展模式的根本转换。

工业社会的发展是一个高耗、低效、高污、资源浪费型的发展模式，它实质上是生态与经济恶性循环的、消长互损型的发展模式。生态时代的发展模式刚好是一个低耗、高效、无污、资源节约型的发展模式，它实质上是生态与经济良性循环的、协调互促型的生态经济模式。工业文明向更高级的生态文明的转变，必然要有一个由前者向后者的转换，克服旧的发展模式，建立新的发展模式，在绿色浪潮和新技术革命浪潮的冲击下，将要形成以“生态为基础、科技为主导”的新型发展模式。它是现代经济社会发展的优化模式，是协调互促型的生态经济模式的最佳形态，标志着现代经济社会发展的一个新阶段。因此，现代文明建设，建立以“生态为基础、科技为主导”的发展模式。这是第三次大转变得以实现的关键问题，是开辟生态与经济协调发展的生态时代的必经之途。

总之，集中到一点，生态时代的本质特征，就是把现代经济社会运行与发展切实转移到良性的生态循环和经济循环的轨道上来，使人、社会与自然重新成为有机统一体，实现生态环境与经济社会的持续协调发展。因此，实现人与自然在新的更高层次的和谐统一，达到生态与经济在新的更高水平的协调发展，这是生态时代的根本标志，所以，建立在生态良性循环基础上的生态与经济的协调发展，就成为生态时代的首要的、本质的特征，生态时代的其他特征，都是从不同角度表现和补充这个本质的特征。在巴西召开的世界“环境与发展”大会上，118 个国家首脑云集里约热内卢共同探讨协调经济社会发展与生态环境保护问题，反映了生态时代的潮流滚滚而来。在首脑会议上，中国政府在环境与发展问题上首要的原则，就是经济社会发展必须与生态环境保护相协调，并明确指出“各国经济发展不能脱离环境的承受能力，应该实行保持生态系统良性循环的发展战略，实现经济建设和环境保护的协调发展”。这个基本原则和立场受到各国政府首脑的欢迎和赞同，这表明，实现生态与经济的协调发展，是当今世界各国发展的共同趋势，是现代经济社会发展的历史必然。它完全符合生态时代的本质要求，因而，它激励着全人类探索生态与经济协调发展的康庄大道，推动着人类历史发展向生态时代迈进。

三、现代生态时代和社会主义

对于人类发展时代的划分问题。近来有的同志提出，必须以生产力尺度为基础，以生产关系尺度为辅佐，以两个尺度的统一为准绳，这个观点是有道理的。马克思主义历来是按照生产力和生产关系相互作用与有机统一的原理，把生产力的发展和社会制度的进步联系起来观察和划分人类发展和社会发展的时代，本文把人类发展和社会发展划分为三个大时代。论证生态时代的必然性和客观性，虽然是以生产力为标准的，是指有特殊规定性的生产力发展的大阶段。但是，这同生产力和生产关系相互作用与有机统一的马克思主义原理划分时代是一致的，具体来说，有以下几点：

1. 我们研究人与自然的矛盾是人类生存与发展的最根本矛盾。探索生态时代及其发展前景时，马克思主义者和非马克思主义者的一个重大区别就在于，马克思主义者把生态、生态时代问题同人类社会制度和社会关系联系起来，揭示生态时代的本质及其发展趋势。而非马克思主义者只谈人与自然的矛盾，回避隐藏在这一尖锐矛盾背后的人与人之间的矛盾，因而，不讲社会经济关系，尤其是不触及所有制的生产关系这个根本问题。

马克思主义告诉我们，历史可以从两个方面来考察，可以把它分为自然史和人类史，两者是密切联系不可分离的。只要有人存在，自然史和人类史就彼此相互制约。因此，生态时代作为人类存在和发展的一个更高级的历史时代，不仅是人与自然环境的协调发展关系，而且是人与社会环境的协调发展关系，还是这两种发展关系的相互依赖、互相制约、互相作用的有机统一。生态时代重建人与自然和谐统一，就包括人与自然环境的协调关系和人与社会环境的协调关系这两个方面。前者是人与自然的生态关系；后者是人与社会的社会关系，或人与人的生产关系。

人类生存与发展的最根本矛盾运动，通过人类社会发展的基本矛盾运动具体表现出来，就是人与自然协调关系的建立，既依赖于科学技术的进步，还在根本程度上取决于人与人的协调关系的形成。同样，人与人的协调关系的形成，既取决于人与人的社会关系的性质，还在一定程度上依赖于人与自然的协调关系的建立。这两方面互为条件，互相作用，才能创造生态文明的生态时代，人与自然的协调关系，是生态时代的自然属性，人与人的协调关系，是生态时代的社会属性，正是这两种属性的有机统一，才构成了生态时代的本质，这两种属性的协调发展，才形成生态时代的自然史和人类史，推动着生态文明从低级向高级不断发展。

2. 创建生态文明，重建人与自然和谐统一。实现生态与经济的持续协调发展，这是现代经济社会的中心议题。它在本质上是个社会关系问题，按照生态经济学的观点，不仅人与人的关系是社会的产物，而且人与自然的生态关系也是社会的产物。在现代经济社会条件下，人与自然的生态关系之所以越来越具有社会关系的意义，这是因为，生态环境恶化已成为发达国家和发展中国家共同关心的全球性问题，自然资源稀缺性已成为当代经济社会发展日益突出的重大问题，在这种情况下，人与自然的生态关系归根到底反映着人与人之间的社会关系，一些人对生态的破坏和环境的污染就直接损害到另一些人甚至绝大多数以至全人类的利益与安全，某个国家或地区对自然资源的掠夺，就直接损害到另一些国家或地区以至世界多数国家的发展与安全。因此，这种人与自然的生态关系，也就不可避免地成为人与人的社会关系的重要方面，从而具有社会关系的意义。

正因为这样，理论与实践都证明，在不同社会关系和社会制度下，就会出现不同的人与自然的发展关系。这是生产力和生产关系的性质所决定的，生产力决定人对自然发展关系的程度与途径；生产关系决定人对自然发展关系的目的与方式。就以资本主义制度来说吧，以生产资料私有制为基础的现代资本主义制度发展现代生产力的根本目的，仍然是最大限度地掠夺占有现代人类创造的财富，现代资本主义虽然具有强大的现代生产力，却把它变为现阶段实现其掠夺的手段与工具。因此，资本与自然的关系，就表现为掠夺与被掠夺的关系。垄断资本集团不仅无情掠夺雇佣劳动者，掠夺他们的创造力，而且无情掠夺自然界，掠夺大自然的生态财富，从而破坏了人、社会与自然界和谐统一与发展的正常秩序。从历史上看，当代全球生态环境问题，主要是发达资本主义国家工业化过程中过度消耗自然资源和大量排放污染物造成的。这就是说，人类对自然的掠夺破坏所导致的生态危机，也主要是资产阶级的贪婪的掠夺的阶级本质所造成的。就是在今天，发达资本主义国家不论从总量还是从人均水平来说，资源消耗和污染物的排放量仍然大大超过发展中国家，因而，它们仍然是全球的污染源，对全球生态危机负有主要责任，但是，现代垄断资产阶级从其私利出发，又不愿为解决全球生态环境问题作出全面努力，而成为重建人与自然和谐统一、解决生态与经济协调发展的严重障碍。从根本上来说，在现代资本主义制度下，人、社会与自然界的矛盾，则是生产社会性同资本主义私有制之间矛盾的表现形式，资本主义生产关系决定了现代垄断资产阶级不可能从根本上解决人、社会与自然界的全面协调发展问题。体现在以下几个方面：

第一，现代资本主义虽然能在一定条件下、在一定范围内调整人、社会与自然界的发展关系，使之矛盾得到一定程度的缓和，甚至重新建立某种协调关系，但这也只能是在盲目地、自发地追求私利的条件下进行，具有被迫的、被动的性质。它不可能自觉地从总体上全面地解决资本主义发展过程中生态利益和经济利益的矛盾与冲突。

第二，西方资产阶级虽然较早注意研究人与自然关系的失调以至全球性失调问题，并不得不采取若干措施整治环境、控制污染。改善生态、保护自然也确实取得了一定成效，但是，现代资本主义生产关系的本质，决定了这些措施的局限性，解决不了全球范围内的人与自然之间的全面协调、全面优化的关系；而且往往将污染转嫁到发展中国家，并为保护本国生态环境而掠夺别国的资源，破坏别国的生态，从而加剧了全球生态环境的恶化。这是当代国际政治和经济秩序的一个重要问题。

第三，现代垄断资本主义制度所固有的资本主义生产方式的基本矛盾，以及有关社会因素等，不可能通过资本主义制度本身来解决，更不能自动消除，因而现代垄断资产阶级也不会自动地全面停止和结束其掠夺自然的行为。

尽管如此，但全人类生活在生物圈中，地球是个最大生态系统，无论资本主义社会还是社会主义社会都在其中运行，大家都是地球这条船上的乘客，不能让它沉没下去。全人类的利益高于一切，有效解决现代人类的生存危机高于一切。所以，在重建人与自然和谐统一，创建生态文明的问题上，资本主义和社会主义并不是截然对立、完全敌对的，而是肩负着人类的共同使命，正因为这样，实行可持续发展战略，走生态与经济协调发展的道路，是全世界各国人民的共同愿望，是势不可挡的时代洪流，已成为世界各国发展的共同趋势。

3. 社会主义为人、社会与自然界和谐统一与协调发展开辟了广阔的现实道路。社会主义是人类历史上的一种崭新的社会制度，以生产资料公有制为基础的社会主义生产关系，在本质上消除了割裂人、社会与自然界有机统一的社会根源，为人们自觉地协调人、社会与自然界的发展关系提供了现实可能性，马克思曾提出："社会化的人，联合起来的生产者，将合理地调节他们和自然之间的物质变换。把它置于他们的共同控制之下，而不把它作为盲目的力量来统治自己，靠消耗最小的力量，在最无愧和最适合于我们的人类本性的条件下来进行这种物质变换。但是不管怎样，这个领域始终是个必然王国。这个必然王国的彼岸，作为目的本身的人类能力的发展，真正的自由王国就开始了。但是，这个自由王国只有建立在必然王国的基础上，才能繁荣起来。"① 因此，恩格斯明确指出："在这种制度下第一次能够谈到真正的人的自由，谈到那种同已被认识的自然规律协调的生活。"② 在这里，马克思和恩格斯指明了社会主义公有制的社会关系是能够顺应人与自然的社会化的客观要求，从根

① 马克思：《资本论》第3卷，人民出版社1978年版，第926—927页。
② 《马克思恩格斯选集》第3卷，人民出版社1972年版，第154页。

本上消除人与自然之间的矛盾对立状态，能够合理调节人与自然的物质变换的发展关系，在人与人和谐统一和人与自然和谐统一的互为条件下，实现人与自然物质变换的真正繁荣。创造一个最无愧和最适合于人类本性的生态环境，使社会主义社会的发展、社会主义劳动者的生活同自然规律相协调，达到一种共同生息与繁荣昌盛的理想境界。马克思主义者，既然坚信社会主义是人类社会发展的必然趋势，是完全符合人类历史发展的客观规律，也就一定坚信马克思和恩格斯这个预言终将会实现的。社会主义不仅有必要而且有可能使人、社会和自然界之间保持和谐统一与协调发展，使它们之间的发展关系进入一个新时代，即是前面所说的生态时代。

社会主义制度立足于地球的时间还较短，当代社会主义又在实践中曲折地发展，即使如此，社会主义还是在大踏步地前进。现在，已经证明，今后将继续证明，在社会主义制度下不仅存在着人、社会与自然界和谐协调发展的内在要求与必然趋势，而且存在着实现这种内在要求与必然趋势的社会条件，因此，社会主义按其本质来讲，是不存在着通过牺牲生态环境来谋求经济增长、获得某种经济利益的客观必然性；恰恰相反，却存在着生态与经济有机统一与协调发展的客观必然性。这是社会主义发展的客观要求和重要特征。社会主义生产关系从根本上决定了人与自然、生态与经济的和谐协调发展，是在为全体人民以至全人类的生态利益和经济利益有机统一的条件下，自觉地、有计划地发展。在这方面社会主义比资本主义具有极大的优势。社会主义在创建工业文明的同时，还要根据当代全球性的生态环境的严峻现实，将工业文明推向生态文明，为人类历史发展的第三次大转变作出积极的巨大贡献。这是社会主义发展在当代的必然的最佳选择。它的实质就是探索现代社会主义的发展道路。所谓现代社会主义，简言之，就是要通过建立高度社会化的现代经济运行方式即现代市场经济来实现人类对社会主义、共产主义的理想或追求。社会主义的发展过程，就必然表现为经济与生态、社会与环境、人、社会与自然界和谐协调发展的过程。可见，社会主义的本质及其发展趋势，同生态时代的本质及其发展趋势，是完全一致的，正是从这个意义上说，社会主义开辟了人、社会与自然界和谐协调发展的新时代；现代社会主义开始找到了开辟这个新时代的现代经济社会发展的理想体制与运行方式。也正是从这个意义上说，生态时代是现代社会主义时代，即现代市场经济时代。

当然，社会主义制度只是为我们建立起人与自然和谐统一提供了社会条件，为我们实现生态与经济协调发展奠定了客观基础，切不能理解为这些可以自发实现，也不能认为社会主义尤其是社会主义初级阶段中可能完全避免人、社会与自然界发展关系的不协调，甚至在工业化和现代化进程中不存在人与自然的矛盾与冲突。这是不可能的。

第一，社会主义制度赖以诞生的生产力起点比较低。大力发展机器生产力和现代生产力，建立人、社会与自然界和谐协调发展坚实的物质技术基础还需要有一个过程。

第二，当代社会主义社会处于它的初级阶段，还存在着许多不完善的地方，尤其是社会主义生产关系的现实形式即社会主义市场经济体制还要在实践中探索，它与自然生态发展还不完全适应，需要不断完善社会主义生产关系，通过改革传统社会主义经济体制和发展模式，才能使社会主义生产关系逐步适应生态生产力与生态经济生产力的发展，这同样有一个过程。

第三，在发展中的社会主义国家，既有传统的生产方式、落后的生产条件，又有视野狭窄和追求短期利益的思想观念，将自己的、小集团的私利置于人民和国家根本、长远利益之上，置于全人类的共同利益之上，也会掠夺自然，以牺牲生态环境为代价来发展经济，谋取某种经济的、政治的利益。

第四，社会主义劳动者对社会主义条件下人与自然的相互关系的发展规律、生态与经济的相互关系的发展规律认识还需要有一个深化的过程，何况，社会主义制度没有给人们违反客观规律的权力，还要在实践中逐步解决。如果人们进行工业化和现代化建设不符合或违背了客观规律，同样会使人与自然之间不和谐关系加深，生态与经济之间不协调关系扩大，并会把它们的矛盾推向对立的状态。这种情况，在国内外社会主义实践中出现过或者目前还存在着，应引起我们认真反思和正确对待。

但是，生态时代的社会主义的发展，应该避免重蹈资本主义工业文明所走过的弯路。随着社会主义社会的生产力巨大发展，科学技术日益进步，生产关系不断完善，人、社会与自然之间发展的不协调，是能够通过社会主义制度本身不断得到有效解决的。我们坚信，社会主义社会发展，一定会成为像马克思所说的那种社会，即“人与自然界的完成了本质的统一，是自然界的真正复活，是人的实现了的自然主义和自然界的实现了的人道主义”[①]。

4. 生态时代是社会主义最终胜利，共产主义必须来到的时代。农业革命创造农业文明，到被比它高级的工业文明所代替，经历了一万年之久。工业革命创造工业文明，至今已有近300年的发展历史。我们可以预言，生态革命创造比工业文明更高级的生态文明，以及生态文明从低级阶段向高级阶段发展，也必将会经历一个相当长的历史时期。在这个历史时期，正是社会主义不断前进，社会主义制度不断发展，日益完善，直到最终胜利，或者说是社会主义初级阶段发展到社会主义中级阶段，直至向社会主义高级阶段过渡的历史时期。到那时，人类社会才最终建立起：“人与人之间和人与自然间极明白而合理的关系”[②]。这种社会是“人与自然之间、人与人之间的矛盾的真正解决”的共产主义社会[③]。

我曾论述生态经济协调发展理论的哲学基础和基本论点时说过：“人类的经济活动与其他生物的生存活动的根本区别，在于人类经济活动绝不会导致某些生物那样因自身的发展而破坏自己的生存条件，并最终导致自己物种灭绝的后果。这是因为，人类经济活动在造成自身和生态环境矛盾的同时，也造就了并将继续造就不断解决社会经济发展和自然生

① 《马克思恩格斯全集》第42卷，人民出版社1979年版，第122页。

② 《马克思恩格斯全集》第23卷，人民出版社1972年版，第96页。

③ 马克思：《1844年经济学哲学手稿》，人民出版社1985年版，第77页。

态环境之间矛盾的新手段；新手段的不断产生，就会不断地开辟解决社会经济和自然生态的矛盾，实现其协调发展的新途径。使人类社会和人类生态环境在互相适应，彼此平衡，协调发展中沿着康庄大道不断前进。虽然，在不同社会经济形态下，协调发展的社会本质、表现形式和实现方式各有不同，但这条协调发展的崭新的康庄大道最终必将是社会主义、共产主义的康庄大道。”① 因此，我们可以得到一个合乎逻辑的结论。生态时代，是社会主义最终胜利、共产主义必然来到的时代。这就是中国生态经济协调派的时代观、未来观。

四、社会主义现代文明与生态文明建设

生态时代是社会生产力发展进入一个新阶段的历史必然。农业革命使人类获得了手工生产力，创造了灿烂的农业文明，即古代文明，开创了人类历史发展的新时代。工业革命标志着近代技术革命的崛起，使人类获得了机器生产力，以致人类经济、社会生活和各个领域发生了空前巨大的变化，创造了辉煌的工业文明。机器生产力的巨大威力是手工生产力不可比拟的，它在短短几百年的时间里，使资本主义社会生产力创造的财富超过了以往数万年以来所创造财富的总和。对此，马克思和恩格斯在《共产党宣言》中作了很高的评价，说资产阶级在不到100年间创造的生产力，比先前一切生产力的总和还要多，还要大。因此，机器生产力的飞速发展，写下了近代文明的光辉篇章。

机器生产力的巨大发展，终于导致了以信息技术和生物技术为带头的现代高新技术革命，使人类获得了信息生产力。这就是20世纪中后期开始的现代生产力。在现代经济社会是个生态经济有机整体的条件下，现代生产力是以生态生产力为基础的，与经济生产力有机统一的生态经济生产力。这是现代生产力比机器生产力更加完善、更高层次的所在，现代生产力发展的时间很短，许多特征尚未充分展现，但它的一般的基

① 刘思华：《理论与生态经济学若干问题研究》，广西人民出版社1989年版，第420页。

本规定可以看出：是以电脑化的智能机器体系作为整个生产力的基础，用智能代替人类部分脑力劳动，智力成为现代经济社会中最主要的生产力，使整个生产力建立在以量子力学和微电子技术为中心的、精密而先进的现代科学技术体系之上，从而创造更高级的以生态文明为基础的现代文明。生态文明一定要比工业文明在人类历史发展史上写下更加辉煌的篇章。可见，生态时代的现代文明，在实质上是生态文明，只有生态文明才是真正的人类文明，生态学家叶谦吉教授说得好："从生态文明的内容出发，人类社会同样可划分为蒙昧时代、野蛮时代和文明时代。蒙昧时代，是指人类根本没有意识到人类与自然的关系，作为社会的人还没有产生的时代。野蛮时代，是指人与自然之间的关系建立在一种征服与被征服的基础上，人类把自身当作自然界的主人，看成自然界的征服者时代。而文明时代，则是人与自然建立一种和谐统一的关系，人利用自然，又保护自然是自然界的精心管理者的时代。因此，从生态文明的角度来看，真正的文明时代才刚起步。"所以"21 世纪应是生态文明建设的世纪"。

20 世纪末期到 21 世纪初中期，是我国社会主义初级阶段的主要时期，也是我国社会主义现代化建设的历史时期，这是人类从征服时代向生态时代大转变的关键时期，也是建立和完善中国社会主义市场经济体制的历史时期。在这个发展阶段，我国社会的生产力基本上是手工生产力、机器生产力和现代生产力的"三元结构"格局。因而，人类历史上依次出现的人类文明的农业文明、工业文明和生态文明必然并存着。然而，从我国社会主义现代化建设的基本内容和战略目标来看，是要发展现代生产力，创建现代文明。这是我国生产力发展的必然趋势，也是社会主义初级阶段发展的客观要求。我国生态文明建设就必然提前到来，使当代社会主义中国现代化发展避免走发达资本主义国家现代化老路，即是使我国社会主义市场经济发展避免走发达资本主义国家早期市场经济发展的老路。这是一个无法逃避的客观现实，不可违背的发展规律。所以，近几年来，我在一些论著中反复阐述，社会主义的现代文明，应该是社会主义的物质文明、精神文明、生态文明的高度统一；社会主义现代化建设，应该是社会主义物质文明建设、精神文明建设、生态文明建设的有机统一与协调发展。

社会主义现代文明建设过程，是人、社会与自然的全面发展过程。这个发展过程是以生态文明建设为基础，物质文明建设为中心，精神文明建设为先导的，民主建设为保证的四大文明建设互为条件、互相作用、互相促进的全面协调发展过程。它将是建设中国特色的社会主义现代文明的基本实践，是中国社会主义现代化建设发展的客观规律。

中国社会主义现代化建设的实践与理论告诉我们，20 世纪末到 21 世纪初是现代人类实现从征服时代向生态时代大转变的关键时期。21 世纪是生态世纪，是生态经济建设世纪，这是毫无疑义的。在这个世纪，现代社会主义必然借助现代市场经济的发展去加快生态文明建设的步伐，将人类历史发展推进到人与自然和谐统一、生态与经济协调发展的现代文明的崭新时期，使生态时代的本质特征充分表现出来。建立和完善社会主义市场经济体制，发展现代市场经济，是社会主义走向复兴的必由之路。它开创了社会主义实践的新阶段，这就是现代社会主义的历史时期。因此，我们完全可以说，生态文明建设与现代市场经济的有机统一与协调发展是现代社会主义发展的生态经济特征和必由之路。

我们经济理论工作者要看清这一必然趋势，适应生态时代的历史潮流。进一步加强生态经济学研究，就一定能使我国生态经济学理论随着我国改革和发展的现代文明建设发展而繁荣昌盛，就一定能够建立起中国特色的社会主义生态经济学。这是当代中国马克思主义经济学家的历史责任。

（原载《刘思华文集》，湖北人民出版社 2003 年版，第 309—328 页）

“富强民主文明的社会主义现代化国家”的生态学辨识

党的十三大充分肯定和比较系统地论述了我国社会主义初级阶段理论。这个理论，第一次比较系统地初步回答了中国这样的经济文化比较落后的国家如何建设社会主义、如何巩固和发展社会主义的一系列基本问题。在这个理论指引下，我们确定分两步在20世纪末实现国民生产总值翻两番的基础上，又提出第三步到21世纪中叶基本实现社会主义现代化的战略目标。党的十四大进一步指出：改革是一场新的革命，“是要进一步解放和发展生产力，经过长期奋斗，把中国由不发达社会主义国家变成富强民主文明的社会主义现代化国家，使社会主义优越性在中国充分体现出来。”这就指明了这次新的革命的根本任务和战略目标，是光辉的时代给予中华民族的伟大的历史使命。这样，我们党就举起了一面引导全国各族人民迈向21世纪的伟大旗帜，展现出中华民族腾飞崛起的雄姿，屹立于世界发达民族之林的宏伟壮志和光辉前景。正是从这个意义上说，21世纪将是我国全面建设“富强民主文明的社会主义现代化国家”的世纪，是我国社会主义初级阶段向中级阶段发展的世纪。本书对把我国建设成为“富强民主文明的社会主义现代化国家”进行生态学思考，从而深刻认识走出一条发展我国社会主义市场经济的绿色道路，则是要把我国建设成为“富强民主文明的社会主义现代化国家”的客观需要。

人们普遍认为，建设一个富强的社会主义现代化国家的主要标志，是发达的社会生产力，丰富的社会财富，雄厚的经济实力，人民生活水平较大提高等，这从传统经济学观点来看，是无可非议的认识。但是，按照生态经济学的观点，这种看法没有完全反映现代经济社会发展的必然趋势，不符合或不完全符合人与自然发展关系的客观进程，至少是不全面的。

一个真正富强的社会主义现代化国家，必须是具有很强的综合国力。综合国力不仅是经济力、科技力、国防力、精神力、政治力很强，而且是自然力尤其是生态环境质量很优、人力尤其是劳动者素质很优等多种强力的有机统一、全面增强、协调发展。在现代人类推进人与自然从尖锐对立走向和谐统一的大转变过程中，协调人口、资源、环境与发展关系的能力极大增强，人与自然、生态与经济之间合理的、和谐的相互作用关系的极大发展，使现代中国经济社会发展“绝对建立在它的生态基础上”，从而将我国社会主义市场经济运行建立在生态系统良性循环的稳固基础上，并确保这种生态基础受到绝对保护和健全发展，这种生存与发展的能力的极大增强，应该是强大的综合国力的最重要的内容，是国家富强、民族兴旺、人民幸福的重要标志。对此，我们必须明确以下几个基本问题：

1．解放和发展的生产力，应该是社会生产力和自然生产力的有机统一，或者说是经济生产力与生态生产力的协调发展。因而，保护自然生产力，发展生态生产力，应该是实现社会主义根本任务的重要内容。

现代生产力发展的代价和现代人类的反思，使大家认识到，发展生产力，必须解放生产力和保护生产力。在人类历史发展进入21世纪，解放生产力和保护生产力中，最重要的是要保护自然生产力，解放生态生产力。正如有的同志所说：“生态生产力是一种健康的被解放了的生产力”，“可以毫不夸张地说，进入21世纪，保护生产力将成为热门话题，只有保护生产力，才能发展生产力。”因此，在我看来，在21世纪的生态时代，保护自然生产力，解放和发展生态生产力，将是我国社会主义现代化建设的最根本的、最突出的任务之一。只有保护自然生产力，解放和发展生态生产力，才能更好发展社会生产力，使中国社会主义制度获得发达的现代生产力，必然会使社会主义优越性在中国充分发挥出来。

2. 社会主义现代化强国必须以国民财富的较大增长为基本条件，而丰富的国民财富又必须是经济财富和生态财富的相互增长与共同繁荣。

传统经济学的狭义财富观，是只把经过劳动改变了自然形态的具有符合人们生存和经济社会发展需要的社会产品，或者说是由经济系统直接供给社会生活和社会市场的有用物质看做财富；而对那种有人类劳动参与其中的自然物而具有符合人们生存和经济社会发展需要的生态产品，或者说是由生态系统直接供给社会生产、人们生命、生活的有用物质不视为财富。生态经济学认为，前者是经济财富（包括物质财富和精神财富）；后者，尤其是自然环境的各种生态因子以及它们的有机整体的良好生态环境，并不是具体的物质实体，是物质客体之间的相互联系、相互作用的一种表现形态。因为，我们不能把生态同具有生态的物质这个载体混为一谈，不能把生态产品仅仅视为物质产品，这是很不够的，必须把它独立当作一类财富，成为国民财富的重要组成部分。我们称之为生态财富或自然财富。在生态时代，生态财富将会越来越成为人类财富的来源和财富的本身。这样，在一个国家或地区的生态经济系统总体上，国民财富应该由生态财富、物质财富、精神财富以及现役和后备劳动力构成。这就是现代人类的广义财富观。

生态时代向我们充分展示了创造广义财富的极端重要性。因为，它使现代人衡量国民财富的根本尺度和现代文明建设的成就，也不能单纯以经济财富多寡，而是以生态财富和经济财富的相互增长与共同高涨为标准。如果我国现代化建设，获得了经济迅速发展，经济实力极大增强社会产品十分丰富；然而，虽然经济财富日益增多，却使自然资源耗竭，生态条件退化，生态赤字日益严重，于是生态财富不断减少、短缺而升值，经济财富相应地贬值，人们最终会发现我们的社会不是越来越富，而是会使子孙后代连生存的条件和基础也没有了，就必将变得越来越穷。哪有什么现代化建设的成功、国家富强可言！

3. 富强民主的社会主义，最终必须表现在人民生活富裕；而人民生活富裕不仅是人民生活水平不断提高，而且是人民生活质量逐步改善，实现社会全体成员体力和智力的全面发展。

社会主义的本质，就是要在发展生产力的基础上，使人民生活不断提高，逐步实现共同富裕。因此，社会主义现代文明建设的最终目的，是要保证满足全体人民过最美好的、最幸福的富裕生活的全面需要。随着现代生产力的发展，人民生活水平的提高，人民对包括社会生活高度民主化在内的生活质量的追求愈来愈高。所以，在富强民主的社会主义条件下，人民生活富裕，不仅要求生活水平的不断提高，而且要求生活质量的逐步改善。在提高人民生活质量的概念中，不仅是使人民生活和发展的生态环境日益改善，保证人民的生态需要；还要使社会生活高度民主化，从而实现人民的全面需要。

一些发达国家现代生活已充分表明，人们在物质产品等经济财富得到满足的情况下就会付出更高的代价去谋求生态需求，获得较好的生存环境及享受优美的生态环境，提高其生活质量。这是不断提高人民福利的重要标志。前苏联经济学界认为："生态需要满足的程度，决定于环境质量和生物圈状况，这是人民福利的基本指标之一。"如果我们逐步向三步发展目标迈进，使人民过着优裕的物质生活，享有丰富的文化生活，却生活在恶劣的生态环境之中，呼吸不到新鲜空气，喝不到清洁淡水，找不到安静休息的地方，得不到符合生产需要的资源，搞得人人自危，人民生存和发展的基本条件得不到保障，当然就难以保证全体人民获得自由的全面发展，怎么能说人民过着美好的、幸福的富裕生活呢？

4. 社会主义民主的发展与完善必须以发达的生产力尤其是科技第一生产力为基础，而社会主义的高度民主又是人民过着美好幸福的富裕生活，实现全体人民全面发展的重要保证。前苏联科学家季米里亚捷夫说得好："科学得到民主的坚决支持，而民主则产生牢固的科学基础之上，这才是建立各国人民幸福生活和强大威力的完整过程。”我国实践证明，发展生产力过程，建立社会主义市场经济体制的过程，是建设社会主义民主的过程。所以，社会主义民主建设，就是要逐步完善社会主义民主制度，实现整个社会生产和生活的高度民主化，使人民群众真正成为社会和自然的自觉建设者和精神管理者。

5. 社会主义现代文明是物质文明、精神文明、生态文明的高度统一。传统观点是把保护生态环境仅仅视为物质文明建设，把生态文明仅仅视为物质文明和精神文明的一个内容，这是很不够的，这不能反映生态时代的客观实际和本质要求。诚然，保护生态环境可以说是属于物质文明建设的范畴；提高人民生态环境意识可以说是属于精神文明建设的范畴。但是，作为生态文明建设，是有自己的独立的内容。建设富强民主文明的社会主义现代化国家，必然通过发展现代市场经济，创建社会主义的物质文明和精神文明，也必然要借助现代市场经济的发展去创建社会主义的生态文明。所以，近几年来，我在一些论著中反复阐述，社会主义的现代文明，应该是社会主义的物质文明、精神文明、生态文明的高度统一；社会主义现代化建设，应该是实现社会主义物质文明建设、精神文明建设、生态文明建设的有机统一与协调发展。这是社会主义初级阶段全国人民的根本任务。

物质文明建设，是根据我国社会主义条件下生产力和生产关系的矛盾运动，建设现代化经济，提高生产力发展水平，解决人民日益增长的物质需求同落后的社会生产的矛盾，以满足人民的物质需要。

精神文明建设是根据我国的经济基础和上层建筑之间的矛盾运动，建设现代化社会，提高整个中华民族的思想道德和科学文化素质，解决社会主义现代化不断发展同落后的思想道德和科学文化的矛盾，以满足人民的精神需要。

生态文明建设，是根据我国社会主义条件下劳动者同自然环境进行物质交换的生态关系和人与人之间的经济关系的矛盾运动，在开发利用自然的同时，保护自然、提高生态环境质量，使人与自然保持和谐统一的关系，有效解决经济社会活动的需求与自然生态环境系统的供给之间的矛盾，以保证满足人民的生态需要。可见，生态文明建设有其自身的独立的内容。保护和改善生态环境，创建社会主义生态文明，是社会主义现代化建设的一项战略任务。生态文明建设是“迈向21世纪的工程壮举”，迫在眉睫，全党全民要高度重视生态文明建设，这是生态时代赋予我们的伟大历史使命。

总之，社会主义现代文明建设过程，是人、社会与自然的全面发展过程。这个发展过程是以生态文明建设为基础，物质文明建设为中心，精神文明建设为先导，民主建设为保证的四大建设互为条件、互相作用、互相促进的全面协调发展过程。它将是建设中国特色社会主义现代文明的基本实践，是“建设富强民主文明的社会主义现代化国家”的客观要求。因此，三大文明建设和民主建设都是现代化建设的基本任务和奋斗目标，这是建设现代社会主义的必然进程和客观规律。

（原载《当代中国的绿色道路》，湖北人民出版社1994年版，第13—18页）

社会主义生态文明是社会主义的本质表现与重要特征*

现代新文明是物质文明、精神文明、生态文明的内在统一，社会主义现代文明更是如此。因此，社会主义物质文明建设、精神文明建设、生态文明建设互为条件与相互促进，是社会主义现代化的可持续经济发展的一条重要原则。从20世纪80年代末期以来，笔者在一些论著和学术会议上反复阐述，社会主义的现代文明，应该是社会主义的物质文明、精神文明、生态文明的内在统一；社会主义现代化建设，应该是现代社会主义物质文明建设、精神文明建设、生态文明建设的有机统一与协调发展。这是实现当代中国经济可持续发展道路的战略任务，是把我国建设成为“富强民主文明的社会主义现代化国家”的客观需要。

一、三项文明建设的基本含义及其生态文明建设的独立性

物质文明建设，是根据我国社会主义条件下生产力和生产关系的矛盾运动，建设现代化经济，提高生产力发展水平，解决人民日益增长的物质需求同落后的社会生产的矛盾，以既满足当代人福利增加的物质需要，又能够提供后代人满足其生存与发展物质需要的基本条件。

精神文明建设，是根据我国社会主义的经济基础和上层建筑的矛盾运动，建设现代化社会，提高整个中华民族的思想道德和科学文化素质，

解决社会主义经济不断发展同落后的思想道德和科学文化的矛盾，以既满足当代人的全国发展的精神需要，又能够提供后代人的全面进步所必需的精神动力和智力支撑条件。

生态文明建设，是根据我国社会主义条件下劳动者同自然环境进行物质交换的生态关系和人与人之间的经济关系的矛盾运动，在开发利用自然的同时，保护自然，建设现代化生态环境，提高生态环境质量，使现代经济社会发展建立在生态系统良性循环基础之上，有效解决人们经济社会活动的需求同自然生态环境系统的供给之间的矛盾，以既保证满足当代人福利增长的生态需要，又能够提供保障后代人发展能力和资源和环境基础。可见，生态文明建设有其自身的独立的内容，它对于物质文明建设和精神文明建设来说，是具有其相对独立性的。可是，传统观点是把保护生态时代仅仅视为物质文明建设，把生态文明看成是物质文明或精神文明的一个内容，否认它的相对独立性，这不能反映现代新文明的客观实际和生态时代的本质要求。诚然，保护生态环境工程建设可以说是属于物质文明建设的内容，提高人民生态环境意识教育可以说是属于精神文明建设的内容。但不能以此把生态文明建设看成是物质和精神文明建设的附属物而否认它的相对独立性。这是因为：

1. 从精神文明建设的相对独立性看生态文明建设的相对独立性。精神文明往往要通过一定具体物质形态来表现出来，有些精神产品要物化为一定的具体物质形式；而且精神文明的“物质形态”和精神产品的“物化形式”的产生过程都需要一定的物质条件。所以，一般来说，精神财富的载体是物质的。虽然如此，它并非物质文明建设的附属品，并非物质文明建设的派生物；而是具有相对独立性的现代文明建设。同样的道理，生态文明往往要通过一定具体的物质形态表现出来，有些生态产品要物化为一定的具体的物质形式；而且生态文明的“物质形态”和生态产品的“物化形式”的产生过程，在当今却不能完全靠自然生态生产自发生产，还需投入人类劳动和物资。所以，我们肯定地说，生态财富的载体是物质的，却与精神文明一样，不能以此否定它的相对独立性。

生态文明建设也是一项具有自身独立内容的现代文明建设。

2. 与现代国民财富的新构成相适应的现代文明的新构成是现代文明建设发展的必然要求。1995 年世界银行公布了衡量现代国民财富的新标准，即是把经济、社会、环境等方面因素综合起来计算一个国家的财富的新方法，这就为现代国民财富的新构成的数量分析提供依据。从理论上说，笔者早在 20 世纪 80 年代末提出现代文明建设的新构成时，就认为现代国民财富的新构成是："一个国家或社会的国民财富应该由生态财富、物质财富和精神财富构成。"因此，与这种国民财富的新构成相适应的现代文明建设的构成，也应该由过去的物质和精神两个文明建设构成相适应的现代文明建设的构成，也应由过去的物质和精神两个文明建设扩展三个文明建设，即由物质、精神、生态文明建设构成。这才是如实地反映了现代国民财富构成的客观实际，才能适应现代文明建设发展的客观要求。

3. 生态文明建设的一个重要内容就是恢复和保持生态系统的整体有用性。我们既不能把它仅仅看成为物质生产，又不能把它仅仅看成为精神生产；而它在本质上生产生态产品的生态生产与再生产。因此，我们必须把它独立当作一项现代文明建设即生态文明建设。所以，从一般意义上说，凡是人们按其固有自然生态规律，或多或少投入一定量的人类劳动（包括活劳动和物化劳动），恢复和改善生态环境，再生产出达到维持生态环境具有人类生存和经济社会发展所需要的使用价值，尤其是保持生态系统的整体有用性的生态环境保护与建设，都是生态文明建设。

二、社会主义现代化建设的目标与标志

党的十四大提出："要进一步解放和发展生产力，经过长期奋斗，把中国由不发达的社会主义国家变成富强民主文明的社会主义现代化国家，使社会主义优越性在中国充分体现出来。"为此，党的十四届五中全会和八届全国人大四次会议制定了跨世纪宏伟蓝图。这些都指明了我国社会主义现代化建设的战略目标和根本任务。要完成这一伟大的历史使命，

不仅要求物质文明有一个大的发展，而且需求精神文明也有一个大的发展，还要求生态文明应有一个大的发展；并实现这三大现代文明的有机统一与协调发展。

1. 现在人们越来越认识到，社会主义精神文明是社会主义内在本质的表现，是社会主义社会的重要特征和优越性之一，因而它构成社会主义现代文明的重要内容，使精神文明建设成为我国现代化建设总体战略的重要组成部分。然而，人们对社会主义生态文明建设的战略地位认识不足，因此，我们必须从可持续经济社会发展的高度给生态文明定位。笔者在《当代中国的绿色道路》一书中认为，在社会主义制度下不仅存在着人、社会与自然具有和谐协调发展的内在要求与必然趋势，而且存在着实现这种内在要求与必然趋势的社会条件。因此，社会主义按其本质来讲，存在着生态与经济有机统一与协调发展的客观必然性。这是社会主义发展的客观要求和重要特征，在这方面社会主义比资本主义具有极大的优势。因此，生态文明也是构成社会主义现代文明的重要内容，生态文明建设也是我国现代化建设总体战略的重要组成部分。这充分体现在我们党和国家把实施可持续发展战略，作为实现我国跨世纪建设蓝图的关键战略措施之一。因此，不仅建设社会主义精神文明，而且创建社会主义生态文明，都是关系跨世纪宏伟蓝图的全面实现，关系我国社会主义事业的兴旺发达。所以，加强生态文明建设同加强精神文明建设一样，是解决我国经济社会全面协调发展和可持续发展的重大战略任务。生态文明建设是“迈向21世纪的工程壮举”，21世纪是生态文明建设的世纪。

2. 社会主义精神文明和生态文明不仅是社会主义的本质表现和重要特征，而且是社会主义的根本任务与基本内容。社会主义的根本任务，是解放和发展生产力。它不仅是解放和发展物质生产力，而且包括解放和发展精神生产力，还包括保护自然生产力，解放和发展生态生产力也是实现社会主义根本任务的基本内容之一。只有通过生态文明建设，才能保护自然生产力，解放和发展生态生产力，将是21世纪中国现代生产力发展的最根本的、最突出的现代化建设任务之一。

3．精神文明建设和生态文明建设，都是我国社会主义现代化建设，实现跨世纪宏伟蓝图的奋斗目标。我们党和国家制定跨世纪宏伟蓝图，就明确提出实施“两个根本转变”、科教兴国、可持续发展三大战略，就表明三项文明建设本身都是我国现代化建设的奋斗目标。如果说，党的十四届六中全会决议进一步确定精神文明建设是“现代化建设的重要目标”，那么我们可以说，生态文明建设也是现代化建设的重要目标。忽视了精神文明建设或生态文明建设，跨世纪宏伟纲领就失去了完整性，就使社会主义现代化建设失去了完整性，就会导致现代化建设畸形发展的严重后果，我们必须认清这一点。

4．三项文明建设同步推进与协调发展构成社会主义社会富强文明进步的标志。社会主义现代化的发展，既包括经济发展又包括政治、文化、科技、社会的发展，还包括自然生态环境的发展，并且经济发展必须同政治、文化、科技、社会、自然生态环境的发展相协调。其中生态环境发展越来越成为衡量现代发展的质量、水平和程度的客观标志之一。因此，笔者曾在一本书中明确指出，社会主义现代化建设“达到社会主义物质文明、精神文明、生态文明的高度统一。这是社会主义现代文明的重要特征，也是国家富强、民族兴旺、人民幸福的重要标志”。

三、实现社会主义市场经济健康发展和可持续发展的历史性课题

到此，我们可以做出这样一个基本结论：我们建设富强民主文明的社会主义现代化国家，不但要有高度的物质文明，而且要有高度的精神文明，还要有高度的生态文明，三项文明都搞好，才是有中国特色的社会主义。因此，只有三项文明建设相互促进与协调发展，才能实现社会主义市场经济的健康发展和可持续发展。这是我们面临的历史性课题。

党的十四大确认我国经济体制改革的目标是建立社会主义市场经济体制，它标志着我们党把现代市场经济同社会主义基本经济政治制度有机结合起来，这是对马克思主义的一个创造性贡献。在这个中国特色的

社会主义理论指导下，笔者认为，21 世纪现代社会主义经济发展，既取决于社会主义基本制度同现代市场经济的紧密结合与成功协调；又取决于现代市场经济同生态环境发展的紧密结合与成功协调。这就把发展社会主义市场经济放在社会主义—市场经济—生态环境三维坐标的新视角来审视、探索如何实现社会主义制度完善—现代市场经济发展—生态环境改善的内在统一与协调发展，走出一条发展社会主义市场经济的可持续发展道路。因此，这个现代市场经济三维发展观，实质上是把市场经济同社会主义生态文明建设紧密结合起来，提出现代市场经济同生态文明相结合的社会主义新概念，是社会主义市场经济发展的内在要求。现在，党的十四届六中全会决议明确指出，社会主义市场经济体制，不仅同社会主义基本经济政治制度结合在一起，而且同社会主义精神文明结合在一起，又是对马克思主义的一个创造性贡献。这个重要的新结论，提出现代市场经济同精神文明相结合的社会主义新概念。所以，发展社会主义市场经济，不仅要把现代市场经济体制同社会主义基本经济政治制度紧密结合起来；而且要把物质文明建设、精神文明建设和生态文明建设紧密结合起来，有机统一于社会主义市场经济的健康发展和可持续发展进程之中，它反映了我们对社会主义市场经济发展的客观规律认识的深化。

综上所述，社会主义市场经济发展的过程，是以生态文明建设为基础、物质文明建设为中心、精神文明建设为先导、民主建设为保证的四大文明建设互为条件、相互促进的全面协调发展过程。它将是我国现代经济健康发展和可持续发展的基本实践，是建设中国特色的社会主义现代文明的客观规律。

（原载《可持续发展经济学》，湖北人民出版社 1997 年版，第 216—223 页）

生态文明是 21 世纪可持续发展的鲜明特色

农业革命创造了灿烂的农业文明，工业革命创造了辉煌的工业文明，生态革命将创造以生态文明为基础的现代新文明，一定会比工业文明在人类历史上写下更加辉煌灿烂的篇章。21 世纪是生态文明建设世纪，将是重建人与自然和谐统一，成为生态与经济协调可持续发展的生态文明时代。这是 21 世纪可持续经济发展的一个鲜明特征。

1. 历史事实已经充分表明，工业文明的人类经济活动与发展行为，使工业社会的发展尤其是经济发展的生态代价和社会成本远远超过人们从中得到的正效益，而付出极高代价实在是太惨重了。其核心问题是工业文明对现代经济社会发展的生态基础的根本性破坏，导致工业文明发展过程中种种危机日益加深，使当代人类面临人们通常所说的人口、粮食、能源、资源、环境五大危机，这些归根到底是生态危机的表现形式。全球生态危机，把人类推到了与自然界全面对抗和尖锐对立的程度，差点导致人类自掘坟墓的悲剧，它标志着工业文明已陷入困境，走到了尽头。不可置疑，工业文明引起的负效应是普遍存在的，并具备全局性和尖锐性，为了把人类从生态恶化的深渊之中拯救出来，使人类文明得以持续下去，人类就必须走出工业文明的困境，创建一种新的现代文明。这种文明就是人与自然和谐相处与共同进化、生态与经济协调发展与共同繁荣的生态文明。世纪之交人类文明发展开始由工业文明向生态文明转变，21 世纪的生态文明建设将会克服工业文明的种种危机，把现代经济社会推向一个可持续发展的新文明高度。

2. 生态危机的全球征候引起人类对自身生存发展危机的严肃思考，于是，人们反思工业文明的发展道路，深刻认识到，这是一条不可持续发展的道路。这条道路最突出的问题是工业文明发展带来了严重的不可持续经济问题，从而造成不可持续经济发展危机，才产生了可持续发展这个当今世界各国面临的共同课题。因此，当今中国和世界各国探索可持续发展之路的根本点，就是要首先解决当代经济发展中普遍存在着的非持续发展经济问题，使之转移到可持续发展经济的健康运行轨道上来，建立起一个真正的可持续发展的经济。只有这样，我国才能走出一条社会主义市场经济可持续发展道路，这就是当代中国生态文明建设的光辉道路。所以，当代中国现代市场经济可持续发展道路，不仅要具有高度的物质文明，而且要具有高度的精神文明，更要具有高度的生态文明。21 世纪中国现代市场经济就是在这三大文明建设的相互适应和协调推进中不断向前发展，这是具有中国特色的可持续经济发展的最重要的、最鲜明的特征。

3. 工业文明的道路之所以是一条不可持续发展的道路，其深刻根源就在于工业文明是一种以主要依靠消耗资源和牺牲生态环境为代价的发展模式。这是一种非持续经济发展模式。历史事实告诉我们，工业革命以来，人类在创造工业文明的进程中，先是发达国家工业化，后是发展中国家工业化，都基本是把经济增长建立在贪婪地索取自然资源、大量地消耗化石能源的基础上，使工业文明建筑在对不可再生资源的大规模开发和自然环境容量的毫无顾忌地利用的基础之上。这就使工业文明的人类经济活动和发展行为脱离了人、社会与自然的协调发展和全面进步的良性循环轨道。这种人口、资源、环境与经济发展关系的严重失衡，正是工业文明危机的症结所在。因此，彻底改变工业文明的发展模式，创建生态集约型和知识密集型一体化的可持续经济发展模式，这是现代经济发展模式的伟大革命，是人类可持续发展道路的战略重点和发展思路，是 21 世纪加强生态经济建设和发展知识经济的基本方向。

4. 在工业文明时代里，几乎人类的一切活动和发展行为都是围绕着一个共同的、甚至可以说是唯一的目标进行，这就是一味地追求物质财富的无限增长。这样，工业社会的生产和再生产全过程，始终是以大量消耗自然资源和经济资源，达到尽可能把更多的自然资源转化为物质产品的目的。可见，工业文明时代的经济基本上是建立在物质财富的生产、分配及使用的基础之上的经济。我们可以把它称之为物质经济。这种物质经济的发展，主要依靠土地种植和深挖地球资源，甚至任意掠夺自然生态环境。这必然使现代经济演化为不可持续发展的经济。而非持续发展经济问题普遍地存在于现代经济社会的各个领域，又把工业文明引入绝境。因此，今后人类文明已经不能主要依靠深挖地球资源和牺牲生态环境，只能主要依靠挖掘人类自己的智力资源以及由此延伸的信息资源，使人类文明迈进一个以智力资源和信息资源为主的生态文明时代。这是历史的必然。只有顺应这种客观必然性，才能真正理顺人与自然的发展关系，才能正确协调生态与经济的发展关系。为了与工业文明的经济是物质经济相对应而言，仅仅是如此，我们才把现代经济发展是以智力资源和信息资源为主的生态文明时代，又称之为知识经济时代。20 世纪末期到 21 世纪中期，是我国建立和完善社会主义市场经济体制的历史时期，这正处于人类发展从工业文明时代向生态文明时代转变的关键时期。因此，我们把可持续发展理论同包括社会主义现代文明在内的现代人类文明建设实践结合起来，必然得出一个合乎逻辑的结论，21 世纪应该是可持续经济发展的世纪，它既是生态文明建设的世纪，又是知识经济发展的世纪。所以，加强生态文明建设和发展知识经济是推动 21 世纪中国现代市场经济发展的“两个轮子”，是 21 世纪中国可持续经济发展的必然进程。

（原载《生态经济》1999 年第 2 期）

论生态产业与五次产业分类法*

生态环境是现代经济社会发展的基础，也就必然成为一切产业发展的基础。这是现代经济及现代产业发展的普遍规律。理论与实践表明，只有生态环境保护与建设的产业化，大力发展生态产业（即环境产业），才能为这个规律充分地发挥作用开辟广阔的道路。为此，笔者把生态产业称为"第五产业"，明确提出"可持续经济的五次产业分类法"。这不仅仅是个统计工作问题，而且是个可持续发展经济的问题，即是可持续经济五次产业划分的理论问题。

一、可持续发展经济的两个基本特征

1. 知识化与生态化是现代经济及现代产业发展的两大趋势，也是21世纪的可持续发展经济的两个基本特征。综观当今世界经济发展和全球产业发展的巨大变革，21世纪的现代经济及现代产业发展具有两个新特点：一是世界经济发展的知识化（包括信息化在内），这是现代经济及现代产业发展的大趋势；二是世界经济发展的生态化，也是现代经济及现代产业经济发展的大趋势。两大新趋势的有机统一，则是21世纪现代经济及现代产业发展的希望所在。在21世纪人类进入信息经济为代表的知识经济和可持续发展经济的时代，现代经济既是生态经济，又是知识

* 本文系作者提交给中国生态经济学会第五届会员代表大会的论文。

经济。它们在本质上是可持续发展经济。我们完全可以说，21 世纪的现代经济是以生态经济为基础，知识经济为主导的可持续发展经济。因此，现代经济及现代产业发展的知识化与生态化，就构成为可持续发展经济的两个基本特征。

2. 现代产业经济发展的巨大变革和现代产业结构演变的全方位变化，归根到底是现代产业经济发展的知识化与生态化，即是产业结构的知识化与生态化及其相互协调与融合发展。所谓现代产业结构知识化，主要是在社会生产和再生产过程中体力劳动和物质资源的投入相对减少，物质资源的作用相对降低，或退居次要地位；而脑力劳动即智力资源和科学技术的投入相对增多，知识资源的作用相对上升，并占据主导地位。当然，从根本上看，现代产业结构的知识化，是产业经济的知识化与知识的产业经济化的一体化，就形成了知识经济一体化的结晶——知识产业。这是现代产业发展的主导因素。所谓现代产业结构生态化，是指在社会生产与再生产过程中投入资源能源少，各种资源利用率高；产出的产品或服务多而废物最少，污染最轻，甚至无环境污染或生态破坏，使产业经济发展建立在生态环境良性循环的基础上，从而实现环境保护和生态建设的产业化，即是生态环境发展的产业经济化。从根本上说，现代产业结构生态化，是产业经济化的生态化与生态的产业经济化的一体化，形成生态经济一体化的结晶——生态产业。它是生态环境从传统经济发展的外在因素转化为现代经济发展的内在因素。因此，现代产业结构知识化与生态化并行不悖，并达到相互促进与协调发展，这是 21 世纪现代经济可持续发展的客观进程。

3. 任何一种经济形态都是由特定的主导（支柱）产业支撑的，一种新的经济形态的产业的最终确立，必然要有体现这种新经济形态本质的新的主导产业的形成与发展。知识经济是 21 世纪的一种新的经济形态，支撑它们的支柱产业是知识产业，它将在 21 世纪现代经济及现代产业结构中成为主导产业。这是学术界的共识。所以，国内外学者把它称为“第四产业”，并提出了“四次产业划分法”，这只是问题的一面。问题的另一面，既然知识经济在本质上是可持续发展经济，从理论上基本解决了“增长没有极限”和“可以实现经济可持续发展”的根本问题，成为可持续经济发展的现实的、根本的途径，就在于知识经济发展不仅要朝着现代产业经济知识化的方向发展，而且要朝着现代产业经济生态化的方面发展。这就是生态产业的兴起，用生态化改造第一、第二、第三产业和知识产业生态化趋势，使生态产业逐渐成为知识经济的产业结构中的支柱产业。这是历史的必然。因此，知识经济作为一种可持续发展的新经济形态，其支柱产业主要是知识产业和生态产业。早在21世纪90年代初期，美国的“新经济”崛起过程中，就已开始将生态产业置于维持美国竞争力的战备性产业地位。国内外有人预测，生态产业将成为21世纪世界性的主导产业。正因如此，我们不能将生态产业混杂在第一、第二、第三、第四产业之内，而应把它从这些产业中分离出来，升格为一个独立的第五产业，从而创建可持续经济的五次产业分类法。

二、生态产业的含义、构成与特点

生态产业的本质特征，是利用生态技术体系，通过物质和能量多层次分级利用或循环利用，把投入生态系统的资源尽可能地转化为生态产品，实现废物最小化，并保证生态产品能够创造更多的物质和能量，即不断地产出更多的生活、生产资料，促进生态与经济良性循环，实现生态环境与经济社会相互协调和可持续发展。因此，生态产业的实质，不仅是现代产业结构演变的生态化，而且是现代经济发展的生态化。它既表现当代、现代经济的生态化，又表现为现代生态的经济化，这两个方面没有逻辑先后和时间先后之分，在现代经济运行过程中不是分离存在的，而是有机统一的，形成生态经济一体化的产业形式。生态产业作为生态与经济一体化的产业形式的形成与发展，就意味着生态环境的保护、治理、建设、监测、评价与管理专门化和规模化，并更好地纳入融合现代化经济运行与发展的过程中，获得最佳的生态经济效益。

由上可知，以生态财富（包括产品和服务）的创造、生产、流通、保护和利用等基本内容的生态产业，可以从狭义和广义两个方面来认识。狭义的生态产业，实际上是传统意义上的环保产业。它是指环保设备的生产、制造，以及利用这些设备与技术进行环境污染控制、处理与服务的产业总称。这实质上主要是“熵”处理产业。广义的生态产业，是指除了“熵”处理产业外，还包括一切直接或间接与生态环境建设、保护、管理有关的部门和产业的总称。

因此，我们所说的生态产业可以表述为：在保护环境、改善生态、建设自然的生产建设活动中，从事生产、创造生态环境产品或生态环境收益的产业和为生态环境保护与建设服务的产业及其符合生态环境要求的绿色技术与绿色产品生产相关的部门和产业的集合。于是，广义的生态产业应该包括生态环境技术生产部门、直接生态环境保护与建设部门和间接生态环境保护与建设部门。

跨世纪席卷全球的绿色浪潮与生态革命，引发了生态产业大崛起。综观世界生态文明的发展趋势，概括起来，生态产业有三大部门十种产业群。

第一大部门为生态环境科学技术产业群，这是生态环境技术生产部门。它主要包括：（1）生态环境科学研究，是以发明、发现、生产、销售和设计技术为主的科学技术集群，是生态产业的基础性群体。（2）生态环境技术产业，是以生产生态环境硬技术（生态环境保护与建设设备制造、生态环境监测仪器制造等）和生态环境软技术（生态环境咨询策划、绿色设计与绿色管理系统开发等）为主的生态环境技术群体。这是生态产业的主导性或支柱性群体。它们的产品是生态产品中比重最大的一部分，主要包括环保设备、生态建设监测仪器、生态环境高新技术设备和技术服务等。

第二大部门为直接生态环境保护与建设部门，是直接生产生态产品的产业群。它主要包括：（1）“熵”处理产业群。即工业废水、废气、废渣的处理产业、农业生态循环产业、各种垃圾的处理、利用产业等。（2）资源综合利用产业。（3）再生资源回收、加工与利用，这是工业产品用旧之后的分解产业，它包括废旧金属、废纸、废化工制品等工业废物的处理。(4) 直接创造生态环境产品与收益的产业群，主要有资源产业，包括林业（植树造林和天然林保护及以防护林体系、水源涵养林体系、水土保持等体系为重点的森林生态系统工程保护与建设等)、草业、沙产业、水资源产业等，还有江河整治与防洪防旱工程建设、防治水土流失、生态农场、生态养殖场等。(5) 自然生态保护业。(6) 生态环境监测与自然灾害的预报与防治产业。(7) 生态环境文化教育产业群，是以生产、传播生态文化和环境知识的智业群，尤其是培养与造就生态环境、生态经济与可持续发展的专门人才的生态环境教育产业，这是解决生态产业代际持续性发展的群体。(8) 生态环境信息和管理产业群，它包括生态环境宣传、报道、出版和管理产业等。

第三大部门为间接生态环境部门，这是相对于直接生态环境保护与建设部门而言的。它的性质和作用与直接生态环境部门相同，但它的生产活动组织形式都是包含在第一、第二、第三、第四产业内。因此，它构成了非生态环境部门与产业的生产活动不可缺少的部分。它具有两种表现形式：一是在农业、工业、服务业和知识业的大中型企业内部的生态环境保护与建设部门、生态环境教育部门、生态环境管理部门等，其产品和服务在企业内部生产并在其内部使用。二是属于农业、工业、服务业和知识业的企业，生产与使用（或服务的提供）符合生态环境保护要求的绿色技术与绿色产品。建立起生态型生产经营管理体系，成为绿色企业，这些属于绿色产业的内容，可以称之为准生态产业。如生态农业、生态工业、生态建筑业、生态商业、生态旅游业、生态信息业等。

生态产业的本质决定了它与其他产业相比较，呈现出如下的几个主要特点：

第一，生态产业是现代经济社会发展的基础产业。我曾在一些论著中反复阐明，生态环境是人类生存和经济社会发展的基础，这是人类社会发展的普遍规律。因此，生态环境不仅是农业发展的基础，而且是整个国民经济发展的基础。我们必须把现代经济发展建立在生态系统的良性循环的基础上，这是实现21世纪现代经济社会与生态环境相协调的可持续发展的必由之路。正是在这个意义上说，有些学者提出环境产业是第一产业，并指出应该把传统意义上的环保产业与环境产业区分开来。环保产业是环境末端处理性产业，而环境产业则是对可能产生的污染从源头就加以严格控制，即把环境的管理和保护作为一个系统来涵盖从生产到消费的全过程，是一种可持续发展的经济模式。在我看来有三点：其一是现代生态产业中占主导地位的生态环境建设部门的根本任务，是帮助或加速自然再生产即生态生产，生产生态产品（包括共享生态产品和共享生态资源两部分），增加生态资本存量，从而维持和巩固人类生存和经济社会发展的生态基础。正是在这个意义上看，生态产业是战略性基础产业。其二是环境产业的根本目标，不仅对可能产生的污染从源头就加以严格控制，以保障生态资本的非减性；而且还要建设环境，改善生态，增加生态资本的存量，这是因为环境保护和生态建设是相互渗透、相互交织的并行发展。正是在这个意义上说，生态产业和环境产业大体是同一概念。其三是传统意义上的环保产业，也是现代生态产业的重要组成部分。

第二，生态产业是高渗透、大跨度型产业。由于生态环境问题的普遍性和生态技术应用的广泛性，就决定了生态产业是一种渗透性极强和跨度极大的产业。它不仅渗透于社会和产业的各个部门，跨越第一、第二、第三、第四产业部门，而且融合于生态环境技术生产部门、直接生态环境部门和间接生态环境部门，跨越物质产品再生产总过程的领域和精神产品再生产总过程的领域，成为物质、精神、生态生产与再生产的高度统一与融合发展的典型。然而，在实际工作中的确存在一个问题，这就是间接生态环境部门（包含在第一、第二、第三、第四产业内）虽然直接从事生态环境保护、建设与管理工作，但其价值未计入生态产业产值，而是计入相关行业的产值之中，成为国民生产总值的一部分。特别是如何具体计量间接生态环境部门的产值，是有待深入研究的问题。

第三，生态产业是以生态效益为主的高增值、高效益型产业。生态产业提供的生态产品中，最主要的部分是谁与共享产品和共享资源，其生态价值极高，满足生态需求具有极强的公益性，产生的社会效益极大。世界银行的报告认为，投资与环境和环保产业的经济和社会总回报要高于任何公共投资的效益。国外经济学家估算表明，每投入1元的环保产业投资，可带来10元的社会外部收益，其中30%是避免的健康损失。例如，自然灾害预报防治工程是高效益产业。近8年来建设太湖流域综合治理工程总投入46亿元，1999年治太防洪工程综合减灾效益达92亿元，是投入的两倍。生态产业的产出增值高、效益高，不仅在于自身，而且在于通过生态产业渗透与服务于经济社会的各个领域，可产生巨大的生态效益、经济效益和社会效益，提高国民经济发展的整体效益水平。

第四，生态产业是多功能、综合性极高的产业。由于生态产业经济的运行，是生态、物质、精神再生产的相互交织与协调发展，使生态产业系统不仅具有生态系统的特点与功能，而且具有经济系统的特点与功能，还具有社会系统的一些特点与功能，形成综合的边缘交叉型产业，使它向物质、精神、生态多功能服务的综合方向发展。不仅表现在生态与经济上，而且表现在科技、文化、社会、政治甚至军事等各方面。生态产业的综合性还表现在它不仅在微观企业内部要以综合的生态技术为基础，而且在宏观社会也要以综合的生态技术为基础。在知识经济迅速发展的条件下，它越来越朝着智能化的方向发展，使人工智能越来越多地植入生态技术，不断提高高技术的信息处理能力。与此同时，“智能材料”和“智能能源”的应用，使生态技术朝着智能化的方向发展。正是从这个意义上看，生态产业也是一种高新技术产业，是综合了多个学科、多种技术的边缘交叉型产业。

第五，生态产业是全面反映现代文明要求的复合型产业。当今的现代文明最基本的、最主要的是物质文明、精神文明和生态文明的三大文明格局。这三项文明的高度统一与协调，才是真正的现代文明。可是，长期以来，人们只把高度的物质文明作为衡量工业化、现代化建设的唯一尺度与最高标志，不仅忽视了精神文明建设，而且放弃了生态文明建设，并且是以巨大的惨重的生态恶果和精神代价换取物质文明发展，压抑了人们的精神需求和生态需求，导致人、社会和自然都呈现出种种病态，因此，20世纪80年代后期以来，笔者在一些论著和学术会议上反复阐明，社会主义的现代文明，应该是社会主义的物质文明、精神文明、生态文明的高度统一；社会主义现代化建设，必须是社会主义的物质文明建设、精神文明建设、生态文明建设的内在统一与协调发展。这是21世纪现代文明建设和可持续经济发展的一条重要原则。现在，我们要找到贯彻这条原则的根本途径。这就是发展生态产业。它的本质特点与功能，全面地反映了三次文明建设的客观要求，既为生态文明建设服务，又为物质文明建设服务，还为精神文明建设服务。

三、三次产业分类法的缺陷与四次产业分类法的提出

早在1935年，英国经济学家、新西兰奥兰塔哥大学教授费希尔（A. G. B. Fisher）在《安全与进步的冲突》一书中，最先提出了第三次产业的概念及揭示了它的本质就在于“服务”。因此，在当时，澳大利亚的一些经济学家就形成使用类似三次产业分类法。1940年，英国经济学家科林·克拉克（C. G. Clark）出版了著名的经济学著作《经济进步的条件》一书，继承和发展了费希尔的研究成果，明确地把全部国民经济活动划分为第一次产业、第二次产业和第三次产业，即称之为三次产业，从而开拓了产业结构理论这一应用经济理论领域：并使三次产业分类法得到广泛的普及与运用。因此，三次产业分类法又称为“克拉克大分类法”，以后的西方经济学论著进一步肯定了三次产业的划分。如美国经济学家西蒙·库兹涅茨将克拉克的三次产业分类法运用于国民经济各部门，分为农业、工业、服务业三大产业（简称AIS划分法）。世界银行在统计中便采用AIS法，使得这个分类法闻名于世，广为流传。所以，三次产业分类法是西方经济学产业分类研究中最重要的分类法之一。西方国家在划分产业结构时，虽然具体的划分标准不相同，但都是三次产业分类法。1971年联合国颁布的联合国标准产业分类法同“克拉克大分类法”也是一致的。它是当代世界各国通用的一种产业结构系统的基本分类法。

新中国成立以后，在国民经济统计中，长期使用的是五部门分类法，即将国民经济主要划分为农业、工业、建筑业、运输业和商业。随着我国社会生产力的提高和产业结构的变化，第三产业日益发展，在国民经济中的作用不断增强，比重也随之逐步上升，原来的五部门分类法就不能正确反映我国经济的发展和产业结构的演变规律，因而在现实应用中显现出很大的局限性。1985 年 5 月国务院办公厅转发国家统计局关于建立第三产业的报告，采用三次产业分类法，对三次产业所作的划分是：第一产业为农业（包括林业、牧业、渔业等）；第二产业为工业（包括采掘业、制造业、自来水、电力、蒸汽、煤气工业和建筑业）；第三产业为上述第一、第二产业以外的其他产业。

从 1988 年《中国统计年鉴》正式使用三次产业的统计指标以来，10 多年间，我国经济学界的学者也都是以三次产业分类法进行教学与研究，探讨我国经济增长与产业结构的演变及其特点，提出我国产业结构的调整与优化和产业升级的对策。

三次产业分类法，把一国或地区的全部经济活动划分为第一次产业、第二次产业和第三次产业，为研究工业经济时代的产业结构变化与经济增长间的相互关系，提供了认识工具和基本框架，这对推动产业经济的发展和工业化的实现起到了指导作用。但是，随着现代生产力的迅速发展，科学技术的巨大进步，引起现代经济发展的产业结构的深刻变化，这种划分方法的缺陷和局限性就日益暴露出来，不能正确地反映现代经济发展的产业结构变化趋势，难以准确体现 21 世纪现代经济发展的本质要求。

第一，三次产业分类法，虽然把经济系统和自然系统联系起来，但它是以产业发展作为经济发展的根本目标，把产业系统封闭在经济系统内，既很少考虑生态系统、社会系统与经济系统的内在联系与协调发展，又片面强调经济系统向自然生态系统的单向索取，造成资源的掠夺开发、环境的污染破坏、生态的损害退化。

第二，三次产业分类法在以产业发展为经济发展的根本目标中，不是以着重分析第一产业和第二产业为目的的。日本学者渥屋太一认为，“它把划分产业种类的标准放在原材料和生产程序上，这种分类方法只能适用于产品加工的第一产业和第二产业的分类上，而对其他产业的划分不起作用”。因此，这种分类法已经不符合时代的要求，因而也就没有实际意义，不能作为分析经济现象的依据。

第三，三次产业分类法把第三产业当做一个大口袋，凡是不属于第一、第二产业的，其他各行各业都纳入第三产业，使其内容过于庞杂，从最简单的服务业到最复杂的高科技部门都包括在内，应有尽有。这已经难以界定包括大批高新技术产业在内的知识产业。如软件开发业、咨询业等，就难以纳入三次产业模式的框架内；又如许多信息技术产业是与第二、第三产业相结合而渗透的，但又和传统的工业和服务业有本质的不同；还有传统的第三产业主要是提供有形商品和有形服务，而所谓新兴的第三产业中则要提供无形商品和无形服务。因此，三次产业分类法已经不能正确反映第三产业结构内部变化的新情况和新特点，难以通过总结它们的特点和发展规律来制定政策，进行科学管理。

第四，这是最主要的，三次产业分类法已经不能全面地反映产业经济发展的新内容和新趋势，难以准确地揭示现代产业结构变化与现代经济可持续发展之间的规律性。一是现代经济发展的知识化（包括信息化和文化化）的新趋势，使经济和知识紧密联动，最终促使知识经济一体化形成了它的结晶即知识产业。这就需要从产业结构中分离出一个独立的产业部门，这就是第四产业。二是现代经济发展的生态化的新趋势，使经济和生态紧密联动、最终促使生态经济一体化，形成了它的结晶即生态产业（包括环保产业）。这就需要从产业结构中分离出一个独立的产业部门。三是正如李京文先生所说的，当代三次产业之间出现了融合发展的新趋势，尤其是第一产业加快同第二、第三产业的相互渗透和第三产业加快同第二产业的相互渗透。知识（信息）产业是一个跨第二、第三产业的新的产业部门；而生态产业则是个跨第一、第二、第三产业的新的产业部门，简单地将之归于某个产业内都是不恰当的。因此，知识（信息）产业不仅要从第三产业，而且要从第一、第二产业中分离出来成为独立的产业部门；同样，生态产业不仅要从第一、第二产业，而且要从第三产业中分离出来成为独立的产业部门。这是21世纪产业经济发展与产业结构变动的必然结果。在这种情况下，三次产业分类法就不符合当今产业结构的变化与现代经济发展的实际状况。

20世纪60年代以来，随着信息化和电子技术的广泛使用，使信息与知识经济迅速崛起，以信息和知识为主体的产业正在成为现代经济发展的主导产业，从而导致了信息产业、知识产业、第四产业等新概念的产生与使用。

1962年，美国经济学家马克卢普在《美国的知识生产与分配》一书中，第一次提出了知识产业和信息服务的新概念。他将知识产业（即信息产业）划分为五大类：教育、研究与开发、通讯媒介、信息设备和信息服务，并实际测算，1958年这一产业约占美国国民生产总值的近30%，从业人员占当年美国非农业就业人数的31%。他还发现，美国在1947年至1958年间，知识产业平均以每年10.6%的速度递增，是国民生产总值增长率的2倍。

1977年，美国经济学与信息专家马克·波拉特等人出版了《信息经济：定义与测量》一书，被认为是信息经济学发展的一座里程碑，而轰动整个西方世界。波拉特继承与发展了马克卢普的研究成果，系统地提出了一套关于信息产业经济分析的基本概念和整体框架，从而首次提出了四次产业划分法，即农业、工业、服务业和信息业。该书按产业分化和各产业发展速度的快慢次序，采用了第一次产业、第二次产业、第三次产业和第四次产业的提法。波拉特将从事信息活动的部门分成第一信息部门和第二信息部门。其中将信息机器、非耐用信息产品、信息建筑物等所有信息货物的制造都归入第一信息部门，将在非信息部门的企业中从事规划、调整、管理和通讯等项工作的部门都归入第二信息部门。

波拉特的四次产业分类法，比较正确地反映了美国产业结构的新变化与发展趋势，这一分类法很快在发达国家，尤其是欧洲各国得到了积极响应；包括中国在内的一些国家采用波拉特方法对信息经济和信息产业进行测量。

1985 年，日本学者渥屋太一出版的《知识价值革命》一书中，把三次产业分类法称之为传统的产业分类法，并根据对社会作出的贡献划分了四种产业分类法。这就是把产业分成物品产业、位置产业、时间产业和知识产业的四种产业。物品产业主要包括农林业、制造业及土木建筑业中的直接生产部门。位置产业主要包括运输业、仓库保管业、金融业和流通业。时间产业主要包括保险业、医疗业、娱乐业以及旅游业、服务业及社会治安业等。知识产业主要包括教育、新闻报道、图案设计、广告、开发新技术等；在制造业中的企业所进行的上述产业也应包括在知识产业之中。

无论是波拉特的四次产业分类法，还是渥屋太一的四种产业分类法，都有几个共同点：一是他们从产业角度来看，知识产业和信息产业，与马克卢普的知识产业是基本一致的，大体上是同一个概念。二是他们都把知识（信息）产业看成是一个跨产业的新型产业部门，知识（信息）产业既包括第二产业中的知识（信息）产品制造业，也包括第三产业中的知识（信息）咨询服务业。三是他们虽然重视现代科技在经济增长中的决定作用，看到知识生产、传播和使用是今后人类最重要的实践活动，视知识产业为创造社会财富的主要形式之一；但同三次产业分类法一样，仍然忽视生态环境对产业经济及整个现代经济发展的基础作用，没有认识到保护环境、改善生态、建设自然的生态生产与再生产，也是今后人类最重要的实践活动，无视生态产业也是创造社会财富的主要形式之一。

总之，到目前为止，国内外所有的产业划分理论存在一个根本的、共同的缺陷，就是生态与经济相脱离。过去，三次产业分类法不仅否定文化知识价值对产业经济发展的作用，而且否定生态价值对产业经济发展的作用。现在，四次产业分类法虽然纠正了三次产业分类法的前一个缺点，但仍没有克服后一个缺点。因此，创立可持续经济的五次产业分类法，把生态（环境）产业划分为第五产业，才能克服三次、四次产业分类法的这个根本缺陷。

四、创建可持续经济的五次产业分类法

（一）创立可持续经济的五次产业分类法需要明确的几个问题

第一，新的产业分类法要以克拉克三次产业分类法为基础。国内外大多数学者，无论是主张将三次产业的划分发展成为四次产业的划分，还是将三次产业的划分发展成为五次产业的划分，都是以三次产业的划分为基础，是对克拉克的三次产业分类法的继承与发展。唯有日本学者渥屋太一的四种产业分类法，打乱了三次产业的划分，实质上是否定了克拉克的三次产业分类法，笔者不赞同，而笔者提出的五次产业分类法，也是以克拉克的三次产业分类法为基础的。

第二，信息产业和知识产业应当是一次产业。从马克卢普的知识产业概念及其构成到波拉特的四次产业分类法中的信息产业的范围，再到渥屋太一的四种产业分类法中的知识产业概念及其内容来看；从国内多数学者把知识产业或信息产业作为第四产业所指的内容来看，知识产业和信息产业基本是同一个概念，其构成的产业部门也是大体一致的。这样，二者组成第四产业。这是因为，从宏观上看，应当说，知识经济和信息经济在整体上是一致的，二者存在共同的构成内容。这主要表现在电脑的软件与硬件、光缆光纤、数据传输、信息网络、信息服务、微电子运用、新材料研制、海洋开发、环境保护、航空航天、新能源应用、生物工程、海洋开发、卫星通讯、芯片、移动通信这些高新技术都是信息经济与知识经济的重要内容，可见，从理论上说，知识产业和信息产业密不可分，若把二者划分成二次产业，在实际工作中如何具体划分并对二者分别进行计量，也是相当困难的。因此，从产业划分来研究产业结构变化与经济发展之间的关系，就没有必要把二者划分为二次产业，应当把它们作为一次产业，即第四次产业。

第三，文化产业不需要从第四产业中分离出成为一个独立的第五产业。过去，三次产业分类法忽视了文化价值对经济社会发展的重要作用，把文化产业放在第三产业之中，作为第三产业的一部分，这种划分是不合适的。现在，国内外多数学者把文化产业放在第四产业之中，作为第四产业的重要组成部分。这是否合适呢？我认为是恰当的。文化教育密不可分、文化知识密不可分，因此，文化产业是知识经济的重要组成部分，它在本质上是知识产业。何况，文化产业为经济社会可持续发展提供持久的智力支持和精神力量。保证满足人们的精神文化生活需要，它是属于精神产品再生产总过程的领域，把它作为第四产业的重要组成部分，是完全适合的。

第四，第四产业并不是纯粹的精神产品生产的部门，在这个产业部门内，虽然精神产品生产占主导地位，但它具有物质生产和精神生产的两重性，总是同物质产品再生产过程交织在一起的。所以，它的生产物，主要是精神产品，但也有相当比重的物质产品。知识产业中的直接知识部门的生产成果是知识产品，当然是精神产品，但知识技术生产部门的生产成果中的知识产品，就有相当大的部分即计算机设备、通信设备和高新技术设备等则属于物质产品，是物质再生产的产物。无疑，文化教育产业的知识产品，是属于精神产品，是精神再生产的产物。就信息产业而言，一般来说，它是指现代信息设备的生产、制造，以及利用这些设备进行采集、储存、处理与服务的部门的总和。其中现代信息设备的生产与制造，即所有信息货物的生产与制造这类产品的生产，则是物质生产，其产品属于物质产品。而利用这些设备进行采集、储存、处理与服务的部门，则是精神生产，其产品属于精神产品。因此，将第四产业归为纯粹的精神产品生产部门是不妥当的。

（二）可持续经济的五次产业分类法是现代产业结构与划分理论的新发展

第一，国内外学者都按照社会产品由物质产品和精神产品两大类构成的理论，来建立四次产业分类法或五次产业分类法。这是不科学的。

我在1989年出版的《理论生态经济学若干问题研究》一书中曾提出："现代社会产品按其满足需要的内容应该分为物质产品、精神产品和生态产品。随着现代生态经济系统基本矛盾运动的不断加深，生态产品在现代经济中要得到补偿，无论在价值上还是物质上，都要求它们的生产同社会对它们的需要之间保持平衡。"物质生产与再生产的产业部门提供物质产品。如果没有生态产业的大发展，整个社会再生产难以顺利进行，人们的全面需要，其中最基本是物质、精神、生态的需要就不可能满足，尤其是生态产品的质量恶化、数量短缺，就直接危害人类自身生产与再生产。正是在这个意义上，生态产业确实是矫正人类经济活动负效应、挽救人类命运的产业。

第二，最重要的是，可持续发展经济和知识经济所需要的产业结构不仅需要知识产业，即第四产业从第一、第二、第三产业中分离出来成为单独的产业部门；而且需要生态产业即第五产业从第一、第二、第三产业中分离出来，成为单独的产业部门。只有这样，才能建立起可持续发展的产业经济结构。最近，我在《光明日报》上发表的《加强可持续发展经济研究》一文中提出："21世纪，发展现代生产力。解放和发展生态生产力，才能把21世纪我国经济发展建立在生态环境良性循环的基础上，这是21世纪中国生态环境建设的根本任务。"因此按照四种生产理论，实现这个根本任务，首要的解决途径显然应该是加强生态环境建设，保护自然生产力，解放和发展生态生产力。这种生产力的发展结果必将促进现代经济结构和技术结构的升级、成为生态产业崛起的内在动力，从而使生态产业逐渐从第一、第二、第三、第四产业中分化出来，成为单独的产业部门。这是现代生产力发展和现代产业结构演变进程中具有划时代意义的产业革命。

第三，生态革命的迅速兴起，推动着现代文明形式由工业文明向生态文明转变，当我们从更宏观的角度前瞻21世纪一个最基本的特征时，就会得出这样的论断：21世纪是生态的世纪，生态产业必然成为21世纪现代经济发展的主导产业之一。因此，发展生态产业就成为21世纪现代经济发展的必然选择，是21世纪现代产业结构协调化与升级的战略重点。无论是发达国家还是发展中国家，都会出现现代产业经济的大变化，引起现代产业结构的大调整。为了适应这种新情况和新趋势，我主张将三次产业的划分发展成为五次产业划分，即将全部国民经济活动分为五大类：

第一产业为广义农业，主要包括种植业、牧业、渔业和狩猎业等。

第二产业为广义的工业，主要包括采矿业、制造业、自来水、电力、蒸汽、煤气、建筑业等。

第三产业为广义的服务业，主要包括流通和服务部门的商业、金融业及保险业、运输业、旅游业、服务业、社会福利业及其他公益事业等。

第四产业为广义的知识业，主要包括智力、信息业、文化业及为提高科学文化技术水平和劳动者素质直接服务的部门。

第五产业为广义的生态产业或环境产业，主要包括生态建设业、传统环保业、资源业、废旧物品回收和利用业及为生态环境保护、建设与管理直接服务的部门。这就是前面初步归纳的生态产业有三大部门十种产业群。

第四，可持续经济理论与实践向产业经济渗透与融合，形成一种引起现代产业结构巨大变革的可持续经济的产业理论，这是历史的必然、时代的呼唤。因此，我们把生态产业划为第五产业，确立可持续经济的五次产业分类法，这是现代产业结构与划分理论的深化与发展。

（原载黄正夫等主编：《中国生态经济理论与实践文集》，山西经济出版社2001年版）

生态文明时代与重建人、社会与自然有机整体的生态革命

一、世界发展正在迈向生态时代

第一，20世纪全球生态灾难唤醒了人类，教育了人类，改变了人类文明的发展进程。从实践的角度来说，当今人类适应世界文明发展的新趋势，创造以生态文明为基础的现代文明，使现代文明形式正在由工业文明向生态文明转变。几百年来，人类苦心创造的血与火的工业文明发展到今天，从总体上来看，它基本上完成其历史使命，已经陷入难以自拔的重重危机之中，可以说是日薄西山，气息奄奄。正在从兴盛走向衰落。当今世界文明发展的确面临着深刻的生态危机，生态形势十分严峻，但决不是表明人类文明发展已经毁灭而无出路。因为，在工业文明高度发展的过程中，在生长着否定工业文明的因素，却为生态文明兴起开辟广阔的道路。工业文明衰败之日，正是生态文明萌芽之时。正像工业文明脱胎于农业文明一样，生态文明脱胎于工业文明，它引导人类文明继续向前发展。真正的现代文明是生态文明；只有生态文明才是真正的人类文明。因此，从世界文明的形式来看时代，当今人类即将走出征服、掠夺自然，以牺牲生态环境为代价求得生存与发展的工业文明时代，正在进入保护建设自然，以重建人与自然和谐统一的共同生息与共同繁荣

的生态文明时代。因此，我们所说的生态时代，就是指人、社会和自然的发展关系进入一个崭新的时代。这是人类生态智慧的胜利。

第二，人类正在进入生态时代，生态时代已降临中华大地。这是世界系统运行的必然进程，是人类文明历史发展的基本走向。人类进化与世界系统发展可以划分为三个大的历史时代，即蒙昧时代、征服时代、生态时代。因而生态时代具有历史必然性和客观现实性。生态时代的现代文明，本质上是生态文明；没有生态文明，就没有真正的现代新文明。21 世纪应该是生态文明发展的世纪，这准确地反映了世界文明发展在 21 世纪的人、社会与自然关系发展的新特点。

第三，根据生态文明兴起与发展为代表 20 世纪人类文明新进程的客观实际，国内外学者站在新时代的发展的前沿，最充分地适应新时代发展的要求，提出生态时代问题。著名的后现代主义者托马斯·伯里曾把后现代文明说成是生态时代的精神，并预示人类的未来社会应当是一个追求生态文明的所谓“生态时代”。在我国，包括笔者在内的一些学者认为，1992 年联合国环境与发展大会公布的《里约环境与发展宣言》庄严宣告：“人类处于普遍关注的可持续发展问题的中心”，标志着人类文明进入可持续发展的新时代的开始，可持续发展必将成为世界系统运行与人类文明发展的主导潮流。理论与实践表明，生态文明、知识经济、可持续发展是三位一体的。因此，我们完全可以说，联合国环境与发展大会标志着人类文明进入可持续发展的生态时代的开始，可持续性的生态文明必将成为世界系统运行与人类文明发展的主导潮流。

二、重建人与自然和谐统一的生态革命是伟大觉醒的实践标志

历史事实表明，整个工业文明是在人征服自然、掠夺自然、统治自然的实践基础上发展起来的。因而，工业革命的全面胜利，极大瓦解了人与自然的和谐统一体，工业文明的高度发展，严重地摧毁了现代经济社会的生态基础，使当今世界系统的大部分重要的生态系统已处于崩溃状态，把人类推到与自然界全面对抗和尖锐对立的生态灾难的绝境，使

人类文明走进不可持续发展的死胡同。由此决定了21世纪人类实践活动的一个最根本的、最紧迫的战略任务，就是全面实现生态觉悟从思想意识的殿堂走向实践的洪流，加大重建地球生态系统的力度与步伐。它既是工业文明向生态文明转变的基本标志，又是这种转变的实践基础。显而易见，重建地球生态系统在本质上是一场重建人与自然和谐统一的生态革命，是要把人类和地球从生态恶化的深渊之中拯救出来，寻求一条人与自然有机统一与协调发展的生态文明的发展道路。这已成为现代经济社会巨大变革的伟大实践，是人类生态觉醒的实践标志，也是解决全球生态危机的关键所在。现在，让我们简略回顾一下几十年来生态革命产生与兴起的历史进程：

第一，从生态意识的产生到环境保护运动的兴起，即20世纪60年代后期掀起的反公害运动，喊出了“还我阳光”、“还我蓝天”、“还我清水”的强烈抗议之声，席卷整个资本主义世界，甚至一些发展中国家也以不同形式投入了这场环境保护运动，形成了一股不可抗拒的国际性潮流，并一浪高一浪地向前发展，到1972年世界环境会议发表的《人类环境宣言》为标志，使全球环境保护运动形成高潮。它揭示了人类开展生态革命与创建生态文明的序幕。

第二，环保运动向广度扩展到生态运动迅速席卷全球，形成一种普遍性的世界生态环境运动。20世纪80年代以来，生态危机全球征候导致人与自然发展关系紧张到了空前尖锐的程度，环境危机此起彼伏，生态危机频繁加深；环境危机和生态危机并存交织一起，直至整个大自然危机，已成为笼罩世界系统运行与发展的魔影，直接严重威胁着人类和地球生态系统的生存。于是，人类需要进行一场生态革命（即环境革命）来拯救人类的命运，拯救地球的生存。于是全人类为进行这场生态革命采取全球范围的共同行动，采取各种措施保护环境、改善生态、建设自然；从个人到家庭、从各种社会组织和政党到政府、从各个国家到全世界，人们对生态环境问题表现了前所未有的关心与重视，到1992年联合国环境与发展会议发表的《里约环境与发展宣言》为标志，人类全球生态环境运动达到新高潮。它反映了人类正在进行生态革命告别工业文明时代，用可持续发展战略迎接生态文明时代的来临。

第三，生态环境保护与建设的生态运动，又叫绿色运动。它向广度与深度扩展的最重要、最显著的特点就是向可持续发展领域里渗透与融合，有力推动着重建地球生态系统。当前，绿色文明浪潮正在世界各国蓬勃发展，几乎覆盖了世界系统运行与发展的各个方面、各个领域；极大地冲击着人类的生产方式、生活方式、思维方式，标志着人类文明发展继农业革命和工业革命之后的生态革命高潮在21世纪必然到来，将推进人类由征服掠夺生态环境资源到保护建设生态环境资源的大转变，为生态文明建设与人类文明可持续发展开辟了广阔的现实道路。

第四，生态革命的主要任务和根本目标，就是阻止工业文明发展对人类赖以生存发展的生态基础的根本性破坏，医治现代经济社会活动污染损害自然生存系统保护生物圈的完整性，保持物种多样性，发展生态环境良性循环的再生性生产与再生产，创建生态健全的适宜于现代人类生存发展的生态环境，从根本上保护生物圈的基本生态过程和生命维持系统，确保现代文明发展对生态系统和生物物种的可持续利用。可见，生态革命的任务和目标是双重的，既是拯救人类的革命，又是拯救地球的革命，即是重建人与自然的有机整体与和谐发展的革命。这是一场彻底的人与自然发展关系的革命实践，是世界系统的全方位、最深层的巨大变革，可以说是人类文明历史发展以来最深刻的生态经济社会变革运动。

三、世界系统是人、社会和自然相互融合的有机统一体

生态革命重建这种有机整体，是还给客观世界以本来面目。因此，无论就中国古代天人合一思想，还是现代生态意识，把人、社会和自然看做一个不可分割的有机整体，这是符合客观世界实际的，已成为人们的共识。

第一，世界系统本来就是人与其他生命形式组成的有机统一整体，人类并不是分离或高于其他非人自然存在的特殊存在。人类与其他非人自然存在之间没有明确的界限，这是现代科学的基本结论。它告诉我们，人类赖以生存与发展的基本生态环境——地球生物圈具有两个基本特征：一是地球生态系统具有相互依存的有机性，即世界系统中人、社会和自然都是有机的生命体，存在着广泛而内在的普遍联系，人与非人自然的一切有机生命体，不仅是与周围环境相互关系的，而且就是由周围环境的相互联系而构成的。二是地球生态系统具有整体性，即这是一个由自然生态系统和社会生态系统构成的有机整体。在现实世界系统中，脱离开自然的社会同脱离开社会的自然一样，都是不可能存在的。因而，世界系统运行与发展的客观规律，既不存在完全脱离社会因素的纯自然规律，也不存在完全脱离自然因素的纯社会规律。这就是自然规律和社会规律的统一。相应地看，人类文明历史是自然史和人类史的统一，两个方面是密切相关的、相互制约的，不可分割的有机整体。

第二，世界文明发展到今天，随着工业文明高度发展，人类实践活动的广化与深化，人类社会生产和生活过程和自然界的生理过程已经完全相互交织与相互融合而浑然一体。今天，在现实世界系统中，把它区分为自然界和社会只有相对意义，而人、社会和自然之间的相互交织和相互融合比它们之间的相互区别更为重要。因此，当今维系人类生命和非人自然生命形式的这个濒临失衡的球体上，客观存在的只是自然生态和社会经济互相依存、互相制约、互相作用、互相转化的生态经济社会有机整体。当今人类进行的生态革命，就是重塑和实现人、社会和自然有机整体，达到“生态—经济—社会”复合系统高度整合、整体优化、良性运行与协调发展。

第三，人的两重性是世界系统成为人、社会和自然有机统一体的根本原因。人作为一种生命物种，首先是自然的人，属于自然界，是自然界的一部分存在于自然界，成为自然生态系统的一个成员。但是，人这种生命物种，并不是一种纯粹的生物，而是一种社会性的生物，有智慧的生物，是社会的生命物种，成为社会经济系统的主体。因此，人作为一种生命物种与其他生命物种不同，就是人生活在两个世界：自然的世界和社会的世界。人是自然与社会的存在物，这是人区别于非人类生命物种的根本之点。前者是人的自然生态特征，是反映人的自然属性；后者是人的社会经济特征，是反映人的社会属性。“人就是自然生态因素和社会经济因素的有机统一体。正是自然属性和社会属性的有机统一，才构成人的本质。这两种属性是相互依存、相互制约，同时发挥作用的。这两种属性是人的两重性，没有自然属性，或者没有社会属性，都使人不成其为人”①。人的两重性在人的实践活动中同时发生两个方面的关系：一是人及其实践活动对自然环境的关系，即人与自然的生态关系；二是人及其实践活动对社会环境的关系，即人与人的社会关系。这两方面的关系没有逻辑先后和时间先后的区分，在实践活动过程中不是分离存在的，而是有机统一的。这就是人、社会和自然有机统一整体。

在此，我们需要进一步指出的是，世界文明发展进入生态文明时代，人、社会与自然应该成为新的更高水平的和谐统一整体。这正是人的两重性在人类生存活动与发展行为的实践中表现为自然生态因素和社会经济因素的相互联结、相互制约、相互作用，才使自然生态演替进化和社会经济运行发展相互交织与相互融合成为生态经济社会有机整体。

现在，我们可以对前面的论述作出合乎逻辑的结论：当今，世界系统实际运行的概念模型，是“生态—经济—社会”复合系统。这个生态经济社会有机整体的运行与发展客观上要求以生态为本位。生态本位是以生态觉悟与生态意识为思想先导、以地球有限性和人、社会与自然有机统一体为客观依据、以生态革命及绿色文明浪潮为实践基础的可持续发展理论。它是生态文明的理论表现，是生态时代的必然逻辑。所以，

① 刘思华著：《理论生态经济学若干问题研究》，广西人民出版社1989年版。

我们完全可以说，生态本位论是世界文明发展进入生态时代的生态文明的价值观、发展观和实现观。

（原载《生态经济通讯》2001 年第 7 期）

生态本位论的基本框架

应该说，生态本位论的客观依据和理论基础是构成生态本位论的总体框架的重要内容。在此基础上，我们就能够勾画出生态本位本身的清晰图像。

一、生态本位论的基本内涵

所谓生态本位论，它包括三层含义：一是指地球生物圈共同体是包括人类物种在内的所有生命物种的共同体，它在现实生活中的现实形态表现为世界系统是“生态—经济—社会”的有机整体。在这个有机整体中，不仅人类物种是存在主体，而且其他生命物种也是存在主体。这就是说，不仅仅人类物种是价值主体，其他生命物种也是价值主体，而且地球生物圈整体还是价值主体。二是在世界系统中非人类物种并非仅为人的存在而存在，它是具有独立于社会的世界的价值、利益、权力及运行目的和生存力量的道德地位的实体；任何生态系统都是价值和权利存在的一个基本单元，是一个具有强大生命力的有机的生命体，没有它地球生物圈共同体就不可能生存。三是地球生物圈整体比个体更为重要，它作为独立的整体价值和所有生命物种的利益共同体，另一方面拥有独立的生存发展权利，另一方面负有对包括人类物种在内的所有生命物种持续生存发展应尽的义务。

这个生态本位论的内涵与外延，强调了以下几点：

第一，生态本位的价值观，是以地球生物圈的整体性为价值的本位，追求地球生物圈的整体合理性，是一种“生态—经济—社会”的整体价值观。现代人类一切实践活动都要服从包括人类物种在内的所有生命物种整体利益，即是“生态—经济—社会”复合系统的整体利益。

第二，生态本位的发展观，是地球生态系统的良性循环为基础的本位，追求保持生物圈的基本生态过程和生命维持系统的完整性和健康发展。是一种“生态—经济—社会”的良性运行与协调发展观。它强调自然界是现代人类生存与发展的生态基础，现代人类经济社会发展要以生态发展为根本，只有与自然生态相互协调、共同发展，才能实现“生态—经济—社会”复合系统的健康运行与可持续发展。

第三，生态本位的实现观，是地球生物圈的自然生态阈限为限度的本位，追求人类实践活动及人类经济社会发展不能超越自然生态环境的承载能力，是一种保护世界系统运行的生态合理性的实现观。它特别关注现代人类各种实践活动的生态合理性，强调有利于自然生态环境良性运行与协调发展的实践活动应当给予鼓励。反之则应当给予抛弃，维持自然生态在世界系统运行与发展的优先地位。

第四，生态本位作为实践选择两重性的理论表现，充分地表达了现代人类实践选择的两重性理论，正确地揭示了世界系统运行与发展的规律性，即是“生态—经济—社会”复合系统的整体优化、高度整合、良性运行和协调发展。可见，生态本位论实质上是生态经济社会有机整体论。这就扬弃了人类物种在世界系统中的先验的、绝对主宰地位，比其他生命物种先天优越，消解了人类物种在世界系统中的优先的价值地位和先验的价值合理性，从而宣告了“唯人论”即人类自我为中心论的价值观、发展观和实现观的终结。

二、生态本位论的主要观点

1. 生态基础论。生态经济学认为，自然界是人类生存与发展的基础，生存环境是经济社会发展的基础，这是人类文明发展的普遍规律。

只是工业革命在创建工业文明的过程中极大破坏了它的生态基础，违背了这个客观规律，由此受到自然生态规律的无情惩罚。迫使人类进行深刻反思，才认识到自然生态不仅是农业文明和工业文明发展的基础，而且是现代文明发展的基础。这是因为，世界系统存在和发展的基础和前提是自然界，它是自然生态和社会经济相互融合的生态经济社会有机整体，它必须服从自然界存在和发展的一般规律。所以，在这个有机整体中，自然生态系统是社会经济各系统的基础，在自然生态系统和现代人类实践活动中，自然生态系统是现代人类实践活动的基础。因此，现代人类生存与经济社会发展必须以自然生态为基础，必须以良性循环的生态系统与生态资源的持久、稳定的供给能力为基础，使现代人类生存与经济社会发展"绝对建立在生态基础上"[①]。并确保这种基础受到绝对保护和健康发展，使其能够长期地、稳定地支撑现代人类持续生存和经济社会可持续发展。

2. 生态决定论。马克思主义的实践唯物论从人与自然的统一的观点看待客观世界认为，人类社会产生之后，自然发展史和人类发展史就应该是统一的；"只要有人存在，自然史和人类史就彼此相互制约"[②]，与此相应地看，人类社会发展是生态环境决定作用与社会经济决定作用的统一。这里所说的生态环境决定作用是指在社会生存、社会生产及其生产条件的决定作用，不是对社会性质、社会制度、社会形态的演变的直接决定作用。早在1980年新版的前苏联《政治经济学》一书就明确指出：过去"谁都不谈社会生产的'生态因素'，它曾是微不足道的，如今'生态因素'不依我们的愿望为转移地成为整个社会发展的强大要素，不仅如此，已经到了生态因素变成'生态决定因素'，不能简单地不负责任地对待它的时候了"[③]。现在，越来越多的人认识到，随着生态时代的到来，生态文明建设的发展。"必须考虑到生态环境改变对社会经

① 《我们共同的未来》中译本，世界知识出版社1989年版，第16页。

② 《马克思恩格斯全集》第3卷，人民出版社1960年版，第20页。

③ 转引自刘思华主编：《可持续发展经济学》，湖北人民出版社1997年版，第191、192页。

济的决定作用"[①]。

3. 生态内因论。长期以来，反生态环境决定论的传统理论，把生态环境从现实的世界系统中分割开来，与人类经济社会完全孤立地考察，把生态环境仅仅看成是一种社会的世界的外在力量，是人类文明发展的外在因素，于是自然的世界和社会的世界的发展史就好像是互不相干的东西。从经济学的角度来说，在工业经济时代的二三百年，无论是西方经济学，还是东方经济学，先是经济增长理论，后是经济发展理论，都把生态环境看做经济增长或发展的外在变量，是生产力发展的外部条件，这就是传统经济发展观念的"生态环境外因论"。20 世纪的生态灾难，尤其 80 年代以来世界系统生产力运行与发展的实践表明，生态环境不仅是现代生产力运行的外部环境，而且是现代生产力发展的内在因素，成为现代生产力稳定运行与健康发展的基本要素。生态环境与经济社会发展正在形成一种新型的关系，环境变迁、生态发展将日益决定现代经济发展模式、道路方向和发展趋势，使得生态环境日益成为现代经济社会发展的内生力量[②]。这就是"生态环境内因论"。可持续发展经济理论的确定，为把生态环境内化为独立的现代经济发展要素提供了客观经济框架，21 世纪现代经济理论的发展将会围绕这一主题展开。

4. 生态优先论。早在 150 多年前，马克思在《德意志意识形态》中就提出了自然界对人类的优先地位的光辉思想。自然界对于人类的优先地位"既表现在自然界对于人及其意识的先在性上，也表现在人的生存对自然界本质的依赖性上，更突出地表现在人对自然界及其物质的固有规律性的遵循上。"而人的目的的每一次实现恰恰都是人遵从了自然及其规律"[③]。因此，生态应该也必须优先，这是生态在人类实践活动中享有优先权的一种内在的、本质的必然趋势和客观过程，是不以人们意志为转移的客观规律。当今人类文明正在进入生态时代，生态优先已经正在

---

① 转引自刘思华主编：《可持续发展经济学》，湖北人民出版社 1997 年版，第 191、192 页。

② 详见刘思华主编：《绿色经济论》第二章，中国财政经济出版社 2001 年版。

③ 林娅：《环境哲学概论》，中国政法大学出版社 2000 年版，第 230 页。

成为现代人类实践活动中享有优先权的一种内在的、本质的必然趋势和客观过程。所以，我们完全可以说，生态优先规律不仅是（或应该是）世界系统运行的基本规律，而且也是（或应该是）人类处理与自然关系的最高法则①。因此，现代人类实践活动就应该也必须首先遵循生态优先规律；一切经济社会活动都要根据生态系统安全优先的原则，构建自己生存和经济社会发展的生态安全体系。

5. 生态利益最高论。从广义来讲，生态利益是几个方面构成的：(1) 生态系统的内在价值的外现形式的生物利益，它是生命物种本身固有价值和内在需要的体现；(2) 生态系统的工具价值的外现形式的生态利益，它主要是指生态系统中满足人类生态需要的一定数量的自然生态成果，是为整个社会和全体社会成员提供生态消费资料的外在价值的体现；(3) 生态系统的整体价值外现形式的所有生命物种的共同利益和生物圈的整体利益。可见，广义的生态利益包括人类的生存利益并高于人类的利益，是人类的最高利益。因此，现代人类实践活动就应当也必须把生态利益放在首位，一切社会经济决策应当也必须把生态利益置于首位，并具有否决权。它就逻辑地和现实地要求我们把协调人与自然的生态关系，放在现代人类生存与发展的首要地位，实现生态优先发展。

6. 生态第一生产力论。如前所述，地球生态系统是整个世界系统存在和发展的基础和前提，就在于它不仅孕育了世界系统生产力本身，而且决定着生产力系统能否继续存在和以什么状态存在及其以什么方式发展，正是在这个意义上说，生态是生产力之母，即它不仅是生产力，而且是第一生产力。这同邓小平关于科学技术是第一生产力理论是一脉相承的。大家知道，马克思主义关于科学技术是生产力的理论，实际上是社会生产力论。它只是对社会经济系统而言的，不涉及社会经济系统和自然生态系统的相互关系以及自然生态系统和整个世界系统的相互关系。邓小平依据马克思主义关于科学技术是生产力的理论，概括近百年来，

① 参见刘长明：《生态是生产力论——兼论生态优先规律》，《文史哲》2000年第3期。

特别是现代科技革命以来现代经济发展的实际，从现代科学技术已成为社会生产力发展和决定现代生产力水平的第一位的原因，越来越成为最主要的推动力量，是现代经济社会发展的第一位变革作用的事实，提出“科学技术不仅是生产力，而且是第一生产力”的科学论断，把马克思主义关于科学技术是生产力的理论发展到一个新阶段。现在，我们从生态是生产力之母的意义上，依据当前整个世界系统运行的实际状况，把科学技术是生产力从社会经济系统扩展到“生态—经济—社会”复合系统，明确提出“生态不仅是生产力，而且是第一生产力”的新观念，确立生态系统的第一生产力地位，这就为协调人与自然的生态关系，实现现代生产力可持续发展提供了新的认识工具。

7. 生态伦理论。这是一种以生态原则为伦理原则的生态本位观念。它所追求和确证的道德合理性，本质上是生态合理性，并以生态合理性构建现代伦理精神和伦理价值标准。因此，人与自然之间伦理关系的真正含义，就是现代人类伦理精神和伦理价值标准的生态合理性，即现代人类道德的生态化趋势，尤其是要树立人类正确的生态善恶观，提高生态觉悟，养成生态良心，尊重生态道德，伸张生态正义，履行生态义务。人与自然之间伦理关系的核心问题，就是人类实践活动应当也必须承认和尊重非人类物种和整个地球生态系统的存在权利，维护非人类物种的生存利益及其所有生命物种的共同利益和地球生物圈的整体利益，把伦理关系的范围即道德对象的范围从社会的世界扩展到自然的世界的所有生物及其整个地球生态系统，建立起人类和自然界所有生物及它们的整体之间的伦理关系，从而形成人与人之间的伦理关系和人与自然之间的伦理关系的统一。所以，生态伦理不仅反映了人与社会的对话，更反映了人与自然的对话，是现代人类伦理精神和道德进化向生态文明时代迈进的必然。只有这样，才能真正实现以人类为中心的传统发展伦理观到可持续发展伦理观的飞跃。

8. 生态建设根本论。21 世纪人类文明建设，在本质上是生态文明建设。现代人类的各种实践活动都应该按照生态优先规律，发展生态第一生产力，加强生态环境建设。这是包括人类在内的所有生命物种的共同利益和根本利益，是21世纪人类生存和经济社会发展之本。因此，生态本位在其现实性上，就必然提出生态环境建设是21世纪世界系统运行的根本目标和人类文明建设的根本任务。在我国，加强生态环境建设，保护自然生产力，解决和发展生态生产力，这将是21世纪中国社会主义现代化的最根本的、最突出的任务之一。现在，我们可以说，全国生态环境建设规划和全国生态环境保护纲要的实施，标志着我国现代化建设以牺牲生态环境为巨大代价的时代已经开始转向大规模生态建设和大规模经济建设同步进行与协调发展的历史时期。在21世纪初期，我国生态环境正在迎来新中国成立以来第一个建设高潮，使我国现代化建设的发展进入生态文明建设的新阶段。这个伟大实践已经证明必将继续证明，生态本位论是有坚实的实践基础的。

三、生态本位论的理论合理性和实践合理性

生态本位论是与人类自我本位（即自我本位）论相对而言的。在工业文明时代的几百年间，人类中心主义的思想观念占据统治地位，人类实践活动是以自我为中心、以自我为本位。现实世界系统运行的基本规律告诉我们，所有生物都是以保存自身物种为目的的。正是从这个意义上看，自我中心主义是包括人类物种在内的所有生命物种的自然本质。人类实践活动以自我为本位，确实是符合所有生命物种都是以自我为本位的自然法则的。问题不在于此。而在于以往人类中心论是一种“唯人论”的自我实现过程，当今已经走到了尽头。这是因为，第一，支撑这种人类实践活动的理论基础的人类中心主义的自我本位论，确实使工业文明从兴盛走向衰落，把现代人类引进不可持续发展的死胡同。因此，从世界范围的总体上看，20世纪末期是工业文明发展的历史终结，现代人类正在进入生态文明时代，它实际上宣告了以人类为中心的自我本位的实践史和认识史的终结。第二，当今的客观世界现实是，由于工业文明的高度发达，人类自身拥有的物质力量和技术手段，已经没有哪一个

生命物种能够威胁作为一个物种的人类生存；反之，人类倒几乎可以灭绝任何一个生物物种，正如阿·托夫勒所指出的："可以毫不夸张地说，从来没有任何一个文明，能创造出这种手段，能够不仅摧毁一个城市，而且可以毁灭整个地球。"① 第三，生态灾难的一个重要方面，就是非人类生命物种灭绝。当今，在世界范围内，生物物种正在以前所未有的速度消失着。有关资料表明，自200年前的工业革命开始后，生物物种每4年一个物种被灭绝；到了20世纪50年代以来，地球生态环境遭受人类活动的巨大破坏，生物的灭绝速度达到每4天一个物种灭绝。而到了20世纪90年代则加快到每4个小时一个物种灭绝。21世纪第一个地球日（4月22日）那天，国家濒危物种进出口管理办公室向世人敲响了新世纪的警钟：钟表的时针每走一个数字就有一个历经千万年进化的生物从地球上永远消失。据科学家估计，由于人类活动的强烈干扰，近代物种的丧失速度比自然灭绝速度快1000倍，比形成速度快100万倍。现在，物种的丧失速度由大致每天一个物种加快到每小时一个物种，生物物种灭绝的速度已经到了惊人程度。这使生物多样化、生态系统多样性和完整性受到极大威胁。人们越来越担心一些关键物种的灭绝可能会使整个地球生物圈的基本生态过程和生命维持系统无法维持。总之，历史与现实表明，现代人类实践活动必须用生态本位代替自我本位，这是历史的必然。如果说，过去工业文明时代，人类奉行自我本位的发展观和实现观，是符合所有生命物种都是以自我为本位的自然法则；那么，完全可以说，现在生态文明时代，人类选择以生态为本位的发展观和实现观，不仅更是符合这个自然法则，而且完全符合现实世界系统运行与发展的正确方向和客观要求，体现了人类物种和所有生命物种的共同利益。

当今世界系统运行的现实和逻辑正在确证，生态本位的实质是以生态合理性为核心理念与价值取向，构建生态文明的发展观和实现观的理论合理性和实践合理性。以生态世界观和生态价值观为理论基础的生态

① ［美］阿·托夫勒：《第三次浪潮》，三联书店1983年版，第175—176页。

合理性，是鲜明地体现生态文明时代的生态经济社会整体发展观和实现观，这是生态本位的理论合理性。这已在前面作过论证，在此不再详述。以生态革命和生态建设及绿色文明浪潮为实践基础的生态合理性，是如实地反映生态文明时代人类的实践的本性，这是生态本位的实践合理性。在这里，我们还要强调一个关键问题，就是生态本位论要求现代人类实践活动必须按照实践选择的两重性，去实现整个世界系统运行的生态合理性，即是“生态—经济—社会”复合系统全方位的生态化，也就内在要求经济、科技、文教、政治、社会活动的生态化，从而满足包括人类在内的所有生命物种生态发展的需要，最终达到人与自然和谐共存与共同繁荣的至高境界。

作为一种生态文明的发展观和实现观，生态本位的理论合理性和实践合理性，还在于它能够实现生态伦理立场的理论选择与实践选择的有机统一。从理论选择上看，生态本位吸取了非人类中心主义的自然本性的合理内核，扬弃了人类中心主义的反自然的本质；从实践选择上看，生态本位吸取了人类中心主义重视协调的人与人之间的社会关系和非人类中心主义重视协调的人与自然的生态关系；扬弃了前者的“唯人论”的倾向，不仅没有否定人类的主体性，而且恰当地肯定了人类的伟大能动作用，证明人类在现阶段已经在与自然的对话中找到了自己的位置，给自己有了明智而合理的规定，“把自己当做自然界中的一员，与之和谐相处。如果说，哥白尼发现了地球不是宇宙的中心，在文明史上具有伟大的变革意义，那么，我们现在也应该承认，认识到人类不是自然界的中心，同样具有伟大的变革意义。”①

（原载《生态经济通讯》2001 年第 7 期）

① 曲格平：《我们需要一场变革》，吉林人民出版社 1997 年版，第 239 页。

反思工业文明的根本目标与基本原则

一、经济第一主义在我国现阶段的主要表现

过度追求经济的无限增长，一直是我国工业化进程中孜孜以求的发展目标，使“GNP 第一”的思想在实际经济工作中支配着各级领导经济建设的决策者和领导者们，这是经济主义在我国现阶段的主要表现。正如郑易生先生所说的：“在现实中，‘发展是硬道理’已被许多人错误理解为‘GNP 是硬道理’。重要的是，这种思想不仅支配着各级领导干部，特别是许多省市主要负责干部的工作安排，而且支配着干部的考核与任用。”①

然而，“GNP 第一的经济主义”表现出各级政府和各个部门明显的高速度偏好和强烈的赶超意识时，都得到我国某些经济学家的大力支持和理论论证。有的经济学家仍然坚持传统经济学的两个理论前提，即是自然资源的供给能力无限性和自然环境自净能力无限性；并以某种方式认为经济的规模扩大和速度增长是“无极限”的；依靠市场机制的作用

① 刘燕华等主编：《中国资源环境形势与可持续发展》，经济科学出版社 2001 年版，第 278—279 页。

和科学技术的进步可以解决资源短缺，实现经济无限的增长。理性告诉我们，在人、社会和自然构成的有机整体中，任何发展只能在有限的程度内对生存状态进行提升，因而发展总是有度的、有临界点的；如果一味地追求线性发展超越了生存为它规定的度，接近或超过临界点，发展就会反过来构成对生存的威胁。美国学者霍肯在《商业生态学》一书中，以1944年白令海上的圣马太岛引入的29头驯鹿迅速膨胀的事例，说明自然史和人类史充满动物和人因为超越了生态环境的承载能力而急剧衰落甚至灭绝。专家曾作过估算：这个岛每平方英里可以养活13到18头驯鹿，或者说总共可以养活1600头到2300头驯鹿。到1957年，岛上共有1350头驯鹿；而到了1963年，由于缺乏自然调节和猛兽捕食，驯鹿迅速增加到了6000头。最初的估算是正确的；这个数目大大地超过了环境的承载能力。很快，疾病和饥荒造成大批驯鹿的死亡。但是在这个事件当中，多余驯鹿的死去并未导致系统在一个较低的水平上重新达到稳定状态。相反，整个栖息地由于过度的掠夺已遭到严重破坏，驯鹿数目急剧减少到了最初的承载能力以下，到1966年圣马太岛上只有42头驯鹿还活着。这个事实表明，在人、社会和自然的复合系统中，无论是人的世界还是自然的世界，任何发展必须尊重极限，生态环境安全是人类存在与经济社会发展的根本前提，如果人类无限制地放纵自己的发展行为，过度追求发展而盲目无度地开发，超越环境承载力的极限，或生态安全的阈值，人类发展行为的积极经济效益再大，也会危及人类的生存。因此，经济活动必须尊重极限，经济规模的扩大，GNP增长的高速增长，不能超越资源环境的承载能力，一定要使经济发展保持在生态容许的限度内，这是人类经济活动与发展行为的生态法则。它要求在制定经济发展目标时，经济发展的规模与速度必须与我国生态环境系统的承载力相协调，不仅是就全国而言，就是对一个省市来说也是如此，即使在提高经济效益的前提下，经济增长速度也不是无限的增长或越快越好。那种所谓发展市场经济就是要加快发展速度，只要有经济效益，速度越快越好的主张，是不正确的。

二、经济功利主义及其在现阶段的主要表现

世界文明发展史表明，西方工业文明实际上是一种片面追求经济增长和经济效益的工具理性的文明。这种人类文明在经济领域里特别强调追逐利益功利和追求物质享乐，就必然无度地追求经济高速增长，无度地追求物欲，使整个工业社会形成一种以社会对自然物质的无限制的商品化转换为唯一目标的生产方式：个人对物质财富的无限制地占有为唯一目的生活方式，与此不可分的是整个工业社会的商品拜物教和GNP拜物教盛行，使经济功利主义和物质享乐主义在整个工业社会中置于主导地位，因此，经济功利主义和物质享乐主义是工业文明产生的一对孪生兄弟，是传统经济的发展观的两种基本现实形态，现在，我们先研究经济功利主义的本质及其他与可持续发展相背离的行为规范。

任何一个经济主体（包括个人和企业）的经济活动，都不是超功利的，应该说获取功利是判断经济活动的基本标准，这确实是真理。但是，获取什么样的功利，怎样获取功利，这才是问题的本质与关键。

人类中心主义的工业文明价值观，把功利引向一味追求经济利益（即物质利益）优先的工具主义。历史学家唐纳德·沃斯特曾经描述工业文明的哲学影响时指出：“人们必须……不断地思考怎样赚钱。他们必须把所有他们身边的东西——土地、自然资源、劳动力——视为是可能在市场上赚取利润的潜在商品。他们必然要求拥有不受外界规则干扰的生产，购买和出售这些商品的权利……随着需求的多样化以及市场的泛滥，人类和自然的其他部分之间的联系被淡化成赤裸裸的工具主义。”①这种赤裸裸的工具主义，我们可以称之为经济功利主义。它把一味追求经济利益即经济收益和效用作为经济活动的唯一动力，作为国民经济增长的唯一目的，作为经济发展的唯一尺度，这就必然作为人们伦理道德或价值观的唯一标准。在现实经济生活中它突出表现在两个方面：

① 引自梅多斯等著：《超越极限》，上海译文出版社2001年版，第231页。

第一，经济功利主义的生产观。在工业文明时代里，人们的经济活动在无度地追求物质利益的驱动下，在一味追求经济利益最大化的诱导下，其一切活动和发展行为几乎都是围绕着一个共同的甚至可以说是唯一的目标进行，这就是一味追求物质财富的无限增长。无论是工业生产还是农业生产都是开发和利用物质（包括能量）资源为基本特征，由此决定了整个社会的生产和再生产过程，始终是以大量消耗自然资源和经济资源，达到尽可能多的自然资源转化为物质产品的目标，获得效用最大化和利润最大化的目的。用托夫勒的话说，工业文明遵循的是“一味追求增长的逻辑”，即更多的生产、更多的消费、更多的就业，整个工业文明都被这种“更多”的逻辑所支配。而体现这种逻辑的生存发展方式就是“大量索取、大量生产、大量消耗、大量废弃”的非持续生存发展模式；体现这种逻辑的根本性指标，就是GNP，即是GNP第一，使人们经济活动的全部价值着眼于人对自然财富的索取与掠夺和经济财富的占有与享受。因此，工业文明的高度发展，在造福于人类物质享受和经济快速增长的同时，也就把工业文明引向了不可持续发展的歧途。

第二，经济功利主义的效益观。在现代人类经济活动的效益问题上，工业文明发展到20世纪下半叶以来，它存在着两条根本原则：一条是经济功利主义的效益原则；另一条是超越经济功利主义的效益原则。虽然两者都强调人们经济活动追求经济效益的重要性，但两者的发展观与价值观都截然不同。

长期以来，西方经济学的发展观与价值观，把追求单一的经济效益实现利润与收益的最大化作为市场经济运行的“铁则”，从而导致西方工业文明社会的视觉性经济效益观念盛行，即一切都可换算成视觉性的可计算的东西，并以最大量获得为其效益观念的实质内容。于是人们现实经济活动的首要判别标准就是经济效益，即一种可以通过货币计算的效益。当经济效益和生态效益或社会效益发生矛盾和冲突时，这种效益原则主张以牺牲生态效益或社会效益换取经济效益。它以自然界获取最大收益来表明人们经济活动的成功，并以此作为实现和衡量人的价值。

因此，从本质说，这是一种人类中心主义的效益观。在我国经济学教科书和经济学理论专著中，还是认为经济效益反映社会主义经济的本质特征，是社会主义经济的最高范畴，追求经济效益是社会主义经济发展的绝对规律，是经济工作的核心和根本出发点，是我国社会主义经济体制改革的内在动力和根本目标。这表明经济功利主义的效益原则在进入20世纪80年代后即成了我国经济工作的唯一原则，直到至今仍然占据各级领导干部中许多人的头脑，这正是当前我国生态环境总体上仍在恶化的思想根源之一。

在工业文明时代里，人们把追求经济效益最大化建立在大量消耗自然资产与生态资本、牺牲生态环境的基础之上，用消灭生态价值来创造经济价值，在获得最大量经济效益的同时，毁灭了巨大的生态价值，即是创造了经济生产力的同时消灭了生态生产力。其结果使自然界对人类活动的需要和自然界对自身变化的需要都得不到应有的满足，人类对自然界欠下了巨额的生态债。据美国国立生态分析和综合研究中心的研究小组在英国《自然》杂志发表文章提供的数据：就整个生物圈来说，平均每年它向人类提供物质的价值估计为33万亿美元。而全球一年的GDP为30万亿美元，不及地球每年贡献给人类的生态价值。所以这个研究小组指出："如果没有生态学生命保障系统的贡献，地球的经济就将停滞。"对此，1997年5月14日路透社以《研究发现，我们每年欠地球33万亿美元》为题作了报道。

生态经济学认为，人们经济活动的效益同经济效益不是同一概念，人们经济活动的效益应该包括经济效益、社会效益和生态（环境）效益三个方面的有机统一。这是一种超越经济功利主义的效益观。这是因为，在社会生产和再生产过程中，人们占用和消耗一定的劳动的同时会产生经济效益和社会效益或生态效益，使人们在社会经济系统获取社会—经济效益；在自然生态系统获取自然—生态效益，三种效益之间存在着相互依存与相互转化的辩证统一关系。人类经济活动的三个效益在本质上是一致的，实现经济活动的三个效益的有机统一，实质上就是经济增长、生态改善、社会进步的有机统一。因此，我们的经济活动不仅要追求经济效益，还要追求社会效益，更要追求生态效益，并努力实现三大效益的最佳统一。这应当是社会主义经济可持续发展的本质特征和绝对规律，是我国社会主义市场经济运行与发展的“铁则”，成为经济工作的根本出发点和落脚点，并作为根本原则，贯彻到人们经济活动的一切工作中去，走出一条生产发展、生活富裕和生态良好的文明发展道路。它的实践目标，不仅要创造经济价值，而且要保证生态价值的非减性；不仅要满足人的需要，实现人的利益，而且要满足自然的需要，实现自然的利益。因而这是一种超越经济功利主义的效益原则，在本质上是非人类中心主义的效益观，即生态经济可持续发展的效益观。

长期以来，在人类中心主义的支配和影响下，人类经济活动和发展行为的出发点和归宿必须是，也只能是满足人的需要，实现人的利益。而近代以来的人类中心主义实质上是个人中心主义和民族中心主义。因而，在工业文明时代，人类一切以自我为中心，甚至以部分人群的少数人的物质利益追求和眼前利益为中心，使一切经济活动和发展行为的内在动力与根本目的异化为经济利益最大化，最大限度地追求经济高速增长和收益不断增加，以获取最大的经济利益，就成为工业文明的基本原则。这种经济功利主义的利益原则统治了人类几个世纪，直到至今仍占据一些人的头脑。它决定了工业文明发展遵循的“一味追求经济增长的逻辑”，在本质上是“一味追求经济利益的逻辑”，即更多的物质生产，更多的物质财富，更多的物质利益，更多的物质占有。这就必然使人类经济活动和发展行为带来无限性和破坏性，主要表现在以下三个方面。

首先，在人、社会和自然有机统一体中，经济功利主义把人与自然的关系还原为人与人的关系，即社会经济发展关系，以人的利益与需要作为社会经济实践的出发点和落脚点，将实现人的利益与需要，作为社会经济实践的唯一的、终极的目的与价值尺度，否认自然的利益与需要也是社会经济实践的终极目的与价值尺度，导致人与自然的对立，形成一种以人类对自然物质无限商品化转换为目标的生存方式与发展模式，使现代经济走上了一条以牺牲生态环境为代价来满足人的需要和实现人的利益的不可持续发展道路。

其次，在生态经济系统中，经济功利主义把生态与经济关系还原为经济与经济的关系，即经济发展关系，把追求经济高速增长和经济利益最大化置于至高无上的绝对优先地位，而无视甚至大肆掠夺自然的生态利益，导致生态与经济的对立，形成一种以社会对生态资本的无节制掠夺与消耗的生产方式，使现代文明走进生态不可持续发展的死胡同。当今，全球性生态危机，已成为世界文明发展的最大危险。正如美国世界观察所的《2001年世界咨文》所指出的："许多全球性生态系统正处于危险境地"，"生态日益恶化……正将地球推到危险的十字路口。"

再次，在经济社会系统中，经济功利主义把人与人的关系还原为当代人与当代人的关系，即代内发展关系，把追求和满足个人利益作为市场经济运行与发展的内在动力与唯一目的，将当代人的个人的、局部的、眼前的利益放在绝对优先地位，忽视以至不顾牺牲社会的整体的、全局的、长远的利益，尤其是无视后代人的利益甚至牺牲后代人的利益谋取当代人的短期的、局部的利益，导致了人与社会的对立，形成了一种以个人对社会财富无限占有、过度消费和挥霍浪费的生活方式，使现代社会陷入社会不可持续发展的困境。

综上所述，经济功利主义是与现实世界系统即"生态—经济—社会"健康运行与可持续发展相背离的行为规范，在现实经济生活中带来不可持续发展危机的严重结果，故可以称之为"不可持续发展陷阱"。所谓"不可持续发展陷阱"，是指人们经济活动无限制地追求经济高速增长和最大限度地追求经济利益与物质财富占有过程中，生态与经济、人类的个体与整体、部分与全局、眼前与长远、现在与未来之间有一种特殊的关系。这就是当人们经济实践的终极价值选择时，作出的决定依据是一种以个人利益为中心的只顾经济牺牲生态、只顾个人牺牲整体、只顾眼前牺牲长远、只顾现在牺牲未来的"路标"，如以自然的不可持续性为代价谋求人的可持续发展，以生态的不可持续性为代价谋求经济的可持续发展，以他人的不可持续性为代价谋求自己的可持续发展，以整体的不可持续性为代价谋求局部的可持续发展，以长远的不可持续性为代价谋求眼前的可持续发展，即以后代人的不可持续性为代价谋求当代人的可持续发展，按照这种路标前行，“生态—经济—社会”复合系统运行落入“不可持续发展陷阱”之中，使现代人类文明面临着空前的危机，有的人甚至断言，“人类正在走向自我毁灭”！因此，经济功利主义是人类走上不可持续发展道路的重要思想根源，必须加以批判和扬弃。

三、物质享乐主义的贪婪本性及其危害性

人类中心主义导致极端的经济功利主义的同时，也就形成极端的物质享乐主义，使工业文明发展完全依赖于人们无限制地追求物欲，它不仅使最大限度地追求经济高速增长和物质利益最大化，成为工业文明发展的根本目标和基本原则；而且使无限制地物质占有和无节制的高消费、高享受成为工业文明发展的根本动力与基本原则。

自工业革命以来的几个世纪，工业文明发展一直在人类中心主义的框架内，人类中心主义价值观因其注重客体物的属人价值，导致了最大限度地追求物质财富占有和物质享受的社会心理驱动力，并把它作为人们追求的最终目标。因而，工业文明价值观在本质上是一种以拜金主义、利己主义、享乐主义为主要特征的价值观，必然形成工业文明发展的拜金主义、利己主义、享乐主义蔓延和泛滥，物质享乐主义在工业文明社会中居于主导地位。美国著名战略学家兹·布热津斯基在《大失控与大混乱》一书中指出：一股追求在丰饶中的纵欲无度的精神空虚之风正在开始主宰人类的行为。“界定个人行为的道德准则的下降和对物质商品的强调，两者相互结合就产生了行为方面的自由放纵和动机方面的物质贪婪。”当一个社会整体上堕入物质享乐主义就意味着这个社会陷入了衰落和崩溃的泥坑。对此，美国著名未来学家丹尼尔·贝尔极其尖锐地揭露和批判了当今美国社会中存在的个人主义和享乐主义，认为享乐主义摧毁了作为社会道德基础的新教伦理，使美国资本主义失去了它的传统合

法性。因此，享乐主义对于一个民族、一个国家来说是“一贴糟糕的处方”，它导致人、社会和自然的不可持续发展，主要表现在以下几个方面。

第一，工业文明对人的需要认识的单一性与片面性。长期以来。人们把人的基本需求看成只是物质需求，即仅仅理解为同衣、食、住、行有关的物质需求：忽视甚至不讲同精神生活有关的精神需求；更不认识人的生态需求，把人类自身生命的生活和生产过程中对生态环境的需求完全排除在人类经济社会发展的需求之外。这样人们的一切经济社会活动，就是追求满足人的物质需求，并以其对追逐物质财富的多少来判断其价值和成功的标志。于是人变成了庸俗的经济动物，把一切都物化、商品化了，人只是追求物质财富占有和享受物质财富的机器。到了20世纪70年代以后，虽然世界各国先后把发展战略调整到旨在满足人的物质和精神的双重需要的战略目标上来。但仍然忽视了满足人的生态需求是满足现代人的全面需要的基础，及其对经济增长和社会发展的重要作用，使人的基本需要的“二元（物质需要和精神需要）论”在当今人类文明仍占主导地位，在发达国家是如此，在发展中国家更是如此。

第二，工业文明的生活方式的单一性和畸形性。极端的享乐主义把过度消费作为人的生存的根本目标和人生的最高价值，用过度的消费和挥霍显示其身份和地位，使无节制的消费主义和挥霍浪费即享乐主义消费在工业文明社会中居于主导地位，形成高消费、高享受、高浪费的生活方式，这是工业文明发展的一个基本特征。这种物质享乐主义的生活方式在20世纪80年代的一些发达国家已经形成，例如，当今美国的物质生活消费水平已经达到人类有史以来文明社会的最高水平，并达到登峰造极的程度。这表明工业文明缔造的消费者社会全盛时期的到来。“当汽车占据了美国文化的中心位置的时候，消费者社会就在20世纪的美国产生了。”[①] 它的本质上说与“消费主义”、“高消费”、“过度消费”是

① 艾伦·杜宁著：《多少算够——消费社会与地球的未来》，吉林人民出版社1997年版，第12页。

同一含义的。

在发达国家的高消费社会里，高物质消费水平被看做是社会地位的源泉和象征，使过度消费表明一个人在现实经济中的社会地位。因而，大量占有与消费高级物质产品的人，受到社会的尊敬和羡慕。高消费不仅表现人的富裕与体面，而且用以表现人的荣耀和价值，显示是一种荣誉。这就在富裕人群中滋长泛滥“消费越多越体面”的原则，即“为地位而消费”、“为荣誉而消费”。于是人们为了抬高自己的社会地位，显示自己的荣誉，就无限制地追求物质享受和高消费成为社会时尚，以占有大量高级物质产品和高级奢侈品而奢侈和挥霍为荣耀。这样，工业文明社会的发展，极力强化人们无限制地追求物欲，满足人们纵欲无度的物质需求；而淡化了人们的精神需求，压抑了人们的生态需求，使人性、社会和自然呈现出种种病态，造成人、社会和自然界的畸形发展。在20世纪末期的全球工业文明发展更使这种病态与畸形发展达到前所未有的严重程度。然而，值得注意的是，在当今发展中国家仍有人拼命鼓吹享乐主义的消费观，一味效仿发达国家的高消费的消费模式和过度消费的生活方式，这是违背可持续消费的原则的。尤其是像中国这样的发展中大国，在生存与温饱尚未彻底解决的情况下，“消费主义就更显露出荒诞、不道德与不自然”。

第三，工业文明发展的破坏性与高代价性。一是无限制地追求高消费、高享受的生活方式，这种物质生活上的纵欲无度与过度消费，必然造成一个浪费型的社会，不但鼓励人们以贪得无厌的态度去消费资源、能源和商品，而且刺激人们尽可能多地把它们消耗和浪费掉。正如有的学者指出的那样：“以不断增长的速度把东西消费掉、烧掉、穿掉、换掉和扔掉”[①]。所以“高消费社会”在本质上说与“高浪费社会”是同一含义的。

二是为了提高物质消费水平，满足最大限度地物质享受，其根本途

① ［美］施里达斯·拉夫尔著：《我们的家园——地球》，中国环境科学出版社1997年版，第56页。

径就是不惜掠夺，向自然索取，肆无忌惮地消耗地球上的有限资源环境，无节制地浪费资源能源，以支撑高消费社会的运行与发展。例如，美国人口仅占世界人口总量的5%，它却消费掉全球1/3的资源，产生了世界1/3的污染；低于世界人口的1/5的西方社会，却消费了4/5的世界资源；美国两亿多人口对地球的固定能量的利用相当于世界200亿人口的利用量。又如，当今每个日本人比1950年日本人消费4倍多的铝、几乎25倍的钢和5倍的能源；它从国外进口75%的木材，99%的石油和其他矿物燃料，几乎全部矿物和大量食品，以维持高消费、高享受、高浪费的生活方式。现在，美国、欧洲诸国、日本等发达国家已成为极端享乐主义、消费主义的中心地区，他们过度消费是广泛地利用了世界资源环境，过早和过多地支付了地球生态资本，极大损害了非人类生命和自然生态系统的可持续生存。对此，早在1994年有人就警告过，如果全球55亿人全都毫无顾忌地消耗自然财富，那么地球“在一代人的时间里就会流尽最后一滴血”①。然而，值得重视的是，近年来，随着我国人民物质消费水平的提高，极端享乐主义、消费主义在我国开始流行。正如比尔·麦克基本所说：“中国只不过是全球的一个象征，随着冷战的结束，消费主义是到目前为止最强有力的意识形态——现在，地球上已经没有任何一个地方能够逃脱我们的良好生活愿望的魔法。”② 这种魔法确实推动社会的物质生产力高度发展，却使自然的生态生产力迅速萎缩，实际上是在创造经济生产力的同时破坏以至消灭了生态生产力，从而酿成严重威胁人类生存和经济社会发展的生态危机，并成为21世纪人类面临的主要危险。

三是无限制地追求物欲，满足贪得无厌的物质消费，不仅不惜掠夺自然，以牺牲本应属于后代人的生态资本与生态利益，来换取当代人的过度消费和物质利益，造成代际不公平；而且不惜盘剥他人，牺牲他人或他民族的经济利益和生态利益，造成代内不公平。正如《我们的家园

① 欧文·拉斯洛著：《享乐主义危及人类生存》，《参考消息》1994年8月8日。

② 比尔·麦克基本著：《自然的终结》，作者序，吉林人民出版社2000年版，第14页。

——地球》一书所指出的："富人对资源的过度消费和穷人的难以承受的赤贫。"[①] 在此，我们略举数据和事实说明之。

据美国一些报刊提供的数据，当今美国的贫富差距与经济同步发展。当今1%最富有的美国人拥有全国财产的40%，而80%的美国人只占有全国财富的16%。20世纪90年代以来，美国社会财富增长的40%流入了少数富人腰包，多数穷人只得到其中的1%。1977年到1999年，美国最富的1/5家庭的税后收入增长了43%；而最穷的1/5家庭的税后收入（扣除通货膨胀因素）却下降了9%，那些靠最低工资维持生计的人今天挣到的美元按实际收入计算还比不上30年前的水平。1979年，收入最高的5%家庭的平均收入是20%收入最低家庭的10倍以上，到1999年，这个差距已经扩大到19倍。美国的贫困和饥饿人口居高不下，一方面是富人过度消费；另一方面是穷人消费不足。美国有3200多万人生活在贫困线以下，占总人口的12.7%，贫困率比20世纪70年代还要高，也高于其他大多数工业化国家。1998年全国有3700万个家庭处于饥饿之中；在最穷的新墨西哥州，有15.1%的家庭面临饥饿的威胁[②]。

据《世界资源报告》（1998—1999），在1960—1993年之间，工业化国家和发展中国家之间人均收入的差距扩大了2倍。世界最穷的1/5人口现在只占有全球收入的1.1%，而最富的1/5人口占有全球收入的86%。1960—1994年，最富和最穷的1/5人口收入的比由30∶1扩大到78∶1。1999年最富国人均GDP（美国）与最穷国人均GDP（埃塞俄比亚）之比超过了300∶1。世界最不发达国家从1970年的25个增加到2000年的49个，拥有人口6.3亿，占全球总人口的1/10，但其收入和贸易量仅占百分之零点几，几乎可以忽略不计。全球60亿人口中有28亿人每天靠不足2美元维持生计，有几亿人每天还不到1美元。世界上3个顶级富豪的财产比最穷的48个国家年国内生产总值还多。世界上物质财富占有两极分化，必然使人的物质消费差距悬殊。据《1998年人类发

① 施里达斯·拉夫尔著：《我们的家园——地球》，中国环境科学出版社1993年版，第12页。
② 详见《2000年美国的人权纪录》，《光明日报》2001年2月28日。

展报告》，全球最富的1/5人口消费全部肉类和豆类的45%，能源的58%，纸的84%，拥有车辆的87%；而最穷的1/5人口分别仅为5%、4%、1.1%和1%。从人均消费水平来看，低收入国家人均能源消费量为339千克油当量，而高收入国家为5158千克油当量，后者是前者的15.2倍。从人均用水量看，低收入国家中居中等水平的几内亚为115立方米/年，高收入国家中居中等水平的法国为668立方米/年，后者为前者的5.8倍。从纸、木材、肉的人均消费比率之比来看，工业化国家与发展中国家分别是14:1、10:1、6:1。一个美国人使用的汽油超过一个卢旺达人的1000倍；一个美国人一生中总需求比一个印度人的总需求量大60倍；世界平均100人拥有1辆汽车，而美国平均每人拥有一辆汽车，以至占世界汽车总量50%的汽车在美国公路上行驶。美国人对于以环境为基础的物品和服务的人均消费量几乎超过中国人的50倍。总之，发达国家消耗了地球上2/3的资源，制造了世界4/5的垃圾和污染物。“假定世界80%的人口一无所有，目前的能流量便至多可使8%的世界人口享受到美国的消费水平。”[①] 理论和实践都证明，发达国家的高消费、高享受、高浪费的生活方式是建立在既是掠夺自然、使地球生态系统不断恶化的基础上，又是建立在剥夺他人、他民族，以世界上绝大多数人贫困为代价的基础上的，充分暴露了国际社会在资源消耗、财富分配和物质消费上极不公平，使当今世界走进不可持续发展的险境。

综上所述，20世纪的100年以来，极端的经济主义、贪婪的功利主义、腐朽的享乐主义在世界各国的蔓延和泛滥，尤其是一些发达国家达到登峰造极的地步。正像弗朗索瓦·佩鲁曾指出：“当初穆勒用功利主义伦理学取代勤奋和义务伦理学的时候，是有各种高尚的道德意图的，但后来蒙受了真理衰退之难，被后人退化为把发财致富、追求物质享受作为目的经济主义、粗制滥造的功利主义、腐朽享乐主义。”[②] 这就导致两个方面的苦果：一是在传统经济学的价值观和发展观指导下，工业文明

---

① 杰·里夫金等著：《熵：一种新世界观》，上海译文出版社1987年版，第172页。

② 弗朗索瓦·佩鲁著：《新发展观》，华夏出版社1987年版，第96—97页。

的高投入、高消耗、高污染的生产方式和高消费、高享受、高浪费的生活方式，即两者统一的人类的生存方式具有“反社会”和“反自然”的性质。这是当今世界包括生态危机在内的不可持续发展危机的直接根源。二是工业文明发展到当代，在整体上已经堕入极端的经济主义、贪婪的功利主义、腐朽的享乐主义，标志着工业文明发展进入了衰落的阶段走到尽头。这就从根本上决定了作为工业文明时代的理论表现的传统经济学，必然从兴盛走向衰落，寻找新的发展方向，以适应当今世界“生态—经济—社会”复合系统健康运行与可持续发展的客观需要。

（原载《财经政法论坛》，中国财政经济出版社2003年版，第90—100页）

现代经济运行与发展的全面生态化

我们从SARS危机与人类生存方式的关系，探究当今人类生存危机的生态与经济根源，给予我们的警示集中到一点，就是人类生存危机，从根本上说，是人类需要一场深刻的生态革命，推进人类生存与发展的生产方式和生活方式的生态化转变，实现人类生存方式的全面生态化；其关键又在于经济领域里必须进行一场彻底的生态革命，实现经济运行与发展的全面生态化。它在本质是现代经济发展的可持续革命。

21世纪是全球化发展的新时期，人类经济活动、自然环境变迁、人类灾难乃至病毒传播都没有国界，经济全球化和环境全球化相互交织与相互融合成为有机整体。因而，当今世界经济发展具有三个显著特点：一是经济活动的生态化；二是经济目标的人性化；三是经济形态的知识化（包括信息化）。这三大发展趋势的有机统一，是21世纪现代人类生存与发展的希望所在。由此决定了经济领域生态革命的根本目标，就是实现现代经济发展的全面生态化，即是经济活动的生态化、经济目标的人性化和经济形态的知识化的有机统一。尤其是在经济全球化和环境全球化融合和发展的今天，人类经济活动越来越注重生态化和人性化在人类生存与发展中的突出作用，越来越追求经济发展的可持续性和人的高质量的生存权利。正如《里约宣言》原本的第一条所说的：“人类享有生活在美好环境中的权利，享有生活在尊严和与自然保持和谐关系的权利。”这种高质量生存的权利，对自然而言，应该是人类负有保护和维护地球生态环境的责任，并且负有为了当代及后代人的共同利益而保护、修复、改善地球生态环境的责任。实现这种生存权利，承担这种生存责任，正是现代经济生态革命的根本之点。在此，我们强调几个问题：

1. 现代人类经济活动的生态化，是指现代人类经济活动遵循生态规律的客观要求，实现经济发展的生态合理性的生态经济过程。它在本质上是指人们经济行为的生态合理性。因而，现代经济社会活动的生态合理性的生态原则，是生态革命的基本原则。美国学者保罗·霍肯说得好："必须把生态思想结合到我们的道德观念、生活模式，特别是我们的经济制度的方方面面中去。""这一点至关重要，因为生态原则中不仅包含着我们所面临的问题和挑战，而且还包含着能够用来改造我们的经济和社会的办法。"生态革命要求现代人类经济社会活动必须按照生态原则去实现世界系统运行的生态合理性，也就内在要求经济、科技、文教、政治、社会活动等经济社会发展的全面生态化。在现代市场经济条件下，当市场与技术原则和生态原则发生尖锐矛盾的时候，我们必须坚持生态合理性优先的原则，即人类经济活动的生态合理性优先于经济与技术的合理性，保证现代经济体系运行在生态上的要求，建立起完整的现代生态经济体系。因此，我们必须用生态原则来规范现代人类经济活动，使现代经济体系运行朝着生态化的方向发展。

2. 现代经济发展的实现形式的生态化。现代经济发展的实现形式生态化，是指在现实经济生活中的推进经济运行与发展的实现形态，必须反映生态规律的客观要求，保证实现经济发展的生态合理性，这主要表现经济发展战略、经济发展模式、经济体制及运行机制等，都要反映和满足经济运行在生态上的要求，达到经济发展和可持续性的内在统一。

人类经济活动总是在一定的经济体制下，实行一定的经济发展战略，形成一定的经济发展模式与运行机制。早在1981年罗马俱乐部在《关于财富的福利的对话》一书中就指出：“经济和生态是一个不可分割的整体，在生态遭到破坏的世界里不可能的福利和财富。筹集财富的战略不应与保护这一财产的战略截然分开。一方面创造财富，一面又大肆破坏自然财产，会创造出消极价值或破坏价值。”在当今世界，无论是发达国家，还是发展中国家，从总体来说，多数国家的经济发展战略、模式、经济体制及运行机制，都是以生态与经济相脱离为基本特征的，使现代经济运行与发展往往不能反映生态学的真理，必然是创造经济生产力的同时，消灭生态生产力，成为损害生态环境的经济运行与发展的实现形式，不仅有悖于人类的生存与发展，有悖于人的外在自然和内在自然的和谐发展，尤其有悖于人的身心健康和生命安全，而且将会导致当今市场经济崩溃。对此，布朗先生在《生态经济》一书中，引用开发挪威和北海油田的埃索公司前副总裁厄于斯泰因·达勒的看法来表达自己的观点：“中央计划经济崩溃于不让价格表达经济学的真理，自由市场经济则可能崩溃于不让价格表达生态学的真理。”不仅如此，现在的世界各国的市场经济体制能否反映生态学的真理，是直接关系到全人类的前途和命运的重大问题。日本学者岩佑茂认为，不仅资本主义在21世纪能否存在下去，而且社会主义能否达到发展目标，都要取决于能否实现环境掠夺型经济体制向环境保全型经济体制的转换。可见，现代经济运行与发展的实现形式需要一场彻底的生态革命。

在我国，SARS危机是发生在经济最繁荣的时期带全局性的危机，它本身不是经济危机，改变不了中国经济高速增长的态势，但却能够改变中国经济增长和整个现代化建设的发展关系及其经济运行轨迹。这就是说，它能促使我们在经济领域里开展全方位的生态革命，进行全面性的经济发展战略调整、经济发展模式和经济体制的根本转变。

（1）从根本上调整经济发展战略。它的基本点是：在坚持生态环境良性循环的发展战略基础上，实行经济社会和生态环境相互协调的双赢式发展战略，把社会发展和生态发展融入现代化建设整体发展目标之中，要特别重视经济发展必须同社会发展同时并举，经济建设必须同生态建设同步进行，经济、政治、文化、生态协同发展，使经济运行目标真正达到物质文明建设、精神文明建设、政治文明建设和生态文明建设的全面发展、协调发展和可持续发展，推动整个社会走上经济发展、协调发展和可持续发展，推动整个社会走上经济发展、生活富裕、政治民主、文化繁荣、社会进步和生态良好的文明发展道路。

（2）从根本上转换经济发展模式。20 世纪 90 年代以来，笔者在一些论著中反复阐明中国经济发展必须彻底改变现存的生态与经济分离与对立的传统经济发展模式，构建生态与经济内在统一与协调互促的生态经济发展模式，这就是可持续发展经济的新模式。对此，美国学者 R. 布朗《生态经济》一书中也指出："我们必须架构一种与地球保持和谐关系的经济，而不是架构像现代这种跟地球处于对立状态的经济。"这是"一个能够与生态系统有机结合的重新设计的经济，将稳定两者之间的关系，使经济得以继续发展"。

（3）从根本上转变经济体制。我曾在《可持续发展经济学》一书中明确指出：我国经济体制改革，应当有步骤地实现两个根本性转变：一是从传统计划经济体制向现代市场经济体制的根本转变，即建立社会主义市场经济体制；二是从现存市场经济体制向可持续发展经济体制的根本转变，即建立中国特色的生态市场经济体制。生态市场经济是生态与经济一体化的现代市场经济体制，它既是一种新的经济体制，又是一种新的经济形态。正如有的学者所指出的：从发展趋势来看，"生态市场经济将成为 21 世纪的主流经济形态"。这才是根本的现代经济生态化和现代经济知识化的真谛。

3. 现代经济运行与发展目标的生态化与人性化。现代经济运行与发展的根本目的，是提高全体人民的生存质量，应该把全体人民身心健康和生命安全放在第一位，实现人的有机身体和无机身体的和谐发展。这是现代经济发展人性化的核心问题。长期以来，在现实经济生活中只是把满足人民的物质需要，实现人民的物质利益，提高人民的物质生活水平，作为人们经济活动的出发点和落脚点，是发展经济的根本目的。这场SARS危机矫正了发展经济根本目的的缺陷，并内在要求人类经济活动必须把全体人民的身心健康和生命安全放在首位，现代经济运行与发展的根本目标，就是要达到这个目的。

可持续发展经济学认为，人是自然与社会的存在物，是生态人、经济人、社会人的有机统一体。然而，人作为一种生命物种，首先是生态人，属于自然界，是自然界的一部分存在于自然界，因此，人的自然生命完全受制于自然界。这是一方面。另一方面，正如马克思所说的“自然界是人的无机的身体”，是人生命的组成部分，即是自然生态系统中的各种生态因子不仅仅是维持人身健康和生命安全的自然环境，而且是人的生命的一部分。因此，人的生存与发展无论从物质的还是从精神的方面，都要依靠自然界生活，人类应该像保护自身健康一样，来保护自然界无机身体的健康。由此决定现代经济运行与发展的生态路标，应该是实现人的有机身体和无机身体的和谐发展，是人类生态和自然生态的协调发展。

按照生态学专家的解释，人的身心健康根据世界卫生组织定义，健康是一种完整的生理、心理和社会康宁状态，而不只是不生病或身体不虚弱无疾病。身心健康包括生理和谐、心理和谐以及生理与心理和谐。它既是指人的各种器官、功能的完好程度，又是指人与各类物理、生物、社会和自然环境的协同进化关系；它还是一种文化，即是人的物质文明与精神文明和社会的政治文明与自然生态文明的综合表象。因此，在人类经济活动中把保障全体人民的身心健康和生命安全放在第一位，就是意味着现代经济运行与发展要达到这个根本目标，这确实是重建人、社会与自然的有机整体与和谐发展的生态革命。

自然的命运就是人类的命运，拯救地球就是拯救人类，必须进行一场经济领域的生态革命，来加速实现不可持续经济向可持续经济的转变，这就有赖于经济思想与理论的生态革命。这种生态革命就是对整个工业文明观念的更新与重建，形成反映生态规律的新的经济思想与理论，它集中表现为可持续发展经济思想与理论。

(原载《资源环境经济学进展（1）》，湖北人民出版社2004年版，

并发表在《中南财经政法大学学报》2004年第4期)

建设生态文明、实施可持续发展战略与人类实践的价值取向

立足于“人—社会—自然”复合系统的理论基础上，可持续发展无论从理论选择，还是从实践选择，都必然引起现代人类实践活动的价值取向的调整。长期以来，在人类中心主义的影响下，人类实践活动的出发点和落脚点只能是，也应当是为人类自身需要与利益，这是人类实践选择的唯一的、终极的价值尺度。现在，实施可持续发展战略要求人们按照可持续发展的本质特征与实践目标，就应当使人类突破只把自身需要与利益作为唯一的、终极的价值尺度的狭隘眼界，促使人类实践的价值取向发生这样的转换：由只是为人类生存发展的需要与利益作为人类实践的唯一的、终极的价值尺度转变为与此同时也必须把非人类物种的需要和整个生物圈的整体利益作为人类实践的终极价值尺度，构成可持续发展实践的两重最终目的，它实质上就是人类经济社会实践选择的两重的终极的价值尺度。这是生态文明时代的客观要求与必须进程。这是因为：

1. 从现代文明形式的角度来看时代，当今人类即将走出征服、掠夺自然，以牺牲生态环境求得生存与发展的工业文明时代，正在步人保护、建设自然，以重建人与自然的和谐统一的共同生息与繁荣的生态文明时代；从现代经济形态的角度来看时代，现代经济已开始由以物质资源尤其是以有限自然资源为主要依托的物质经济时代，正在转向以信息、知

识、智力资源为主要依托的知识经济时代；从现代经济发展模式及道路的角度来看时代，现代经济发展已开始由生态与经济极不协调的非持续发展经济时代，正在走向生态与经济相互促进与协调的可持续发展经济时代。因此，21世纪必然是生态文明、知识经济与可持续发展经济“三位一体”的新时代。正是站在这个新时代的高度，21世纪应该是生态文明建设的世纪，将重建人、社会与自然在新的更高层次的和谐统一。使生态环境与经济社会在新的更高水平的协调发展，就成为生态文明时代的根本标志。正是在这个意义上说，实施可持续发展战略要求人们按照生态经济社会整体发展观来追求和实现“生态—经济—社会”复合系统高度整合、整体优化、良性运行与协调发展，这是建设生态文明的核心。这个核心本质上是非人类中心主义的人类实践选择：为人类物种的福利的同时也同等为非人类物种乃至整个生物圈的福利的两重最终目的与终极价值尺度，促进21世纪世界发展进入生态环境和经济社会“双赢”的新时代。

2. 人类与其生态发展的生态环境协同进化与和谐发展，就是生态文明的真谛。这就是说，人与自然必须是也应当是共同生息、共同发展与共同繁荣。从“人—社会—自然”复合系统的整体性出发，现代人类实践必须是，也应当是以人类与自然界的共存共荣为价值取向，尤其是在面临人类的需要与利益和自然的需要与利益发生尖锐矛盾的时候，强调人类必须与大自然一起生存、一起发展，坚持生态优先原则的同时，也强调人类的需要与利益得到合理的保障与满足，从而保证“生态—经济—社会”复合系统的健康运行与可持续发展。这是共存共荣的最高价值。它是合乎现代人类及其实践的本性的，也是体现了现代人类在新时代的新的价值追求与价值尺度的调整。

3. 人类中心主义价值观的核心，是把人看成世界系统唯一具有内在价值的存在物，其需要与利益是最高的，甚至是唯一的，是人以外存在物的尺度和目的；而非人类物种及整个生物圈的价值（即工具价值）仅仅是以它们能否满足人的需要的能力来决定，它们的内在价值（享受它们自身生存的能力）是不存在的。这就必然规定了满足人的需要，实现人的利益是人类实践活动的唯一的目的和终极的价值尺度，甚至认为生态的平衡也“是以人的价值观为判断依据的”，这就使人的价值尺度成为世界系统价值评价的最高的、唯一的价值尺度。可持续发展观不仅承认人是具有内在价值的存在物，而且认同非人类物种乃至整个生物圈也是有自身独立于人类工具性价值之外的内在价值的存在物；在考虑人类的生存权和发展权的同时也同等地考虑自然的生存权和发展权，并使之达到两者的有机统一。因此，判断世界系统各种事物的价值就不能仅仅以人的需要与利益取向为依托，而必须同时以非人类物种与整个生物圈的需要与利益取向为依托。这就是必须规定了人类实践活动必须遵循人的价值尺度和自然的价值尺度的两种尺度的客观要求。

其实，马克思曾经明确指出：“动物只是按照它所属的那个种的尺度和需要来建造，而人类懂得按照任何一个种的尺度来进行生产，并且懂得怎样把内在的尺度运用到对象上去；因此人也懂得按照美的规律来建设。”[①] 这就告诉我们，在人的认识——实践过程中，从来不是一种人的价值尺度在起作用，而是人的价值尺度和自然的价值尺度这两种尺度在起作用。可持续发展价值观正是根据这个马克思的观点，尤其当代人类实践的初步经验及其历史教训告诉我们，完全以人的价值尺度来协调人与自然的发展关系，确实具有很大局限性和可悲的后果；更何况人的价值尺度在人类世界之外是行不通的。现代人类经济社会实践必须突破以人的价值尺度作为人类实践活动的价值取向的唯一根据的陈说，实现价值尺度的转换：保护生态环境、维护生物圈共同体的完整性、多样性和稳定性是人类实践最高的行为准则和终极的价值，这是生态文明和可持续发展价值论导出的一个最重要的结论。所以，只是把人类生存与发展的需要与利益作为人类实践选择的唯一的、终极的价值尺度，是不符合生态文明和可持续发展时代的客观要求的。

① 《马克思恩格斯全集》第42卷，人民出版社1979年版。

4. 建设生态文明，实施可持续发展战略，是21世纪人类的基本实践活动，也是实现人类实践两重终极价值的伟大实践。对此。强调以下几点：

其一，无论建设生态文明，还是实施可持续发展战略，都应当既是通过按照人与人的和谐发展的价值取向，使人类实践活动具有可持续性的社会经济机制；又通过按照人与自然的和谐发展的价值取向，使人类实践活动具有可持续性的自然生态机制，形成可持续发展的双重协调机制。只有在这种双重的和谐发展中，人的全面发展和自然的充分发展及其可持续发展才是现实的，现代人类实践选择的两重的最终目的或终极目标才能真正实现。

其二，可持续发展是一种以人与自然的和谐发展、生态与经济的协调发展的生态文明为基础的现代发展模式，这种全新的发展模式遵循两条基本原则，即是以人类可持续发展为主导，以自然可持续发展为基础（或者说是以经济社会可持续发展为主导，以自然生态可持续发展为基础）。前者指的就是我们应当是以人的全面发展和可持续发展为根本宗旨和终极目标，这是现代人类实践发展的一条基本法则，也是可持续发展观的一条最高原则。后者指的是在推进人类可持续发展的同时也必须同等推进自然生态可持续发展，这也是现代人类实践活动的根本宗旨和终极目标，并应当成为现代人类实践发展的一条基本法则，也应当是可持续发展的一条最高原则。

其三，我们通过双重协调机制把人类实践活动限制在生态容许的限度内，使经济社会发展不能超越地球生态系统的承载能力，人类的经济社会活动是不会对地球生态系统的整体性和稳定性构成威胁的，这是一方面。另一方面人类经济社会活动运用实践选择两重性的新理论，遵循上述两条基本法则，按照人的价值尺度来满足人的需要，实现人的利益；同时又可以按照自然的价值尺度来满足自然的需要，实现自然的利益。这样既能使人获得更加全面的发展，并具有可持续性，赢得更加广阔的发展自身价值的空间；又能使自然获得更加充分的发展，增强可持续性，这正是人、社会与自然发展关系的诗意所在。这就是 21 世纪世界系统的经济社会和生态环境获得“双赢”的理想境界。

（原载《东南学术》2002 年第 6 期）

论和谐社会模式与人类经济活动的终极目的*

建立和谐社会模式，是全面建设小康社会的内在要求，是现代社会朝着可持续社会方向发展的必然趋势。我们党确定的建设更高水平的小康社会，必定是一个全面的、协调的、可持续发展的社会，这是和谐社会的最佳模式。我们拟就此问题作几点探讨。

一、全面小康社会是和谐社会的最佳模式

在邓小平理论体系中，“小康社会”是邓小平在党的十一届三中全会以后，在建设中国现代化进程中，继承传统思想遗产，反思历史经验教训，立足中国现实国情，放眼世界现代化发展潮流，将民族复兴梦想和民生幸福追求融为一体，提出的一个具有中国特色社会主义社会的新概念。邓小平将它确立为20世纪末中国现代化发展的新目标，包括人民生活目标，经济发展目标，政治发展目标和社会发展目标等多方面的内容，体现了经济和社会的全面协调发展。

我们从邓小平关于建立小康社会的构想，可以看出，“邓小平所构想

---

* 本文是作者与方时姣合写的、提交给2004年3月全国“和谐社会模式与‘三农问题’解决途径”学术讨论会的论文。

的小康社会，是一个经济发展、政治民主、社会安定、精神文明、环境优美、生活殷实、人民安居乐业和综合国力强盛的经济、政治、文化全面协调发展的社会，是中华民族走向新的复兴的社会发展阶段。"①

党的十三届四中全会以来，以江泽民为核心的第三代中央领导集体在实施邓小平"三步走"战略构想的过程中，根据国内国际发展的新情况，不失时机地提出了"全面建设小康社会"的历史任务。2000 年 10 月召开的党的十五届五中全会指出："从新世纪开始，我国将进入全面建设小康社会，加快推进现代化的新的发展阶段。"江泽民同志在庆祝中国共产党成立 80 周年大会的讲话中再次强调指出："我国已经进入全面建设小康社会，加快推进社会现代化的新的发展阶段"，"要尽快地使全国人民都过上殷实的小康生活"，并提出了全面建设小康社会在经济、政治、文化、人的发展、人与自然的关系等方面的要求和任务。接着，党的十六大确定了全面建设小康社会的宏伟蓝图，它就是要把一个低水平的小康社会建设成为更高水平的小康社会；党的十六大报告第一次提出了全面建设小康社会在经济、政治、文化和可持续发展四个方面的奋斗目标。全面建设小康社会强调的"全面"，不仅要解决经济、政治、文化等多方面的发展任务；而且要解决经济、社会与人口、资源、环境相互关系方面的发展任务。因此，党的十六大报告强调指出："可持续发展能力不断增强，生态环境得到改善，资源利用效率显著提高，促进人与自然的和谐，推动整个社会走上生产发展、生活富裕、生态良好的文明发展道路。"可见，我们要全面建设的小康社会既要实现经济社会和谐发展，又要实现自然生态和谐发展的高度现代文明的社会发展阶段。

为完成全面建设小康社会在经济、政治、文化、生态的发展目标，必须全面贯彻"三个代表"重要思想，推进社会主义物质文明、精神文明、政治文明、生态文明建设全面协调发展。我们遵循党的十六大制定的战略思路全面建设小康社会，从经济、政治、思想文化、生态环境等

① 吕书正著：《全面建设小康社会》，新华出版社 2002 年版，第 66 页。

各个领域来加强现代化建设，推进社会主义四大文明建设全面发展，协调发展和可持续发展，我们就能够最终建成经济更加发展、民主更加健全、科教更加兴旺、文化更加繁荣、生态更加和谐、社会更加安定、人民生活更加殷实和综合国力更加强盛的美好的小康社会，从而真正实现全面建设小康社会的整体发展目标。因此，更高水平的小康社会应该是一个全面发展、协调发展和可持续发展的社会。这就是我们所要建立的和谐社会模式。

党的十六大政治报告为我们绘制了全面建设小康社会的雄伟蓝图，并在我们党的代表大会文献中首次提出了和谐发展观，构建了全面小康社会和谐发展的基本框架及其在社会各领域和谐发展的具体形态。诸如，在总结过去13年经验时，强调了“安定团结，政通人和”，在论述全面贯彻“三个代表”重要思想时，强调要“努力形成全体人民各尽其能，各得其所而又和谐相处的局面”；在论述全面建设小康社会奋斗目标时，提出了“社会更加和谐”和“人与自然的和谐”的发展目标；在论述建设社会主义政治文明时，要求我们要“巩固和发展民主团结、生动活泼、安全和谐的政治局面”；在论述维护社会稳定时，要求我们“必须保持长期和谐稳定的社会环境”等等。十六大确立的全面建设小康社会的和谐发展构思，体现了我们党对共产党执政的规律、社会主义现代化建设和人类社会发展规律认识的新境界，为全面建设小康社会指明了正确方向，也为创建和谐社会提供了科学依据。

二、和谐社会的基本内涵与主要特征

我们从全面小康社会的景象，就可以对和谐社会模式的本质特征得到初步认识。

1. 对于和谐社会的基本内涵，强调以下几点：

第一，人与自然和谐。工业文明发展，人与自然的矛盾日益突出，它比人类历史上任何时期都更为尖锐，成为工业社会自身难以克服的内在矛盾，因而重建人与自然和谐统一的生态文明，就成为构建和谐社会的现实基础和首要任务。人与自然应该和谐发展，即社会生产力与自然生产力相和谐，社会经济系统与自然生态系统相和谐，自然的人化与人的自然化相和谐，环境自然与人自身的自然相和谐，尤其是人类经济活动的需求增长与生态系统供给能力相适应，社会生产和社会生活排放废物量与生态系统净化能力及环境容量相适应，实现经济社会发展由反自然性向生态文明的根本转变，形成人与自然共同生息与协调发展关系。

第二，人与人和谐。在人与自然对立基础上建立的人与人对立的工业社会，人类历史发展深受双重对立发展机制的驱使，导致当代人之间、当代人与后代人之间的矛盾加剧成为当今社会发展的重大矛盾。因此，人与人应该和谐发展，不仅代内相和谐，而且代际相和谐，并且追求可持续发展的目标，是要一代更比一代和谐。

第三，人与社会和谐。人不仅是自然的人，而且是社会的人。社会的发展和人的发展是密不可分，甚至可能说社会的发展就是人自身的发展，两者发展是一个双向同步发展的统一运动过程。因此，人与社会应该和谐发展，即个人自由与社会认同相适应，个人的利益与需要的满足与整个社会的利益与需要的实现相适应，人的素质的全面提高与社会不断进步相适应，人的能力发挥与社会公平公正相适应。只有这样，才能实现人的发展和社会的发展和谐统一，这是和谐社会所追求的发展目标。

第四，人、社会与自然的和谐统一。人与自然的关系和人与社会的关系，是现代人类社会的两种基本关系。它们相互联系、相互制约，是密不可分的统一整体。因此，人、社会与自然之间的相互交织和相互融合比它们之间的相互区别更为重要，当今人类进行的生态革命和生态文明建设，就是重塑和实现人、社会与自然有机统一整体，即是实现人与自然、人与人、人与社会的和谐统一。只有这样，人类才能最终创造出一个可持续发展的社会。这才是和谐社会的真谛。

2. 和谐社会的主要特征。

第一，全面发展是和谐社会的重要特征。全面建设小康社会，要求实现我国社会主义现代化在经济、政治、文化，人的发展、人与自然和谐发展等各个方面的任务，这就必定使我们所要建设的更高水平的小康社会，在人、社会与自然的各个领域都得到共同发展，形成全面发展的社会。正如江泽民同志多次强调指出的："社会主义社会是全面发展、全面进步的社会"。因此，全面建设小康社会的整体发展目标，就是要建立一个高度物质文明、高度精神文明、高度政治文明、高度生态文明的社会，实现人的全面发展和社会的全面进步。因而，和谐社会必定是一个全面发展与全面进步的社会。

第二，协调发展是和谐社会的根本特征。人类社会是一个由经济、政治、文化、生态、环境等多种要素相互依赖、相互制约与相互转化的有机整体。只有这些要素形成和谐统一、整体优化、良性运行与协调发展的关系，整个社会才能真正实现全面发展与可持续发展。因此，和谐社会运行与发展不仅包括经济、政治、文化、科技的发展，还包含着生态、环境的发展，并且是经济发展必须同政治、文化、科技、生态、环境的发展相适应、相协调。这种协调发展集中体现在物质文明、政治文明、精神文明、生态文明四大文明建设整体推进、全面发展与协调发展。因此，和谐社会的运行与发展过程，就必然表现为经济与生态、社会与环境、人、社会与自然的全面协调发展过程。这是全面建设小康社会的必然进程。

第三，可持续发展是和谐社会的本质特征。可持续发展不仅是人与自然的协调发展，而且是人与人的协调发展与人与社会的协调发展。而实现可持续发展，核心问题是实现经济社会和人口资源环境的协调发展，是经济、社会、生态环境的全面发展，这又必须是物质文明、政治文明、精神文明、生态文明的协调发展与可持续发展。所以，可持续发展构成为和谐社会的内在属性。这就决定了构建和谐社会，就是要推进整个社会的全面发展与协调发展，实现人类（包括当代与后代）可持续生存与发展。正是在这个意义上说，和谐社会模式又叫可持续社会模式。它是指发展能够保障当今社会多要素、多结构的全面协调发展时，又能够为未来社会多要素、多结构的全面协调发展提供基本条件，是一种长时期促进社会公正、安全、文明、健康运行的社会全面协调发展与可持续发展。

三、生态社会是和谐社会的理想模式

当人类社会发展进入20世纪80年代之时，一些西方社会科学家、未来学家就认为，在今后30年至50年间，发达国家将会从传统工业文明时代进入“后工业社会”。它作为一种社会形态，是21世纪美国、日本和西欧社会的发展形态的主要特征，尤其是美国社会学家丹尼尔·贝尔以美国为实例，提出人类社会文明发展递进的顺序是“前工业社会—工业社会—后工业社会”的“三阶段论”。他认为，前工业社会的“意图”是“同自然界的竞争”，工业社会的“意图”是“同经过加工的自然界竞争”（即“同人化的自然界竞争”），而后工业社会的“意图”则是“人与人之间的竞争”。很明显，贝尔对人类社会发展的演进只是强调竞争，而否认和谐发展。这样探索人类社会发展的规律性，就必然对21世纪人类社会发展问题的认识产生片面性。几年前，一位青年学者在《刘思华选集》出版笔谈一文指出：人类一旦进入生态文明时代，“环境、生态和人类发展的关系将是互补，而不再是竞争的关系。这种关系是‘一定会把现代经济社会运行与发展推进到人与自然共同生息、生态与经济共同繁荣而获得协调持续发展的生态时代’”①。在20世纪90年代前期，国际上的深层生态学家试图以系统整体观和生态中心主义思想为基础，来构造全盘改造工业文明社会的方案，“最终建立一种无等级差别的理想的生态社会”。“生态社会是一个真正自由的社会——一个真正建立在生态学原则上，可以调节人与自然关系的自由社会。”② 其后，英国学者伊恩·莫法特在《可持续发展——原则、分析和政策》一书中，描述了可持续发展社会的景象，并称之为“绿色社会”模式。他指出，

---

① 参见《中南财经政法大学学报》2001年第2期。

② Petra K. Kelly: Nonviolence Speaks to power, Center for Global Nonviolence Planing Project, 1992, p. 22.

这个乌托邦模式并不是一些不可实现的梦想，它是指导人类社会应该朝着一个可持续的社会发展这个基本方向。我们认为，“绿色社会”模式，就是“生态社会”模式的形象概括，它们作为一种新的社会形态，在本质上是可持续发展社会。

同时，我国一些学者对人类社会发展远景也提出探索性看法。高放教授在《评〈第三次浪潮〉》一书中批评托夫勒的“农业社会—工业社会—信息社会”这个“三阶段论”的“社会浪潮论”时，不同意未来社会的发展形态是“信息社会”的论断，他认为“生物工程社会是人类社会发展的远景和归宿”，从而提出了“新三阶段论”，即是“农业社会—工业社会—生物工程社会”的人类社会文明递进的发展序列的论点[①]。到了1993年，欧阳志远教授在高放教授的“生物工程社会”论基础上进一步探讨认为，“未来的技术社会形态不仅应当是以生物技术为标志的，而且这种标志应当是生态化的”，就把未来的社会形态称之为“生态化的生物产业社会”[②]。这是对“生物工程社会”论的深化，揭示了未来社会的发展形态的生态本质。

本文作者之一的刘思华教授在1992年的《生态时代论》一文认为，信息革命同时就是人与自然发展关系变革的生态革命，它将把人类社会由工业社会推向后工业社会，“这是一个以生态为基础的文明社会”。接着他在《当代中国绿色道路》一书中探索生态革命产生及其发展趋势和现代经济社会发展及其前景时，明确指出：“生态社会是现代经济社会发展的远景”，“大约到21世纪后期，就会有些国家进入生态社会。所以，农业社会——工业社会——生态社会并列为人类社会文明递进的发展序列，是符合生产力发展和人类社会发展的客观规律和必然进程的。”[③] 生态社会作为现代经济社会发展的前景，确实是一个理想的社会发展模式。生态社会不仅是人与自然协调和谐发展的社会，而且是一个与之相应的

① 详见高放主编：《评〈第三次浪潮〉》，光明日报出版社1986年版，第80页。

② 详见欧阳志远：《当代社会生产领域变革的思考》，《光明日报》1993年11月26日。

③ 刘思华：《当代中国绿色道路》，湖北人民出版社1994年版，第8—10页。

人与人、人与社会协调和谐发展的社会，更是一个人的生理和谐、心理和谐及其生理与心理协调和谐发展的社会。

从国内外学者对“生态社会”模式的描述中，我们认为，现在有几点值得高度重视：

第一，生态社会是一个以生态为基础的现代社会，它强调生态和谐是人类生存与社会发展的客观基础，人类必须在这个基础上与自然界相互作用，共同生息与协调发展，使整个社会朝着人和自然和谐的生态化方向可持续发展。

第二，生态社会是一个真正无等级差别的、自由的现代社会，它以人类同自然界的和谐统一为前提、为目标，真正建立起人与人、人与社会和谐统一的协调发展关系，实现人与人、人与社会相和谐的可持续发展。

第三，生态社会是对工业社会的人与自然相脱离、社会与自然相分裂的本质特征的否定，真正实现人与自然、社会与自然的和谐统一，达到人、社会与自然和谐共存、共同繁荣与可持续发展的至高境界。这就是生态社会的本质特征。

总之，人类社会已经进入把人、社会与自然作为一个有机统一整体来揭示现代经济社会发展远景的清晰图景的新时代，我们对人类社会发展已经进入 21 世纪后社会全部因素和整个自然界因素相互作用的发展进程的分析，可以得出一个合乎逻辑的结论：生态社会是和谐社会的理想模式。

四、建构和谐社会必须调整人类经济活动的终极目的

工业社会运行与发展是以对自然的征服，统治和占有来实现人类自身利益为核心理念与价值取向，它把自然界看做为征服、掠夺、主宰的对象，促使人类对自然疯狂地掠夺、无节制地榨取、无限度地占有，以毁灭地球生态系统来换取工业文明的高度发达，就成为 20 世纪人类支配自己实践活动与发展行为的基本法则。因此，现代人类实践活动与发展

行为的一个最根本错误，就只是从自身一个物种的需要与利益出发，用牺牲其他物种的需要与利益及其所有生物的共同利益即地球生物圈的整体利益，来实现自身生存与发展的需要与利益。这种错误在20世纪下半叶达到了高峰，给世界系统带来了深重的生态危机（包括资源与环境危机），使人与自然、人与社会极不和谐与极不协调、整个人类社会走进不可持续发展的死胡同。

可持续发展观是对全球生态危机及人、社会与自然不可持续发展的积极回应，它是人类发展观由工业文明价值观、发展观与实现观向生态文明价值观、发展观与实现观的历史性飞跃，是一种划时代的全新的价值观、发展观与实现观。因此，我们认为，可持续发展的本质含义，应该是“在满足当代人生存发展需要的同时，不损害后代人生存发展需要的能力；在满足人类自身生存发展需要的同时，不损害非人类生命物种满足其生存发展需要的能力的发展”①。这是对传统发展观的科学扬弃，充分体现了人类实践选择两重性原理。

刘思华教授曾在“国际生态环境建设与可持续发展研讨会”上提出了“人类实践选择两重性理论”，他认为“人类实践活动的最终目的，既是满足人类生物自身生存发展的需要，实现其人类自身的利益（包括人类的根本利益和长远利益）；又是为了满足非人类生物生存发展的需要，实现其非人类生物的存在利益和地球生物圈的整体利益。这就是人类实践选择的两重的、终极的价值尺度，我们称之为实践选择的两重性”②。因此，按照人类实践选择两重性理论，作为人类基本实践活动的经济活动，也就必然选择两重的、终极的目的，才能使人类经济活动与发展行为符合建立可持续社会的发展方向。这是因为：

第一，长期以来，在人与自然关系上“唯人论”的思想观念无论在理论上，还是在实践中都居于统治地位。这突出表现在，西方近现代确立的人类中心主义的世界观、价值观、伦理观和发展观，普遍地存在于

① 引自《刘思华文集》，湖北人民出版社2003年版，第501页。
② 引自《刘思华文集》，湖北人民出版社2003年版，第486页。

现代社会生活的各个领域，渗透于现代人们的精神世界，支配着现代人类的生存活动和发展行为，形成把人当作万事万物存在的唯一目的和终极尺度的思维定势。以人类自身的利益与需要作为实践活动的出发点和落脚点，自觉不自觉地把人类自身的利益与需要放在实践活动过程的绝对优先地位，使工业文明发展完全走上了一条以牺牲自然生态环境为代价换取人类生存发展的不可持续发展道路。这是在人类中心主义的指导下，现代人类实践活动必然选择。现在，当今人类对人与自然关系上"唯人论"进行全面的、深刻的反思，由此产生的遍及世界的生态运动与绿色文明浪潮，迎接生态文明时代到来之际，人类中心论者坚持包括生态革命的伟大实践在内的人类实践选择唯一的、终极的价值尺度，仍然只是为了人类自身的利益与需要，并声称这种人类中心主义是不可超越的"绝对真理"。对此，正如一些批评者所指出的："说人类中主义不可超越，只能算是一种独断论的现代神话。"我们要补充一句，说现代人类实践选择仍是单向的终极价值尺度不可超越的，只能算是远离现实世界系统的现代童话。工业革命以来的几百年间，尤其是20世纪下半叶以来的人与自然关系的实践史和认识史表明，现代人类生存活动和发展行为，都应该服从作为世界系统的"生态—经济—社会"复合系统的整体利益，必须首先着眼于整个地球生态系统的完整、健康和安全，既要满足人与自然和谐统一与协调发展的需要，又要满足人类自身生存发展的需要。这两方面的关系，在现代人类实践活动过程中不是分离存在的，而是同时发生，相互渗透、相互依存，构成现代人类实践活动目的的两重性。因此，两重的最终目的与终极价值尺度，才构成现代人类实践的本性。只承认现代人类实践选择的一种终极目的，而否定另一种终极目的，都不可能真正认识现代人类实践的本性。

第二，现代人类实践选择的两重终极目的，在客观上要求人们经济活动既要把满足人类生存发展的需要，实现人类自身的利益作为经济活动的根本目的；又要把满足非人类生物生存发展的需要，实现非人类生物存在利益和整个地球生物圈的共同利益作为经济活动的根本目的。这种经济活动终极目的的两重性就使得人类的需要与利益在“生态—经济—社会”复合系统运行与发展中已不具有唯一性和绝对优先性。因此，21世纪人类必须对其经济活动的终极目的进行战略性调整：不仅要从“反自然”的不可持续轨道向保护与建设自然的可持续发展轨道的转变，而且要从单向实现人类需要与利益的终极目标向双向的人与自然和谐发展的需要与利益的转变。

第三，现代人类中心主义仍然坚持单向的终极目的，把实现人类的需要与利益作为经济活动的唯一出发点和归宿，认为保护生存环境归根到底是为了人类的生存发展的需要，而不是为了非人类生物的生存发展的需要。这还是没有跳出传统人类中心主义的樊篱。理论与实践都已经充分证明，人类经济活动的单向终极目的，是不能有效地保护人类直接的生存环境，尤其是不能真正保护地球生态系统的完整、健康与安全。因为人类经济活动只有着眼于实现所有生命物种的需要与利益，才有利于限制人类只是追求自己的最大利益和价值的狭隘圈子，使人类对待自然和对其他生命的尊重中实现人类自身的利益与价值，进而实现真正保护好人类赖以生存的生态环境。何况所有生命物种的共同利益和地球生物圈的完整、健康与安全，包含着人类利益和直接的生存环境的稳定、健康与安全，这就决定了人类必须从包括自己在内的所有生命物种的需要与利益出发来维护所有生命物种的共同利益和整个地球生物圈的共同需要。只有这样，才能最终达到既实现人类自身的需要与利益，同时又有效地保护自然本身的目的。即是实现人、社会与自然可持续发展的双赢价值目标。

第四，人类经济活动终极目的的调整，有赖于可持续发展的双重协调机制的形成。唯物辩证历史观告诉我们，人与自然的关系和人与人的关系，是人类社会发展的两条生命线。人类社会发展的过程，就是这两种关系即两对矛盾的相互依存、相互制约、相互作用的过程，从而构成现实世界系统的矛盾运动的过程。然而，人类中心主义和激进的自然中心主义在认识和处理现实世界系统中这两大基本关系时，都各持一端：

前者坚持现代人类实践选择的单一性，只强调人与人之间的关系协调而忽视人与自然之间的矛盾解决，尤其否认自然的内在价值与整体价值，及其人类物种与其他生命物种之间道德关系的客观性，必然是单一的协调机制。后者仅强调人与自然之间的矛盾，看到人与自然之间的不平等性，却未深入思考隐藏在这一不平等背后的恰恰是现实世界系统中人与人之间的矛盾及其存在着严重的人与人之间的不平等，忽视协调人与人的社会经济利益关系，也是单一的协调机制。正是由于它们各方的缺陷，就造成理论上与实践上的偏颇。

可持续发展思想与战略的深邃之处，就在于它克服了上述偏颇，深刻地揭示了人与自然、人与人之间的双重和谐发展的辩证统一关系；肯定了给人与人以公平的生存发展权利和给人与自然以公平的生存发展权利，是现代人类实践活动应当优先虑的两个根本问题；从而确证了人与自然之间道德关系的理论合理性和实践合理性；构建了同时协调人与自然、人与人这两对矛盾的双重协调机制，使两对矛盾的协调在可持续发展的理论与实践中得到合理的解决，并达到完满的统一。

人与自然、人与人的双重矛盾运动发展到当代，自然界对于人类的优先地位更加凸显，协调人与自然的生态关系，以成为当今现实世界系统运行中最大的实际问题，处理好人与自然的矛盾，乃是包括人类在内所有生命物种的安全健康可持续发展的根本前提。因此，当我们把可持续发展的双重协调机制纳入现代社会运行的基本框架，在处理现实世界系统中两大基本关系时，不仅仅只是肯定处理好人与人的关系对协调好人与自然的关系具有决定性的意义；更重要的是要承认处理好后者的关系对协调好前者的关系也具有决定性的意义。这是因为，人与自然的关系对于人与人的关系具有更基础的位置，离开了这一点，就偏离了历史唯物论的基本原理。现实世界已充分表明，现代人类的前途与命运还要取决于人与自然的和谐发展关系，这就必然要求现代人类经济活动，应当以解决人与自然的矛盾为根本目标，去协调人与人的社会关系，建立“和谐的人与自然的发展关系”；这又首先要克服“不和谐的人与人的社会关系”，必须从人与人的关系着手，去协调人与人的社会关系，并通过解决这种关系问题来解决人与自然的关系，使人与自然、人与人之间建立起和谐统一的协调发展关系，即实现人、社会与自然和谐统一的全面协调可持续发展，推动现代社会朝着可持续社会的方向发展，已成为21世纪人类经济活动的终极目标，是最终建立起和谐社会的客观要求和必然路径。

（本文的基本内容经修改以“论农村和谐社会模式与农业发展的终极目的”为题，发表在《农业经济问题》2004年第6期）

马克思人与自然和谐统一理论的生态文明意蕴

马克思人与自然相互关系学说的精华是人与自然和谐统一理论。它包括两层含义：一是人与自然的统一性，这就是人与自然的内在统一；二是人与自然的和谐性，用现在的术语来说，就是人与自然的和谐发展。前者，在第一章从人与自然和谐统一的生态向度，或者说，从人与自然和谐统一的生态文明视角，来探讨马克思生态经济思想的生态学基础。

一、马克思人与自然和谐统一学说

探讨这个问题，首先要改变我们的思维方式，不仅要用经济学哲学理论和方法，而且要用生态学世界观和方法来研究人与自然辩证关系的基本问题。所谓生态世界观和方法，主要是指人们用人与自然相互依存和相互作用的统一整体的观点，认识世界和解释世界的理论视野和思维方法，它是社会经济的自然观和自然生态的历史观的统一，或者说，是社会经济的生态观和自然生态的社会观的统一。

马克思和恩格斯的人与自然和谐统一学说是与他们的生态思想形影相随的。在此，很有必要简略介绍一下马克思和恩格斯从事理论活动时期的生态理论与实践的基本情况。从理论上看，19 世纪初中期是生态学产生和形成的时期。19 世纪初叶，法国生物学家马克率先提出了“周围环境”的概念。19世纪中叶，英国哲学家斯宾塞在《生物学基础》一书中，把生命定义为有机体与外部环境的经常的相互作用。1859年达尔文发表《物种起源》伟大著作，论证了物种进化与环境的关系，确立了进化论。1866年德国生物学家海克尔首创“生态学”新理论，他认为：“我们可以把生态学理解为关于有机体与周围外部世界的关系的一般科学。外部世界是广义的生存条件。”① 后人又将生态学界定为“研究生物与其生存环境之间相互关系的科学”，并一直沿用至今。因此，笔者认为，所谓生态思想与理论，就是生命有机体与外部环境相互依存与相互作用的统一整体思想与理论②。

从实践上看，人与自然的矛盾并非始于20世纪，从某种意义上说，自从有了人类经济活动，这个矛盾就已存在并发生作用。只是在过去漫长的经济社会发展过程中，就人类社会总体而言，人与自然处于和谐共生，两者的矛盾并不突出。自工业革命在几个主要的西方资本主义国家相继发生与发展，资本主义大工业体系成为工业文明时代的主要标志，才使人与自然、生态与经济的矛盾开始尖锐，成为资本主义生产方式的内在矛盾的一个突出表现，这种内在矛盾决定了资本家为了无限地剥夺自然，就需要无限剥夺人；只有无限地剥夺人，才能实现无限地剥夺自然。因而资本主义生产的滥用资源、污染环境直至生态破坏，就构成了当时资本主义社会生态环境状况的真实现实。所以，在19世纪下半叶，就人类社会总体而言，生态环境问题已经显露出来。生活在这个时期的马克思和恩格斯亲自感受到了资本主义工业文明发展过程中人类存在的生态环境日益恶化的现象，并给人们尤其劳动者带来的生态灾害，尤其是工业革命的诞生地英国的煤烟造成的城市大气污染和泰晤士河的水质

① 雷毅：《生态伦理学》，陕西人民教育出版社2000年版，第258页。

② 到了20世纪前期，生态学不仅研究自然生态系统，而且研究人工生态系统，形成了以人为主体的生态学，这就是人类生态学。它是研究人类群体与其外部环境相互依存与相互作用的和谐协调关系。这时的生态思想与理论，就是以人为主体的生命有机体与外部环境相互依存与相互作用的统一整体思想与理论。马克思和恩格斯关于人与自然辩证关系学说在本质上体现了这种生态思想与理论。

污染状况给他们以深深的刺痛。在这种情况下，马克思和恩格斯深入考察和认真研究了当时发生的自然现象和社会现象，尖锐地谴责了严重损害人身外的自然和自身的自然的资本主义工业文明发展道路，使马克思和恩格斯资本主义社会经济批判理论蕴涵丰富的生态学批判理论，因而他们的经济学哲学思想同生态学思想融合在一起，用现在的术语来说，形成了许多精辟的生态哲学和生态经济学思想。下面仅就其生态思想作几点探讨。

首先，总的来看，从马克思的《1844年经济学哲学手稿》到《资本论》等著作，恩格斯的《英国工人阶级状况》到《自然辩证法》等著作中，他们都深刻地阐述了人与自然的辩证关系，告诫人们要正确认识人在自然界中的地位与作用，指明人类的生产实践活动一定要考虑自然生态环境的承受能力，警示人们必须充分估计人类生产劳动活动可能导致的长期、更长期的自然生态后果，要求人们要正确处理生产劳动活动的"社会结果与自然结果"、"近期结果与长远结果"的关系。正如恩格斯所说："本世纪自然科学大踏步前进以来，我们越来越有可能学会认识并因而控制那些至少是由我们的最常见的生产行为所引起的较远的自然后果。"① 这些生态思想都成为他们的人与自然和谐统一学说的科学依据。

其次，马克思对伊壁鸠鲁哲学的研究与批评中，首次提出了人同自然环境相互依存与相互作用的辩证法，这正是"马克思关于人同周围环境的相互作用观念的第一步，这个观念引导他走向辩证唯物主义和历史唯物主义"②。而在《1844年经济学哲学手稿》（以下简称《手稿》）这部他的生态学思想诞生地的重要著作中，马克思对唯心主义哲学和资产阶级政治经济学的彻底批判，就是以人与自然辩证关系为重要理论线索来展开对社会历史和经济学的研究与阐明。因此，马克思在《手稿》中首先就提出了"人是自然界的一部分"，"自然界是人的无机的身体"的

① 《马克思恩格斯选集》第4卷，人民出版社1995年版，第384页。
② ［法］奥古斯特·科尔纽著，刘丕坤等译：《马克思恩格斯传》第1卷，三联书店1963年版，第211页。

科学论断。“人是自然界的一部分”就其生态意义而言，就意味着人是自然界中的一种生命物种，与自然界的其他生命物种是同一巨大的存在之键上的环节。所以，人作为具有自然生命力的自然物，他需要在他之外的自然环境，不参加自然界的生活他就不能存在。而马克思确立了“自然界是人的无机身体”的新概念，就在于阐明人与自然的生态关系，把自然界看做与人类有着内在联系的生态系统。这就是说，自然界包括其各种生态因子即植物、动物、空气、阳光等不仅是维持生命物种的环境，而且就是人的生命的一部分。因此，自然是人生命的组成部分。它与“人是自然界的一部分”的内在统一，就是人与自然的和谐统一。

再次，在马克思和恩格斯的著作中，还经常涉及并提到生物与其周围环境的关系及其相互作用，这在实质上就表达了他们的生态学思想。恩格斯指出：“生命是蛋白体的存在方式，这个存在方式的基本因素在于和它周围的外部自然界的不断的新陈代谢，而且这种新陈代谢一停止，生命就随之停止了，结果便是蛋白体的分解。”① 1868 年 3 月 25 日，马克思给恩格斯的一封信中，请恩格斯注意 1847 年出版的弗腊斯写的《各个时代的气候和植物界，二者的历史》一书，这本书证明了地球的气候和动植物分布与数量情况是在人类实践活动的干预下发生变化的，马克思赞同书中的观点并认为本书“是十分有趣的”；他还欣赏作者“既是化学家、农学家等等，又是知识渊博的语言学家”，认为从作者关于“耕作如果自发地进行”，“接踵而来的就是土地荒芜”的观点中，“可见，他也具有不自觉的社会主义！”② 恩格斯读了弗腊斯的著作，不仅在自己的文章中引用书中材料，而且写出了至今仍为我们经常引用的至理名言：“我们不要过分陶醉于我们人类对自然界的胜利。对于每一次这样的胜利，自然界都对我们进行报复。每一次胜利，起初确实取得了我们预期的结果，但是往后和再往后却发生完全不同的、出乎预料的影响，

---

① 《马克思恩格斯全集》第 20 卷，人民出版社 1971 年版，第 646 页。
② 《马克思恩格斯全集》第 32 卷，人民出版社 1974 年版，第 52—53 页。

常常把最初结果又消除了。”① 可见，人类的实践活动的“反自然化”，就必然会被自然的“反人化”把一个结果抹消掉，这就是人与自然的一种不和谐、不协调的异化关系。以上我们可以看到，马克思和恩格斯对人与自然辩证关系的理论阐述是和生态学思想融合在一起的，我们完全可以从理论框架中探寻到生态经济思想。

总之，马克思和恩格斯在创立和发展马克思主义经济学说的过程中，就开创了研究人类经济活动和自然生态环境辩证关系理论的先河，使人与自然和谐统一学说中蕴藏着环境文明或生态文明的思想先声。继《1844年经济学哲学手稿》之后，紧接着马克思和恩格斯合著《神圣家族》一书，进一步论述人与自然辩证关系理论，明确了“周围的世界”的“感性自然界”是人存在的外部环境，从而阐明了外部环境对于人的作用与影响以及人对外部环境的作用与影响。马克思和恩格斯指出：“关于外部环境对人的影响”，这就是说“既然人是从感性世界和感性世界中的经验中吸取自己的一切知识、感觉等等，那就必须这样安排周围的世界，使人在其中能认识和领会真正合乎人性的东西，使他能认识到自己是人”②。这种“真正合乎人性”的“周围的世界”是需要人去创造的。因此，马克思和恩格斯在《德意志意识形态》中就提出了一个科学论断：“人创造环境，同时环境也创造人。”③“既然人的性格是由环境造成的，那么就必须使环境成为合乎人性的环境。”④ 于是，马克思在《关于费尔巴哈的提纲》一文中再次强调人与环境的辩证关系，认为环境可以改变人，人也可以改变环境。按照马克思的观点，人的实践活动，首先是人对自然界的实践活动，因而环境的创造与改变不仅社会环境而且应当首先是人的外部自然环境的创造与改变。这是因为，只有当自然界以合乎人的本性的方式跟人发生关系时，人们才能在实践上以合乎人的

① 《马克思恩格斯选集》第4卷，人民出版社1995年版，第383页。
② 《马克思恩格斯全集》第2卷，人民出版社1957年版，第166—167页。
③ 《马克思恩格斯全集》第3卷，人民出版社1960年版，第43页。
④ 《马克思恩格斯全集》第2卷，人民出版社1957年版，第167页。

本性的态度善待自然，只有这样，人们才能从中体悟到自己与自然是和谐相处，共生共荣，协调发展。所以，人的实践活动首先要遵循自然生态规律，必须是法之于自然，尊重自然、保护自然，这样才是合乎人的本性的实践活动。这种由人的实践活动所创造的真正合乎人的本性的自然环境，就是我们现在所说的生态文明。生态文明是以人与自然和谐统一为基础的人类文明，这种文明形式强调人与自然环境的相互依存、相互促进、共处共进，其核心是人与自然和谐相处与协调发展。可见，在人与自然和谐统一问题上，马克思和恩格斯的思想和生态文明确实是不谋而合。

二、马克思和恩格斯人与自然和谐统一的生态文明理论取向

在现代意义上的生态学诞生之前，在人类思想史上，只有马克思和恩格斯比较系统地论述了人、社会和自然之间相互依赖、相互制约、相互作用的辩证关系，其中闪现着人与自然和谐统一的生态智慧，有着明显的生态文明理论取向。

1. 在马克思的理论体系中，自然、人、社会是一个统一的有机整体。在现代生态学诞生之前，只有马克思和恩格斯比较系统地论述了自然和人、社会之间相互依赖、相互制约、相互作用的辩证关系。如前所说，马克思比前辈哲学家高明之处，就在于他找到人类劳动这种基本的物质生产实践活动是联结人与自然之间的本质联系与有机统一的纽带。不仅如此，在马克思看来，现实的自然界和现实的人都具有社会历史性，于是，他就找到了人类劳动是联结自然、人、社会之间内在联系与有机统一的纽带。正是人类劳动、物质生产，才使人与自然不可分离，成为有机统一体。而作为人与自然统一性的生产劳动则是社会的生产劳动，社会是人同自然界的统一。因此，马克思的理论体系中，自然、人、社会就构成有机整体。正如周义谨教授所说："马克思的自然概念必定是自然—人—社会对立统一的历史唯物主义的自然概念，是把自然纳入社会

经济之中的经济学—哲学范畴。”[①]

马克思和恩格斯理论创造中一个显著特点，就是把人与人社会关系的历史和人与自然生态关系的历史一起来探讨，他们在《德意志意识形态》中认为，自然、人、社会的统一是在历史中形成和发展的，是“人与自然以及人与人之间在历史上形成的关系”[②]，并提出了自然史和人类史相统一的思想。他们指出：“历史可以从两方面来考察，可以把它划分为自然史和人类史。但这两个方面是密切相关的；只要有人存在，自然史和人类史就彼此相互制约。”[③] 其后，恩格斯在《自然辩证法》中进一步阐明了人的“自身和自然界的一体性”[④] 的唯物史观和自然观。因此，在马克思和恩格斯的理论框架中，自然观和历史观是不可分割的，而前者是后者的基石。这种唯物史观的自然观又是辩证的，这样，马克思和恩格斯就“把自觉地辩证法从德国唯心主义哲学中拯救出来并用于唯物主义的自然观和历史观”[⑤]。正是在马克思和恩格斯的唯物主义历史观和自然观相统一的意义上，前苏联学者凯德洛夫认为，恩格斯的《自然辩证法》和马克思的《资本论》是姊妹篇，《自然辩证法》可以称为前《资本论》[⑥]。正是在马克思和恩格斯的唯物主义历史观和自然观相统一的意义上，自然、人、社会辩证统一关系问题是马克思主义理论体系中的一个根本问题，前苏联学者克尔日扎诺夫斯基在论述这个问题时指出：“马克思从一开始自己的基本研究（指《资本论》——原编者注）就提出了三个关键：自然界、人和社会。探讨这些因素在它们运动和相互作用中的辩证关系。”[⑦] 这就是说，只有马克思才结束了自然与人、社会、历史相对立的局面，向人们提供了自然、人、社会相互依存、相互作用

① 周义澄：《自然理论与现代化》，上海人民出版社1988年版，第91页。
② 《马克思恩格斯全集》第3卷，人民出版社1960年版，第43页。
③ 《马克思恩格斯全集》第3卷，人民出版社1960年版，第20页。
④ 《马克思恩格斯选集》第4卷，人民出版社1995年版，第384页。
⑤ 《马克思恩格斯选集》第3卷，人民出版社1995年版，第349页。
⑥ 黄顺基、周济：《自然辩证谈发展史》，中国人民大学出版社1988年版，第367—368页。
⑦ ［苏联］克尔日扎诺夫斯基《克尔日扎诺夫斯基选集》，莫斯科出版社1957年版，第434页。

和辩证统一理论。人类历史发展到今天，自然界的发展和人类社会经济的发展，它们已经成为相互制约、相互作用、相互融合的统一整体，充分显示了马克思和恩格斯的自然、人、社会相统一的思想理论超越了时代的局限。

2. 马克思关于唯物主义历史观和自然观的统一理论，已成为后来一些学科发展、认识世界和解释世纪的理论渊源。就生态哲学即生态学世界观来说，马克思和恩格斯对自然、人、社会之间辩证关系的理论阐述，构成了他们的生态哲学思想的基本内容。而现代生态学在研究人与自然的辩证关系时，虽然常常把现实世界分为“人的世界”和“自然的世界”，但是，它却认为不能把人和自然分割开来，在现实世界中，脱离开自然的社会同脱离开社会的自然一样，都是不可能存在的，这就是说没有分割开的、纯粹的自然观和纯粹的历史观，而只能是自然观和历史观的统一。因此，生态学世界观就把自然、人、社会看成是不可分割的有机统一整体，即世界存在是“人—社会—自然”复合生态系统。这是生态哲学的世界本原，是现代生态学的基本观点①。当我们把现实世界系统看成是“人—社会—自然”复合生态系统，从生态系统整体性的观点看待现代经济社会的发展，就应当是自然生态发展和社会经济发展的相互依存、相互作用的辩证发展过程。事实上，当今维系人类生命和非人类生命形式的这个濒临失衡的地球上，客观存在的确实是自然生态和社会经济相互依存、相互制约、相互作用、相互融合的生态经济社会有机整体。这就显示了马克思和恩格斯的自然、人、社会之间辩证关系理论的强大生命力。

在马克思的视野里，强调人与自然和社会与自然的内在统一，就在于这种统一的基础是自然界。这是马克思人与自然相互关系学说的基石，我们在前面作过详细论述。在这里，从人与社会存在和发展的自然生态因素，再次引证马克思的观点。马克思在《1844年经济学哲学手稿》中

① 余谋昌：《生态哲学》，陕西人民教育出版社2000年版，第33—46页。

写道："人只有凭借现实的、感性的对象才能表现自己的生命。""一个存在物如果在自身之外没有自己的自然界，就不是自然存在物，就不能参加与自然界的生活。"[①] 因此，在马克思的自然、人、社会之间的辩证关系理论中，首先是承认自然界对人及人类社会的优先地位。正如前苏联学者凯德洛夫所说："可以强调社会因素而不站在马克思主义的立场上，相反地看，强调自然因素就必然要站在马克思主义立场上。"[②] 因为马克思和恩格斯的理论已经告诉我们，人本身是自然界长期发展的产物，连同我们的肉、血和头脑都是属于自然界，存在于自然界，没有自然界就没有人本身，这就是说，自然界是人存在和发展的前提条件。人不仅是自然的存在，而且是社会的存在，自然界必然是整个社会存在的基础和社会文明得以发展的前提条件。整个社会存在和文明发展的必要前提，还在于人对自然界的实践活动，而这种实践活动的基本内容，就是"环境的改变和人的活动的一致"[③]，环境的改变首先是人的外部自然环境的改变，在此基础上的人类文明一切过程和产物，都是人类通过自己的劳动与自然之间进行物质变换的相互作用的结果，即是人的物质生产实践活动改变自然界的结果。因此，离开了人的实践活动，离开了自然界这个生态基础，人类文明就不可能存在，就根本谈不上社会经济的发展。

笔者曾把马克思和恩格斯的上述思想，概括为生态基础论。自 20 世纪 80 年代后期以来，笔者在一些论著中反复指出："世界系统存在和发展的基础和前提是自然界，它是自然生态和社会经济相互融合的生态经济社会有机整体，它必须服从自然界存在和发展的一般规律。所以，在这个有机整体中，自然生态系统是社会经济系统的基础，在自然生态系统和现代人类实践活动中，自然生态系统是现代人类实践活动的基础。因此，现代人类存在与经济社会发展必须以自然生态为基础，必须以良性循环的生态系统与生态资源的持久、稳定的供给能力为基础，使现代

① 《马克思恩格斯全集》第 42 卷，人民出版社 1979 年版，第 168 页。
② ［苏联］《哲学问题》杂志，1972 年第 9 期。
③ 《马克思恩格斯选集》第 1 卷，人民出版社 1995 年版，第 59 页。

人类生存与经济社会发展绝对建立在生态基础上”，并确保这种基础受到绝对保护和健康发展，使其能够长期的、稳定的支撑现代人类持续生存和经济社会可持续发展[1]。这是对马克思的唯物主义的历史观和自然观统一理论的科学运用，是马克思的自然、人、社会的统一整体理论的发展。

3. 马克思和恩格斯在阐明自然、人、社会之间辩证关系时，提出了“人与自然和谐统一”的光辉思想。在马克思和恩格斯以前，人们对人类社会历史的解释大都不考虑自然生态环境对人类存在和人类社会历史发展的基础作用，把历史说成是某种处于客观物质世界之外和超乎世界之上的东西，“历史的发源地不在尘世的粗糙的物质生产中，而是在天上的云雾中”[2]。这种历史观是一种从社会历史运动中排除人对自然界的理论关系和实践关系的唯心史观。因此，马克思和恩格斯在《德意志意识形态》中认为，以往的历史观是“把人对自然界的关系从历史中排除出去了，因而造成自然界和历史之间的对立”[3]。因而，他们把社会历史发展看成是自然与社会的统一运动，把人对自然界的关系放在社会历史发展的进程之中，考察了自然界的发展过程和人类及人类社会的发展过程是统一的自然历史过程，所以，在马克思和恩格斯的理论框架中，唯物主义历史观和辩证自然观是统一的。而以费尔巴哈为代表的旧唯物主义和自然观的最根本缺陷，是它与历史观相分离，使费尔巴哈的历史观陷入了唯心主义的泥潭。在《德意志意识形态》中，马克思和恩格斯批判了费尔巴哈旧物主义把历史与自然割裂开来的错误观点。其后，恩格斯在《费尔巴哈和德国古典哲学的终结》中，进一步批判费尔巴哈的抽象自然观和唯心史观时指出：“在他那里，自然界和人都只是空话。无论关于现实的自然界或现实的人，他都不能对我们说出任何确定的东西。但是，要从费尔巴哈的抽象人转到现实的、活生生的人，就必须把这些人

---

① 《刘思华文集》，湖北人民出版社 2003 年版，第 492 页。

② 《马克思恩格斯全集》第 2 卷，人民出版社 1957 年版，第 191 页。

③ 《马克思恩格斯全集》第 3 卷，人民出版社 1960 年版，第 44 页。

当作历史中行动的人去研究。而费尔巴哈反对这样做。”① 因此，马克思和恩格斯是从现实的人和现实的自然界相互依存、相互作用的历史进程出发，在人类社会历史发展史上，明确地提出了“感性世界一切部分的和谐，特别是人与自然的和谐”② 的光辉思想，并强调通过人类物质生产实践的方式达到人类社会和自然界的和谐统一。在这里，我们可以触摸到马克思和恩格斯人与自然和谐统一的思想理论有这样几个重要观点：

一是所说的感性世界是指包括感性自然界在内的整个现存感性世界，他们是把感性世界内部的各个部分的和谐看做人与自然和谐统一的基础，或者说很明显它包含着自然和谐即生态和谐是人、社会、自然和谐统一的生态基础。二是马克思和恩格斯特别强调人与自然的和谐统一，就在于这种和谐是人、社会、自然有机统一的核心问题。因此，人与自然和谐统一理论是马克思主义人、社会、自然辩证关系理论的精华。三是按照马克思的唯物主义历史观和自然观的统一理论，人类物质生产实践活动应当追求的一个基本目标与目的归宿，就是人与自然和谐统一的生态文明。

从马克思和恩格斯对人、社会、自然相互关系的论述中，我们可以看出，人与自然和谐的本质内涵，应当是人与自然矛盾同一性的一种表现形式，是人与自然之间相互依存、相互适应、相互转化的关系，体现着人及社会的发展和自然的发展的协调性和一致性，这就是人与自然的辩证和谐关系。在马克思的自然、人、社会辩证关系理论中，人与自然生态环境和谐统一的发展关系，是“人—社会—自然”复合生态系统有机整体发展的一条主线。这是因为，马克思的唯物主义历史观与自然观的统一，使马克思必然把人与自然关系的演变摆在历史发展一切问题的首位，不仅决定了马克思始终把人与自然和谐统一的发展关系置于整个生态系统演变中来考察，而且决定了他始终把人与自然和谐统一关系的演变作为整个生态系统演变的一条主线。马克思和恩格斯明确指出：“人

① 《马克思恩格斯选集》第4卷，人民出版社1995年版，第240—241页。

② 《马克思恩格斯全集》第3卷，人民出版社1960年版，第48页。

与自然的统一性”，“这种统一性在每一个时代都随着工业（指生产力——引者注）或快或慢的发展而不断改变”①。为此，我们遵循马克思的生态学思路，认识和处理人、社会、自然的发展关系，克服目前人与自然的一切不和谐因素，实现人与自然和谐统一和生态与经济协调发展。

（原载《生态马克思主义经济学原理》，人民出版社2006年版，第146—154页）

① 《马克思恩格斯全集》第3卷，人民出版社1960年版，第49页。

从马克思学说的整体性理解马克思恩格斯生态文明思想的理论依据

长期以来，人们对马克思学说的基本理论的研究与把握，缺乏从马克思理论体系整体的视野解读，这就出现了用马克思整体理论体系中一种理论遮蔽另一种理论的问题，从而削弱了马克思学说的理论合力，降低了马克思学说对现实的解释力。这种偏差突出表现在对马克思关于社会形态的社会结构理论的片面性和不完善性。

1. 马克思主义唯物观视角下的人类社会形态的社会结构与社会生活的三分法则。马克思在《〈政治经济学批判〉序言》中指出："人们在自己生活的社会生产中发生一定的、必然的、不以他们的意志为转移的关系，即同他们的物质生产力的一定发展阶段相适合的生产关系。"这些生产关系的总和构成社会的经济结构，即有法律的和政治的上层建筑竖立其上，并有一定的社会意识形式与之相适应的现实基础。物质生活的生产方式与整个社会生活、政治生活和精神生活的过程相制约。不是人们的意识决定人们的存在，相反，是人们的社会存在决定人们的意识。"社会的物质生产力发展到一定阶段，便同它们一直在其中活动的现存生产关系或财产关系（这只是生产关系的法律用语）发生矛盾。于是这些关系便由生产力的发展形式变成生产力的桎梏。那时社会革命的时代就到来了。随着经济基础的变更，全部庞大的上层建筑也或慢或快地发生变革。"[①] 马克思这个唯物史观的基本原理的经典论述，确实明白无误地告诉我们：人类社会的全部上层建筑和意识形态，竖立在作为生产关系总和的经济结构之基础之上，生产关系又与物质生产力的一定发展阶段相适应；这样的物质生活的生产方式制约着整个社会生活、政治生活和精神生活。恩格斯在《反杜林论》中还明确指出了社会主义社会的发展，就是经济、政治和智力的，即"经济、政治和精神的发展"。按照马克思和恩格斯的唯物史观，任何社会形态社会结构。是由经济基础的经济及与这相适应的上层建筑的政治和精神所构成。因而经济结构、政治结构和精神结构是全部社会交往得以正常进行的最基本的社会结构。同样，马克思和恩格斯都是把人类社会形态的社会生活一分为三，因而经济生活、政治生活和精神生活是最基本的社会生活。这就是马克思主义关于人类社会形态的社会结构与社会生活的三分法则，是马克思唯物主义历史观的一条根本原理。按照这条唯物史观的根本原理，任何社会形态都是一定经济、政治和思想文化的统一整体，而人类社会文明就相应内含有物质、政治、精神三大文明形态的划分，使人类文明的结构成为三大文明的有机统一。这是不言而喻的。

2. 马克思自然—历史观视角下的社会形态的社会结构与社会生活四分法则。无论是马克思和恩格斯，还是列宁和毛泽东的社会形态的社会结构与社会生活三分法理论，都是建立在唯物主义历史观的坚实基础之上的，无论在理论上还是在方法上都是利学的、无懈可击的。但是这样三分法则只是对社会形态的社会经济系统即"社会的世界"而言，不涉及社会形态的自然生态系统即"自然的世界"，不涉及"社会的世界"与"自然的世界"的相互关系。基于马克思学说的整体性，马克思的社会形态概念既是一个历史唯物主义的概念、政治经济学的概念，又是一个自然发展的概念。或者说，人类社会形态的社会结构与社会生活的构

① 《马克思恩格斯选集》第 2 卷，人民出版社 1995 年版，第 32—33 页。

成理论，既是属于人类发展观，又是属于自然发展观，即是两者的有机统一。因此，在马克思整个理论体系中确立了自然、人、社会在社会形态中历史地统一与历史地发展的理论原则，这就是马克思的自然观和历史观的有机统一论，可以称之为马克思的自然—历史观。这种自然—历史观正是使马克思和恩格斯关于社会形态的社会结构与社会生活包含了经济、政治、精神和生态的统一整体的意义，使人类文明具有四大文明有机统一的意义。这是很明白的事情。在此我们沿着马克思的自然—历史观的思路，作几点论述。

首先，恩格斯在高度评价黑格尔的巨大功绩时认为，黑格尔首次把整个自然的、历史的和人类精神生活的世界想象为一个运动和发展的内在联系过程，并指出黑格尔的辩证法之所以是颠倒的，是因为它表现为“思想的自我发展”，而事物的辩证法都只是它的反光。“而实际上，我们头脑中的辩证法只是自然界和人类社会中进行的，并服从于辩证形式的现实发展的反映。”① 因此，在马克思和恩格斯的理论框架中，他们的自然观和历史观是不可分割的，而前者是后者的基石。这种唯物史观的自然观又是辩证的、历史的。这样，马克思和恩格斯就成为把自觉的辩证法“从德国唯心主义哲学中拯救出来并用于唯物主义的自然观和历史观的唯一的人”②。在人类思想史上，在这种唯物主义历史观和自然观相统一的意义上，只有马克思和恩格斯比较系统地论述了人、社会和自然之间相互依赖、相互制约、相互作用的辩证关系，向人们提供了自然、人、社会相互依存、相互作用和辩证统一理论。我们可以肯定地说，在马克思的整体理论体系中，自然、人、社会是一个统一的有机整体。马克思还将这一社会形态的社会结构与社会生活视为社会有机体，他说：“现在的社会不是坚实的结晶体，而是一个能够变化并且经常处于变化过程中的机体。”③

---

① 《马克思恩格斯全集》第38卷，人民出版社1972年版，第203页。
② 《马克思恩格斯选集》第3卷，人民出版社1995年版，第349页。
③ 《马克思恩格斯全集》第23卷，人民出版社1972年版，第12页。

其次，马克思和恩格斯的理论创造中比他们前辈高明之处，就在于科学地把人与人的社会关系的历史，和人与自然的生态关系的历史一起来探讨。在他们合著的《神圣家族》和《德意志意识形态》等著作中，就着重研究了人与自然环境和人与社会环境的辩证统一等基本问题，认为自然、人、社会的有机统一是在历史中形成与发展的。其后，马克思的《资本论》和《法兰西内战》等，恩格斯的《反杜林论》和《自然辩证法》等重要著作中，他们进一步深化和丰富了自然、人、社会的有机整体理论。在马克思和恩格斯的视野内，"周围的世界"是人生存的外部环境，这是指人类生存与发展的外部世界。它包括自然界和人类社会。因为人类生活在两个世界即"社会的世界"和"自然的世界"。正如恩格斯所说的"我们不仅生活在自然界中，而且生活在人类社会中，人类社会同自然界一样也有自己的发展史和自己的科学"①。恩格斯还强调指出："归根到底，自然和历史——这是我们在其中生存、活动并表现自己的那个环境的两个组成部分。"② 因此，只要有人存在，自然史和人类社会史就彼此相互影响与相互制约。"人们对自然界的狭隘的关系制约着他们之间的狭隘的关系，而他们之间的狭隘的关系又制约着他们对自然界的狭隘的关系。"③ 马克思和恩格斯这些论述告诉我们，在马克思自然一历史观的视野内，环境是自然环境和社会环境的辩证统一体；正是在这个意义上，生态环境应当是自然生态环境和社会生态环境的辩证统一体。社会形态的社会结构与社会生活应当涵盖人与自然，人与人，人与社会，人与自身等多重关系，是经济生活、政治生活、精神生活、生态生活多重领域的有机统一体。这是基于马克思科学的自然一历史观得出来的必然结论。

再次，马克思主义具有与时俱进的理论品质。马克思的唯物史观关于社会形态的社会结构与社会生活的构成理论更是如此。它是随着实践

---

① 《马克思恩格斯全集》第21卷，人民出版社1965年版，第322页。
② 《马克思恩格斯全集》第39卷，人民出版社1974年版，第64页。
③ 《马克思恩格斯全集》第3卷，人民出版社1960年版，第35页。

发展而发展，赋予其新内容的。马克思指出：“全部社会生活在本质上是实践的。”因此，我们必须把握实践这个社会结构与社会生活的本质，才能正确寻找社会形态的社会结构与社会生活构成变化的根源。在古代，人类的实践活动主要包括三种基本形式，即物质生产实践，改造社会关系的实践，创造精神生活的实践，因而古代社会的社会生活主要包括经济生活、政治生活和精神生活三个方面，这三种基本的实践活动和社会生活推动着人类文明从低级向高级发展。到了近代，尤其是随着现代经济发展到当代，社会经济与自然生态的不协调已成为现代经济发展的重大矛盾，甚至达到极其尖锐化程度；生态环境供给能力问题正在上升为这个矛盾的主要方面，自然资源正在衰竭，自然环境正在恶化，生态条件正在退化，成为全人类生存与经济社会发展面临的重大问题，使生态需求成为现代人类的最基本的需求，满足其生态需求比以往任何时期都明显重要。因此，创造一个最无愧于和最适合于人类本性的良好的生态环境，从而保证人们的生态需求得到应有满足，已成为现代人类经济活动的一项最重要内容；使恢复、更新、保持生态环境具有现代人类生存和经济社会发展所需要的使用价值的劳动，就是保护环境，改善生态，建设自然的一种新型的劳动形式。这种生态生产实践已是人类的实践活动的一项新型的基本形式，有的学者称之为“实践的第四个基本形式”，并认为“当代人类的实践活动是由上述四种基本形式所构成的系统。这四种实践产生了社会的基本领域，即生态系统、经济系统、政治系统和文化系统。人类社会就是由这四个系统所组成的大系统”。这是完全符合马克思的自然—历史观的。现代人类社会作为自然、人、社会的有机统一整体，已成为一个诸多领域相互制约、相互作用的有机系统，其中最基本的社会结构是经济、政治、精神和生态四种结构，最基本的社会生活是经济、政治、精神和生态四种生活。我们把它概括为马克思主义关于人类社会形态的社会结构及社会生活的四分法则。按照四分法理论，现代人类文明主要是物质、政治、精神和生态的四大文明，每个文明既相对独立，又相互贯通、相互渗透。这是遵循马克思的自然—历史观，根据现实社会生活情况的变化，总结现代人类实践活动所创造的新鲜经验得出的科学结论，是对马克思主义社会形态的社会结构及社会生活构成理论的丰富与发展。

最后，笔者要强调指出，在唯物史观视角下，马克思和恩格斯学说对于社会形态的社会结构，对于社会生活的构成，是运用三分法则，社会形态是一定的经济、政治和思想文化的统一整体；在自然—历史观视角下，他们对社会形态的社会结构与社会生活的构成，是四分法则，社会形态是一定的经济、政治、思想文化和自然生态的统一整体。三分法则和四分法则的双重阐释，尽管视角有所不同，它们都是马克思和恩格斯根据历史唯物主义原理，分析社会形态的社会结构及社会生活构成得出来的正确结论，都反映了马克思和恩格斯的本意。因而二者是互相包容与互相补充，并行不悖的，两者共同揭示了人类文明历史发展的客观规律。

（原载《生态马克思主义经济学原理》，人民出版社 2006 年版，第 438—442 页）

社会主义和谐社会是四大文明全面协调发展的社会

现在，我们从广义和狭义社会范畴有机统一视角，进一步论述现代社会主义文明社会是一个物质文明、政治文明、精神文明、生态文明全面协调发展的和谐社会。

一、社会主义现代化建设总体布局的新突破

大家知道，党的十二大提出了“三步走”的社会主义现代化建设战略部署，并且提出了包括经济富强、政治民主、精神文明在内的三位一体的现代化建设的总体格局。之后的较长时间内，我们党关于社会主义现代化建设的基本格局，仍然是围绕“三位一体”的总体发展目标展开的，直到党的十六大提出“发展社会主义市场经济、社会主义民主政治和社会主义先进文化”基本格局，使社会主义经济建设、政治建设、文化建设“三位一体”的总体格局更加明晰。几年实践表明，这三大建设在现代化建设中发挥着各自应有的重要作用，但是经济发展、政治发展和文化发展中的各种问题仍然层出不穷；尤其是这三大建设中的各种难以解决的社会发展问题和矛盾日益突出。如何应付？显然需要突破原有的思维。党中央敏锐地察觉，现在迫切需要解决的是社会主义现代化进程中科学的社会治理与建设问题，是社会的全面进步和整个社会协调发展与良性循环问题。解决这种重大问题，就是要构建社会主义和谐社会。

因此，我们党明确提出社会主义和谐社会的战略部署，就把我国社会主义现代化建设的总体布局，由发展社会主义市场经济、民主政治和先进文化的“三位一体”，发展为社会主义经济建设、政治建设、文化建设和社会建设四位一体，四个方面的建设全面协调发展，构成中国社会主义现代化建设的总体发展目标。这是重大的理论和实践创新，是社会主义现代化建设理论的新突破和我们党执政理念的新飞跃。

那么，我们如何理解社会建设与发展呢？从狭义的社会观念来看，社会建设与发展是把经济、政治、文化三大建设与发展撇开之后的其他社会方面的建设与发展。因此，社会主义和谐社会建设是社会主义现代化建设在经济、政治、文化、社会方面的四大建设之一。这种狭义的社会建设与发展的中心环节是以人为本的社会建设与发展，集中表现为人自身关系的和谐发展。按照现代生态学的思想，将自然生态的思想扩展到人自身的关系，即人的有机身体和无机身体的和谐发展关系，社会中的个人的自由充分发展，是属于人类生态发展；这种人自身和谐则是一种扩展的生态和谐。这种狭义的社会建设与发展的基本内容，是人与人、人与社会的社会有机整体的和谐发展关系，将自然生态的思想扩展到人与人、人与社会的关系，人的社会本身就是一种社会生态关系；这种人与人、人与社会的社会生态和谐，也是一种扩展的生态和谐。[①] 因此，狭义的社会建设与发展的关键问题，就是人与自然的生态关系建设与发展，狭义的社会和谐就是指人与自然的和谐发展即生态和谐。于是，人与自然、人与人、人与社会、人自身的整体和谐，就可以称之为广义的生态和谐，相应地，生态时代的本质特征，就是对广义生态和谐（四大和谐）的不断追求和递进实现，成为人们自觉的价值取向。人们为实现人与自然和谐发展的成果，以及此条件下所建立的伦理、规范、原则和方式及途径的成果，可以称之为狭义的生态文明；人们实现四大和谐发展的成果，以及此条件下所建立的伦理、规范、原则、方式及途径等成果

① 黄志斌：《绿色和谐管理论》，中国社会科学出版社2004年版，第39页。

的总和，可以称之为广义的生态文明，也可以称之为绿色文明。

上述“四大生态和谐”正是和谐社会的基本内涵和主要特征。人们为实现四大生态和谐发展的生态文明建设，是和谐社会建设的主体工程和基础工程。这是因为，人是社会的主体，把保障全体人民的身心健康和生命安全放在第一位，实现人的有机身体和无机身体的和谐发展，提高人的生存与发展质量，这是和谐社会建设的最高价值目标。因此实现人自身关系的生态和谐发展，是社会建设的主体工程。自然是人与社会存在的基础，社会是人的社会，把保障人与自然的自然生态和谐，保障人与人、人与社会的社会生态和谐，放在优先地位，实现人、社会、自然的和谐发展，这也是和谐社会建设的根本价值目标。于是，实现人与自然、人与人、人与社会的自然与社会生态和谐发展，则是和谐社会建设的基础。正是在这个意义上说，四大生态和谐建设是社会主义和谐社会建设的核心，这就是说生态文明建设是社会建设的核心。可见，构建社会主义和谐社会必然是社会主义物质文明、政治文明、精神文明和生态文明四个方面的文明建设。社会主义和谐社会建设与发展，只能在四大文明全面协调发展中得以实现。这是毫无疑义的。

二、社会主义现代文明形态总体构架的新拓展

我们党在社会主义现代文明形态总体构架上，已经实现了几次重大创新。在过去的一个很长时期内，人们把社会主义现代文明仅仅看成就是物质文明，现代文明建设仅仅局限在物质文明的领域，忽视甚至不讲精神文明，更不认识生态文明，这集中表现为传统工业化发展模式，实际上是单一的物质文明发展模式。邓小平提出社会主义物质文明和精神文明两个文明都要抓，实现了从建设社会主义物质文明的单一发展目标到社会主义物质文明和精神文明的双重发展目标的新突破。江泽民同志根据我国经济社会发展的新要求，和我们党所肩负的社会主义现代文明发展的新任务，提出了社会主义物质文明、政治文明、精神文明的协调发展的现代文明发展框架，实现了从社会主义物质文明和精神文明二位一体向社会主义物质文明、政治文明、精神文明三位一体的现代文明形态的转变。很快党的十六大制定全面建设小康社会的总体发展目标，则确定了从社会主义物质文明、政治文明、精神文明三位一体向社会主义物质文明、政治文明、精神文明和可持续发展文明的四位一体的总体发展目标的转变。

近几年的社会主义现代文明发展的实践表明，社会主义物质文明、政治文明、精神文明和可持续发展文明的总体构架已经告成，并在社会主义现代文明建设中发挥着各自应有的重要作用。但是，社会主义现代文明发展中的各种问题仍然层出不穷，尤其是社会发展严重滞后于经济发展，这又突出表现为生态文明建设严重滞后于物质文明建设，使生态与经济、人与自然的不协调、不和谐，成为当今中国文明发展的一个重大矛盾，要解决这个重大矛盾，就是要构建社会主义和谐社会。因此，我们党提出社会主义和谐社会的战略构想和文明建设架构，由“三位一体”拓展为包括社会主义和谐社会在内的四位一体，并把“四大和谐”的生态文明建设作为构建和谐社会的主体工程和基础工程，从而实现了社会主义现代文明建设总体架构的重大突破。更为重要的是，把社会主义现代文明发展确立为物质文明、政治文明、精神文明、生态文明四位一体的总体格局，为我们在社会主义和谐社会建设中，能够从人、社会、自然不可分割的有机整体发展，来审视和处理现代文明建设的各种问题，提供了新的更为完整、更为科学的坐标体系。

社会主义和谐社会应当也必须体现于物质文明、政治文明、精神文明、生态文明的全面协调发展之中，它是一个物质生活不断提高、政治生活不断进步、精神生活不断丰富、生态生活不断改善的良性互动的发展过程。因此，四大文明建设同构建和谐社会是完全一致的。社会主义市场经济发展，社会主义民主政治进步、社会主义先进文化进步、社会主义良好生态发展，都要落实到社会主义和谐社会这个载体上来。正如胡锦涛同志所指出的：“构建社会主义和谐社会，同建设社会主义物质文明、政治文明、精神文明是有机统一的。它们既有不可分割的紧密联系，又有各自的特殊领域和规律。”① 这是从马克思的唯物史观来看和谐社会建设和现代文明发展的关系。然而，按照马克思自然—历史观来看它们的关系，应当说，构建社会主义和谐社会，同建设社会主义物质文明、政治文明、精神文明、生态文明是有机统一的。它们既有不可分割的紧密联系，又有各自的特殊领域和规律。建设社会主义物质、政治、精神、生态文明，可以为构建社会主义和谐社会提供经济、政治、文化、生态条件；而构建社会主义和谐社会又可以为社会主义四大文明发展提供社会条件和资源环境条件。它们是在不断地相互融合与相互促进中推动社会主义现代文明的不断进步与发展。

马克思自然—历史观对人类社会形态的社会结构与社会生活的基本看法是“四分法则”。这就是人类社会包括经济、政治、文化、生态四个基本领域；社会生活包括经济生活、政治生活、文化生活、生态生活四种基本生活；相应地，社会文明包括物质文明、政治文明、精神文明、生态文明四大基本文明。这些马克思恩格斯的光辉思想完全适用于社会主义和谐社会。因此，从广义的社会范畴来说，社会主义和谐社会涵盖了人与自然、人与人、人与社会、人与自身四大关系，它就必然涵盖和意味着整个社会的经济、政治、文化、生态四个方面的全面协调发展，涵盖和意味着经济生活、政治生活、精神生活、生态生活四种生活的不断提高与丰富；相应地，社会主义和谐社会的社会文明就应当也必然是物质文明、政治文明、精神文明、生态文明四大文明的全面协调发展。只有社会主义现代文明的全面协调发展，才是衡量社会主义和谐社会的根本标准，也才是社会主义现代文明发展的协调推进和整体提升的基本标志。

三、中国特色社会主义基本纲领的新发展

党的十五大对于社会主义现代化建设的总体发展目标，从党的基本

① 胡锦涛：《在省部级主要领导干部提高构建社会主义和谐社会能力专题研究班上的讲话》，《光明日报》2005年6月27日。

理论和基本路线的高度，设计了建设中国特色社会主义的基本纲领，它包括经济、政治、文化三个方面的纲领，从而使社会主义经济建设、政治建设、文化建设“三位一体”的现代化建设总体格局统一于党在社会主义初级阶段的基本路线和基本纲领之中。正如江泽民同志所指出的：“建设有中国特色社会主义的经济、政治、文化的基本目标和基本政策，有机统一，不可分割，构成党在社会主义初级阶段的基本纲领。”① 党的十六大使这种“三位一体”的基本纲领更加明晰而深入，并把社会主义物质文明、政治文明、精神文明和可持续发展文明，作为全面建设小康社会的整体发展目标，纳入党的基本路线和基本纲领之中，构成社会主义文明发展的基本态势。现在，我们党提出构建社会主义和谐社会的价值目标和战略任务，在建设社会主义物质文明、政治文明、精神文明的同时，要把建设以生态文明为主体工程和基础工程的社会建设真正构成社会主义现代文明总体架构的最重要组成部分，并将这种“四位一体”格局纳入党的社会主义初级阶段的基本路线和基本纲领之中，使四大文明全面协调发展构成社会主义现代文明发展的基本态势。这就是说，从总体上说，构建社会主义和谐社会，拓展了中国特色社会主义的基本纲领，即它包括经济、政治、文化、生态四个方面的纲领；这四大领域的建设全面、协调、可持续发展，构成了中国特色社会主义事业的整体发展，这是重大的理论和实践创新，是中国特色的社会主义基本纲领的新发展。

既然党的基本纲领是已从经济、政治、文化三位一体发展到经济、政治、文化、生态四位一体，那么，党的基本路线规定的以经济建设为中心，不断解放和发展社会生产力，就应当发展为以“生态经济建设为中心”，解放和发展生产力；就应当发展为解放和发展生产力，“实现社会（经济）生产力和自然（生态）生产力的协调发展”。只有这样，才能使社会主义和谐社会获得发达的现代生产力。这是社会主义和谐社会

① 《江泽民论有中国特色社会主义》（专题摘编），中央文献出版社2002年版，第44页。

建设的根本任务。因此，全面建设小康社会和全面构建和谐社会，最根本的是要坚持以生态经济建设为中心，不断解放和发展生产力，实现经济生产力和生态生产力的协调发展，使它们统一于建设中国特色社会主义的伟大实践，贯穿于社会主义和谐社会建设的整个过程，使我们不断地从胜利走向胜利。这是运用马克思生态经济理论研究社会主义初级阶段的基本纲领得出的必然结论，也是生态马克思主义经济学的一个重要论点。

（原载《生态马克思主义经济学原理》，人民出版社 2006 年版，第 488—493 页）

科学发展观与和谐社会论指明生态经济双赢的生态文明发展道路*

人类经济社会实践活动，应当也必须追求生态自然和经济社会的双赢发展目标。这是笔者在创建生态经济和可持续发展经济理论过程中，始终强调并不断论证的人类文明发展的一个重大问题，它也便成为新兴、交叉经济学研究的根本宗旨和目的。

一、任何科学的定律应当有严密的假设条件

生态经济双赢定律也是如此。2001 年 5 月，笔者在武汉“国际生态环境建设与可持续发展研讨会”上所作生态本位论的主题报告，2004 年 6 月在《农业经济问题》上发表《论农村和谐社会模式与农业发展的终极目的》等论文，就都给生态经济双赢发展目标设置了假设条件，这就是“实践选择两重性终极目的”。生态经济社会有机整体发展的生态经济协调可持续发展基本规律的客观要求，无论从理论选择还是从实践选择，必然得出一个合乎逻辑的结论：“人类实践活动的最终目的，既是为满足人类生物自身生存发展的需要，实现其人类自身的利益（包括人类的根本利益和长远利益），又是为了满足非人类生物生存发展的需要，实现其非人类生物的存在利益和地球生物圈的整体利益。这就是人类实践

选择的两重的、终极的价值尺度，我们称之为实践选择的两重性。”① 对这个假设条件，笔者在论著中作了多次论证，归纳起来有几点：

首先，长期以来，在人类中心主义的影响下，人类经济社会实践活动的出发点和落脚点，只能是也必须是为人类自身需要与利益，这是人类实践选择的唯一的、终极的价值尺度。这种单一的实践选择的终极目的，使人类只是从自己一种生命物种的需要与利益出发，在实践活动中就会把保护生态环境的努力限制在与自己直接的生存环境的范围，却往往忽视甚至不考虑所有生命物种的生存环境，不顾地球生物圈整体的生存利益，无视地球生态系统的完整与健康发展的客观需要，忽视包括人类在内的所有生命物种共同利益的客观需要。这样，不仅不能解决现今人与自然的尖锐矛盾，摆脱生态危机，反而事与愿违，最终既保护不了人类自身，也保护不了自然自身。我们要特别强调，当人类的需要与利益同非人类生物的需要与利益发生严重冲突时，这种单向的实践选择的价值尺度，往往就很自然地为了人类的需要与利益而牺牲非人类生物的需要与利益，往往会以牺牲生态环境来换取人类的生存发展，最终只能是继续重蹈工业文明时代以牺牲生态环境为巨大代价的不可持续发展道路。

其次，工业革命以来的几百年间，尤其是20世纪下半叶以来人与自然关系的实践史和认识史表明，现代人类生存活动和发展行为，都应该服从作为世界系统的“生态—经济—社会”复合系统的整体利益，必须首先着眼于整个地球生态系统的完整、健康和安全，既要满足人与自然和谐统一与协调发展的需要，又要满足人类自身生存发展的需要。这两方面的关系，在现代人类实践活动过程中不是分离存在的，而是同时发生，相互渗透、相互依存，构成现代人类实践活动目的的两重性。因此，两重目的与终极价值尺度，才构成现代人类实践的本性。只承认现代人类实践选择的一种终极目的，而否定另一种终极目的，都不可能真正认

① 《刘思华文集》，湖北人民出版社2003年版，第486页。

识现代人类实践的本性。现在，按照生态经济协调可持续发展规律要求，人们遵循现代人类实践的本性，则须突破只把自身需要与利益作为唯一的、终极的价值尺度的狭隘眼界，促使人类实践的价值取向发生这样的转换：由只是为人类生存发展的需要与利益来作为人类实践的唯一的、终极的价值尺度，转变为同时以非人类物种的需要、以整个生物圈的整体利益，去作为人类实践的终极价值尺度，构成人类经济社会发展实践的两重最终目的；它实质上就是人类经济社会实践选择的两重的终极的价值尺度。

再次，人类与其生态发展的生态环境协同进化与和谐发展，这就是说，人与自然必须是也应当是共同生息、共同发展与共同繁荣。从“人—社会—自然”复合系统的有机整体性出发，现代人类实践必须是也应当是以人类与自然界的共存共荣为价值取向，尤其是在面临人类的需要、利益和自然的需要、利益发生尖锐矛盾的时候，强调人类必须与大自然一起生存、一起发展，坚持生态优先原则的同时，也强调人类的需要与利益得到合理的保障与满足，从而保证生态经济社会有机整体的健康运行与可持续发展。这是共存共荣的最高价值。它是合乎现代人类及其实践的本性的，也是体现了现代人类在新时代的新的价值追求与价值尺度的调整。

人类中心主义价值观的核心，是把人看成世界系统唯一具有内在价值的存在物，人的需要、利益是最高的，甚至是唯一的，是非人类物种及整个生物圈的价值（即工具价值），则仅仅是以它们能否满足人的需要的能力来决定，它们的内在价值（享受它们自身生存的能力）是不存在的。这就必然使满足人的需要、实现人的利益，成为人类实践活动的唯一的目的和终极的价值尺度，甚至生态的平衡也被认为“是以人的价值观为判断依据的”；这也就使人的价值尺度成为世界系统价值评价的最高的、唯一的价值尺度。生态马克思主义经济学的价值观与发展观，不仅承认人是具有内在价值的存在物，而且认同非人类物种乃至整个生物圈，也是有自身独立于人类工具性价值之外的内在价值的存在物；在考虑人类的生存权和发展权的同时，也应同等地考虑自然的生存权和发展权，并使之达到两者的有机统一。因此，判断世界系统各种事物的价值，就不能仅仅以人的需要与利益取向为依托，而必须同时以非人类物种，以整个生物圈的需要与利益取向为依托。那么，人类实践活动也就必须遵循人的价值尺度和自然的价值尺度，遵循两种尺度的客观要求。

其实，马克思曾经明确指出："动物只是按照它所属的那个种的尺度和需要来建造，而人类懂得按照任何一个种的尺度来进行生产，并且懂得怎样把内在的尺度运用到对象上去；因此人也懂得按照美的规律来建设。"① 这就告诉我们，在人的认识—实践过程中，从来不是一种人的价值尺度在起作用，而是人的价值尺度和自然的价值尺度这两种尺度在起作用。科学发展观与可持续发展价值观正是根据了这个马克思的观点。尤其是当代人类实践的初步经验及其历史教训告诉我们，完全以人的价值尺度来协调人与自然的发展关系，确实有很大局限性及其可悲的后果，更何况人的价值尺度在人类世界之外是行不通的。现代人类经济社会实践，必须突破以人的价值尺度作为人类实践活动价值取向唯一根据的陈说，实现单一价值尺度向两种价值尺度转换：保护生态环境、维护生物圈共同体的完整性、多样性和稳定性。这是人类实践最高的行为准则和终极的价值，是科学发展观与可持续发展价值观导出的一个最重要的结论。所以，只是把人类生存和发展的需要与利益，作为人类实践选择的唯一的、终极的价值尺度，是不符合科学发展和可持续发展时代的客观要求的。

二、科学发展观指明了人们经济社会实践选择的两重的终极的价值尺度，指明了实现生态自然发展和经济社会发展双赢的科学道路

在此，对这个问题强调两点：一是科学发展观作为建立在科学价值判断基础上的发展观、价值观，是以人为本和以生态为本的价值取向的

① 《马克思恩格斯全集》第42卷，人民出版社1979年版，第97页。

双重统一。由此决定了它所阐明的科学发展的价值定位，也是双重价值取向的统一：既是实现经济社会发展和人的可持续生存及全面发展，又是实现自然生态环境的健康、稳定与多样性发展；既要从人的价值尺度去理解、把握、处理人与自然和谐协调发展关系，又要从自然的价值尺度去理解、把握、处理人与人和谐协调发展关系，确立人与自然的和谐协调可持续发展价值目标。因此，科学发展观从人与自然自然生态关系、人与人社会经济关系互为逻辑的前提入手，立足于人的价值尺度来处理人与自然和谐协调发展关系，这是一种人道主义的价值观；立足于自然的价值尺度来处理人与人的和谐协调关系，这是一种自然主义的价值观。人们经济社会实践活动走科学发展道路，达到生态自然发展和经济社会发展双赢目标，则是人的价值尺度和自然的价值尺度的有机统一。

二是发展循环经济，建设资源节约型、环境友好型、生态安全型经济社会，这是走科学发展道路的最主要的基本点，也是实现生态自然和经济社会双赢发展目标的最佳形式。它们既是在自然意义上的生态环境发展，又是在社会意义上的经济社会发展，是实现生态与经济协调可持续发展的根本途径。尤其是循环经济在本质上是生态经济，它破解了传统发展中生态自然和经济社会二者不可兼得的对立关系，从根本上消解了生态与经济、人与自然之间的对立与冲突，达到生态自然和经济社会的双赢发展目标。因此，我们完全可以说，科学发展观指明的科学发展道路，就是生态自然发展和经济社会发展双赢的科学发展道路。这是生态马克思主义经济学发展观的真谛。

三、社会主义和谐社会建设必然为促进生态自然和经济社会双赢发展，提供社会环境与协调机制

构建社会主义和谐社会的目标与任务，概括起来说，就是要解决社会主义发展过程中出现的人与人之间、人与社会之间的不和谐、不协调关系，人与自然之间、社会与自然之间的不和谐、不协调关系，建立起人与自然，社会与自然和人与人、人与社会的和谐协调发展关系，达到

人、社会与自然双盛、人与社会双强，把我国社会主义社会发展的生态代价与社会成本减少到最低限度。因此，有的学者认为，“贯穿和谐社会的理念就是双赢互利”。笔者很赞同这个观点，“和谐社会就是双赢互利的社会，也就是构成我们社会的各方，参与我们社会发展的各方，都能获得双赢互利，而不是通过牺牲一方来使另一方得益获利。双赢互利，这是和谐社会的要旨，同样也是‘以人为本，全面、协调、可持续发展’的科学发展观的要旨。”① 按照生态马克思主义经济学的观点，和谐社会就是人、社会与自然双赢互利的社会。因此，社会主义和谐社会建设，就必然会为生态自然和经济社会双赢发展，提供良好的社会环境，并形成两者双赢发展的双重协调机制。唯物辩证自然历史观告诉我们，人与自然的自然生态关系和人与人的社会经济关系，是人类历史发展的两条生命线。人类历史发展的过程，就是这两种关系即两对矛盾的相互依存、相互制约、相互作用的过程，从而构成现实世界系统的矛盾运动的过程。然而，人类中心主义和自然中心主义，在认识和处理现实世界系统中这两大基本关系时，都各持一端：前者坚持现代人类实践选择的单一性，只强调人与人之间的关系协调而忽视人与自然之间的矛盾解决，尤其否认自然的内在价值与整体价值，及其人类物种与其他生命物种之间道德关系的客观性，必然是单一的协调机制；后者仅强调人与自然之间的矛盾，看到人与自然之间的不平等性，却未深入思考隐藏在这一不平等背后的恰恰是，现实世界系统中人与人之间的矛盾及其存在着严重的人与人之间的不平等，忽视协调人与人的社会经济利益关系，也是单一的协调机制。正是由于它们各方的缺陷，造成了理论上与实践上的偏颇。

科学发展观与和谐社会理论的深邃之处，就在于克服上述偏颇，深刻地揭示了人与自然、人与人之间的双重和谐发展的辩证统一关系；肯定了给人与人以公平的生存发展权利，给人与自然以公平的生存发展权

① 郑杭生等：《社会和谐的深层时代内容》，《光明日报》2005年2月22日。

利，是现代人类实践活动应当优先考虑的两个根本问题；确证了人与自然之间道德关系的理论合理性和实践合理性；构建了同时协调人与自然之间、人与人之间两对矛盾的双重协调机制，使两对矛盾的协调在社会主义和谐社会建设的理论与实践中得到合理的解决，达到圆满的统一。因此，当我们把生态自然与经济双赢发展的双重协调机制，纳入和谐社会建设的基本框架，以处理现实发展系统中两大基本关系时，不仅仅肯定处理好人与人的关系对协调好人与自然的关系具有决定性的意义，更重要的是承认处理好后者的关系对协调好前者的关系也具有决定性的意义。这是因为，人与自然的关系对于人与人的关系具有更基础的位置，离开了这一点，就偏离了历史唯物论和历史辩证法的基本原理。现实发展已充分表明，现代人类的前途与命运还要取决于人与自然和谐发展关系，这就必然要求现代人类实践活动，应当以解决人与自然的矛盾为根本目标，去协调人与人的社会关系，并把协调人与自然的关系置于处理人与人的关系之上。所以，完整准确地把握人与自然、人与人两对矛盾的双重协调机制，处理好现实发展系统中两大基本关系，应当以解决人与自然的协调发展为目标、为前提，建立和谐的人与自然的发展关系；这又首先要克服不和谐的人与人的发展关系，必须从人与人的关系着手，去协调处理人与人的关系，并通过解决这种关系问题来解决人与自然的关系问题，使人与自然、人与人之间建立起和谐统一的协调发展关系，推动我国经济社会朝着协调可持续的方向发展，这已成为现代人类实践活动的终极目的，是现实发展系统运行的最高目标。在21世纪的中国，建设生态文明，实施可持续发展战略，推动整个社会走上生产发展、生活富裕、生态良好的文明发展道路，已是社会主义发展中的基本实践活动，也已是实现人类实践两重终极价值目标的现实道路与伟大实践。

（原载《生态马克思主义经济学原理》，人民出版社2006年版，第535—540页）

马克思恩格斯共产主义学说中生态文明的科学设想

一、共产主义全面发展文明观是双重关系和谐发展文明观

马克思和恩格斯基于“人本身是自然界的产物，是在他们的环境中并且和这个环境一起发展起来的”生态学思想，基于他们的自然—历史观关于“社会是人同自然界的完成了的本质的统一”的基本论点，从人与自然、人与人关系的历史考察出发，最后得出的必然结论是，只有共产主义才能完全合理地解决人与自然、人与人之间的矛盾。在社会主义、共产主义文明全面发展的这个科学预测中，包含着人的全面发展是人与自然、社会的全面协调发展的深刻内涵，这是人与自然和人与人之间和谐协调发展文明观的生态文明理论。

1. 人的全面发展是人、社会、自然的和谐统一与协调发展。马克思关于人的两重性理论，把人的本性界定为是自然属性和社会属性的统一体。在他的视野内人有两个“身体”即是他的有机身体（血肉之躯）和无机身体（外部自然界），现实的人就生活在两个世界中：自然的世界，社会的世界。他揭示了人是在自然环境和社会环境相互制约、相互作用中存在与发展自身的。任何文明发展都是如此，马克思说：“自然界的人的本质只有对社会的人说来才是存在的，因为只有在社会中，自然界对人说来才是人与人联系的纽带，才是他为别人的存在和别人为他的存在，

才是人的现实的生活要素；只有在社会中，自然界才是人自己的人的存在的基础。只有在社会中，人的自然的存在对他说来才是他的人的存在，而自然界对他说来才成为人。"① 这就告诉我们，在社会的世界里，社会是处在自然环境中的社会，对人的一切社会关系，尤其是社会生态关系和人的发展，尤其人的全面发展，都不能脱离自然环境进行孤立考察。在社会主义、共产主义文明进程中，人的全面发展是同社会、自然的发展密不可分的辩证统一体，是人与社会、自然的协调发展。

首先，任何文明兴衰实质上是生态环境兴衰史。人类文明的起源、文明的延续以至文明的衰亡，都与支撑文明的生态环境有着内在的本质的联系。良好的生态环境促进了人类文明的发展，当支撑文明发展的生态环境彻底破坏，人类创造的辉煌的文明就彻底毁灭。古代文明兴衰史充分证明了这个客观规律。因此，不管人类文明如何进步，不论是古代文明的摇篮，还是现代文明的福地；不论是社会的全面进步，还是人的全面发展，都需要良好的生态环境来养育和支撑，换言之，都要以生态环境良性循环为基础来发展人类文明。这是铁的生态法则。

其次，马克思在《1844年经济学哲学手稿》中所阐明的资本主义社会中人与自然和人与人之间的异化观，正是确证了资本主义现代文明是人与自然和人与人之间的不和谐不协调。针对资本主义文明的这种异化现象，马克思提出的未来新社会的价值目标，就是异化的消除，无产阶级乃至整个人类的彻底解决，实现每个人的全面而自由的发展。只有这样，才能使资本主义现代文明那种人与社会的社会生态关系、人与自然的自然生态关系的异化所导致的人的片面、畸形发展，得到根本克服与消除，求得人与社会的发展和人与自然的发展的辩证统一，求得三者之间的协调发展。在社会主义、共产主义文明发展进程中，人的全面而自由发展应该以自然的良性循环与生态环境的协调和谐为基础，正如江泽民所说的"促进人和自然的协调与和谐，使人们在优美的生态环境中工

① 《马克思恩格斯全集》第42卷，人民出版社1979年版，第122页。

作和生活”① 成为人的全面发展的一个基本内容。因此，自然作为人的无机身体的高度发展，应该是人的全面发展的题中应有之义。这就是说，人的有机身体和无机身体的和谐统一与协调发展，才是人的全面而自由发展的最高价值。由此决定社会主义社会的全面进步及文明全面发展的生态路标，应该是实现人的有机身体和无机身体的和谐统一，是人类生态、社会生态和自然生态的协调发展。可见，自然、人、社会的全面、协调、可持续发展是人的全面发展的必由之路，在自然、人、社会复合生态系统中，三者良性互动之中，人的全面发展得到不断促进。这是三者发展的辩证统一与相互协调的历史过程。

再次，按照马克思人、社会与自然相互关系学说，人与自然的协调和谐发展及人的全面而自由发展，发生在同一个过程中，它们互为前提。以人与自然生态关系的丰富全面性为基础的协调和谐发展，必然伴随着人与社会生态关系的协调和谐发展及人的全面发展。这样，人的全面发展就主要表现为人的社会生态关系的协调和谐和人与自然生态关系的协调和谐。只有在这种双重的协调和谐中，人的全面发展才是现实的。因此，人的全面发展是人与自然协调和谐发展、人与社会协调和谐发展的基本前提和集中表现，是社会主义文明全面发展的凝聚和体现。

2. 科学社会主义、共产主义学说提出了合理解决与协调人与自然、人与人双重矛盾的伟大目标。马克思依据唯物史观和人类文明的发展规律，他所设想的未来社会主义、共产主义文明社会，最根本的就是消除资本主义文明的人与自然和人与人之间双重不协调与不和谐；他坚定地相信，明确地预言，在社会主义、共产主义文明全面发展框架中，人及整个社会和自然界是协调和谐的，整个社会中人与人、人与社会也是协调和谐的。这双重协调和谐，正是今天现代生态学所坚持的基本原则，或者说正是今天人类所追求的建设生态文明社会的基本原则，也正是今天我们党领导全国人民所要构建社会主义和谐社会的伟大目标，这个目

① 江泽民：《在庆祝中国共产党成立八十周年大会上的讲话》，《光明日报》2001 年 7 月 2 日。

标体现可持续发展的真谛。这一原则，这一真谛，完全可以用马克思生态哲学思想关于自然、人、社会有机统一的一段论述来表达："社会是人同自然界的完成了的本质的统一，是自然界的真正复活，是人的实现了的自然主义和自然界的实现了人道主义。"[①] 马克思在这里，向我们提出了：人的实现了的自然主义，这是人和自然之间的自然生态关系相协调和谐的生态原则；自然界的实现了人道主义，这是人与人之间的社会生态关系相协调和谐的生态原则。马克思所说的社会是人同自然界的完全了的本质的统一，这样的社会就只能是社会主义、共产主义社会；这样的社会用今天的话来表述就是：社会主义、共产主义社会是自然、人、社会的复合生态系统。这种复合生态系统，马克思在早年用这样的语言来描述，也就是前面所引证的马克思所说的共产主义是"人和自然界之间、人和人之间的矛盾真正解决，是存在和本质、对象化和自我确证、自由和必然、个体和类之间的斗争的真正解决"。其后，马克思在《资本论》中关于共产主义的自由与必然的论述，就显得更加完整而严谨。他认为，共产主义对人类来说，在某种意义上是自由王国，但在历史的终极目标意义上，它更是一个必然王国，人类必须要遵循这个必然王国的客观规律，所以就共产主义文明发展是必然王国而言，马克思又申明："但是不管怎样，这个领域始终是一个必然王国。在这个必然王国的彼岸，作为目的本身的人类能力的发展，真正的自由王国就开始了。但是，这个自由王国只有建立在必然王国的基础上，才能繁荣起来。"[②] 马克思这个人类、人类社会和自然界，不断走向协调和谐到达共产主义彼岸的动态的漫长的历史过程，揭示了人类文明发展的总趋势和基本规律。

总之，在马克思关于科学社会主义、共产主义学说中，自然、人、社会有机统一理论中，不论是早期的论述还是后期的论述，对社会主义、共产主义的科学预测，始终强调的是人和自然之间的协调和谐、人和人

① 《马克思恩格斯全集》第 42 卷，人民出版社 1979 年版，第 122 页。
② 《马克思恩格斯全集》第 25 卷，人民出版社 1974 年版，第 927 页。

之间的协调和谐[1]，进而提出了合理解决与协调人类文明发展的双重矛盾的伟大目标。

3. 社会主义、共产主义文明全面发展仍然表现人与自然和人与人的双重关系双重主题的协调和谐发展。马克思和恩格斯关于人类文明发展进程中人与自然和人与人这样双重关系双重主题的内在统一问题，都有精辟的论断，做出了创造性理论贡献。他们始终强调人与自然和人与人的关系都是具体的历史的统一。马克思在《1844 年经济学哲学手稿》中在设想未来的社会主义、共产主义时就说过："人同自然界的关系直接就是人和人之间的关系，而人和人之间的关系直接就是人同自然界的关系，就是他自己的自然的规定。"[2] 接着，马克思和恩格斯在《德意志意识形态》中阐明历史唯物主义基本原理时，又谈到人类文明历史发展中人与自然关系的重大作用问题，他们说"历史的每一阶段都遇到一定的物质结果，一定数量的生产力总和，人和自然以及人与人在历史上形成的关系，都遇到有前一代传给后一代"[3]，而后一代在继承前一代人所遗留下的这种双重关系。社会主义取代资本主义之后，同样继承了资本主义文明所遗留下的人与自然和人与人的双重关系双重主题。这样，社会主义文明条件下的人们就必然要与自然界、与社会构成双重关系；人与自然的自然生态关系和人与人的社会生态关系，就成为社会主义文明历史发展两大主题和两条生命线。因为离开了人与人的社会生态关系的矛盾运动，便无法说明人与自然的自然生态关系的矛盾运动，反之亦然。因而只有在人、社会、自然的复合生态系统结构框架中，才能够获得对社会主义文明，对人的存在与发展的全面性的完整解读。社会主义文明全面发展的历史过程，就是这双重关系双重主题，即两对矛盾的相互依存、相互制约、相互作用的历史过程，现实社会主义文明系统的矛盾运动的历史过程。在社会主义文明全面发展的进程中，在人与自然的自然生态

① 马丽：《马克思生态学思想初探》，《马克思主义研究》2000 年第 4 期。

② 《马克思恩格斯全集》第 42 卷，人民出版社 1979 年版，第 119 页。

③ 《马克思恩格斯全集》第 3 卷，人民出版社 1972 年版，第 43 页。

关系上，“我们必须学会和地球在一起生活”；在人与人的社会生态关系上，“我们必须学会在地球上共同生活”。只有从这两条生命线统一起来把握，才能从社会主义人、社会、自然有机整体上，正确认识和自觉遵循社会主义文明全面发展的客观规律。

4. 解放人而实现人的全面发展，解放自然而使整个自然界复活，这是社会主义、共产主义文明全面发展的两大基本任务。马克思设想的社会主义、共产主义社会的理想目标，既是无产阶级乃至整个人类的解放，实现人的全面而自由发展；又是自然的解放，“使整个自然界真正复活”。在《1844年经济学哲学手稿》中，马克思就明确指出了只有在共产主义文明条件下，才能真正解放自然，“使整个自然界复活”，自然主义与人道主义才能真正达到本质上的协调和谐。因此，马克思和恩格斯就提出了现代社会变革的人与自然和人与人双重和解的两大基本任务，他们说：“我们这个世纪面临的大变革，即人同自然的和解以及人类本身的和解。”[①] 这就告诉我们，实现人的解放和自然的解放是社会主义、共产主义文明全面发展的两项基本任务。在这时，涉及科学社会主义、共产主义学说中人的解放、社会的解放和自然的解放三者相互关系问题。在人类文明思想史上，正是马克思首次探讨了三者的相互关系。

首先，社会的解放与人的解放是自然的解放的基本前提。马克思反复强调，是资本主义制度导致人与自然和人与人的异化；消除这种双重异化，马克思寄希望于社会主义、共产主义，尤其是把自然的解放寄希望于共产主义文明全面发展和人的全面发展。因为，在马克思的共产主义理想目标中，只有共产主义文明条件下，人与自然之间的协调和谐关系才有可能真正建立起来。因此，马克思和恩格斯一贯主张，首先必须“对我们的直到目前为止的生产方式，以及和这种生产方式一起对我们的现今的整个社会制度实行完全的变革”[②]。只有变革资本主义社会制度，改造资本主义生产关系，促进社会主义文明全面发展和人的全面发展，

---

① 《马克思恩格斯全集》第1卷，人民出版社1956年版，第603页。
② 《马克思恩格斯选集》第3卷，人民出版社1972年版，第519页。

才能实现自然的解放，使自然界真正复活。马克思说得好："这种共产主义，作为完成了的自然主义，等于人道主义，而作为完成了的人道主义，等于自然主义。"①

其次，社会的解放与自然的解放，是人的解放的逻辑前提与基础。因为社会的解放和自然的解放是为人的解放和全面发展，提供良好的社会生态环境和自然生态环境。马克思的科学社会主义、共产主义学说虽然是以关注人的生存为依据，以人的解放和全面发展为宗旨，但是，实现这个宗旨又有赖于社会的解放和自然的解放，通过社会文明的全面发展和自然的高度发展，来支撑与保证人的解放与全面发展。

总之，社会的解放、人的解放与自然的解放三者有机统一与协调发展，是社会主义文明全面发展的基本趋势；人、社会与自然之间互馈式的和谐发展是21世纪人类文明发展的必由之路。

二、共产主义双重关系和谐协调发展观本质上是可持续发展文明观

马克思和恩格斯对社会主义、共产主义文明条件下人与自然和人与人之间协调和谐发展的生态文明科学设想，是具有前瞻性的，已经超越了时代局限，使我们完全可以体察到马克思学说中已经有了生态经济可持续发展文明观的思想端倪。

1. 马克思和恩格斯关于社会主义、共产主义文明条件下人与自然和人与人之间和谐协调发展观的深刻内涵，在本质上是生态经济可持续发展文明观的理论萌芽。如前所说，马克思和恩格斯对社会主义、共产主义文明的科学设想中，始终强调的是人与自然之间和人与人之间的协调和谐，尽管他们当时没有使用可持续发展概念来概括他们生态文明观，但我们今天完全可以在这个科学设想中领会生态经济可持续发展文明观的基本思想。因此，我们通过解读马克思关于共产主义全面发展文明观中的人与自然和人与人之间协调和谐发展的光辉思想，不难看出当今可

① 《马克思恩格斯全集》第42卷，人民出版社1979年版，第120页。

持续发展观念与理论，完全可以在马克思的科学社会主义、共产主义学说中找到理论渊源。

首先，20世纪80年代初，可持续发展概念与理论提出后，全球范围内对它的讨论形成阵阵热潮，直到1992年联合国环境与发展大会上，确认了《我们共同的未来》著名报告中提出的可持续发展的新观念、新思想、新发展战略，标志当代人类最终理智地选择了可持续发展观，也是标志可持续发展从理论的殿堂走向实践的洪流，是人类文明历史发展进入可持续发展的新时代的开始。这是人类文明发展观从传统发展观向可持续发展观的划时代的大转变。这个转变的本质，是人类文明发展观由传统的工业文明发展观向现代的生态文明发展的历史性飞跃。它是一种划时代的全新的文明发展观①。按照马克思和恩格斯文明理论，可持续发展是继原始文明、农业文明、工业文明之后的一种新型文明；作为新型文明的观念形态的可持续发展观，则是一种新型文明观，它就是可持续发展文明观。这种文明观的深邃之处就在于，它深刻地揭示了人与自然和人与人之间的双重协调和谐发展的辩证统一关系，正如《我们共同的未来》所指出："从广义来说，可持续发展战略旨在促进人类之间以及人类与自然之间的和谐。"② 可见，国际广义的可持续发展观念与理论，把人类文明历史发展的双重关系双重主题纳入其中，这同当年马克思对社会主义、共产主义文明的科学设想是完全一致的。因此，可持续发展的完整内涵，应该是指人与自然的自然生态关系和人与人的社会生态关系之间和谐统一、共存共荣、协调发展。这是把马克思全面发展文明观同包括社会主义在内的现代文明发展实践结合起来得出的必然结论。

其次，用马克思的自然—历史观来解读可持续发展文明观，确实是一种生态经济社会整体发展文明观，在本质上是生态文明观。对此，我们可以对它作几点基本定性解说：

一是可持续发展内在属性的规定性。它是指当代人类生存行为和现

---

① 刘思华主编：《可持续发展经济学》，人民出版社1997年版，第9—10页。

② 世界环境与发展委员会：《我们共同的未来》，吉林人民出版社1997年版，第80页。

代经济社会发展不能超越地球资源与环境的承载力；强调可持续发展的整个理念就是，当代人类经济社会活动与现代经济社会运行与发展，绝对不能超越生态系统可以永久持续或支撑的容许的限度。因此，可持续发展文明观的第一要义，及其可持续发展实践的实质所在，应该是基于自然生态关心的生态环境可持续性，没有生态环境可持续性，那就没有真正的可持续发展可言。可持续发展文明观的这种内在属性，决定了当代人类生存行为和现代经济社会运行与发展，必须严格限制在地球资源环境系统的生态容许限度之内，只有这样才能保证经济社会发展具有可持续性，也唯有如此才能实现发展与可持续性的内在统一。

二是可持续发展本质特征的规定性。可持续发展文明观在本质上应该说是一种生态整体主义世界观，这就是可持续发展系统整体性的观点。因而，可持续发展的本质特征具有两个显著特点：从理论上看，可持续发展系统整体性，表现为人、社会和自然复合生态系统的整体性。人、社会和自然作为统一整体的客观世界，它们是不可分割的，是具有内在联系的有机的统一整体，这是可持续发展系统最本质的客观性质，反映这种整体性质的可持续发展系统整体性观点，就是可持续发展文明本质特征的基本观点。从实践上看，可持续发展系统的整体性，在现实世界系统实际运行表现为“生态—经济—社会”复合系统的有机统一整体。这就是可持续发展系统运行的整体性，是可持续发展文明本质特征的基本观点。因此，可持续发展文明理论与实践在生态整体主义世界观上，就在于突出了自然生态环境和人类经济社会的有机整体性，尤其是强调了当代人类生存行为与现代经济社会地球生物圈共同体依赖的紧密性。

三是可持续发展实践目标的规定性。可持续发展系统整体性，客观要求它把经济发展、社会发展和生态发展紧密联系起来作为一个统一整体发展考虑，应当是经济、社会和生态可持续性的有机统一的整体发展文明观。由此决定了可持续发展实践目标：努力促进人与自然和人与人的和谐统一与协调发展。既然是和谐统一与协调发展，就不只是仅仅考虑和满足人类自身一个物种的需要，与此同时必须同等地考虑和满足非人类物种的需要，在实现人类自身发展、自身利益的同时，也同等地实现非人类物种乃至整个生物圈的发展与利益，都作为可持续发展实践的根本目标与价值取向。因此，可持续发展所要解决的既是人与自然发展关系的矛盾，又是人与人发展关系的矛盾，实现双重协调和谐发展。正如有的学者所说的“忽视自然的社会发展和没有人的自在自然的发展，都不是可持续发展的应有含义”。

人与自然、人与人的协调和谐，在经济领域就是生态与经济的和谐统一与协调发展，这是可持续发展经济实践的根本目标与价值取向。既然是生态经济的和谐统一与协调发展，就不只是仅仅考虑经济社会的发展，同时还必须同等地考虑自然生态的发展，并达到“生态—经济—社会”复合系统高度整合、整体优化、良性运行与协调发展。没有自然生态的经济社会发展或没有经济社会的自然生态的发展，都不是可持续发展的应有含义。总之，可持续发展既是人与社会的全面发展，又是自然生态的和谐发展，是人与社会在自然生态之中与自然生态在人与社会之中的协调和谐发展。

四是可持续发展文明观的核心内容，是物质、政治、精神、生态四大文明的高度统一与协调发展。可持续发展文明观作为一种划时代的全新的文明观，就在于它是人类文明发展观，是由传统的工业文明发展观向现代的生态文明发展观的历史性飞跃。我们从马克思对资本主义工业文明时代人与自然的自然生态关系和人与人的社会生态关系的科学批判中，可以清楚看到传统的工业文明是片面的畸形的文明形态。这突出表现在传统的工业文明形态是一种单一的物质文明，确切地说，以往工业化模式实质是单纯的物质文明建设模式。比工业文明更先进、更高级、更伟大的生态文明，既是工业文明的继承与发展，又是超越与创新工业文明的现代文明建设模式。它从人、社会和自然复合生态系统的整体性出发，以人类与其生存的生态环境的协同进化、和谐发展为价值取向，来建设现代新文明。它涵盖了人与自然、人与人、人与自身等多重关系，以及经济、政治、精神、生态多重领域，因此，可持续发展文明观应该是也必须是物质、政治、精神、生态四大文明建设高度统一与协调发展，只有这样，才能促进“生态—经济—社会”复合系统健康运行与可持续发展。

综上所述，可持续发展文明观实现了人类中心主义和生态中心主义的辩证整合，而又在相当程度上向生态中心主义倾斜，是一种人、社会与自然复合生态系统的生态整体主义世界观，或者说，是一种生态经济社会整体发展文明观①，在本质上是生态文明发展观。然而，可持续发展概念与理论自从提出后20多年间，“它更多地被人们视作走出经济发展的误区，克服工业文明弊端的一种新的发展战略和发展模式”，换言之，“可持续发展所推动的变革仅仅被理解为工业文明自身的变革，而不是要超越工业文明的文明变迁。”② 因此停留在这个层次去定位和实践可持续发展，它就被功利化了，使其仅具有一种表层的或工具的意义。这样，可持续发展文明观在本质上是生态文明发展观的深层内涵被遮蔽，指导人类实践活动的根本观念不曾转变，因而无论是当今世界还是当代中国，都仍然让现代文明无法摆脱生态不可持续发展的困境。

2. 共产主义全面发展文明观，包含着人与自然和人与人之间形成和谐协调关系的双重协调机制的深刻见解。马克思所设想的社会主义、共产主义文明，就是“社会化的人，联合起来的生产者，将合理地调节他们和自然之间的物质变换，把它置于他们的共同控制之下，而不让它作为盲目的力量来统治自己；靠消耗最小的力量，在最无愧于和最适于他们的人类本性的条件下进行这种物质变换”③。在这里，马克思替我们构建了协调社会主义、共产主义文明发展的，人与自然和人与人的双重关系与两对矛盾的双重协调机制。如前所说，社会主义、共产主义的本质特征和最高价值，就是要最终实现人的解放，人的全面发展，这既是人从不适合于人类生存的自然生态环境中的解放，又是从人奴役人的社会

① 《刘思华文集》，湖北人民出版社2003年版，第525页。
② 蔡拓：《可持续发展——新文明观》，山西教育出版社1999年版，第282页。
③ 《马克思恩格斯全集》第25卷，人民出版社1974年版，第926—927页。

生态环境中的解放；既是人与自然和谐协调关系的建立，又是人与人和谐协调关系的建立。因此，“马克思从人与自然的关系这个前提出发，逻辑地引申出作为这对矛盾的合理解决的共产主义，而共产主义本身又是人与人的矛盾的合理解决。于是，在共产主义学说中，两对矛盾的双重协调机制问题从理论原则上得到了解决。”① 当然，理论原则不等于具体实践，何况历史的局限，马克思当年的设想的具体解决方式还是猜测的成分。今天，我们完全可以根据比马克思时代丰富得不可比拟的人类文明发展的实践经验和科学资料，补充和丰富马克思的双重协调机制为基础的社会主义、共产主义学说。

这种丰富和发展的集中表现，就是把可持续发展的双重协调机制纳入社会主义、共产主义的理论与实践中达到圆满的统一。因为，走可持续发展道路既是全人类的共同选择，更是当代中国发展的最佳选择。《中国 21 世纪议程》开宗明义地提出：全人类生存与发展，中华民族生存与发展，“必须努力寻求一条人口、经济、社会、环境和资源相互协调的，既能满足当代人的需求而又不对满足后代人要求的能力构成危害的可持续发展的道路。”它还强调指出：现在“越来越多的人认识到，只有将经济、社会的发展与资源环境相协调，走可持续发展之路，才是中国发展的前途所在”②。因此，可持续发展文明观和中国社会主义文明发展的具体实践相结合，走出一条具有中国特色的可持续发展道路，这是中国社会主义文明全面发展的必由之路。这条历史的必由之路，确认了协调人与自然和人与人之间双重关系、两对矛盾的双重协调机制的理论合理性和实践合理性。这实质上就是确认了可持续发展的双重协调机制的理论与实践的合理性。只有这样，人与自然和人与人之间的双重关系与两对矛盾的协调在可持续发展的理论与实践中得到合理的解放，并达到圆满的和谐统一。

① 柳树滋：《大自然观》，人民出版社 1993 年版，第 388 页。

② 中华人民共和国国务院：《中国 21 世纪议程》，中国环境科学出版社 1984 年版，第 1—3 页。

然而，近20年来，国内外学术界围绕着生态危机与可持续发展问题研究所产生的人类中心主义和自然中心主义（即生态中心主义）的争论，都没有完整准确地把握马克思共产主义学说中人与自然和人与人之间关系的双重协调机制，都没有完整准确地把握广义可持续发展的完整内涵，在认识和处理现实世界“人、社会、自然”复合生态系统中这种双重关系与双重矛盾时，都各持一端；前者坚持现代人类实践选择的单一性，只强调人与人之间的关系协调和谐，而忽视人与自然之间的矛盾解决，以形成人与自然之间关系的协调和谐，尤其是否认自然的内在价值和生物圈整体价值，及其人类物种与其他生命物种之间道德关系的客观性，必然流于单一的协调机制；后者仅强调人与自然之间的矛盾，看到人与自然之间的不公平性与不平等性，却未深入思考隐蔽在这种状况背后的，恰恰是现实世界“人、社会、自然”复合生态系统中，人与人之间的矛盾及其存在着严重的人与人之间的不公平、不平等，忽视人与人之间的矛盾解决，即忽视妥善协调和正确处理人与人之间的社会经济利益关系，这也是单一的协调机制。因此，当我们把社会主义文明发展的双重关系双重主题，同可持续发展的双重协调机制直接对接，并将后者纳入社会主义文明发展的理论与实践之中，不仅是肯定处理好人与人的关系对协调好前者的关系具有决定性的意义；同时将证明处理好后者的关系对协调好前者的关系也具有决定性的意义，从而真正建立足以把同时协调双重关系和两对矛盾的双重协调机制，使社会主义文明发展在人与社会、人与自然之间都形成和谐协调的关系，进而实现社会主义社会的全面、协调、可持续发展。

3. 遵循马克思的自然—历史观，正确把握可持续发展的双重协调机制的辩证法。马克思哲学理论体系中确立的人与自然之间的对象性关系，主要表现为人与自然之间的实践性关系和观念性关系。在此前提下，马克思历来认为，人与自然之间的实践性关系是第一位的，这是把握现实自然界的发展最基本的方式。因此，从马克思学说的基本点来看，人与自然之间的关系是人类文明历史发展的客观基础。但是，从人类活动实践即现实社会生活上看，人类文明的历史则是特定时期人与人的社会关系，因此，“人与人的关系在各个文明时代和各种社会制度中都后于主导地位。同人与自然关系相比较，人与人的关系始终处于第一位。”① 马克思所处的资本主义工业文明时代，资本主义剥削制度尤其使人和社会极度畸形发展，社会政治矛盾非常尖锐，对抗激烈，马克思因而首先关心现实的社会变革、社会发展。这就是说，他必然更加关注人与人的社会关系的变革与发展。甚至应当说，马克思和恩格斯比同时代的其他理论家、思想家、政治家更鲜明地强调社会制度和社会关系的革命性变革对于人类文明发展的重大意义，这是时代使然②。这是一方面。

另一方面，马克思所处的工业文明时代是传统的机器大生产的发展时期，人口、资源、环境等生态问题处于积累过程，还没有达到尖锐化的程度，工业文明所造成的生态危机还没有充分显露，这就是说，人与自然之间的矛盾还没有达到尖锐化的程度而直接成为关系到世界的经济发展和社会进步，及人类当前和未来的生存与发展的严重问题。因而，就当时而言，马克思和恩格斯的选择与导向必然是首先变革人与人的社会关系，寻求人的解放，建立起人与人之间的协调和谐关系，在这种前提下寻求自然的解放，形成人与自然之间协调和谐关系，这是无可非议的，是无懈可击的。在此，我们要强调指出的是在马克思的整个理论体系中，马克思和恩格斯历来认为，在人类文明发展中人与自然的和谐统一的协调发展关系，不仅是人类文明发展的一个重要规律，而且是人类文明发展到社会主义、共产主义文明必不可少的前提条件。

然而，人类文明发展到20世纪中叶现代生产力的诞生并得到迅速发展，人类征服自然的能力空前提高，现代人类对大自然野蛮地开发和肆意地掠夺，以牺牲生态环境来换取现代文明，已达到登峰造极的地步，导致人与自然之间的矛盾关系紧张到了空前尖锐的程度，生态环境与社会经济的极不协调已成为当代的重大矛盾问题。于是，人与自然之间的

---

① 蔡拓：《可持续发展——新文明观》，山西教育出版社1999年版，第289页。
② 蔡拓：《可持续发展——新文明观》，山西教育出版社1999年版，第290页。

矛盾发展到现时代的严重冲突，使人与自然的和谐统一体完全瓦解了；由此造成的全球生态危机，使生态环境问题越来越成为超越社会制度和社会意识形态的，事关人类生死存亡的全球性的重大问题，直接威胁着全人类的生存与发展。这是现代人类的存在危机，同时也是现代社会经济的发展危机，归根结底是人与自然发展关系的危机！这就使得人类文明发展的双重关系双重主题，凸现出人与自然关系这一历史主题。我国社会主义文明发展更是如此。

可持续发展文明观不仅承认了这一历史事实，而且论证了人与自然之间的自然生态关系在当今人类文明发展中的首要意义。这是如前所述的可持续发展文明观的第一要义，应当是基于自然生态关心的生态可持续性的本质内涵所决定的。正如罗马俱乐部创始人佩西所说的："在这历史的转折时期，在分析有关人类所处的状态及其可能导致的命运等复杂的情况时，应当选择的着眼点必须能射穿整个人类体系的核心，而且要真正具有全球性的视野。这只有把人与自然的关系放在最优先的地位（着重点引者加）才有可能。人与自然的关系在最近所经历的巨大变化，以及将来肯定要发生的修正，在左右人的生活方面，必然要比其他任何因素更起决定性的作用。"① 我国学者早就指出："在我国现代化经济建设中，解决人与自然的关系高于解决人与人的关系。建设具有中国特色的社会主义，必须把中国的自然条件与社会历史条件结合起来考虑。"② 这是因为，人与自然的关系对于人与人的关系具有更基础的地位，离开了这一点，就偏离了历史唯物论的基本原理。当今人类文明发展充分表明，现代人类的前途与命运确实还要取决于人与自然之间的协调和谐发展，应当以解决人与自然的矛盾为根本目标，去协调人与人的社会关系，并把协调人与自然的关系置于处理人与人的关系之上。因此，完整准确地把握可持续发展的双重协调机制的辩证法，处理好社会主义文明发展中双重关系与双重主题，"要从人与自然的关系着眼，从人与人的关系着

---

① 蔡拓：《可持续发展——新文明观》，山西教育出版社1999年版，第292页。

② 周义澄：《自然理论与现时代》，上海人民出版社1988年版，第262页。

手。要以整个人类同自然界的协调发展为目标，为前提，去协调处理人与人的关系问题，并通过解决这种关系问题来解决人与自然的关系问题。"① 只有这样，才能使人与自然、人与人之间建立起和谐统一的协调发展关系，最终实现"人与自然、人与人之间的矛盾的真正解决"。这已成为现代人类可持续发展实践活动的终极目的，也是我国建设社会主义和谐社会，即可持续发展社会的最高目标与最高原则。

因此，我们根据马克思的自然—历史观和科学共产主义学说的可持续发展双重协调机制，构建社会主义和谐社会总体方向，应当是自然适应于人的发展和人顺应②自然的发展的有机统一；协调的目标是以自然适合于人的发展和人顺应自然的发展的有机统一为基准的；人与自然构成双向依赖、双向互动和双向建构的和谐协调关系。这才符合社会主义和谐社会的本质内涵与基本特征。

（原载《生态马克思主义经济学原理》，人民出版社 2006 年版，第 450—461 页）

---

① 柳树滋：《大自然观》，人民出版社 1993 年版，第 322 页。

② 这里所说的顺应于自然，是指人的实践活动必须也应当崇尚自然、尊重自然，严格按照自然生态规律办事，而绝对不能违背自然生态规律。

对建设社会主义生态文明论的若干回忆

——兼述我的“马克思主义生态文明观”

胡锦涛总书记在党的十七大所作的报告，站在现代人类文明时代发展的高度，从当今世界和当代中国的实际出发，把“生态文明”写入党代会报告，明确提出“建设生态文明”和“使生态文明观念在全社会牢固树立”，是实现全面建设小康社会奋斗目标的一个新要求。这是我们党实现科学发展、建设和谐社会理念的新发展，顺应了我国生态经济社会有机整体、全面协调、可持续发展的历史潮流，反映了我国学界广大交叉、新兴学科和马克思主义生态哲学经济学工作者的心声。从马克思主义生态经济学说史来看，长期以来，我把社会主义生态文明作为马克思主义生态经济协调可持续发展理论研究的一个重大课题，进行潜心研究，创立了生态文明与四大文明全面协调发展理论，在学术界最早提出建设社会主义生态文明的新命题。不仅如此，还在学术活动中，经常奋力疾呼要把“生态文明观念”写入党、国家、政府的重要文献尤其是党代会报告，使生态文明理论对中国特色社会主义的伟大实践发挥指导作用。这是我对马克思主义文明理论与生态文明观的一种信念和追求，构成我的淡泊宁静的平民学者人生追求的一个重要方面，故作此回忆。

一、生态文明观念的提出与三大文明协调发展理论的形成

早在1985年11月，我组织和主持一个生态经济研究小组，与五位同仁共同撰写了《生态经济协调发展论》的研究报告，提供给1986年11月在上海举行的“中国生态经济战略学术讨论会”。我在研究报告的引言中强调指出：“这篇文章就是对当代人类面临的生态经济问题作出马克思主义的回答，提出‘生态经济协调发展论’这一生态经济学的新原理，以期为现代人的社会经济活动提供新的认识工具，对中国社会主义现代化建设事业起到积极的作用。”[①] 在研究报告的结尾，我提出要“把中国经济建设真正转移到严格按照生态经济协调发展规律办事的轨道上来，自觉地协调人们经济活动与自然生态发展关系，实现人与自然和谐相处、社会与自然的和谐发展，开创中国社会主义经济社会发展的新时期，也就是中国社会主义物质文明、精神文明和生态环境建设的同步协调发展的新时期”[②]。据文献记载，这个论断是社会主义现代化建设应该是社会主义物质文明建设、精神文明建设、生态环境建设三大文明建设协调发展思想的最早表述，也是社会主义现代文明应该是社会主义物质文明、精神文明、生态文明“三位一体”的思想先声。在这里，当年我没有使用“生态文明建设”的概念，但“人与自然的和谐”、“社会与自然的和谐”、“生态环境建设”都是生态文明思想的重要内容，在本质上属于生态文明观念的新范畴。这是毫无疑义的。

据我对20世纪80年代以来的学术资料的考证，著名生态学家、中国生态经济学会顾问叶谦吉先生，在1987年的全国生态农业问题讨论会上，提出了生态文明建设的新观点。什么是“生态文明”呢？叶谦吉教授认为：“所谓生态文明就是人类既获利于自然，又还利于自然，在改造自然的同时又保护自然，人与自然之间保持着和谐统一的关系。”并奋力疾呼要“大力提倡生态文明建设”，引起了与会者共鸣。很明显，作为

---

① 《刘思华可持续经济文集》，中国财政经济出版社2007年版，第364页。
② 《刘思华可持续经济文集》，中国财政经济出版社2007年版，第402页。

生态学家的叶谦吉教授，是从生态学及生态哲学的视角来看生态文明的。虽然如此，我还是十分赞同叶先生对生态文明概念的新提法。从这时起，我就从马克思主义经济学哲学之统一，尤其是生态经济协调可持续发展理论主旨，把这个新观点纳入马克思主义生态文明观和社会主义现代文明的范畴，使社会主义现代文明理论增添了生态文明的新理念，先是形成社会主义物质文明、精神文明、生态文明的内在统一与协调发展理论；然后发展为包括社会主义政治文明在内的四大文明全面协调发展理论。因此，在我的论著中，从社会主义现代化建设领域划分的视角，就有生态环境建设即生态建设和生态文明建设的新提法；从社会主义现代文明形态区分的视角，就有生态文明或社会主义生态文明和建设社会主义生态文明即建设生态文明的新表述。

对于社会主义现代文明“三位一体”论，我作了如下一些论证和探索：

1. 社会主义发展，满足全体人民的生态、物质和文化的需要过程，就是三大文明建设过程，这是社会主义现代文明的重要特征。1987 年 8 月我在定稿《理论生态经济学若干问题研究》一书的第十章“生态经济全面需求理论”时，对传统经济学哲学理论作了几点创新：（1）长期以来，传统经济学把人的消费需要只看成纯经济需要，因而，把社会主义生产目的内涵，概括为物质和文化两个部分，通常说成是物质需要和精神需要两类。当我们把马克思主义生态经济基本原理同包括社会主义社会在内的现代经济社会发展实践结合起来，就必然得出“社会主义生产目的是保证满足全体人民的生态、物质和文化的需要，这是作为生态经济有机整体的社会主义经济运动发展的客观规律，是对社会主义生产目的理论的发展，补充和丰富了马列主义关于社会主义生产目的的原理”①。（2）在社会主义制度下，人民群众的物质需要、精神需要和生态需要的实现过程，就是三大文明建设过程。“人民群众的物质需要及其满

① 刘思华：《理论生态经济学若干问题研究》，广西人民出版社 1989 年版，第 280 页。

足程度和实现方式，构成社会主义物质文明的基本内容；人民群众的精神需要及其满足程度和实现方式，构成社会主义精神文明的基本内容；人民群众的生态需要及其满足程度和实现方式，构成社会主义生态文明的基本内容，也是社会主义物质文明和精神文明的重要表现。因此，在社会主义制度下，人民群众的全面需要及其满足程度和实现方式，是社会主义物质文明、精神文明、生态文明三大文明建设的根本问题。”① (3) 我们建设社会主义现代文明，“实现社会主义满足人民群众的全面需要，达到社会主义物质文明、精神文明、生态文明的高度统一。这是社会主义现代文明的重要特征，也是国家富强、民族兴旺、人民幸福的重要标志”②。对于上述论点，我从1988年至1990年在《经济研究》等刊物发表的一些文章中都详细论述过。

2. 没有生态文明建设，社会主义现代化建设难以发展，社会主义难以存在。在这个时期内，我还研究微观生态经济问题，探讨社会主义企业现代文明发展，于1991年3月出版了《企业生态环境优化技巧》一书，该书的主旨就是阐明企业生态文明建设问题，进一步强调：(1)“从生态经济学的观点来看，我们所要建设的社会主义文明，应该是高度的物质文明、精神文明、生态文明和社会主义民主的有机统一。在建设社会主义现代文明中，离开生态文明建设，那是不可思议的。因此，我们必须把创造良好的生态环境和提高全民族的生态环境意识的生态文明建设，作为现代化建设的一项基本任务……否则社会主义现代化建设难以发展，社会主义难以存在。”③ (2) 发展是当代中国创建社会主义现代文明的主题。我国社会主义工业化、现代化不是纯粹的经济现代化，而是以此为中心的多元现代化。因此，“我们建设社会主义现代文明，必须坚持物质文明、精神文明、生态文明这三大文明建设一起抓。这是我们实现工业化、现代化必须遵循的路线，是社会主义企业现代化

① 刘思华：《理论生态经济学若干问题研究》，广西人民出版社1989年版，第275页。
② 刘思华：《理论生态经济学若干问题研究》，广西人民出版社1989年版，第276页。
③ 刘思华：《企业生态环境优化技巧》，科学出版社1991年版，第477页。

建设所必须遵循的路线"[①]。

3. 确立生态时代论、生态革命论和生态文明观的统一理论，只有确立这个"统一理论"，才能最终确立生态文明理论，真正使它成为科学理论。从1992年的《生态时代论》的演讲到1994年的《当代中国的绿色道路——市场经济条件下生态经济协调发展论》一书出版，我全面地论证了生态文明兴起的历史必然性和现实客观性，揭示了生态文明的时代特征与实践基础，阐明了生态革命与生态时代、生态革命与创建生态文明、生态时代与社会主义时代、社会主义现代文明与生态文明建设等相互关系，得出了一个合乎逻辑的结论："生态时代，是社会主义最终胜利、共产主义必然来到的时代。这就是中国生态经济协调学派的时代观、未来观。"[②] 经过近20年的社会主义实践证明，现在，我们完全可以说，这是中国马克思主义生态经济协调可持续发展学派的时代观、未来观。在此，按照原文简述几点：(1) 人类社会文明发展大致可以划分为三个时代和四个阶段。第一个时代是人类依附并初步利用自然的蒙昧时代；第二个时代是人类掠夺自然、破坏生态而导致生态危机的征服时代，这个时代经历了人与自然发展的两个阶段；第三个时代是重建人与自然的有机统一体达到新的更高水平的和谐协调发展的生态时代。"当代人类正在进入生态时代"。"生态时代的本质特征，就是把现代经济社会运行与发展切实转移到良好的生态循环和经济循环的轨道上来，使人、社会与自然重新成为有机统一体，实现生态环境与经济社会的可持续协调发展。因此，实现人与自然在新的更高层次的和谐统一，达到生态与经济在新的更高水平的协调发展，这是生态时代的根本标志。所以，建立在生态良性循环基础上的生态与经济的协调发展，就成为生态时代的首要的、本质的特征，生态时代的其他特征，都是从不同角度表现和补充这个本质的特征。"[③] 我还特别强调指出："社会主义的本质及其发展趋势，同

---

① 刘思华：《企业生态环境优化技巧》，科学出版社1991年版，第477页。

② 《刘思华文集》，湖北人民出版社2003年版，第326页。

③ 《刘思华文集》，湖北人民出版社2003年版，第318页。

生态时代的本质及其发展趋势，是完全一致的，正是从这个意义上说，社会主义开辟了人、社会与自然界和谐协调发展的新时代”①，这就是生态时代。(2) 自20世纪80年代以来，一个生态环境保护与建设的绿色浪潮滚滚而来，正在席卷全球，猛烈地冲击着现代人类社会的传统的生产方式、生活方式、思维方式，正在推进人类经济社会发展的第三次巨大变革。“这标志着人类社会发展继农业革命和工业革命之后的生态革命高潮必然到来……生态革命的本质是：人类社会由征服掠夺生态环境资源到保护建设生态环境的大转变。这是人类经济社会发展的第三次巨大的变革”，“现代人类通过具有划时代意义的生态革命，推动人与自然尖锐对立的征服时代向人与自然和谐统一的生态时代的大转变。”② (3) 农业革命创造了灿烂的农业文明，工业革命创造了辉煌的工业文明，“生态革命将会创造以生态文明为基础的现代文明，一定会比工业文明在人类历史发展上写下更加辉煌灿烂的篇章。我们可以说，生态时代的现代文明，本质上是生态文明。没有生态文明，就没有现代文明。真正的现代文明是生态文明，只有生态文明才是真正的人类文明”。因此，我们坚信：“社会主义在创建工业文明的同时，还要根据当代全球性的生态环境的严峻现实，将工业文明推向生态文明，为人类历史发展的第三次大转变作出积极的巨大的贡献”，“使中华民族从工业革命的后进者和近代科技的落伍者，成为生态革命的先行者和现代科技的先进者，取得21世纪国际竞争的领先地位，跨入世界先进行列。”③ (4) 进一步地阐明了物质文明建设、精神文明建设和生态文明建设的内涵。“生态文明建设，是根据我国社会主义条件下劳动者同自然环境进行物质变换的生态关系和人与人之间的经济关系的矛盾运动，在开发利用自然的同时，保护自然，提高生态环境质量，使人与自然保持和谐统一关系，有效解决经济社会活动的需求与自然生态环境系统的供给之间的矛盾，以保证满足人民的

---

① 《刘思华文集》，湖北人民出版社2003年版，第323页。

② 刘思华：《当代中国的绿色道路》，湖北人民出版社1994年版，第4—7页。

③ 刘思华：《当代中国的绿色道路》，湖北人民出版社1994年版，第21页、第10—11页。

生态需要。”在《当代中国的绿色道路》一书中我还认为：从人类社会文明发展进入21世纪的人与自然相互关系发展的新特点，即从21世纪的现代经济社会发展新特征的意义上说，“21世纪应该是生态文明建设的世纪，将是重建人与自然和谐统一，使生态与经济达到新的更高水平的协调发展的生态文明时代……全党全民要高度重视生态文明建设，这是生态时代赋予我们的伟大历史使命”①。

4. 从当今世界和当代中国发展的实践出发，把生态文明与三大文明理论纳入可持续发展经济学的理论框架，提出三项文明建设相互促进是社会主义市场经济健康发展与可持续发展的一条重要原则，使生态文明与三大文明协调发展理论，成为生态经济协调可持续发展理论体系中的重要内容。1997年出版的我国第一部《可持续发展经济学》教科书中，第五章为“可持续发展经济的主要法则”，我提出四条理论原则，其中一条就是“三项文明建设相互促进的原则”，明确指出：“社会主义物质文明建设、精神文明建设、生态文明建设互为条件与相互促进，是社会主义现代化建设的可持续经济发展的一条重要原则。”② 对于这个新论点，我作了几点论证：（1）最终确立了生态文明的相对独立性，将它从附属在其他文明形态之中“拯救”出来，成为社会主义现代文明体系中一个独立的文明形态。“所以，我们肯定地说，生态财富的载体是物质的，却与精神文明一样，不能以此否定它的相对独立性。生态文明建设也是一项具有自身独立内容的现代文明建设。”③ 生态文明不仅是一个独立的文明形态，而且是一种崭新的现代文明形态。（2）社会主义生态文明是社会主义的本质表现、重要特征和重要目标。我在该书中论述社会主义精神文明是社会主义内在本质的表现，是社会的重要特征和优越性之一的同时，就明确指出：“社会主义生态文明不仅是社会主义本质表现和重要特征，而且是社会主义的根本任务和基本内容。”我还强调指出：

① 刘思华：《当代中国的绿色道路》，湖北人民出版社1994年版，第11—18页。
② 刘思华：《可持续发展经济学》，湖北人民出版社1997年版，第216页。
③ 刘思华：《可持续发展经济学》，湖北人民出版社1997年版，第218页。

“精神文明建设是‘现代化建设的重要目标’，那么我们可以说，生态文明建设也是现代化建设的重要目标。”忽视了生态文明建设，“就使社会主义现代化建设失去了完整性，就会导致现代化建设畸形发展的严重后果，我们必须认清这一点”①。(3) 在上述基础上，我还认为，“党的十四届六中全会的《决议》提出了现代市场经济同精神文明相结合的社会主义新概念，是社会主义市场经济发展的内在要求”②。(4) 经过这样的分析，我就“作出这样一个基本结论：我们建设富强民主文明的社会主义现代化国家，不但要有高度的物质文明，而且要有高度的精神文明，还要有高度的生态文明，三项文明都搞好，才是中国特色的社会主义。因此，只有三项文明建设相互促进与协调发展，才能实现社会主义市场经济的健康发展和可持续发展。这是我们面临的历史性课题”③。

回忆到这里，我要指出的是，老一辈著名生态经济学家石山先生在20世纪90年代的多次讲话和论文中，从理论和实践相结合上阐明生态时代、生态文明和三大文明建设协调发展，对这些新理论的形成与发展作出了重要贡献。在他的一些讲话和文章中反复引用和强调我提出的这些新理论。例如，他引用我概括的生态时代的本质特征的论述之后说：“把握这个基本特征，我们就可以清理落后于时代的许多旧思想和旧做法，探索适合新时代需要的新思想、新做法、有破立、相得益彰。”④ 又如，他在《刘思华选集》出版笔谈中指出：“《选集》提出和阐明了生态时代及其三大文明建设协调发展的理论，使《选集》体现了独创性、科学性、实践性的有机统一。”

二、从三大文明协调发展论到四大文明全面协调发展论

我在《当代中国的绿色道路》和《可持续发展经济学》两书中，曾

① 刘思华：《可持续发展经济学》，湖北人民出版社 1997 年版，第 221 页。
② 刘思华：《可持续发展经济学》，湖北人民出版社 1997 年版，第 220 页。
③ 刘思华：《可持续发展经济学》，湖北人民出版社 1997 年版，第 221—222 页。
④ 黄正夫等：《中国生态经济理论与实践》，山西经济出版社 2001 年版，第 28 页。

经总结说："从20世纪80年代后期以来，笔者在一些论著和学术会议上反复阐述，社会主义现代文明，应该是社会主义物质文明、精神文明、生态文明的内在统一；社会主义现代化建设，应该是社会主义物质文明建设、精神文明建设、生态文明建设的有机统一与协调发展。"① 这是从社会主义现代文明形态区分和现代化建设领域划分的两个视角来概括三大文明协调发展理论。与此同时，我还从这两个视角逐步建立四大文明全面协调发展理论。因此，无论是三大文明协调发展论，还是四大文明全面协调发展论，都是我的马克思主义生态文明观的基本结论。现在，按照我学术探索的理论轨迹，对四大文明全面协调发展理论作几点回忆。

1. 四大文明全面协调发展是建设中国特色社会主义现代文明的基本实践与客观规律。首先，我根据社会主义现代化建设领域划分理论，在三大文明建设协调发展理论的基础上，把社会主义民主建设纳入社会主义现代文明建设的范畴，规定了社会主义民主政治的文明属性，形成社会主义物质文明建设、精神文明建设、生态文明建设和社会主义民主建设的全面协调发展的理论框架。那时，我没有明确使用政治文明概念，却抓住了社会主义民主政治，这就抓住了社会主义政治文明的核心问题。因此，1991年我在《管理思维经营技巧大全》一书中认为，三大文明建设和社会主义民主建设，都是社会主义现代化建设的基本任务。并明确提出："社会主义现代化建设，是一个以生态文明建设为基础，物质文明建设为中心，精神文明建设为先导，民主建设为保证的四项建设互为条件、互相促进、互相作用的全面协调地发展过程。"我还强调指出："只有把建设高度的物质文明、精神文明、生态文明和社会主义民主，都作为现代化建设的基本任务和奋斗目标，才符合社会主义现代化发展的客观规律。"② 这是建设四大文明的最早表述。接着，我在次年的《生态时代论》的演讲中，进一步指出："社会主义现代文明建设过程，是人、社会与自然的全面发展过程。这个发展过程是以生态文明建设为基础、

① 刘思华：《可持续发展经济学》，湖北人民出版社1997年版，第216页。
② 刘思华：《企业生态环境优化技巧》，科学出版社1991年版，第477页。

物质文明建设为中心、精神文明建设为先导的、民主建设为保证的四大文明建设互为条件、互相作用、互相促进的全面协调发展过程。它将是建设中国特色的社会主义现代文明的基本实践，是中国社会主义现代化建设发展的客观规律。”① 根据我对改革开放以来的学术资料的考证，这是首次提出和阐明四大文明建设及其相互关系的理论，是首次把四大文明建设概括为中国特色社会主义的基本实践，是首次把建设社会主义四大文明都作为社会主义现代化建设的基本任务和奋斗目标。其次，随着我国社会主义市场经济体制的建立，迫切要求我们正确认识发展现代市场经济与生态文明建设及四大文明建设的相互关系。对此，我在《当代中国的绿色道路——市场经济条件下生态经济协调发展论》和《可持续发展经济学》两书中作了这样的概括：“社会主义市场经济发展过程，是以生态文明建设为基础、物质文明建设为中心、精神文明建设为先导、民主建设为保证的四大文明建设互为条件，相互促进的全面协调发展过程。它将是我国现代市场经济健康发展和可持续发展的基本实践，是建设中国特色社会主义现代文明的客观规律。”② 可见，在我看来，发展社会主义市场经济，不仅要把现代市场经济体制同社会主义基本经济政治制度紧密结合起来，而且要把社会主义精神文明建设和生态文明建设紧密结合起来，有机统一于社会主义市场经济健康发展和可持续发展进程之中。这是我把马克思主义生态文明观同发展社会主义市场经济相结合得出来的一个重要的新结论，它反映了我对社会主义市场经济发展客观规律认识的深化。

2. 社会主义四大文明全面协调发展是中国特色社会主义发展的整体目标，是全面建设小康社会的根本任务。进入 21 世纪后，尤其是在学习贯彻党的十六大精神和“三个代表”重要思想的过程中，我国理论和学术界发表了大量论著，在论述全面建设小康社会的奋斗目标时，存在着两种认识：一种是大多数同志认为党的十六大报告把物质文明、政治文

① 《刘思华文集》，湖北人民出版社 2003 年版，第 328 页。

② 刘思华：《可持续发展经济学》，湖北人民出版社 1997 年版，第 223 页。

明、精神文明一起，作为全面建设小康社会的重要内容和社会主义现代化建设的重要目标，这就是三大文明建设整体推进与协调发展的奋斗目标；一种是有些同志认为党的十六大报告把物质文明、政治文明、精神文明作为全面建设小康社会奋斗目标的同时，还把“生态良好的文明”与前三大文明并列作为社会主义现代化建设的重要目标，这就是四大文明建设整体推进与全面发展的奋斗目标。我在《关于全面建设小康社会的奋斗目标问题——再论社会主义四大文明建设全面协调发展》和《马克思主义文明理论新探》等论文中，明确指出：“无论是三大文明协调发展论还是四大文明全面发展论，都来源于党的十六大报告，都符合社会主义建设发展的客观规律，都体现了‘三个代表’重要思想的内在要求。但是，笔者认为，四大文明全面发展论，更加符合党的十六大报告全面建设小康社会的宏伟蓝图与发展目标，更加如实地反映了社会主义现代文明发展的客观规律，更加全面体现了‘三个代表’重要思想的内在要求。”因此，“社会主义现代文明是四大文明的有机统一；只有四大文明并举共建与协调发展，才是科学意义上的社会主义现代文明，也才是中国特色的社会主义现代文明”①。其后，我在《生态马克思主义经济学原理》一文中作出总结性阐述时指出：“党的十六大确立的全面建设小康社会的整体发展目标，是实现物质文明、政治文明、精神文明、可持续发展的生态文明的全面协调发展，这体现了我们党对共产党执政规律、社会主义建设规律和人类社会发展规律认识的深化，表明了我们党对社会主义现代文明发展规律的新认识。”②

3. 我把生态文明与四大文明全面协调发展理论纳入生态马克思主义经济学哲学的理论框架，使它成为生态马克思主义经济学主体部分的一个崭新的基本理论。在2004—2005年期间，我在撰写和修改国家社科基金项目《马克思生态经济思想研究》报告，即《生态马克思主义经济学

① 中国生态经济学会：《生态经济理论与实践研讨会文集》，内部印刷，2004年，第15—24页。

② 刘思华：《生态马克思主义经济学原理》，人民出版社2006年版，第476页。

原理》一书的第三篇时，其中有一章论述马克思和恩格斯的发展观，它包含着马克思和恩格斯全面文明观。主要探讨我们党提出的科学发展观，是马克思主义发展观的当代新形态，包含着社会主义生态文明观的内涵。有两章论述马克思和恩格斯全面发展文明观，主要探讨马克思主义物质、精神、政治、生态四大文明全面发展理论及其在当代中国的新发展。这些都作了生态马克思主义经济学的新诠释。因此，在生态马克思主义经济学哲学视野内，生态文明与四大文明全面协调发展理论，已成为马克思主义生态经济协调可持续发展理论体系中的一个基本理论与根本原则，丰富和发展了马克思主义生态经济协调可持续发展理论。在此，仅仅简述几点：(1) 科学发展观将人、社会与自然看做一个有机整体，来界定发展的内涵，它是由经济、政治、文化和生态四个基本要素发展构成的整体发展，这是经济社会发展与生态自然发展的内在统一。因此，“科学发展观将中国特色社会主义发展视为经济发展、政治发展、文化发展和生态发展之间的互动共存与和谐发展，不断促进人的全面发展和社会的全面进步，实现社会主义发展的和谐与完美”。对此，我还从21世纪新时代发展的高度进一步论证说：21世纪人类文明发展，“正在进入生态时代，现代社会主义发展更加凸显出是经济、政治、文化和生态互动共存与和谐发展的根本特征。在这四大领域发展的有机统一体中，经济发展是主导，政治发展是保障，文化发展是先导，生态发展是基础，四者紧密关联，互相渗透、相辅相成，统一于中国特色社会主义现代发展之中，不断促进社会主义物质文明、政治文明、精神文明和生态文明的全面协调发展。这是科学发展观对我们究竟需要什么样的发展的新认识、新回答，充分反映了作为全新发展理念的生态经济取向”[①]。(2) 以江泽民同志为核心的党的第三代中央领导集体，明确提出了社会主义物质文明、政治文明、精神文明协调发展的重要思想，使我国现代化建设从两个文明共同发展升华到三大文明协调发展，这是社会主义现代文明理论

① 刘思华：《生态马克思主义经济学原理》，人民出版社2006年版，第526页。

的新突破。然而，如前所述，党的十六大所规定的全面建设小康社会的整体发展目标，确实是明确把“增强可持续发展能力”、“生态环境得到改善”、“资源利用效率显著提高”、“促进人与自然的和谐”、“生态良好的文明发展”这些生态文明建设的基本内容，规定为全面建设小康社会的一个重要目标，中国特色社会主义整体发展的一项重要内容，它标志着我们党确立了可持续发展文明观，它在本质上是社会主义生态文明观。“我们可以肯定地说，党的十六大提出的全面建设小康社会的宏伟目标，是把社会主义物质文明、政治文明、精神文明和可持续发展的生态文明，作为统一的整体发展目标提出来了，这是建设中国特色社会主义的重要标志……这就表明社会主义四大文明全面协调发展是建设中国特色社会主义的必然要求，也是中国特色社会主义的题中应有之义。中国特色社会主义是代表着一种比资本主义更先进、更高级、更伟大的现代文明。它的不断推进就意味着现代人类将在更高的基础上实现人类文明的全面进步。”[①]（3）我在探讨社会主义和谐社会理论时，深深感到按照马克思和恩格斯的科学社会主义和共产主义学说的基本要求，社会主义和谐社会，应该是指以人为主体的社会和谐发展状态。它包括人与自然之间的和谐、人与人之间的和谐、人与社会之间的和谐、人自身关系和谐四个方面的基本内涵。我把它概括为“现代社会主义文明发展的四大和谐”[②]。“人们为实现人与自然和谐发展的成果，以及在此条件下所建立的伦理、规范、原则和方式及途径等成果的总和，可以称之为狭义的生态文明；人们实现四大和谐发展的成果，以及此条件下所建立的伦理、规范、原则和方式及途径等成果的总和，可以称之为广义的生态文明，也可以称之为绿色文明。”[③]因此，社会主义和谐社会涵盖了人与自然、人与人、人与社会、人与自身四大发展关系，它就必须涵盖和意味着整个社会，包括经济、政治、文化、生态四个基本方面的全面协调发展，

① 刘思华：《生态马克思主义经济学原理》，人民出版社2006年版，第476—477页。
② 刘思华：《生态马克思主义经济学原理》，人民出版社2006年版，第484页。
③ 刘思华：《生态马克思主义经济学原理》，人民出版社2006年版，第489—490页。

从而我提出了“社会主义和谐社会是四大文明全面协调发展的社会”的新论断，明确指出：“社会主义和谐社会的社会文明就应当也必然是物质文明、政治文明、精神文明、生态文明四大文明的全面协调发展。只有社会主义现代文明的全面协调发展，才是衡量社会主义和谐社会的根本标准，也才是社会主义现代文明发展的协调推进和整体提升的基本标志。”①

三、中国建设社会主义生态文明时代到来

20多年来，随着建设中国特色社会主义实践不断发展，我对当代中国马克思主义生态经济协调可持续发展理论研究不断深入，不仅从学理上提出和论证了生态文明与四大文明全面协调发展理论，而且从中国特色社会主义现代文明建设的基本实践上，提出和阐明了建设社会主义生态文明的新命题、新理论，并使之构成建设中国特色社会主义现代文明理论的一个根本论点。对此，完全可以说，它是我研究当代中国马克思主义生态经济协调可持续发展理论的一个重大理论创新。特按论著的时间顺序回忆如下：

我在研究社会主义初级阶段理论时，1988年4月发表的《社会主义初级阶级生态经济的根本特征与基本矛盾》一文中就提出：“中国马克思主义生态经济学派则持有协调论的生态经济观。生态经济协调论认为，人无论作为自然的人，还是作为社会的人，都不是消极适应自然，而是在适应中不断认识自然与能动利用自然，创造符合自己需要的物质文明、精神文明和生态文明，推动人类和社会不断向前发展。这是人类社会进步的内在要求和必然趋势。社会主义社会的发展同样必须顺应这一普遍的发展趋势。”② 这是在论述建设物质文明和精神文明的同时，首次提出建设生态文明的科学新概念，成为我创立的生态经济学协调可持续发展论的新学说的一个根本论点。其后，在1991年出版的《管理思维经营技

---

① 刘思华：《生态马克思主义经济学原理》，人民出版社2006年版，第492页。

② 《刘思华选集》，广西人民出版社2003年版，第223页。

巧大全》一书中论述“社会主义现代文明和企业现代化的重要标志”时，我进一步指出：“我们把保护和改善生态环境，创造社会主义生态文明（着重号引者加），作为社会主义现代化建设的一项战略任务，努力实现经济社会和自然生态的协调发展。”① 据有人对我国学术文献的考证，这是我国理论与学术界最早明确提出“创建社会主义生态文明”的新命题，并从理论和实践相结合上加以论证与阐明。因此，在我的所有论著中，对此就有了“创建社会主义生态文明”即“建设社会主义生态文明”或其简称“创建生态文明”即“建设生态文明”的新表述。它是我创立的生态文明理论的一个基本结论，即是我的“马克思主义生态文明观”的一个基本论点。

1992年夏秋，我在《生态时代论》的生态经济演讲中，谈到生态时代与现代社会主义的关系时，把创建生态文明作为一个核心问题加以阐述，提出了这样一些观点：（1）关于生态时代的本质问题。“生态时代作为人类存在和发展的一个更高级的历史时代，不仅是人与自然环境的协调发展关系，而且是人与社会环境的协调发展关系，还是这两种发展关系的互相依赖、互相制约、互相作用的有机统一……这两方面互为条件、互相作用，才能创造生态文明的生态时代，人与自然的协调关系，是生态时代的自然属性，人与人的协调关系，是生态时代的社会属性，正是这两种属性的有机统一，才构成了生态时代的本质。”②（2）关于重建人与自然和谐统一问题。“创建生态文明，重建人与自然和谐统一，实现生态与经济的持续协调发展，这是现代经济社会的中心议题。”（3）关于社会主义为人、社会与自然界和谐统一与协调发展开辟了广阔的现实道路问题。在资本主义私有制下，现代资本主义发展“不可能从根本上解决人、社会与自然界的全面协调发展问题”。但是，“在重建人与自然和谐统一，创建生态文明问题上，资本主义和社会主义并不是截然对立、完全敌对的，而是肩负着现代人类的共同使命”。“社会主义不

① 刘思华：《企业生态环境优化技巧》，科学出版社1991年版，第477页。

② 《刘思华文集》，湖北人民出版社2003年版，第319页。

仅有必要而且有可能使人、社会和自然界之间保持和谐统一与协调发展，使它们之间的发展关系进入一个新时代，即是前面所说的生态时代”。因此，“在这方面社会主义比资本主义具有极大的优势。社会主义在创建工业文明的同时，还要根据当代全球性的生态环境的严峻现实，将工业文明推向生态文明，为人类历史发展的第三次转变作出积极的巨大贡献”①。这些论点在1993年后的一些论著中都陆续公开发表了。

十年的理论发展和社会主义现代文明建设的初步实践都表明，传统工业文明实质是单一的物质文明，以往工业化建设模式实质是单纯的物质文明建设模式。新兴生态文明是一种超越传统工业文明的现代新文明建设模式。它从“人、社会、自然”复合系统的整体性出发，以人类与其生存生态环境的协同进化与协调发展为价值取向，来建设现代新文明。因此，“可持续发展文明观的核心，就是物质、精神和生态三种文明的高度统一与协调发展”。当然，更确切地说这个核心是四大文明全面协调发展。这些是2002年发表的《生态文明与可持续发展问题再探讨》一文的重要内容。该文分三个部分，其中第三部分的标题就是“建设生态文明（着重号引者加），实现可持续发展战略与人类实践的价值取向”。我从现代新文明的一般性作了一些新阐述。在此，仅引证三点：一是“21世纪应该是生态文明建设的世纪，将是重建人、社会与自然在新的更高层次的和谐统一，使生态环境与经济社会在新的更高水平的协调发展，就成为生态文明时代的根本标志。正是在这个意义上说，实施可持续发展战略要求人们按照生态经济社会整体发展观来追求和实现‘生态—经济—社会’复合系统高度整合、整体优化、良性运行与协调发展，这是建设生态文明的核心”（着重号引者加）。二是建设生态文明，实施可持续发展战略，要求人们“突破只把自身需要与利益作为唯一的、终极的价值尺度的狭隘眼界，促使人类实践的价值取向发生这样的转换：由只是为人类生存发展的需要与利益作为人类实践的唯一的、终极的价值尺度

① 《刘思华文集》，湖北人民出版社2003年版，第321—323页。

转变为同时也必须把非人类物种的需要和整个生物圈的整体利益，作为人类实践的终极价值尺度，构成可持续发展实践的两重最终目的。它实质上就是人类经济社会实践选择的两重的终极的价值尺度”。三是“建设生态文明，实践可持续发展战略，是21世纪人类的基本实践活动，也是实现人类实践两重终极价值的伟大实践”①。

2004年10月，我向中国生态经济学会第六届会员代表大会提交了《再论社会主义四大文明建设全面协调发展》的论文。此文中一个基本观点是在重申了我1991年提出的“保护和改善生态环境，创建社会主义生态文明，是社会主义现代化建设的一项战略任务”的基础上，进一步指出：“建设人与自然和谐发展的生态文明，是全面建设小康社会的重要内容和重要任务，标志着我们党开启了建设社会主义生态文明的新航程。”因此，“建设社会主义物质文明、政治文明、精神文明、生态文明，加快推进四大文明建设的全面协调发展，实现全面建设小康社会的整体发展目标，是建设中国特色社会主义社会发展上的重要里程碑……是中华民族发展史上的一个新的里程碑”②。

近几年间，在我撰写与修改新著《生态马克思主义经济学原理》一书的过程中，又从现代新文明的一般性和特殊性的有机统一，对建设社会主义生态文明论作出了新概括。主要有四点：一是党的十六大虽然没有确立生态文明是一种独立的现代新文明形态，但却明确把可持续发展及生态良好的文明发展，规定为全面建设小康社会的一个重要目标，这标志着我们党“最终确立了可持续发展文明观，实质上确立了生态文明观”。正是在这个意义说，我认为十六大是“把建设生态文明与建设物质文明、政治文明、精神文明相并列，一道成为全面建设小康社会的四大重要目标，使四大文明建设成为全面建设小康社会的整体发展目

① 刘思华：《生态文明与可持续发展问题的再探讨》，《东南学术》2002年第6期。
② 中国生态经济学会：《生态经济理论与实践研讨会文集》，内部印刷，2004年，第20—26页。

标"[①]。二是社会主义和谐社会的建设过程，应当也必须是一个物质生活不断提高、政治生活不断进步、精神生活不断丰富、生态生活不断改善的四种社会生活良性互动的发展过程。因此，"按照马克思自然——历史观来看它们的关系，应当说，构建社会主义和谐社会，同建设社会主义物质文明、政治文明、精神文明、生态文明是有机统一的。它们既有不可分割的紧密联系，又有各自的特殊领域和规律"[②]。三是从中国特色社会主义现代文明发展的基本实践来看，"建设社会主义生态文明，实施可持续发展战略，是符合人类文明发展规律的基本实践活动，也是我国社会主义四大文明全面协调发展的伟大实践"[③]。四是建设社会主义生态文明的实践目标，"就是构建生态与经济相协调的可持续的现代经济发展模式，促进21世纪中国发展进入生态环境发展和经济社会发展双赢的新时代，这就是中国特色社会主义现代文明发展的新时代"。"在我国现阶段构建社会主义和谐社会，全面建设小康社会的新时期，生态经济双赢发展的实现形式和具体内容，主要表现为发展循环经济，建设资源节约型、环境友好型、生态安全型的经济社会，实现节约发展、清洁发展、生态发展这类绿色文明发展等。"[④]

现在，党的十七大首次把"建设生态文明"写入党代会报告，意味着在中国特色社会主义伟大旗帜上彰显建设社会主义生态文明的发展理念，使它从学界马克思主义的视野进入政界马克思主义视野，成为马克思主义中国化的一个最新成果，是具有普遍合法性的中国特色社会主义现代文明发展道路的政治表达；使它从理论的殿堂走向实践的洪流，标志着建设社会主义生态文明时代的到来，具有重大的理论、实践意义与深远的历史意义。

从理论上说，党的十七大首次把"建设生态文明"的发展理念写在

① 《生态马克思主义经济学原理》，人民出版社2006年版，第476页。
② 《生态马克思主义经济学原理》，人民出版社2006年版，第491页。
③ 《生态马克思主义经济学原理》，人民出版社2006年版，第494页。
④ 《生态马克思主义经济学原理》，人民出版社2006年版，第546页。

中国特色社会主义伟大旗帜上，使我们党最终确立了生态文明是一种独立的崭新的现代文明形态，是中国特色社会主义现代文明体系的一个重要组成部分，从而实现了社会主义现代文明的整体形态，从邓小平理论的社会主义物质文明和精神文明“二位一体论”，到“三个代表”重要思想的社会主义物质文明、政治文明、精神文明“三位一体论”，向社会主义现代文明“四位一体论”的转变。正是在这个意义看，我把党的十七大提出的“建设生态文明”看成“建设社会主义生态文明”这个科学新概念的同义语。因此，现在，我们完全可以说，中国特色社会主义理论体系中的社会主义现代文明形态的整体，就是社会主义物质文明、政治文明、精神文明、生态文明的统一整体。这是马克思主义文明理论在当代中国的新发展，是对中国特色社会主义理论体系的新贡献。尤其是它将人类文明体系由原来的仅仅局限于“社会的世界”扩展到“自然的世界”，这是人类文明发展史上的巨大进步，具有里程碑式的意义。在此，我还要指出的是，在中国特色社会主义伟大旗帜上彰显建设社会主义生态文明的发展理念，成为中国特色社会主义理论体系的一个重要论点，这是我们党的科学发展观和建设社会主义和谐社会理念在马克思主义生态经济协调可持续发展理论方面的升华，这必将丰富、完善、发展中国特色的生态经济学、可持续发展经济学和生态马克思主义经济学的理论体系。

从实践上说，在中国特色社会主义伟大旗帜上彰显建设社会主义生态文明的发展理念，表明建设社会主义生态文明已成为我们党治国理政的新观念，让全党全国人民清楚地看到一幅崭新的社会主义现代文明建设路线图。我们可以肯定地说，社会主义四大文明全面协调发展是建设社会主义和谐社会的客观进程，成为中国特色社会主义现代文明发展的基本态势。因此，建设社会主义生态文明，既是实现全面建设小康社会奋斗目标的新要求，建设社会主义和谐社会的新目标，又是贯彻节约资源与保护环境基本国策和实施可持续发展战略的新任务，使建设社会主义现代文明思路更加完善。这些，为我们在发展中国特色社会主义的基本实践中，能够从“人、社会、自然”不可分割的有机整体发展，来审视和处理我国现代文明建设的各种问题，提供了新的更为完整、更为科学的坐标体系，从而推动我国现代化建设以牺牲生态环境为代价的历史时期，真正转向大规模经济建设、政治建设、文化建设、社会建设和大规模生态环境建设同步进行与协调发展的新阶段。一个建设社会主义生态文明的新时代正在到来。

四、马克思主义文明理论的当代新诠释

我在20世纪80年代创建生态经济学、90年代创立可持续发展经济学、21世纪以来创立生态马克思主义经济学的理论研究进程中，用我对马克思主义生态哲学经济学研究不断深化的新认识、当今世界和当代中国发展的新实践，来论证和阐明我提出的包括建设社会主义生态文明在内的生态文明理论，创立的社会主义物质文明、政治文明、精神文明、生态文明四大文明全面协调发展理论，这是马克思和恩格斯文明理论在当代中国的新诠释。这表明我的“马克思主义生态文明观”，它既坚持了马克思主义的基本原理，又根据时代发展的客观要求，尤其是基于对我国国情的深刻认识，使我的“马克思主义生态文明观”具有实践性、科学性、时代性、前瞻性，对中国特色社会主义现代文明发展提供了理论支持。

1. 以马克思主义生态经济学说为指导，从学理上不断阐明马克思主义文明理论中国化的最新成果，这是我的“马克思主义生态文明观”的理论特质与生命线。著名经济学家张卓元先生在《刘思华选集》序言中写道：“刘教授在创建生态经济学和可持续发展经济理论过程中，始终强调经济理论研究必须以马克思主义为指导……这也是他所发表论著中的一个显著特征。”早在1984年5月在《学术月刊》上发表的《社会主义生态经济学的主要特点》一文中，我就强调指出：“社会主义生态经济学必须以马克思主义为指导……要运用马克思主义的立场、观点、方法和基本原理进行生态经济研究，尤其是马克思主义生态经济学说正是我

们研究生态经济学的重要指导思想"[①]。其后，即是1985年3月，我在《学术论坛》上发表了《建立具有中国特色的社会主义生态经济学》一文中进一步指出：要以马克思主义为指导，就必须认真"研究马克思主义生态经济理论，注重马克思主义基本原理的运用。"只有这样，"就一定能够为建立具有中国特色的社会主义生态经济学作出自己的贡献"[②]。20多年来，我研究生态文明理论始终是随着当今世界和当代中国文明发展的实践，不断丰富、充实和发展马克思主义文明理论及当代新形态的轨迹进行的。

马克思主义生态经济学说，是指马克思主义创始人马克思和恩格斯的生态学和生态经济观点、思想和理论。这个学说蕴藏着丰富的文明和生态文明思想。我和我指导的博士后方时姣博士在《马克思主义文明理论新探》一文和《生态马克思主义经济学原理》一书中，系统地梳理和总结了20多年来研究马克思主义文明理论的成果，进一步挖掘马克思和恩格斯全面发展文明思想及当代新形态，提出了如下一些论点：（1）马克思和恩格斯当年虽然没有明确使用生态文明的表述，但却明确提出了"感性世界一切部分的和谐，特别是人与自然的和谐"的光辉思想，并强调通过人类物质生产实践的方式达到人类社会和自然界的和谐统一。这种人、社会和自然的和谐统一，正是我们现在所说的生态文明观念。马克思和恩格斯特别强调人与自然的和谐统一，就在于这种和谐是人、社会、自然有机统一的核心问题，因此，"人类物质生产实践活动应当追求的一个基本目标与目的归宿，就是人与自然和谐统一的生态文明"[③]。对此，我把它界定为当今我们所说生态文明的本质内涵。（2）马克思和恩格斯在深刻批判资本主义文明片面、畸形发展的基础上，依据唯物史观和人类文明的发展规律，设想的未来社会主义、共产主义文明社会最根本的就是消除资本主义文明的人与自然和人与人之间双重不协调、不

① 《刘思华选集》，广西人民出版社2000年版，第12—13页。
② 《刘思华选集》，广西人民出版社2000年版，第31—32页。
③ 《生态马克思主义经济学原理》，人民出版社2006年版，第154页。

和谐。他们用历史的逻辑预言并坚定地相信，在社会主义、共产主义全面发展框架中，人及整个社会和自然界是协调和谐的，整个社会中人与人、人与社会也是协调和谐的。从这种双重协调和谐，今天我们完全可以体察到科学社会主义、共产主义学说中蕴涵着社会主义、共产主义社会人与自然和人与人之间和谐发展的生态文明取向。所以，我在书中得出结论："在社会主义、共产主义文明全面发展的这个科学预测中，包含着人的全面发展是人与自然、社会的全面协调发展的深刻内涵，这是人与自然和人与人之间和谐协调发展文明观的生态文明理论。"① 对此，我把它界定为当今我们所说的生态文明的基本理念。（3）从马克思学说的整体性理解马克思和恩格斯的生态文明思想，它是马克思主义理论体系中，人类文明结构的基本要素之一。我们运用马克思和恩格斯的唯物史观和自然观的统一理论考察现代人类社会这个"自然、人、社会"有机整体，提出了"马克思主义关于人类社会形态的社会结构及社会生活的四分法则"的新理论。"按照四分法理论，现代人类文明主要是物质、政治、精神和生态的四大文明，每个文明既相对独立，又相互贯通、相互渗透。"② 我们还进一步指出："用马克思的自然——历史观来解读可持续发展文明观，确实是一种生态经济社会整体发展文明观，在本质上是生态文明观。"③（4）马克思和恩格斯文明理论和生态文明观的当代价值，集中表现为我们党不断开拓了马克思主义文明理论和生态文明观中国化的新境界。特别是党的十三届四中全会以来，中国共产党人在实践中创造性地丰富和发展了马克思主义关于社会主义全面发展的文明理论，"完整地提出了社会主义物质文明、政治文明、精神文明和可持续发展文明的光辉思想，尤其是我们提出了科学发展观和社会主义和谐社会的科学命题，这些都是对马克思和恩格斯全面发展文明观的重大发展。"④

---

① 《生态马克思主义经济学原理》，人民出版社 2006 年版，第 450 页。
② 《生态马克思主义经济学原理》，人民出版社 2006 年版，第 442 页。
③ 《生态马克思主义经济学原理》，人民出版社 2006 年版，第 450 页。
④ 刘思华：《马克思主义经济学原理》，人民出版社 2007 年版，第 468 页。

总之，我站在当今世界马克思主义研究的学术前沿，从马克思主义学说的整体性解读马克思和恩格斯的生态学与生态经济思想，全面挖掘马克思主义理论体系中尤其是科学社会主义、共产主义学说中的生态文明意蕴；创立了马克思主义全面发展文明观是社会主义物质文明、政治文明、精神文明和生态文明内在统一与协调发展的新理论；并从学理上不断阐明马克思主义文明理论中国化的最新成果。这些都形成我的“马克思主义生态文明观”的重要观点，从而构成生态马克思主义经济学理论体系中的基本理论，以适应中国特色社会主义现代文明发展实践的客观需要。

2. 顺应当今人类社会文明正在由工业文明向生态文明转变的时代发展的客观要求，赋予建设社会主义生态文明和我的“马克思主义生态文明观”的时代特征。我在《发展绿色经济推进三重转变》一文和《绿色经济论——经济发展理论变革与中国经济再造》一书中，都作了深刻论证和阐明，提出了时代发展的“三重转变”的新观点。当今人类文明发展处于一个巨大变革时期，它有三个主要标志[①]：

从现代文明形式的视角来看，当今人类即将走出征服、掠夺自然，以牺牲生态环境求得生存与发展的工业文明时代，正在步入保护、建设自然，以重建人与自然的和谐统一的共同生息与繁荣的生态文明时代。这种文明时代的转变，“是人类发展绿色经济，建设生态文明的一个伟大实践”。“这是人类生存与发展的伟大转变。它已成为全世界普遍关注的中心议题，全人类正在为实现这个大转变而采取全球范围的共同行动，正在形成不可挡的时代洪流”。

从现代经济形态的视角来看，现代经济已开始由以物质资源尤其是有限自然资源为主要依托的物质经济时代，正在转向以信息、知识、智力资源为主要依托的知识经济时代。这是工业经济形态的根本性变革，

① 刘思华：《绿色经济论》，中国财政经济出版社2001年版，第44—60页；刘思华：《发展绿色经济推进三重转变》，《湖北21世纪经济研究文集》，中国地质大学出版社1999年版，第539—542页。

是现代经济形态转变。推进这一转变，就为人类文明发展解决资源危机与环境危机找到了根本出路。

从现代经济社会发展模式及道路的视角来看，现代经济发展开始由生态与经济极不协调的不可持续发展经济时代，正在走向生态与经济相互促进与相互协调的可持续发展时代。“这道路在本质上是生态文明的发展观与实现观。它具有三个明显特点：一是必须坚持在不损害生态环境承受能力可以支撑的前提下，解决当代经济社会和生态环境的协调关系；二是必须坚持在不危及当代人需要的前提下，解决当代经济发展与后代经济发展的协调关系；三是必须坚持在不危害全人类整体经济发展的前提下解决当代不同国家、不同地区以及各国内部各地区和各种经济发展的协调关系，从而真正把现代经济发展建立在节约资源、增强环境支撑能力及生态良性循环的基础之上，使人类经济活动和发展行为保持在资源环境承载力的极限之内，才能确保非持续经济发展向可持续经济发展的转变，最终达到经济可持续发展。”建设生态文明，是实现这种转变的必由之路，这是人类文明发展的一个重大创造。

由上，我还作出结论说：“21 世纪是生态文明建设的世纪，它既是可持续经济发展的世纪，又是知识经济发展的世纪。”因此，“21 世纪必然是生态文明、知识经济与可持续发展经济‘三位一体’的新时代。”正是站在这个新时代的高度，21 世纪应该是建设生态文明的世纪，将是重建人、社会与自然在新的更高层次的和谐统一，使生态环境与经济社会在新的更高水平协调发展，促进 21 世纪人类文明发展进入生态环境和经济社会“双赢”发展的新时代，这是建设生态文明的真谛，成为生态文明时代的根本标志。

3. 立足社会主义初级阶段的基本国情，充分体现生态文明理论的中国特色，凸显我的“马克思主义生态文明观”的中国气派。我曾简言之，“人口大国、资源小国、生态弱国”这是我国社会主义初级阶段的基本国情。对此，我在 20 世纪 80 年代的论著中特别强调两点：一是这种国情使我国人与自然之间物质变换的生态基础并不雄厚，而是脆弱。

"它的突出问题是，我国生态环境系统的供给能力很有限，主要生物资源承载力处于超负荷的临界状态，是制约社会生产力发展的基本因素，也是经济社会的重要桎梏。"二是我国社会主义初级阶段社会的主要矛盾是人民日益增长的物质文化生态需要同落后的社会生产之间的矛盾。"这一主要矛盾支配和决定着社会主义初级阶段是生态经济基本矛盾发展尖锐和突出的历史时期。落后的社会生产是主要矛盾的一个方面，反映了现阶段社会主义历史时期生产力很低这个根本特征。"① 它的根本表现就是"生态经济生产力水平低是社会主义初级阶段生态经济的根本特征"②。

正是对这种社会主义初级阶段基本国情的正确判断，我在《生态时代论》、《当代中国的绿色道路》等论著中认为：从20世纪末期到21世纪初中期，是我国社会主义初级阶段的主要时期，也是社会主义现代化建设的主要时期，这是人类从征服时代向生态时代大转变的关键时期，也是建立和完善中国社会主义市场经济体制的历史时期。在"这个发展阶段，我国社会的生产力基本上是手工生产力、机器生产力和现代生产力的'三元结构'格局。因而人类历史上依次出现的人类文明的农业文明、工业文明和生态文明必然并存着。然而，从我国社会主义现代化建设的基本内容和战略目标来看，只要发展现代生产力，创建现代文明……我国生态文明建设就必然提前到来，使当代社会主义中国现代化发展避免走发达资本主义国家现代化老路"。因此，建设社会主义生态文明，实现四大文明建设全面协调发展，这是一个无法逃避的客观现实，不可违背的发展规律。

正是对这个社会主义初级阶段基本国情的科学分析，我做出预言："生态革命创造比工业文明更高级的生态文明，以及生态文明从低级向高级阶段发展，也必将经历一个相当长的历史时期。在这个历史时期，正是社会主义不断前进，社会主义制度不断发展，日益完善，直到最终胜利，向共产主义过渡的历史时期……它是社会主义由初级阶段发展到中

① 《刘思华选集》，广西人民出版社2000年版，第215页。
② 《刘思华选集》，广西人民出版社2000年版，第208页。

级阶段，直到向社会主义高级阶段过渡的历史时期。”①

我创立生态文明与四大文明全面协调发展理论，基于对社会主义初级阶段基本国策的深刻认识，使我把人类文明发展的一般性即共性和中国社会主义文明的特殊性即个性紧密结合起来，建立了建设社会主义生态文明和社会主义物质文明、政治文明、精神文明、生态文明全面协调发展的新理论。它既体现现代经济社会条件下人类文明发展的一般规律，又体现它在中国社会主义现代文明发展的特殊规律，又反映当今世界全人类文明发展的必然趋势和客观进程，又反映社会主义中华文明发展的特色和文明建设的特点，科学地阐明了中国特色社会主义在建设社会主义生态文明方面的巨大优越性，从而显示出马克思主义文明理论与生态文明观在当代的发展水平，凸显出我的“马克思主义生态文明观”的中国特色、中国风格、中国气派。

4. 忠于马克思主义信仰，追求当代中国马克思主义真理，这是我的“马克思主义生态文明观”的灵魂。著名经济学家宋涛先生指出：“1988年许涤新去世后，刘思华教授沿着他开辟的马克思主义道路前进，经过二十年的学术积累，在经济学教学与科研中马克思主义被‘边缘化’的情况下，坚信马克思主义经济学是科学的经济思想理论体系，以献身于在坚持中发展马克思主义经济学的求真精神，克服种种困难，撰写了大型学术著作《生态马克思主义经济学原理》。”② 生态马克思主义是现代生态学与马克思主义相结合的产物，是人类文明发展从工业文明向生态文明的现代文明转型的一种理论形态。因此，拙著集中体现了马克思主义文明理论和生态文明观的全部精华，正是在这个意义上说，生态马克思主义经济学是建设人与自然和谐统一、生态与经济协调发展的社会主义生态文明的新经济学。它的创立，是我在任何时候、任何情况下，坚持忠于马克思主义信仰，追求当代中国马克思主义真理的结果。这种忠于信仰、追求真理的科学精神，还突出表现在不仅通过理论研究著书立

① 刘思华：《当代中国的绿色道路》，湖北人民出版社1994年版，第22—23页。
② 刘思华：《生态马克思主义经济学原理》，人民出版社2006年版，第1页。

说，传播生态文明思想观念；还通过学术活动，使学界马克思主义的生态文明理论成果，走进政界马克思主义的视野，最终成为马克思主义中国化的一个最新理论成果。这是我始终不渝的学术追求。

1990 年 4 月，中国生态经济学会和中国社会科学院农村发展研究所联合在北京召开纪念“国际地球日”20 周年座谈会，到会的有著名学者石山、阳含熙院士、刘国光、王耕今（已故）、陈吉元（已故）等，政界有中央有关部门部司级负责同志。我在会上发言认为：目前在实际工作中，不仅是抓物质文明一手硬，抓精神文明一手软，而且抓生态文明更软。生态环境保护与建设说起来重要，做起来不重要，生态环境意识淡薄，远远没有上升为自觉的民族意识。我阐述了社会主义现代化建设应该是社会主义物质文明建设、精神文明建设、生态文明建设的有机统一和协调发展之后，就呼吁：“我建议，我们党和政府的重要文献中，应该把过去二个文明建设的提法，改为三个文明建设的命题，才能提高全体人民尤其是广大干部的生态意识，才能为保护生态环境的基本国策、三同步发展战略方针提供科学依据。”① 这一呼吁得到许多学者的响应与赞同。例如，中国社会科学院经济研究所朱铁臻研究员发表文章指出：“最近有的同志提出，现代文明应该是物质文明、精神文明、生态文明的高度统一；社会主义现代化建设应该是社会主义物质文明建设、精神文明建设、生态文明建设的有机统一与协调发展。我认为有一定道理。”②

1992 年中国生态经济学会生态经济教育专业委员会成立，我任会长，每年主持召开年会。每年的年会都涉及人与自然和谐发展、生态与经济协调发展的生态文明思想。我和一些人会代表就常常奋力疾呼：在我们党、国家、政府的重要文献中，要明确提出倡导生态文明，建设生态文明。尤其近几次年会，一些代表对生态文明问题作专题发言，向党中央建言，望能写入党代会报告。例如，2004 年的《全国生态经济建设理论与实践学术研讨会综述》中写道：“我们党的十六大报告中已经充

① 《中国生态经济学会会议报道》，《生态经济通讯》1990 年第 6 期。
② 王克英等：《生态时代的城市抉择》，经济管理出版社 1991 年版，第 179 页。

分体现了生态文明的理念，但是尚未将这一重要概念写入政治报告。现在，生态文明概念已经成为自然科学界和社会科学界以及许多实际工作部门的共识。因此，大会一致建议党中央，将‘生态文明’写入党的十七大报告。这必将具有划时代的深远意义。”① 这个会议纪要我修改定稿后，在《内蒙古财经学院学报》等刊物上发表，这就把我个人的学术追求，变成了我会全体会员的学术追求和强烈呼声。

从2006年下半年以来，我会的同仁们十分关注党的十七大报告的起草，希望这次党代会报告反映学界研究生态文明的理论成果。于是我组织了一编辑组，对我的几部重要著作中有关交叉、新兴经济学科的理论观点，摘编成《关于建设中国特色社会主义的若干重大理论与实践问题的看法》的学术资料。这份材料讲了九个问题，其中有生态需要、生态权益、生态文明、生态化、循环经济与绿色经济等。与此同时，广西大学马克思主义经济研究中心按照我的意见，给党中央领导人写了一封信，建议把“生态文明”、“生态化”等新观念写入党的十七大报告。在信的结尾特别反映了上面所说的《2004年全国生态经济建设理论与实践学术研讨会综述》的那段话。这封信和学术资料于2007年4月上旬通过有关部门呈党中央领导同志。到了8月上旬，在浙江大学举行的“2007年全国生态经济建设理论与实践研讨会”上，要求就生态建设与生态文明问题向中央写报告的呼声更加强烈，于是我请我会方时姣常务副秘书长将这封信和资料直接寄中央办公厅呈中央领导同志。现在，我们从党的十七大报告可以看到，以胡锦涛为总书记的党中央已充分注意到这个问题，在党的十二大至十五大强调社会主义物质文明、精神文明和党的十六大提出社会主义政治文明即三大文明的基础上，首次把生态文明写入党的十七大报告，使建设社会主义生态文明成为我们党治国理政的新理念。这样，四大文明都进入中国特色社会主义理论体系之中，确实是具有划时代的深远意义。这对我和我会广大会员是极大鼓舞，使我深感欣慰。

① 《全国生态经济建设理论与实践学术研讨综述》，《生态经济通讯》2004年第12期。

尤其是我会的同仁们纷纷来电话向我祝贺，在他们贺言中一致认为，党的十七大报告反映了我和我会的理论研究成果，实现了我和我会广大会员的共同意愿。因此，我更加深信，党的十七大开启的建设社会主义生态文明的新航程，必将推动中华民族走向高度发达的中国特色社会主义现代文明的美好明天。这就一定会激励我们深入研究和践行中国特色社会主义现代文明的创新理论，用新的创造、新的成果、新的建树来不断开拓马克思主义文明理论中国化的新境界，"让当代中国马克思主义放射出更加灿烂的真理光芒"。

（原载《中国地质大学学报（社会科学版）》2008 年第 4 期）

马克思经济学双重价值取向理论与建设生态文明的双重终极目的

一、马克思经济学的人学与生态学的统一性

前面，我们分别论述了马克思经济学的人学与生态学的特征。现在，我们从马克思学说中是人类解放和自然解放的学说，进一步研究在马克思学说中人学与生态学特征的统一性。作为“马克思的理论最深刻、最全面、最详细的证明和运用”的马克思经济学，就更加具有鲜明的人学与生态学意蕴，正是从这个意义上说，马克思经济学是人学与生态学的内在统一，使马克思经济学双重价值追求与取向炉火纯青地融为一体。

1. 马克思学说的价值目标是人的解放和自然的解放的内在统一。马克思学说中社会历史发展的价值归旨是人的解放和自然的解放的统一，这是对人类中心主义和自然中心主义的超越。马克思学说始终把实现人与自然的和谐和人与人的和谐作为现实世界面临的两大变革，并规定为未来社会历史发展的两大任务。这是社会主义、共产主义发展的历史任务。马克思指出，共产主义是私有财产即人的自我异化的积极的扬弃，是对“人的本质的真正占有”；是完成了的自然主义，等于人道主义；是完成了的人道主义，等于自然主义。“它是人和自然界之间、人和人之间的矛盾的真正解决，是存在和本质对象化和自我确证、自由和必然、个体和类之间的斗争的真正解决。它是历史之谜的解答，而且知道自己

就是这种解答。"[1] 在这里，马克思不仅认为未来社会主义、共产主义的真正和谐的标志就在于"人与自然之间、人与人之间的矛盾的真正解决"，社会主义、共产主义无疑是自然异化和人的异化消除、人性复归的理想的和谐社会的最高境界；而且揭示了人的解放和自然的解放的内在本质的联系，指明了人的解放和自然的解放的统一性，并把两者作为社会历史发展的价值目标，这与马克思恩格斯的一贯立场是一致的。对此，我们要强调指出的是，马克思所说的人与自然和人与人矛盾的真正解决，并不是说在共产主义社会条件下人与自然和人与人没有矛盾，而是说共产主义正如胡锦涛同志所说的"实现每个人自由而全面发展，在人与人之间、人与自然之间都形成和谐的关系"[2]。所以，我们完全可以说，社会主义、共产主义社会应当是人与自然之间和人与人之间双重和谐的高度统一的社会。这样一种社会是"人同自然界完成了本质的统一"，"自然界的真正复活"。因此，马克思所说的社会主义、共产主义概括着现实自然界的高度发展，现实人的高度发展，人与自然界的中介的劳动生产实践的高度发展。这就是人的解放和自然的解放的高度统一。由此可以得出这样一个结论：马克思学说是人的解放和自然的解放相统一的学说。当然，这是从生态马克思主义的新视角来认识和理解马克思学说的。

长期以来，我国学者把马克思主义仅仅看成是"人的解放"的学说，这种传统的认识，就使马克思提出的"解放自然"，"使整个自然界复活"的生态学思想被忽视、被遮蔽起来了，以至完全忘却了马克思学说中的自然发展的光辉思想。马克思谈到人类和其他生物的起源与变异时，就明确提出了"地球发展"的问题[3]。恩格斯更是明确指出，唯物辩证法揭示了自然运动和发展的普遍规律，因而发展是个普遍存在的现象，宇宙、自然界的动植物和人类社会都是一个上升的运动与发展过程。

---

① 《马克思恩格斯全集》第 42 卷，人民出版社 1979 年版，第 120 页。

② 胡锦涛：《省级主要领导干部提高构建社会主义和谐社会能力专题研讨会上的讲话》，《光明日报》2005 年 6 月 27 日。

③ 《马克思恩格斯全集》第 31 卷，人民出版社 1972 年版，第 250 页。

正是在这个意义上，马克思恩格斯把人类社会历史发展看成是自然发展史和人类发展史的相互制约[①]。近两百年前的旧唯物主义者费尔巴哈也承认过自然界的发展，他曾经明确指出：“自然界没有开端，也没终点，自然界中的一切都处于相互联系之中”，“地球并不总是像目前的样子，它毋宁说是经历一系列的发展和进化之后，才达到目前的状况。”[②] 不过费尔巴哈没有从人的历史活动，从社会生产劳动实践上来说明自然界的发展。而马克思主义比费尔巴哈高明之处，正是克服了他的这个根本缺陷，把自然发展建立在人类实践活动的坚实基础之上。所以，在马克思恩格斯视域内，现实的人面对的现实的自然界，是人自身和人身外的自然的统一体，在其现实性上，它是一切生态关系（包括人类生态和社会生态）的总和。正是在这个意义上理解马克思恩格斯的自然概念，我们完全可以说，自然发展就是生态发展。因此，马克思恩格斯一贯主张要消除人与自然的异化，必须从改造社会入手，与社会革命运动相结合，才能从根源上铲除自然界异化的社会因素和人为因素。因而，社会的解放和人的解放成为自然解放的必要前提。于是他们提出的解决人与自然异化的社会化思路，描绘了一幅未来社会发展中社会解放、人的解放和自然的解放有机统一与同步运动及人的发展和生态发展内在统一与同步运动的蓝图。国内外学者对马克思恩格斯这个光辉思想都做过阐述。例如，法兰克福学派的理论家马尔库塞认为，把自然界当做解放的领域，是马克思《1844年经济学哲学手稿》的中心论题，这是符合马克思的原意的。他还对马克思关于自然解放的内容做了正确的解释，他认为“自然的解放”理念包括两个方面内容：一是解放属人的自然；二是解放外部的自然界。这就是马克思所说的人自身的自然和人身外的自然，即整个自然界。马尔库塞并对解放自然的目标和任务提出了看法。他说，“自然的解放就是要恢复自然中活生生的向上的力量，恢复与生活相异的、消

---

① 《马克思恩格斯选集》第1卷，人民出版社，第66页。

② 转引自周义澄：《自然理论与现时代》，上海人民出版社1988年版，第43页。

耗在无休止的竞争中的美的特性"[1]，"使自然界本身的悦人的力量和特性得以恢复和解放。"[2] 笔者很赞同马尔库塞对马克思自然解放理论的深化，应该说，解放自然的直接目的，就是消除自然对人的异化，使日益衰败的自然界恢复其活生生的向上的生机和力量，重新建立起自然界中的生物与环境、人与环境之间的相互适应与相互协调的良性循环关系，创造一个最无愧于和最适合于人类本性的生态环境，实现人、社会、自然有机整体和谐协调发展。

我国学者认为，马克思恩格斯对社会主义、共产主义社会经济形态的科学预见，是"人的实现了的自然主义"即是"人与自然之间和谐发展"，"自然界的实现了的人道主义"即是"人与人之间的和谐发展"。在这里，马克思并没有站在那种认为自然只是人的生存发展而存在立场上，即使是在《政治经济学批判》中提出"人的发展的三阶段"理论，我们仍然可以看到马克思对人与自然或社会与自然的关系的历史发展以及由此产生的社会形态进行深刻的论述，也是站在人与自然和人与人（社会）的双重和谐高度统一立场上，来考察人的解放与发展问题，自然的解放与发展问题。因此，虽然说，"马克思的'三大经济社会形态'理论的一个核心理念，就是'人的发展三阶段'理论，它却阐明了人的发展、社会形态的更替和自然的演化的关系，这就把人的解放与发展和社会的解放与发展、自然的解放与发展紧密联系起来，把社会的解放与发展、自然的解放与发展作为人的解放与发展的重要前提；而人的解放与发展只有现实的客观世界（包括人的世界和自然的世界）中采取变革社会和变革自然的手段才能实现"[3]。这正是体现了马克思学说中社会历史发展的价值目标是人的解放和自然的解放的统一，也是体现了马克思主义经济学作为协调人与自然和人与人之间的发展关系的价值追求与取向是人的发展和生态发展的统一。

---

① 《西方学者论〈1844年经济学哲学手稿〉》，复旦大学出版社1983年版，第146页。
② 《西方学者论〈1844年经济学哲学手稿〉》，复旦大学出版社1983年版，第152页。
③ 刘思华：《生态马克思主义经济学原理》，人民出版社2006年版，第94页。

2. 马克思经济学是人学与生态学的内在统一。马克思经济学说中的人学思想与生态学思想是形影相随的。

第一，马克思恩格斯的生态批判理论中就内含这种统一性。他们对资本主义的生态批判，无情地揭露了资本主义工业文明所造成的生态环境污染与破坏的状况，尤其是自然生态恶化对人的畸形发展与社会的片面发展的危害，就为他们的经济学提供了丰富的人学思想资源，并同生态学思想形成内在统一。如前所说，马克思恩格斯的生态批判理论告诉我们，资本主义生产发展，不仅仅要以掠夺、牺牲人的身外的自然为必要条件，而且要以掠夺、榨取劳动者，即以牺牲人的自身的自然为基本保障。正如马克思在《资本论》中所说："在现代农业中，也和在城市工业中一样，劳动生产力的提高和劳动量的增大是以劳动本身的破坏和衰退为代价的。"[①] 因此，马克思恩格斯在一些著作中从人类生态角度详细地揭露了资本主义生产方式对人的生命安全和身心健康的破坏与摧残，即是对人类生产力的破坏与摧残，从而抨击了资本主义社会制度对劳动者的反人性的黑暗统治。在此，本文仅说明几点：

一是马克思恩格斯认为，资本主义生产的目的，是资本家最大限度地榨取劳动者的剩余价值，尖锐地揭露了在资本主义制度下劳动者的体力和智力受到摧残，使人片面畸形的发展。他们反复指出：在资本主义生产方式下，资本家的一切激情和一切活动都湮没在发财欲之中，他们"把工人只当作劳动的动物，当作仅仅是有最必要的肉体需要的牲畜"[②]。他们甚至要工人们"把对新鲜空气或身体运动的需要都节省下来"[③]。因此，工人们"在自己的劳动中不是肯定自己，而是否定自己，不是感到幸福，而是感到不幸，不是自由地发挥自己的体力和智力，而是使自己的肉体受折磨、精神遭摧残"[④]。恩格斯也指出：工人们"从小就被剥夺

① 《马克思恩格斯全集》第23卷，人民出版社1972年版，第552页。
② 《马克思恩格斯全集》第42卷，人民出版社1979年版，第57页。
③ 《马克思恩格斯全集》第42卷，人民出版社1979年版，第135页。
④ 《马克思恩格斯全集》第42卷，人民出版社1979年版，第93页。

了在新鲜空气里活动的机会”，“工厂工人对一切疾病的抵抗力都特别弱，生活力普遍减低，整个智力和体力都不断衰退，我们就一点也不会感到奇怪了。”① 二是马克思恩格斯在研究资本主义生产时，总是十分注重工人的生产劳动的工作条件，愤怒地揭露了资本主义生产恶劣的工作环境对人的身心健康和生命安全造成的危害与摧残，即人身生态的破坏与衰退。马克思在《资本论》中写道：“人为的高温，充满原料碎屑的空气，震耳欲聋的喧嚣等等，都同样地损害人的一切感官，更不用说在密集的机器中间所冒的生命危险了。这些机器像四季更迭那样规则地发布自己的工业伤亡公报。”他还强调指出：生产资料的节约“在资本家手中都同时变成了对工人在劳动时生活条件系统的掠夺，也就是对空间、空气、阳光以及对保护工人在生产过程中人身安全和健康的设备系统的掠夺，至于工人的福利设施就根本谈不上了。傅立叶称工厂为‘温和的监狱’难道不对吗”②？三是工人生存的恶劣的社会和自然环境，使他们陷入穷困的命运，使他们片面畸形地发展，以致人的自然生命加速毁灭，这是资本主义生产方式生存的客观现实。因而，恩格斯在《英国工人阶级状况》一书中对资本主义社会进行了血的控诉。他说：我们要证明的“英国社会每日每时都在犯这种英国工人报刊有充分理由称之为社会谋杀的罪行；英国社会把工人置于这样一种境地：他们既不能保持健康，也不能活得太久；它就这样不停地一点一点地毁坏着工人的身体，过早地把他们送进坟墓”③。这种“社会谋杀”即毁坏人的自身的自然，过早毁灭的人身生态，其根源何在呢？在马克思恩格斯看来，就在于资本主义剥削，就在于资产阶级的贪婪本质。因此，恩格斯指出：“仅仅为一个阶级的利益，竟有这么多的人成为畸形者和残废者，竟有这么多的勤劳的工人在资产阶级服务的时候因资产阶级的过失而遭不幸，从而陷入穷困

---

① 《马克思恩格斯全集》第2卷，人民出版社1957年版，第442页。

② 《马克思恩格斯全集》第23卷，人民出版社1972年版，第466—468页。

③ 《马克思恩格斯全集》第2卷，人民出版社1957年版，第380页。

和饥饿的厄运。”① 所以，恩格斯做出结论说：“资产阶级的这种令人厌恶的贪婪造成了这样一大串疾病！妇女不能生育，孩子畸形发育，男人虚弱无力，四肢残缺不全，整代整代的人都毁了，他们疲惫而且衰弱，——而所有这些都不过是为了要填满资产阶级的钱袋！”② 这两段精辟论述抓住了问题的要害，正是资产阶级为了他们的利益，最大限度地获取利润，填满资产阶级的钱袋，不仅要牺牲自然生态，而且要牺牲人体生态，使物质生产力发展即社会物质财富增长同人类生产力即人类天生财富毁灭处于尖锐矛盾与对立之处，必然导致资本主义经济同整个自然界处于对立与对抗之中，这是资本主义生产方式内在矛盾的表现。

上述表明，马克思恩格斯无论是早期的论述还是后期的论述，他们一贯关注资本主义工业化造成的自然界日益腐败，既为工人阶级和广大劳动者生存环境与人体生态的恶化而担忧，又为自然生态恶化而担忧。可见，马克思恩格斯不仅关注人的世界即人自身的发展，而且关注自然的世界即自然的发展，体现了极其深厚的人文关怀和生态关怀，彰显出马克思学说的人的价值和生态价值特征。因此，我们认为，马克思经济学的人学和生态学的内在统一，是来自于马克思恩格斯对资本主义生产最大限度地剥夺人的自身和人的身外的自然的生态批判论述。这是毫无疑义的。

第二，资本主义工业化进程中发生的生态环境问题，尤其是20世纪下半叶以来开始的全球生态环境危害，开辟了人学的新视域，强化了自然生态对人的内在意义。过去，人们将生态环境问题自觉不自觉地排斥在人学视野之外，现在，人们越来越认识到生态环境问题的发生与发展，生态发展也成为人的全面发展的重要表现和基本条件，“人类生存的自然环境是人体生命的组成部分，是人的身心健康和生命安全的内在因素”，人对生态环境存在着内在依赖性；与此同时，人自身也成为生态环境的一部分，人的健康发展也是符合人类本性的生态环境的重要标志。这种新的生态文明观念完全可以在马克思学说的人学和生态学思想中找到理

① 《马克思恩格斯全集》第2卷，人民出版社1957年版，第452页。

② 《马克思恩格斯全集》第2卷，人民出版社1957年版，第453页。

论渊源。例如，马克思在《1844年经济学哲学手稿》中明确指出，人作为一种生命物种，它的自然生命是完全受制于自然界，并认为自然界的各种生态因子不仅仅是维持人身健康和生命安全的自然环境，而且是人的生命的一部分，即是构成人的生活和人的活动的一部分，这就是人与自然和人与人的统一性，是人的全面发展的必要条件。因此，在马克思恩格斯的文本中论述了，人与自然和人与人两种发展关系的一体性，我们可以说，历史视野中的他们这种一体性思想，是人与自然和人与人和谐协调发展的人学与生态学相统一理念。还在于现代生态理论和现代经济社会发展实践都充分证明，生态环境问题，绝不是一个单纯的自然发展问题，而是一个极其深刻的、全面的人与社会发展问题，由此决定了马克思主义经济学的人学思想和生态学思想的一体性。再次，马克思经济学是价值取向与科学取向的统一，这是马克思经济学说的基本精神。这种统一性在他的经济学说中充分体现出来了。当马克思把观察视野真正转向现实中的时候，他发现了现实的人的真实处境——异化，人类的本质的异化及人与人的异化；进而发现资本主义不是没有解放生产力，而是没有解放人，这是一方面。另一方面，马克思把观察的视野真正转向现实的自然界即“人类学的自然界”的时候，他发现了现实的自然界的真实处境——异化，自然的异化及人与自然的异化。这就是资本主义的生产力发展并没有能够使人和自然获得实际的解放，反而使人与自然处于深刻的异化状态。因此，马克思对资本主义经济制度的批判，在很大程度上是从人与自然的价值和人与人的价值出发的。在马克思看来，资本主义剥削制度的非正义性、非人道性和反自然性，不仅在于资本主义生产方式的内在矛盾，而且在于资本主义剥削制度对于人的剥削与压迫，对于自然的掠夺与破坏；在于资本主义对人与自然的摧残，对人与自然的价值的否定。这样，马克思的经济学研究揭露了资本主义经济制度背离人类和自然的基本价值的价值取向，由此得出了资本主义必然灭亡，社会主义必然胜利的科学结论。因此，要使人获得解放与自由而全面发展，要使自然获得解放与高度发展，即自然界的真正复活，就必须变革资本主义社会制度，建立新的社会制度——实现社会主义、共产主义。于是，马克思恩格斯在建立和发展他们的政治经济学过程中，始终是把人的解放与发展、自然的解放与发展作为自己的经济学说所应追求的最高的、终极的价值目标。所以，马克思经济学与以往的一切经济学不同，它公开宣称是无产阶级和最广大劳动人民的经济学。在此，需要指出，马克思没有把这个价值目标当作一个抽象的原则，而是看作社会历史的产物。他站在历史辩证法的立场上，既批判资本主义剥削制度框架中生产力的发展、物质财富的增长具有否定人和自然的性质，又阐明人和自然的解放离不开生产力的高度发展。自由王国存在于物质生产领域的彼岸，但是它“只有建立在必然王国的基础上，才能繁荣起来”。

3. 马克思经济学的人学特征与生态学特征是有机统一的。上面，我们恢复了马克思经济学双重价值追求与取向的本来面目，即是人的解放与自由而全面发展和自然的解放与高度发展的有机统一。这就使得马克思经济学具有鲜明的人学特征的同时，也具有鲜明的生态学特征，两者是内在的统一。在此，再强调几点：

第一，马克思在自己思想发展过程中，从来都把共产主义和人的解放与自由而全面发展紧密联系在一起，与此同时，他还把共产主义和自然的解放与高度发展紧密联系在一起，把共产主义看成是“人与自然完成了的本质的统一”，是“自然界的真正复活”，作为共产主义的理想目标加以肯定，并把自然的解放与人的解放同共产主义的理想目标结合起来，作为自己及其学说的理想目标。

第二，如前所说，现实的人是马克思经济学研究的出发点，这个出发点凝结着人与自然、人与人、人与社会、现实与历史的最基本、最普遍的关系。这样，马克思经济学是研究人的科学，就必然要研究人与自然、人与人、人与社会之间和谐协调发展关系，揭示出人、社会与自然和谐协调发展的客观规律。我们仅就人与自然和谐协调关系来说，从价值学与人学视角来看，人与自然和谐协调关系的价值目标，在于人的解放、人的发展。而从价值学和生态学的视角来看，人与自然和谐协调关系的价值目标，不仅在于人的解放、人的发展，而且更在于自然的解放、自然的发展。换言之，是人的解放与发展和自然的解放与发展的有机统一。这一终极价值追求和最高价值取向，显示出人学与生态学的内在统一。因此，马克思学说和他的经济学说的许多命题、许多范畴、许多理论都蕴涵着人与人的发展和自然与生态发展这两个不可分割的方面，构成马克思经济学说的双重价值追求与取向。这是马克思经济学的最重要的理论特征。

第三，马克思恩格斯的唯物史观和辩证自然观的统一理论，奠定了以人为本的社会经济发展观与以生态为本的自然生态发展观的统一性。马克思主义社会经济理论的精髓是以人为本，而这一理论的基础却是以生态为本。马克思恩格斯的生态自然观认为，现实自然界所面对的现实的人，是人的自身自然即有机身体（血肉之躯）与身外自然即无机身体的统一体。因此，人的发展与全面发展，一方面要坚持以人为本的发展观，它内在地包含着人的发展和社会经济发展要以自然生态为本的思想；另一方面要坚持以生态为本的发展观，它内在包含着人的发展和社会经济发展，要以人为本的思想。因此，在马克思学说与他的经济学说的理论框架中，以人为本的社会经济发展观和以生态为本的自然生态发展观是统一的。这是生态马克思主义经济学发展观的基本概念与理论特质。

二、党的十七大对马克思主义经济学双重价值取向理论的创造性发展

马克思经济学双重价值取向理论，为我们指明了马克思经济学当代建构的新路向，为建设社会主义生态文明提供了基本原则与根本要求。无论是过去还是当今，无论是国际还是国内，马克思学说中的人学思想和生态学思想是被排斥在纯马克思主义经济学理论体系之外的。这些年来，中外哲学是把人与人的发展问题和自然与生态发展问题回归马克思主义哲学及生态哲学视野，确定人的发展问题作为唯物史观基本价值维度的地位。但是，人与人的发展问题和自然与生态发展问题却没有回归

马克思主义经济学，它们在马克思主义经济学基本价值维度的地位仍然没有得到确认。本文的任务就在于把它们回归马克思经济学与马克思主义经济学视野，从而确定人的解放与全面发展和自然的解放与高度发展作为马克思主义经济学基本价值维度的地位，凸现出当代中国马克思主义经济学的人学特征和生态学特征。通过上面的分析，我们找到了马克思主义经济学与当代人与人的发展问题和自然与生态发展问题之间的有机联系，凸现它的人学特征和生态学特征，使人与人的发展和自然与生态发展问题回归马克思主义经济学视野，构成马克思主义经济学基本价值取向。它在当代中国的最新发展一个最突出的表现，就是党的十七大首次明确提出和阐释了中国特色社会主义理论体系，在这个理论体系中，继邓小平理论和“三个代表”重要思想之后的、马克思主义中国化的最新成果，向世人昭示着一个深刻含义，则是包括中国特色社会主义经济理论在内的中国特色社会主义理论体系蕴含着马克思学说与马克思主义经济学说的双重价值追求与取向，使当代中国马克思主义经济学创造性地发展了马克思主义经济学双重价值取向理论。

1. 中国特色社会主义理论体系从创立起就蕴含着人与人的发展为核心的基本价值取向。而党的十七大全面深刻而富有新意地阐述了科学发展观等重大战略思想，强调把科学发展观贯彻落实到经济社会发展各个方面，实现以人为本、全面协调可持续的科学发展，丰富和发展了中国特色社会主义发展尤其是经济发展的目的理论。科学发展观是坚持以“以人为本”为核心的马克思主义发展观，是以实现人民愿望、满足人民需要、维护人民利益为根本出发点和落脚点，以实现人的可持续生存与全面发展为目的的；坚持发展为了人民、发展依靠人民、发展成果由人民共享，尤其是要努力使工人、农民、知识分子和其他群众共享经济社会发展的成果。因此，党的十七大报告阐明的科学发展观，是关心民生、改善民生、发展民生、平民百姓大于天的经济学发展观。它强调牢固树立以人为主体、以人为动力、以人为尺度、以人为目的的最高价值理念，追求以人与人的发展为目的的科学发展，靠科学发展实现以人与人的发展为目的。可见，人与人的发展理念贯穿于中国特色社会主义理论与经济理论中，使当代中国马克思主义经济学的人学特色更加凸显，构成它的基本价值取向。

2. 党的十七大报告首次明确提出“建设生态文明，基本形成节约能源资源和保护生态环境的产业结构、增长方式、消费模式”，“生态文明观念在全社会牢固树立”。这就意味着在中国特色社会主义伟大旗帜上彰显建设社会主义生态文明的发展理念，成为中国特色社会主义理论体系中的一个重要论点，使中国特色社会主义理论与经济理论体系蕴含着自然与生态发展的基本价值取向意蕴。在此，着重谈以下几点：

第一，建设社会主义生态文明，是要建设以尊重自然、保护自然、解放自然、建设自然为核心价值的，以人与自然和谐发展的自然生态和谐为基础的社会主义和谐经济、政治、文化社会。在这里，我们要进一步指出：党的十七大报告是把社会主义社会发展视为人与自然、人与社会、社会与自然、经济与政治、经济与文化等多重关系全方位的和谐协调与可持续发展的有机整体发展；这种科学发展、和谐发展，又突出了形成与建设生态文明相适应的产业结构、增长方式、消费模式这种可持续性经济发展的重点。因此，变革现行的生产方式、生活方式乃至包括技术发展模式在内的经济发展模式，构建生态与经济和谐与协调可持续发展模式，这是建设生态文明的根本任务。所以，党的十七大报告在论述科学发展时指出：“必须坚持全面协调可持续发展……坚持生产发展、生活富裕、生态良好的文明发展道路，建设资源节约型、环境友好型社会，实现速度和结构质量效益相统一，经济发展与人口资源环境相协调，使人民在良好生态环境中生产生活，实现经济社会永续发展。”这就把人的发展、经济社会发展、自然生态发展作为一个统一的发展整体；在这个有机整体发展中，生态文明是物质文明、政治文明、精神文明的基石，生态发展是人的发展和各项建设事业发展的基础；离开了自然生态系统和社会经济系统的良性循环，离开了人与自然相和谐、生态与经济相协调的生态发展，就没有全面协调可持续发展而言。党的十七大提出全面建设小康社会奋斗目标的五条新要求，也是把经济发展、政治发展、文化发展、社会发展和生态发展紧密联系起来作为一个有机整体的，反映了我们党把当代中国的发展是放在人、社会、自然有机整体发展的基础之上的。而自然与生态发展又是这个有机整体发展的基础，只有以生态为基础的发展，才能真正实现人的发展、经济、政治、文化、社会发展和生态发展的和谐统一。因此，现在我们可以说，党的十七大开启了人、社会、自然有机整体和谐协调可持续发展的新航程，这就为我们深刻认识和正确处理自然生态环境与经济社会的相互发展关系，推进社会主义生态经济社会有机整体和谐协调可持续发展指明了总体方向。

第二，党的十七大指明了实现科学发展的目的，就在于要“使人民在良好生态环境中生产生活”。按照生态马克思主义经济学的观点，在这里，不仅指明了人与人的发展是科学发展的终极目的，而且指明了自然与生态发展也是科学发展的终极目的。在马克思主义的自然理论框架内，自然、人、社会构成有机系统，人属于自然界、存在于自然之内、靠自然界生活，人与自然是一个共生、共存、共荣的密不可分的有机整体。资本主义工业文明根本破坏和完全瓦解了人与自然的和谐统一整体，就在于它把人与自然都客体化，当作掠夺、盘剥的对象，都成为少数资本家发财致富的工具。这样就形成工业文明的反人性（社会）和反自然（生态）的性质。当今，我们建设社会主义生态文明是人性化和生态化的崭新的现代文明，它的终极目的既要满足全体人民可持续生存与全面发展的需要；又要满足自然界的生存健康与安全发展的需要。这就是建设生态文明实践选择的两重目的与终极价值尺度。因此，建设生态文明，形成可持续性产业结构、增长方式、消费模式，即是形成可持续性经济发展模式，人与人的发展和自然与生态发展，都是我们发展中国特色社会主义经济的终极价值追求与最高价值取向。

第三，在中国特色社会主义伟大旗帜上彰显建设社会主义生态文明的发展理念，并把创造一个最无愧于和最适合于人类本性的生态环境作为发展中国特色社会主义的一种发展目的与终极价值尺度，这是对中国特色社会主义发展与经济发展目的理论的丰富发展，使自然与生态发展理念构成当代中国马克思主义经济学的基本价值取向。建设生态文明内在要求把生态发展放在经济社会发展的本位，树立以生态为本的发展理念；强调以生态为基础，以生态为尺度，以生态为目的的基本价值理念；坚持以最广大人民群众的生态利益为根本，坚持以保证满足人的可持续生存与全面发展的生态需要为目标，坚持以自然界对人和社会的优先地位、一切经济社会发展不能超越生态环境的承载能力为原则。总之，我们应当牢固树立以自然与生态发展的终极目的为核心的自然生态发展观，只有这样我们才能真正尊重自然、爱护自然、解放自然、建设自然；才能为实现以生态为本的目的而科学发展、靠科学发展实现以生态为本的目的，走出一条自然生态发展和社会经济发展双赢的科学发展道路，从而使中国特色社会主义经济发展的价值追求更加全面，使中国特色社会主义经济发展的生态本质更加凸显。

3. 马克思经济学双重价值取向理论，有助于我们从马克思学说的理论源头的新视角，全面认识当今党中央提出科学发展观和社会主义和谐社会论等重大战略思想的本质内涵和价值目标。从马克思经济学的双重价值追求与取向，我们完全可以体会到科学发展观是马克思主义的人学思想和生态学思想的有机统一，具有人文关怀和生态关怀的双重价值取向。科学发展观首次把以人为本的发展理念写在中国特色社会主义的旗帜上，作为我们党指导发展的根本思想与原则，这是一种全新的马克思主义人学观；这本身就意味着在社会主义旗帜上彰显以生态为本的发展理念；党的十七大首次把建设生态文明的发展理念写在中国特色社会主义的旗帜上，就是追求生态自然和经济社会双赢发展目标，是科学发展的根本标志，这是一种全新的马克思主义生态学发展观。我们在《生态马克思主义经济学原理》一书中，论证了科学发展观是以人为本和以生态为本的内在统一。科学发展观作为一种建立在科学价值判断基础上的发展观，把科学发展建立在唯物史观和辩证法自然观相统一的坚实理论基础之上，是以人为本和以生态为本的价值取向的双重统一。由此决定了它所阐明的科学发展的价值定位也是双重统一：既是实现以人的可持续生存与全面发展为导向的科学发展，又是实现以自然的健康、稳定、发展为导向的科学发展；从而确立了人和自然的可持续发展价值目标。从前者来说，以人为本就是指，人既是发展的主体又是发展的终极目的，应当把人的可持续生存与全面发展尤其是人的身心健康、生命安全、幸福生活放在发展的第一位，确保人的可持续发展；从后者来说，以生态为本是说，自然生态环境既是发展的第一基础，又是发展终极目的，就是把人及整个社会的发展建立在自然生态环境良性循环和健康、稳定发展的基础之上，确保自然的可持续发展。这对于我们推动社会主义经济的科学发展具有重大的指导作用。改革开放30年间，不要说新自由主义经济学“忘却了人”和“忘却了自然”，就是在某些所谓“主流经济学家”那里，也是根本没有中国经济学的人与人的发展和自然与生态发展基本价值取向，大肆宣扬“以物为本”、“以利润为本”、“以金钱为本”的经济学。在这种错误的经济理论的误导下，我国经济快速高速增长不得不付出极高的自然生态和沉重的人与社会代价。有的学者甚至认为，中国经济超高速增长，“是名副其实的黑色GDP”，“是名副其实的带血GDP”。当然这是一种警示之言。但我们必须看到，当今中国确实是存在着以人的生产力和生态生产力的巨大牺牲为代价换取物质财富增长，确实是物的世界大大发展，而人的世界贬值和自然的世界衰败，使我国经济发展的“反人性化”和“反生态化”问题日益严重。这就迫切需要以当代中国马克思主义经济学双重价值取向理论为指导，促进我国经济发展的人性化和生态化，确保实现人的可持续生存与全面发展和自然的可持续生存与高度发展的双重终极目的的科学发展。这是建设社会主义生态文明，推进可持续性经济发展的实践归旨，是当代中国社会主义经济发展生态复兴的光辉道路。

（原载《湖北民族学院学报（哲学社会科学版）》第26卷第5期，本文是原文的第三、第四部分）

中国特色社会主义生态文明发展道路初探

用科学发展观统领建设生态文明、发展循环经济、构建和谐社会，这是以胡锦涛为总书记的党中央的伟大创造，是中国特色社会主义理论的基本观点和中国特色社会主义实践的基本形式，甚至可以说，它们是21世纪中国实现科学发展、和谐发展、绿色发展的“三大法宝”。因此，为了深入贯彻落实科学发展观，迫切需要我们认真研究建设生态文明，发展循环经济，构建和谐经济社会等重大理论与实践问题。而生态文明的核心是自然生态和谐，循环经济的实质是经济生态和谐，和谐社会的本质是社会生态和谐。正是从“自然—经济—社会”复合生态系统的生态和谐这个意义上说，并根据中国共产党十七大提出的建设生态文明的新目标和新要求，这些重大问题可以集中到一点，就是探索当代中国社会主义生态文明发展的光辉道路，这是中华文明发展生态复兴的广阔道路。它已构成中国特色社会主义道路不可缺少的重要组成部分，是发展中国特色社会主义的基本实践与历史洪流，对此，本文作初步探讨。

一、社会主义社会文明发展的生态复兴

早在1988年4月，我在《社会主义初级阶段生态经济的根本特征与基本矛盾》一文中就提出：人“不是消极适应自然，而是在适应中不断

认识自然与能动利用自然，创造符合自己需要的物质文明、精神文明和生态文明，推动人类和社会不断向前发展。这是人类社会进步的内在要求和必然趋势。社会主义社会的发展同样必须顺应这一普遍的发展趋势”①。其后，在1991年出版的一书中，作进一步指出：“我们把保护和改善生态环境，创造社会主义生态文明，作为社会主义现代化建设的一项战略任务，努力实现经济社会和自然生态的协调发展。”② 据有人对我国学术文献的考证，这是我国理论与学术界最早明确提出“建设社会主义生态文明”的新命题，是我创立的生态文明理论的一个基本观点。到2005年俞可平教授在一文中认为：“我们按照科学发展观的要求所要建设的生态文明，是具有中国特色的社会主义生态文明。”③ 这就把建设社会主义生态文明论纳入中国特色社会主义发展理论体系之中，是对中国特色社会主义本质认识的深化。

社会主义生态文明是代表着一种比工业文明和资本主义现代文明更先进、更高级、更伟大的现代文明。这是因为，按照生态马克思主义经济学哲学的观点，社会主义生态文明的本质及其发展趋势，同社会主义和谐社会的本质及其发展趋势，是完全一致的。两者都包括“人与自然之间的和谐、人与人之间的和谐、人与社会之间的和谐、人与自身关系和谐四个方面的基本内涵。笔者把它概括为现代社会主义文明发展的四大和谐论”④。因此，“人们实现四大和谐发展的成果，以及此条件下所建立的伦理、规范、原则、方式及途径等成果的总和，可以称之为广义的生态文明，也可以称之为绿色文明。”⑤ 从历史上看，工业文明发展，确切地说主要是指资本主义工业文明发展，给20世纪人类文明发展带来了巨大的生态灾难，并成为21世纪人类文明发展的最大危险。20世纪

① 刘思华：《社会主义初级阶段生态经济的根本特征与基本矛盾》，《广西社会科学》1988年第4期。
② 刘思华：《企业生态环境优化技巧》，科学出版社1991年版，第477页。
③ 俞可平：《科学发展观与生态文明》，《马克思主义与现实》2005年第4期。
④ 刘思华：《生态马克思主义经济学原理》，人民出版社2006年版，第484页。
⑤ 刘思华：《生态马克思主义经济学原理》，人民出版社2006年版，第489—490页。

全球生态危机唤醒了人类，教育了人类，改变了人类文明的发展进程。当今人类文明发展正在进入生态时代，正在由工业文明向生态文明转变。建设生态文明，重建人、社会、自然和谐统一，实现生态环境与经济社会协调可持续发展，已成为当今世界人类文明发展的中心议题。我们党的十七大使建设生态文明观念从中国学界马克思主义的视野进入政界马克思主义视野，成为马克思主义中国化的一个最新成果，是中国特色社会主义发展理论体系中的一个基本观点，是具有普遍合法性的中国特色社会主义现代文明发展道路的政治表达，使全党全国人民找到了一条建设生态文明的发展之路，即是中国特色社会主义生态文明发展道路。既是当今人类文明发展的生态回归，又标志着社会主义社会文明发展的生态回归，必将为人类文明发展和生态文明时代的到来作出新的更大贡献。

二、中国特色社会主义生态文明发展的时代特色

20 世纪 90 年代中期以来，我多次阐述："21 世纪必然是生态文明、知识经济与可持续发展经济'三位一体'的新时代。"正是站在这个新时代的高度，21 世纪应该是建设生态文明的世纪，将是重建人、社会、自然有机整体在新的更高层次的和谐统一，使生态环境与经济社会在新的更高水平的协调发展，促进 21 世纪人类文明发展进入生态自然和经济社会"双赢"发展的新时代。我们党的十七大具有里程碑的意义，就在于它开启了这个新时代的新航程，突出表现在两个方面：

1. 我们党的十七大首次把"建设生态文明"的理念与价值取向写入党代会报告，使我们党最终确立了生态文明是一种独立的崭新的社会主义现代文明形态，意味着在中国特色社会主义伟大旗帜上彰显建设中国特色社会主义生态文明的发展理念，使它成为我们党治国理政的新观念，标志着我国开启了建设生态文明与和谐生态经济社会发展的新航程。建设社会主义生态文明的主旨，是遵循自然、人、社会有机整体和谐协调发展规律，推进人与自然、人与人、人与社会、人自身和谐共生共荣，实现生态经济社会的科学发展、和谐发展、绿色发展。这是发展中国特

色社会主义的崭新实践。我们完全可以说，在科学发展观的指导下，建设社会主义生态文明，是中华文明发展的一个建设中国特色社会主义生态文明的新时代正在到来。因此，探索中国特色生态文明发展道路，是科学发展观确立的中华文明发展道路的一个基本特征，它会使中国特色社会主义道路越来越宽广的必由之路。

2. 我们党的十七大报告在阐述建设和谐社会，必须加快推进以改善民生为重点的社会建设时，首次系统地提出了保障和改善民生的理念与价值取向及其方针，描绘了加快以着力保障和改善民生为重点的和谐经济社会建设全景，是前所未有的。民生问题历来是关系社会经济的和谐、发展、稳定的根本问题，其保障和改善的程度，是衡量社会经济和谐的基本尺度。近年来，我在一些会议上反复指出，党的十七大的政治经济学是保障和改善民生的政治经济学，是人的生存与发展的经济学。现在，平民百姓的幸福安康，社会经济的和谐安宁已成为我们党和国家的意志，成为其治国理政的根本出发点和落脚点，开启了发展民生与构建和谐社会的新航程，这是中华文明发展史上的一次新飞跃，标志着中国特色社会主义一个发展民生政治经济的新时代已经来临。民生问题既是人民群众的生存与可持续生存问题，又是人的发展与全面发展问题，是社会经济和谐发展的核心问题。马克思主义认为，人“不仅生活在自然界中，而且生活在人类社会中”。因此，我们党反复强调坚持生产发展、生活富裕、生态良好的文明发展道路，就是要“使人民在良好生态环境中生产生活，实现经济社会永续发展”。这就是人的发展、社会发展、自然生态发展的有机统一。

总之，建设生态文明，发展民生政治经济，是实现中华文明伟大复兴的主旋律，是当代中国社会主义社会文明发展的生态回归。因此，我们一定要紧扣“两个新时代”，更加关注生态兴衰，更加关注国计民生；更加关爱人的生命与健康，更加关爱自然的生命与健康，努力探索中国特色社会主义生态文明发展道路。这是21世纪新时代赋予我们的神圣使命，是发展中国特色社会主义赋予我们的历史任务。

三、中国特色社会生态文明发展道路的理论与实践归旨

马克思和恩格斯在建立和发展马克思主义理论进程中，其根本宗旨就在于人的解放与全面发展和自然的解放与高度发展，并把它作为追求的最高价值归旨贯穿自己学说之中。与此相反，西方主流经济学的价值观和发展观即价值归旨，则是把经济增长本身作为目的，其基本倾向是排斥“人”这个最基本的因素，同时也排斥“自然”这个最基本的要素，使经济学成为纯粹的“资源的配置之学”。它的理论实质是以物为中心，以物为本；只见物不见人，只见经济不见生态，人和自然都客体化、工具化了，并成为工业文明的内在的社会属性。因此，西方主流经济学是资本主义文明和工业文明的理论表现，反映了资本主义文明和工业文明把人与自然都客体化，当作掠夺、盘剥的对象，成为少数资产占有者发财致富的工具即手段。这就形成资本主义文明和工业文明的反人（社会）性和反自然（生态）性的特质。

我们党的十七大对马克思主义文明理论的新发展的重要表现，就在于指明了中国特色社会主义现代文明的发展，必须做到“发展成果由人民共享”，“使人民在良好生态环境中生产生活”。按照生态马克思主义经济学哲学的观点，在这里，不仅指明了人与人的发展是科学发展、和谐发展的终极目的；而且指明了自然与生态发展也是科学发展、和谐发展的终极目的。我们建设的社会主义生态文明，是人性化和生态化的崭新社会主义现代文明，它的终极目的既要保证满足全体人民的可持续生存与全面发展的需要，又要保证满足非人类生命物种可持续生存与生态系统健康发展的需要。这是建设生态文明，发展循环经济，和谐社会建设实践选择的两重目的与终极价值尺度，是自然、人、社会和谐统一为导向的生态文明理论与实践的基本价值取向。更是我们探索中国特色社会主义生态文明道路的理论归旨。我们确立人和自然都是发展的终极目的的两重价值取向理论，不仅是经济智慧的升华，而且是生态智慧的升华；不仅是生存智慧的升华，而且是发展智慧的升华，必将引起包括新

兴、交叉科学在内的哲学社会科学尤其是经济学的革命性变革。

从我国经济发展的实践来看，改革开放30年间，我国一直保持着经济快速高速增长的势头，使我国由贫穷向富裕转变，堪称世界经济奇迹，获得举世公认。这是要充分肯定的。然而，正是在这30年间，不要说新自由主义经济学“忘却了人”和“忘却了自然”，就是在某些所谓“主流经济学家”那里，也是没有中国经济学的人与人的发展和自然与生态发展的基本价值取向，宣传“以物为本”、“以利润为本”、“以金钱为本”的经济学。在这种错误的经济理论误导下，我国经济快速高速增长不得不付出极高的自然生态代价和沉重的人与社会代价，尤其是正如党的十七大报告中指出的“经济增长的资源环境代价过大”。有的学者甚至认为，中国经济超高速增长，“是名副其实的黑色GDP”，“是名副其实的带血GDP”。当然这是一种警示之言。但我们必须看到，当今中国确实是存在着以人的生产力和生态生产力的巨大牺牲为代价换取物质生产力高速增长；确实是物的世界大大发展，而人的世界贬值和自然的世界衰败，导致我国经济发展的“反人性”和“反生态”问题日益严重，使当今中华文明发展存在着较多的不和谐、不协调和不可持续性。因此，建设社会主义生态文明，迫切需要以当代中国马克思主义生态文明双重价值取向理论当指导，推动科学发展、和谐发展、绿色发展，促进我国经济社会发展的人性化和生态化，实现人的可持续生存与全面发展和自然的可持续生存与高度发展。这是探索中国特色社会主义生态文明发展道路的实践归旨，是实现中华文明生态复兴的发展道路。

四、中国特色社会主义道路不可缺少的重要组成部分

党的十七大报告把中国特色社会主义道路概括为：“在中国共产党领导下，立足基本国情，以经济建设为中心，坚持四项基本原则，坚持改革开放，解放和发展社会主义生产力，巩固和完善社会主义制度，建设社会主义市场经济、社会主义民主政治、社会主义先进文化、社会主义和谐社会，建设富强民主文明和谐的社会主义现代化国家。”这里所说的

中国特色社会主义道路的问题，是从社会主义现代化建设领域来说的，主要是指经济、政治、文化、社会四大领域的建设和社会主义现代化事业总体建设的发展道路问题，它们都是坚持社会主义道路。正是在这个意义上说，这个科学概括明确了发展中国特色社会主义，实现社会主义现代的四项基本任务即“四个建设”，和一个总体目标即“一个建设”。我把它们称之为这条道路的“一个总纲”和“四个基本点”，构成中国特色社会主义道路的基本内容。在此，党的十七大报告没有把另一项基本任务，这就是建设社会主义生态文明作为发展道路的一个基本点；而是规定为实现全面建设小康社会奋斗目标的五大新要求之一。这实质上也是发展中国特色社会主义的一项基本任务。

随着理论和实践的发展，我们党对中国特色社会主义道路的认识也是不断发展。2007 年 12 月 17 日，胡锦涛总书记在新进中央委员会的委员、候补委员学习贯彻党的十七大精神研讨班开班式上发表重要讲话强调：“贯彻落实全面协调可持续的基本要求，必须按照中国特色社会主义事业总体布局全面推进经济建设、政治建设、文化建设、社会建设、积极推进生态文明建设。”① 这实质上是把中国特色社会主义事业总体布局当做由经济、政治、文化、社会、生态“五大建设”构成的统一体。2008 年 1 月 30 日，胡锦涛在中共中央政治局第三次集体学习时强调指出：“贯彻落实实现全面建设小康社会奋斗目标的新要求，必须全面推进经济建设、政治建设、文化建设、社会建设以及生态文明建设，促进现代化建设各个环节、各个方面相协调。”② 在这里，胡锦涛总书记就把实现全面建设小康社会奋斗的五个新要求和中国特色社会主义事业总体布局的“五大建设”有机统一起来了。这个一致性，就为我们把建设社会主义生态文明纳入中国特色社会主义道路提供了科学依据。2009 年 1 月 23 日，中共中央政治局召开会议，认真回顾中央政治局常委会工作和自身建设情况，总结党的十六届一中全会以来的工作总结认为：中

① 《胡锦涛在学习贯彻党的十七大精神研讨班开班式上发表重要讲话》，《光明日报》2007 年 12 月 18 日。

② 《胡锦涛在主持中共中央政治局第三次集体学习时讲话》，《光明日报》2008 年 1 月 31 日。

央政治局常委会“紧紧抓住重要战略机遇，全面推进社会主义经济建设、政治建设、文化建设、社会建设以及生态文明建设和党的建设”，夺取了改革开放和社会主义现代化建设的新胜利。这表明，中共中央政治局肯定了党的十六届一中全会以来，中央政治局常委会坚持中国特色社会主义道路，实现全面建设小康社会奋斗目标的新要求，全面推进中国特色社会主义事业取得新成就。因此，当代马克思主义理论和中国特色社会主义实践都告诉我们：社会主义生态文明建设（以下简称“生态建设”），不仅是社会主义现代化建设的主要领域；而且构成中国特色社会主义事业总体布局的一个基本方面。这就意味着建设社会主义生态文明，是中国特色社会主义道路不可缺少的重要组成分。这样，全面建设小康社会的奋斗目标和它的五大要求；发展中国特色社会主义现代化事业的总体目标和它的“五个领域建设”；中国特色社会主义道路的“一个总纲”和它的“五个基本点”，就完全一致了。这是中国特色社会主义道路的理论提升。现在，越来越多的人认识到，只有实现经济、政治、文化、社会建设与生态建设高度统一与和谐发展，才有全面、协调、可持续发展。因此，探索中国特色生态文明发展道路，才是中华文明发展的前途所在。这是发展中国特色社会主义的必然选择与根本要求。

五、发展中国特色社会主义的基本实践

中国特色社会主义生态文明既是一种理论，又是一种实践。学界马克思主义对社会主义生态文明的探索，是理论和实践的双重探索。理论研究创立了社会主义生态文明科学理论，实践研究提出了探索中国特色社会主义生态文明发展道路。这个科学理论和一条发展道路具有坚实的实践基础，是建设富强民主文明和谐社会主义现代化强国的客观要求。改革开放以来，我们探索符合中国国情的社会主义现代化发展之路，从发展生态农业、生态工业到建设生态省、生态城市、生态文明村；到一些城市如威海、厦门、珠海、三亚、延庆、双鸭山、银川等实行“生态立市、环境优先”的发展战略，使我国一些城市和地区开始走向社会主义生态文明发展道路，使中国特色的生态文明形态正在当代中国萌芽与

生成。这种伟大的生态实践，正是中国特色社会主义的基本实践的一种新型的基本形式。因此，建设社会主义生态文明，探索中国特色生态文明发展道路，是建设发展中国特色社会主义的内在要求与必然进程，是中华文明生态复兴的时代洪流。

从我国一些城市、地区建设生态文明的生态实践出发，大力推进由传统工业文明向中国特色社会主义生态文明的转变，在走新型工业化道路即新型工业文明进程中，不仅要克服传统工业文明的缺陷与弊端，而且要超越工业文明形态，朝着建设中国特色社会主义生态文明方向前进。于是，2007 年 11 月中旬，我在太原市全市绿色转型干部会议上所作的“加快绿色转型，建设生态文明”的报告，首次提出“要创造性探索中国特色生态文明发展道路”。这是因为，我们党的十七大报告深刻阐明了一条伟大道路和提出了五条具体道路；并把经济发展、政治发展、文化发展、社会发展、生态发展作为统一整体，提出了实现全面建设小康社会奋斗目标的五大新要求。尤其是建设社会主义生态文明已成为我们党、国家、政府治国理政的新理念，针对太原市推行绿色转型的发展战略，不仅要走党的十七大报告中提出的五条具体道路，而且要创造性探索中国特色生态文明发展道路，即中国特色生态文明发展道路。2008 年 2 月下旬，我在武汉两型社会建设综合配套改革试验专家咨询会上发言中说：按照党的十七大提出的新要求，建设“两型社会”就是要建设生态文明，形成可持续性经济发展方式，构建一种以生态文明为基础的可持续性经济社会体系。因此，“两型社会”建设应当也必须追求生态自然和经济社会双赢发展的生态文明发展新路，这是坚持生产发展、生活富裕、生态良好的“三生共赢”的文明发展之路的新发展，这就是中国特色社会主义生态文明发展道路。2008 年 4 月中旬，在广西大学举行的中国杰出社会科学家报告会上，我在“关于生态文明理论与实践的几个问题”的学术报告中指出：“要努力把广西北部湾经济区建成资源节约、环境友好、生态良好的‘绿色经济区’”，这样的绿色经济发展，就涉及广西北部湾及整个广西绿色文明发展的道路问题。因此，我认为，广西北部湾经济区开放开发，必须走建设资源节约型、环境友好型、生态安全型经济社会发展之路，实质上是探索符合广西区情的社会主义生态文明发展道路，是实现中华文明发展生态复兴的发展道路。

在此，要强调指出的是，珠海人民建设发展中国特色社会主义的伟大实践，明白无误地告诉我们；创造性探索中国特色生态文明发展道路，是我国发达地区全面推进工业文明向生态文明的社会文明发展转型的必由之路。2008 年 5 月，中共中央政治局委员、广东省委书记汪洋同志在珠海调研，历史、全面地、辩证地看待珠海经济特区的发展历程与面临的形势及发展趋势，提出了珠海要“走出一条与珠三角地区其他城市不一样的道路，这就是从珠海实际出发，贯彻落实科学发展观，率先探索建设生态文明的发展道路，争当广东科学发展示范市”①。这个讲话极大帮助珠海市委和人民提升了发展战略，重新谋划了发展蓝图。这就是建设生态文明新特区，构建科学发展新模式，率先探索建设生态文明的发展道路，这是珠海人民在“科学发展示范市”道路上的时代追求。珠海人民正在为实现这一新的历史使命努力奋斗。珠海的发展历程表明：先是建立经济特区，走传统工业化道路，建立工业文明社会；党的十六大以后，走新型工业化道路，建设新工业文明，但都没有超越传统发展模式，即工业文明发展模式。党的十七大以后，贯彻落实科学发展观，构建社会主义和谐社会，探索科学发展新模式，就必须超越工业文明发展模式，构建生态文明发展模式。因此，探索中国特色生态文明发展道路既是工业文明发展模式难以为继使然，更是珠海科学发展、和谐发展、绿色发展使然。走这条新道路是把走新型工业化道路综合为生态文明发展道路的一个内在环节，将建设新工业文明融入建设生态文明之中，促使生态文明生成与发展，实现社会文明形态的跨越发展，使珠海在发达地区率先跨入生态文明社会。我们坚信，珠海一定能够在建设生态文明新特区，创造性探索中国特色生态文明发展道路上大胆实践，打造出一

① 《珠海探索与珠三角其他城市“不一样的道路”》，《光明日报》2008 年 5 月 5 日。

个建设社会主义生态文明示范市。这对于广东及珠三角乃至全国推进中华文明发展从工业文明向生态文明的社会文明转型，真正实现科学发展、和谐发展、绿色发展都具有十分重要的示范作用和借鉴意义。

中华文明发展史表明，中华民族是人类文明发展的农业文明的先进者，却是人类文明发展的近代工业文明落伍者。党的十七大彻底打开了全党全国人民发展中国特色社会主义和建设社会主义文明的眼界，开辟了建设社会主义生态文明的新航程，就使中华民族从建设工业文明的后进者成为探索社会主义生态文明发展道路的先行者，努力实现中华文明形态的跨越发展。这不仅是我国发达地区文明发展的必然抉择，而且是我国欠发达地区文明发展的最佳选择。例如，恩施是我国典型中西部结合部的少数民族自治州，是集农村、生态资源、生态资本存量、民族文化、生态旅游大州于一体的、生态良好的欠发达地区，具有明显生态优势，在湖北及中部生态崛起乃至中华民族生态复兴具有重要战略地位。尤其是它基本上被周边的武汉城市圈、长珠潭城市圈的“两型社会”试验区、重庆市统筹城乡改革发展试验区以及贵阳市国家循环经济试点等建设新工业文明所包围。因此，应该扬长抑短，发掘优势，走出一条与周边地区不一样的道路，这就是从恩施实际出发，实施生态主导型的现代化基本战略，率先探索中国特色社会主义生态文明发展道路，超越工业文明发展模式，把走新型工业化道路，综合为生态文明发展道路的内在环节，使建设新工业文明融入生态文明之中，形成科学发展、和谐发展、绿色发展新模式，在欠发达地区率先实现社会文明形态的跨越发展，铸造生态文明辉煌，即是在欠发边地区，尤其是在少数民族地区率先跨入生态文明社会。这是全国生态经济教育委员会和湖北民族学院联合主办的2008年全国生态经济建设学术研讨会上著名学者的一致呼声，是会议全体代表的共同期待。

（本文作者提交给2009年湖北马克思主义论坛的论文，第一至第四部分发表在《马克思主义研究》2009年第3期）

下　　篇

生态经济与绿色低碳经济·循环经济

城市经济体制改革中的生态经济原则

进行城市经济体制改革，彻底消除原有体制的弊端，就要解决长期以来我国经济发展过程中存在着的两个基本问题：一是经济发展的动力问题；二是国民经济的平衡问题。这两个问题又集中表现为国民经济综合效益问题。这就要求全面改革经济体制应该建立起符合中国国情的社会主义经济发展的动力机制和完善经济发展的平衡机制，科学地处理经济发展动力和经济运动平衡之间的相互关系，在改革中走出一条提高城市综合经济效益的新路子。从生态经济学的角度出发，改革必须遵循以下几个主要的生态经济原则。

一、生态经济平衡原则

改革遵循生态经济平衡原则，实际上是遵循生态系统的生态平衡和经济系统的经济平衡之间相互平衡的生态经济规律。纯经济学所说的国民经济综合平衡，只是就物质再生产的各个环节、各个过程、各部门、各地区内部平衡和相互平衡。因而，从计划经济体制模式来说，就提出了两个平衡，即实物平衡和价值平衡。原有计划体制，在宏观控制上只是控制实物平衡，而不是控制价值平衡。这种以控制实物平衡为对象的宏观控制，其结果是把微观控制得过死，而不能控制宏观，出现社会的总需求同总供给失衡。因此，改革计划体制就是加强价值平衡，是以控制价值平衡为对象的宏观控制。也就是控制社会的总需求同总供给的平衡。宏观控制由实物平衡改革为价值平衡，主要是抓国民收入的生产、分配和使用，安排好两大部类和消费积累的比例关系。运用财政、信贷、外汇的收支平衡原则和全社会范围的商品供需平衡原则，来实现社会的总需求和总供给的平衡。但这些仍然是属于经济系统内部的经济平衡，仍然没有把生态平衡以及社会经济与自然环境之间的平衡纳入国民经济综合平衡，价值平衡仍然没有建立在社会经济运动的物质基础上做到需要和可能相统一。因而有可能导致社会生产建设和自然生态环境之间失去应有的平衡，使物质资料再生产和环境资源再生产失衡。这同样是宏观失控的现象，是国民经济比例失调的表现。这种失调是根本性的，平衡一旦被破坏就难以恢复，即便能恢复也要耗费巨额资金和很长的时间。所以，在生态经济学领域里，仅从宏观上主要控制价值平衡来解决城市经济以至整个国民经济按比例协调发展是很不够的，还必须有生态平衡，并掌握生态平衡和经济平衡有机统一的生态经济平衡。这是因为：

第一，在当代，生产力的巨大发展，人口的急剧增加，人们消费的极大增长，使社会经济活动的需求与自然生态环境系统的供给之间的矛盾已经成为人类和自然间物质变换的基本矛盾，这样，经济（或发展）和人口、资源、环境就成为一个具有内在联系的统一体。人与自然、生产与生态已融为一体，经济发展的经济目标和生态目标成为一个统一的生态经济目标。所以，国民经济的综合平衡，就是考虑生态、人口、资源等全面性的问题，不能光考虑经济。社会生产归根到底，是从生态环境中取得资源，加工成人们需要的生产资料和生活资料。社会总需求是以人口消费需求为转移的，社会总供给则受环境资源可供量的制约。由此看来，以宏观平衡为基本任务的计划体制改革，就必须把人的生产和物的生产这两种生产的平衡，物质资料再生产和环境资源再生产这两种再生产的平衡，作为国民经济综合平衡中更本源的平衡，离开控制两种生产和再生产的平衡，是很难保持国民经济的协调，很难实现社会的总需求和总供给的平衡。

第二，社会再生产的全过程，既是从环境中取出资源的过程，又是生产和生活的废弃物不断返回自然环境的过程。因此，社会经济运动不仅要保持经济系统的经济平衡，而且要保持生态系统的生态平衡以及社会经济与自然环境之间的平衡。这样，国民经济的综合平衡除了进行经济平衡外，还要进行经济建设和生态环境之间的平衡。这个平衡主要包括既有联系又有区别的四个方面内容：一是资源需要量与资源可供量之间平衡，以保护资源合理开发；二是资源消耗与资源增殖、再生能力之间的平衡，以保障资源的永续利用；三是生产建设规与周围环境负荷能力之间的平衡，以控制废弃物超过自然环境的容量；四是生产和生活废弃物排放与自然环境容量之间的平衡，控制生态质量的下降。这样才能使社会主义经济发展，社会的总需求和总供给的平衡确实建立在需要与可能相统一，近期利益与长远利益、局部利益与全局利益相结合的坚实基础之上，实现经济系统的经济平衡和生态系统的生态平衡之间相互平衡，保证国民经济有计划、按比例、高速度的协调发展。这是一个新课题，有待我们在实践中努力探索和认真研究。

第三，城市特别是大中城市是一个由多种成分构成的生态系统，城市和城市经济发展仍然以自然生态环境为物质基础。城市的阳光、空气、水、土壤、动植物等自然环境条件，特别是水源、能源、原材料等资源直接制约着城市和城市经济发展，城市生态系统要保持动态平衡，就必须同周围其他的自然环境维持良好的生态平衡关系。城市既然是一个复杂的经济社会综合体，社会经济条件对城市和城市经济发展要起决定性作用，发挥这种条件的作用，不仅有城市经济系统内部的经济平衡，还有城市所在区域以至整个国民经济平衡。可见我们应当把保持生态经济平衡作为一项重要原则，贯彻到城市各项经济工作当中。使城市经济体制改革建立在符合生态经济平衡的更稳固的基础上。

二、生态经济利益原则

生态经济利益是指改善生态环境，保持生态平衡，使生态系统在经济活动中提供满足人民需要的利益。但这种利益在生态系统本身不能直接表现出来，而是通过人们经济活动所取得的物质成果或人们经济活动破坏生态环境所造成的经济损失表现出来。所以我们说，所谓生态或生态平衡的问题，无论是改善还是破坏，归根到底是经济问题。生态利益的实质，就是保持整个社会和全体人民的共同的、长远的利益。在现实经济生活中，生态利益和经济利益融为一体，已成为有机统一的生态经济利益。因此，生态经济利益是体现了社会主义公有制基础上的全体人民的共同利益和各个企业的局部利益的统一，全体人民的长远利益和目前利益的统一。我们的改革工作遵循生态经济利益原则，就是要使改革后的经济体制能够对社会主义生态经济利益起一种自我保护作用。越是搞活经济，搞活企业，就越要有效防止那些只顾企业的局部利益和眼前利益而忽视整体利益和长远利益，甚至用牺牲生态环境，掠夺资源去取得某种局部利益（包括个人利益）的做法。这样，建立起来的充满生机的社会主义经济体制，不仅使经济建设具有强大的推动力，而且使生态环境建设也具有强大的推动力；既能调动搞活经济、发展生产、改善经营的积极性、主动性、创造性、又能调动防止污染、保护环境、改善生态的积极性、主动性、创造性，推动城市和城市生态经济的良性循环，保证社会主义经济建设和生态环境建设的同步发展。

三、生态经济效益原则

城市经济体制改革要同时解决发展经济的动力和平衡这个基本问题，从根本上说，是要提高城市经济发展的综合效益，因此，改革后的经济体制是否合理，归根到底，是取决于这种经济体制为我们经济活动所能带来的综合效益的高低。

在社会主义社会中，劳动者的经济活动和生态环境之间关系的主要内容就是联合起来的劳动者“靠消耗最小的力量”，去实现“他们和自然之间的物质变换”。在取得物质资料生产的一定经济效益的同时，还要创造一个最无愧于和最适合于人本性的生态环境而取得一定的生态效益。这两者在人和自然“物质变换过程”中，按照客观存在的自然规律和经济规律协调发展，它们始终是共生的，相伴而成为生态经济效益。生态经济效益应作为一个重要指导原则，贯彻到我们的经济活动的一切工作当中去，当然也必须贯彻到城市经济体制改革的一切工作当中去。这是因为：

第一，在社会主义制度下保持人们的经济活动和自然生态之间的相互平衡和协调发展，首先是通过“合理地调节”来实现的。这里所说的“合理地调节”，主要是指社会主义计划经济。因为保证和取得生态经济效益是计划经济的本质属性。建立在生产资料公有制基础上的社会主义计划经济，发展生产是以不断满足全体人民日益增长的需要为目的。这种需要既是社会成员对物质和精神产品的社会财富的需要，又是社会成员对生产和生活的良好生态环境的自然财富的需要。这就决定了社会主义制度下一切经济活动都是为了全体人民的利益，必须要求在全社会范围内讲求全面的经济效益，并把社会经济活动和自然生态环境作为一个统一整体来考察它的生态效益和经济效益及其两者的辩证统一，即生态经济效益。因而它完全符合社会主义经济规律的客观要求，是社会主义经济本质的反映。这就使生态经济效益必然成为建立我国社会主义经济体制的基本原则。

第二，社会主义制度下劳动者同自然之间的物质变换关系，仍然是人类与自然之间的投入产出的关系，它完全遵守自然生态规律的客观要求。社会经济系统的经济再生产过程，一方面是不断从生态环境系统中“取出”原料，“投入”经济再生产过程中去加工成满足人们所需要的产品；一方面又不断地把它“产出”的各种生产和生活废弃物“投入”自然环境系统之中。这种复杂的“投入”与“产出”的关系，决定了经济再生产过程要顺利进行并取得较好的生态经济效益，就必须遵循生态经济规律。按照生态经济规律的要求，城市生产活动，必须是投入经济再生产过程的资源少，取得符合社会需要的产品多。而经济再生产产出的排泄物就越少，生态经济效益就越高。因此，衡量城市生态经济效益的高低的重要标志，就是以尽可能少的资源投入，取得尽可能多的符合社会需要的有用成果，排放出尽可能少的废弃物。我把它称之为“最少—最多—最少”的生态经济公式或原则。当前，我国城市工业生产是吃得多，吸收少，拉得多，“三废”污染严重，同“最少—最多—最少”的生态经济原则背道而驰，生态经济效益差。据有人统计，即使我国工业发达的上海，在工业总产值中，来自物质消耗高、污染重的工业企业占96.6%。因而，近年来上海经济效益降低，生态效益较差，环境污染仍然严重。因此，城市经济体制改革就是要使城市各方面的管理制度和经营方式能保证并促进每个企业把“最少—最多—最少”的生态经济原则真正实行，并为实施这个原则提供有利条件。只有每个企业都努力实现“最少—最多—最少”的生态经济原则，整个城市生态经济效益不断提高也就有保障和基础，这也是实现社会主义经济建设和生态环境建设同步发展的重要基础。

第三，社会主义制度下劳动者“合理地调节他们和自然之间的物质变换”，既是微观经济的合理调节，又是宏观经济的合理调节。宏观经济的失控，就不能实现合理调节人和自然之间的物质变换，当然就难以取得生态效益和经济效益的有机统一。微观经济不能合理调节，破坏了生态平衡，生态效益受到损害，同样难以取得生态效益和经济效益的有机统一。但是，过去的经验教训表明，不少地方、部门和企业为了取得经济效益，而对生态效益重视不够，因而在人们经济活动中出现了一种常见现象，就是经济效益是正值，而生态效益是负值。这样，宏观整体的经济效益和长远经济效益，就难以有保障。1985 年 2 月，著名经济学家许涤新同志在全国生态经济科学讨论会上指出：现在一些工矿企业或经济单位能够通过它们的灵活经营，取得一定的经济效益。但是，这种经济效益有的是以破坏生态平衡，损害生态效益为条件的。因而，从本企业，本单位来看是得到经济效益，而从整体来说，从长远来说，却是经济效益的负数。许涤新同志所说的这种违背生态经济效益原则的做法值得我们高度注意。从这里也正是说明了我们应该把生态经济效益作为一个重要原则，来指导城市经济体制改革，建立起一个有效保证制定出有科学根据的符合提高生态经济效益的管理制度、方法和正确评价城市经济发展的指标体系以及保障正确执行它们的社会主义经济体制。我们相信，我们运用生态经济思想指导城市经济体制改革，这样一种充满生机和活力的社会主义经济体制必将出在祖国大地。这是历史发展的必然趋势，是毫无疑义的。

（原载《中青年经济论坛》1985 年第 1 期）

对农村生态经济良性循环问题的探讨

实现中国农村生态经济良性循环，对建设符合中国国情的社会主义现代化农村具有深远意义。本文拟就这个问题做一些探讨。

一、实现农村生态经济良性循环的指导原则

马克思曾经对农业生产的本质特点做过这样的精辟论述："经济的再生产过程，不管它的特殊的社会性质如何，在这个部门（农业）内，总是同一个自然的再生产过程交织在一起。"他还说："在所有再生部门都有再生产，但是这种同生产联系的再生产只有在农业中才是同自然的再生产一致的。"在这里，马克思科学地揭示了农业生产领域内的经济再生产和自然再生产交织着进行的特征，正确地阐明了没有农业的自然再生产，也就没有农业的经济再生产。农业再生产是农业生态系统再生产和农业经济系统再生产相互交织而成的复合再生产。这种再生产的全过程，不仅是农村经济中物质资料再生产过程；而且是农村生态系统中的自然环境资源再生产过程。这两种再生产过程通过人和自然间的物质和能量的变换而紧密地结合在一起，形成自然的环境再生产过程，同时就是社会的物质资料再生产过程，即农村生态经济再生过程。在我国社会主义制度下，农村生态经济再生产，就其本质来说，就是社会主义劳动者合

理地调节农村经济系统和农生态系统之间的物质和能量的变换关系，使系统中的能流、物流、价值流和信息流按一定的目的组成有序的、高度组织化的、相对平衡的良性循环运动，实现和保持农村的物质资料再生和自然环境资源再生产之间相互平衡和协调发展。这是实现农村生态经济良性循环的根本指导原理。按照这个生态经济学基本原理，我们发展农业，实现农村生态经济的良性循环，从指导原则和战略目标上来看，至少要遵循以下几个主要原则。

第一，发展农业，繁荣农村经济，必须遵循农村生态经济系统的物质和能量输出与输入大致等量、趋于平衡的原则。农村生态经济再生产，既然是农业自然再生产过程按照人们的需要，在经济规律的作用下，遵循农业生态系统中物质循环和能量流动的自然规律进行的，因而，任何一个农村生态系统，都是物质循环和能量转化的系统。人们通过它的经济亚系统作用于生态亚系统的直接目的总是追求更多的生产量，获取最大的输出。但这只有在良性生态循环的基础上才能实现。保持良性生态循环就必须首先有相应的源源不断的输入，使农村生态经济系统中的物质和能量的输入、利用、变换、存贮、输出大致等量，趋于收支平衡，才能保持农村生态经济系统正常运行与发展，并周而复始地良性循环。如果我们只是片面追求获取最大的输出，而忽视输入，取多于给，使生态系统的一部分输出物质和能量得不到补偿，就不能维持系统的物质循环和流量转化的正常运行，从而引起生态系统退化。那么，生态系统生产力就会下降，输出也必然下降，农村生态经济系统的良性循环就受到破坏，甚至会出现恶性循环。这种情况，过去在我国有相当普遍的农村在不同程度上存在着。其主要表现：种植业对土地资源重用轻养；林业过量采伐；牧业超载放牧；渔业重捕轻养等等，都是违背农村生态经济系统的物质和能量输入与输出大致等量、趋于平衡的原则，已经造成极为严重的生态经济恶果，再也不能干那种蠢事了。

第二，发展农业，繁荣农村经济，必须遵循自然资源增殖、合理开发、有效利用和农村产业结构按比例协调发展的原则。任何一个农村生态经济系统中都形成一定的自然资源结构，它对农村人口生存与生产发展和良好环境提供物质基础，对农村产业结构具有决定性意义。因为发展农业经济，要有与环境相适应的生物种群和适当的比例结构，农业依赖生物将资源转化为生物产品和经济产品，通过多种生物及其合理的配置和适当的配合，保持系统的物质和能量的比例协调，方能提高对环境资源的转换效率，其循环转化效率愈高，就意味着农村生态经济系统是一个高产量、低消耗、少污染的良性循环系统，系统的生产力就会不断提高。另一方面还在于只有保持农村生态经济系统中的自然资源增殖、合理开发、有效利用和农村产业结构按比例协调发展，建立起适应农村生态系统进化发展与维持系统的正常循环功能的农村产业结构，方能保持农村再生产各部门、各行业的比例协调，促使生态系统中各部分、各生态因子的配合协调。这两个方面的协调不仅直接保证生态系统内部的物质元素在不断循环中有一个相对平衡的合理比例关系，形成循环转化效率高的生态结构，使之转化出多种多样的生物产品和经济产品；而且更深远的意义在于建立和维持一个生态健全的农村生态环境，求得农村物质资料再生产和自然环境资源再生产持久的、稳定的协调发展。

但是，在过去的一个相当长的时间内，我国农村生态经济未能实现良性循环，有些地方还出现恶性循环。其中一个重要表现就是农业经济结构是以农业为主，农业以种植业为主，种植业以粮食为主，致使广大农村局限于单一的耕地经营，形成基本上是单一的农村产业结构。这种极不合理的农村产业结构，完全违背了自然资源增殖、合理开发、有效利用和农村产业结构按比例协调发展的原则，根本不可能做到经济发展与自然资源的最优结合。其结果，不仅形成畸形的农村产业结构，农村经济比例失调，而且造成农业生态系统的低劣循环功能，生态平衡失调，农村生态环境恶化。这个深刻的教训，值得我们永远吸取。近几年来，农村产业结构单一的局面还没有根本扭转。因此，全面振兴农村经济的核心问题，就是按照生态经济原则，建立新的农村产业结构。在用生态经济原则进行农村产业结构调整的时候，必须实行以有效保护为核心的环境资源开发战略，把增殖自然资源、合理开发和有效利用有机结合起来，实现自然资源的永续利用，为新的农村产业结构奠定坚实的物质基础，使农村生态经济处于良性循环状态。

第三，发展农业，繁荣农村经济，必须遵循农村经济发展目标与生态目标相统一的生态经济目标原则。在现代化经济和社会发展条件下，人们对农村生态经济系统的需求，不仅要满足其物质生活需要的物质产品，而且要追求清洁的淡水、新鲜的空气、二氧化碳与氧气的正常比例、各种营养元素等所组成的生态健全的生态环境，这是人们生存和全面发展的首要条件。因此，发展农村经济，既要生产出日益丰富的物质产品，提高人民的物质生活水平，又要创造出良好的生态环境，提高人民的生活质量。前者是发展农村经济的经济目标，后者是它的生态目标。两者的有机统一、互为一体、互相交织，就是发展农村经济的生态经济目标。实现农村经济和社会发展的生态经济目标，是使人与人、人与自然之间都能处于相互适应的和谐状况，把一个不良循环的农村生态经济系统转变为进化发展、欣欣向荣的良性循环系统，保证农村的物质资料再生产和自然环境资源再生产协调发展。

长期以来，我国把发展农业生产力建立在大量消耗自然资源的基础上，用向大自然索取资源来换取某些农产品增长的速度，使从事农业生产的人们片面追求经济发展的经济目标，忽视生态目标。当人们从生态系统中获得最大的生产量时，看来是取得了对自然界的“巨大胜利”，但实际上走的是牺牲环境资源发展农业的道路。导致农业的自然再生产不能永续不断地良性循环，在一定程度上形成或助长了农业的经济再生产的不良循环，进而使农业生态系统不良循环和经济系统不良循环相互交织，形成了农村生态经济的不良循环，甚至恶性循环，导致人与人、人与自然之间关系异常紧张的局面。只有经过人们渐渐地从自然界的严重惩罚中醒悟过来，正确认识人和自然、经济与生态之间的依存关系之后，才逐步纠正了过去发展农业只有生产增长的经济目标，没有改善生态的生态目标的错误决策，把农业经济增长和生态改善与保护环境的双重目标同时作为建设社会主义现代化农村的奋斗目标。党的十二大提出了“保持生态平衡”的号召，强调指出发展农业生产必须善于保护和合理利用各种农业自然资源，并把它作为发展农业的前提条件。这标志着我国农村经济建设由单一的经济目标向经济目标和生态目标及其两者统一的生态经济目标的战略转变。最近发表的《中华人民共和国国民经济和社会发展第七个五年计划》中又把保护农村环境和改善生态环境，作为我国经济和社会发展的奋斗目标之一。从而形成了生产发展、生活提高、生态改善相统一的生态型经济和社会发展模式与战略目标，为我国实现农村生态经济良性循环指明了正确方向和根本任务。

总之，我们根据生态经济学整体性原理，把农村作为一个自然和社会的统一整体，它包含农村的整个环境、整个社会、整个经济。那么，我国农村生态经济的良性循环，从农村再生产的全过程来看，则是经济系统内部的生产、分配、交换、消费各个环节相互促进并得以协调发展，生态系统内部的结构与功能的相互适应并得以稳定发展，从而实现物质资料再生产和自然环境资源再生产相互协调与平衡发展，获得最佳的生态经济效益，使生产建设不断扩大，人民生活不断提高，生态环境不断改善。可见，农村生态经济的良性循环是农村和农村经济全面发展与繁荣的治本之道。

二、发展农村生态经济的正确道路

在我国，建设一个符合中国国情的社会主义新农村，在生态经济学领域里，就是要建设以生态农业为基础的立体农业。这是发展农村生态经济，使之转向良性循环的正确道路。

目前我国学术界虽然对生态农业有不同看法，但多数学者为从发展农业的战略方向上考虑，我国农业不能走西方的“无机农业”即“石油农业”的老路。应该走在生态农业的基础上发展立体农业的道路。所谓生态农业，主要是指运用生态学和生态经济学原理指导农村生产和再生产，利用人、生物与环境之间的能量转换定律和生物之间的共生、相养规律，促进物质的多次重复和循环利用，充分合理地利用本地的自然资源，同时也利用现代科学技术，实行无废物生产和无污染生产，建立起“多业并举，综合发展，多级转换，良性循环”的立体网状农村生态经济系统。这个系统必然是转换效率高、消耗少、产量大、污染轻、资源保护好的良性循环系统。它既能提供尽可能多的优良产品，满足人民的生产和生活的物质需要，又能创造出良好的生态环境满足人民生存和发展生态的需要。

党的十一届三中全会以来，我国农村普遍实行生产责任制，带来了农村生产力的解放和商品经济的发展，不少地方已经出现了一些农业生态经济转向良性循环的模式，它体现了生态农业的特征，正在开拓具有中国特色的社会主义现代化农村的广阔发展道路。这集中表现在我国农村经济开始实现由自给半自给经济的平面农业走上了专业化、商品化、现代化的立体农业的正确轨道，发展以生态农业为基础的新型的立体农业。所谓立体农业，我认为有两个方面的含义：一是实现由“平面结构”向“立体结构”的战略转变，这叫立体开发战略；二是实现由“单项发展”向“综合发展”的战略转变，这叫综合开发战略。这种立体开发和综合开发主要从以下几个方面进行：

第一，在生产布局上是立体布局。对各种农作物进行立体布局，建立起多种生产结构的人工生态系统，形成立体生产网状结构。它是在有限的土地空间内，分层次地把具有共生、共栖关系或相间无害的多种农业生物群体进行立体布局，使之成为综合性人工生态系统，也就是让多种生物组成一个系统，建立起良好的人、生物和环境的共生关系。从时、空立体利用上提高光能利用率，各种生物群体在阳光、土壤、空气、水分、养分的利用上各占其位，各取所需，互相补充，可以在同一空间生产多种生物产品和经济产品，大大超过单一生产的产量。这样，就可以达到既充分利用生物资源，又保护农业生态环境；既提高土地利用率，又可建立起物质和能量转换效率高的农业生态经济系统。这是一种生态型集约农业生产方式。

第二，在产业部署上是立体部署。它从我国国情的特点出发，以我国农村生态经济实际情况为依据，充分利用我国耕地少、山区大、牧区广、水面多、劳力资源丰富的特点，合理开发和有效利用我国的天、地、山、水、林、草等全部国土资源，多层次地立体开发，形成立体产业结构。理论和实践表明，这就要求我们从三个层次进行立体开发、产业部署：

第一层次是种植业生态经济系统。它是农田生态系统和耕地经营经济系统这两个亚系统的复合系统。其中农田生态系统包括粮田生态系统和经济作物生态系统等子系统；耕地经营系统包括粮食经济、经济作物经济等子系统。因此，发展种植业生态经济的根本问题，是合理安排粮食作物和经济作物的比例，正确处理粮食作物生产和经济作物生产的关系。我们必须实行由单纯抓粮食生产转移到同时抓好经济作物生产，促进粮食经济和经济作物经济之间的协调发展，使农田生态系统的生产力不断提高，实现在保持粮食生产稳定增长的基础上，使经济作物有较大的发展。

第二层次农业生态经济系统。它是农业生态系统和农业经济系统这两个亚系统的复合系统。其中农业生态系统包括农田生态系统、森林生态系统、草原生态系统、湖泊生态系统等子系统，农业经济系统包括种植业经济系统、林业经济系统、牧业经济系统、渔业经济系统、虫业经济系统等子系统。因此，发展农业生态经济主要是种植业与林业、牧亚、渔业、禽虫菌等业的发展关系，形成合理的农业经济结构，使自然界的物质和能量在农田、森林、牧地、湖泊、家禽家畜等各种农业生态系统互相渗透、交替良性循环，促进农业生态经济系统中各业的协调发展，充分发挥农业的整体功能，实现农业生态经济的全面发展。

第三层次是农村生态经济系统。它是农村生态系统和农村经济系统这两个亚系统的复合系统。其中农村生态系统包括农村集镇生态系统和农业生态系统等子系统；农村经济系统包括农业经济系统、农村工业经济系统、农村商业经济系统、农村建材建筑经济系统、农村交通运输业经济系统和农村服务业经济系统等子系统。这个层次主要是正确处理农业与非农产业的发展关系，使农村的农业与工业、商业、运输业、建筑业、服务业等非农产业之间协调发展，形成合理的农村产业结构，全面繁荣农村经济。

第三，建立新的农村产业结构。按照生态经济原理必然要走综合开发农村经济的发展道路。综合开发与发展的实质，就是把整个农村经济堪称是一个开放式的巨大的生态经济系统，从封闭式的农业经济向开放式的农村生态经济发展，将整个农村经济转移到专业化、社会化、现代化的轨道上来，实现从自给半自给经济向大规模商品经济转变。因此，农村经济的综合发展必然是以综合开发和有效利用各种国土资源为基础，进行农村生产的综合经营和农村产品的综合利用，取得较好的综合效益。它不仅是农业生态经济系统内部各生产部门的综合发展，建立起农业全面发展、多级结构、物质和能量多级利用、循环畅通的高效无废料良性循环系统；而且是农村经济走上专业化、社会化、商品化的发展道路，通过专业分工，发挥各种专业的优势，促进农村进行现代化大生产，实行农工商联合经营和供产销一条龙，彻底改变农村生产、加工、销售的割裂状态。只有这样，才能在农村建立起农产品加工业体系、饲料工业体系、建材建筑业体系、能源交通和贮藏运销体系、良种繁育体系、植物保护与药物供应和防疫体系、技术推广体系、多层次和多形式的商品流通体系等，使农村产业结构逐步合理化，在农村内部实现工业化和现代化。这是中国传统农业向具有中国特色的社会主义现代化农业和农村发展的正确道路，也是实现我国农村生态经济良性循环的正确道路。

三、促进农村生态经济转向良性循环的战略措施

从我国和世界许多国家的经验看，农村生态经济从不良循环向良性循环，必须使农村成为具有强大生命力和充满生机与活力的生态、经济、社会的综合体。要建立起这样的良性循环的农村生态经济系统，从目前我国农村生态经济的实际，要采取以下几项重要的战略措施：

1. 控制农村人口是农村生态经济转向良性循环的前提条件。在当代，人们越来越认识到人口问题的尖锐性和控制人口增长的迫切性。从全世界来说，人类面临的所谓资源、环境、粮食、能源和人口等五大挑战，就其核心问题，还是人口问题。要解决这个问题，一方面是要消灭造成违背自然规律的经济活动的社会根源；另一方面也必须控制人口的增长。社会主义制度就其本质上说，它是提供了合理地调节人类社会经济活动和自然生态环境发展关系的社会条件，为建立一个良性循环的生态经济系统提供了可能。但是，社会主义制度并没有给人们违反自然规律和社会规律的任何权力。不论社会制度如何，人口生产和再生产，既要受社会经济规律的制约，又要受自然生态规律的制约。当人口再生产与物质资料再生产和自然环境资源再生产相互适应、协调发展的时候，就能加速物质资料再和自然环境资料再生产的发展，反之，就会阻碍甚至破坏物质资料再生产和自然环境再生产的发展。特别是人口再生产和自然环境资源再生产之间严重失调时，人口增长过多、过快，对生态系统的冲击和压力超过了生态系统所具有的韧性限度，那么生态系统本身的调节能力就不再起作用，其物质循环和能量交换的正常功能就会遭到破坏，引起生态系统的退化，导致不良的生态循环，自然界对人们的报复就会与日俱增，直接威胁着人本身的生存和经济社会的发展。我国是一个有10亿多人口的大国。农村人口长期以来占80%以上。8亿农民要吃饭、穿衣、住房，这一切所需要的物质，归根到底都要从自然界中摄取。长期以来，我国在全世界7%的耕地上养活了全世界23%的人口，这确实是中国社会主义建设的巨大成就；但也确实使我国生态环境负荷过重，环境污染加剧。这些虽然不能全归因于人口过多，但人口多、增长快是加速我国生态环境恶化，导致人与自然关系紧张状态的重要原因之一。在这种情况下，控制农村人口增长，保持人口再生产与物质资料再生产和自然环境资源再生产相互适应，就成为改善农村生态环境，使农村生态经济系统转向良性循环的首要前提。

2. 保护生物资源是农村生态经济转向良性循环的核心问题。一定的农村生态系统中的森林、草原、土壤、动物等可更新资源，是发展农村生态经济的物质基础，是决定农村生态经济结构及其类型的主要因素。离开了生物资源，农村生产就无法进行，也就谈不上农村社会和经济发展。因此，人们为了自身生存和发展经济，去开发利用生物资源，不仅存在一个物质资料生产与生物资源更新再生之间的协调发展问题，而且还同一切与生物资源有关的周围环境存在着一个协调发展问题。这种协调关系的破坏，不仅造成生物资源再生增殖能力削弱，而且引起周围生态环境的破坏。所以生物资源的更新和再生的特殊性，决定了它的合理开发、充分利用必须和其大力抚育、有效保护和不断增殖相结合，而且，抚育、增殖、保护是开发和利用的基础，这是维持农村生态经济良性循环的核心问题。然而，由于人口增长和经济发展，人们不合理开发利用生物资源，使生物资源遭受破坏，生物资源消耗与它的再生增殖能力的矛盾日益尖锐，成为笼罩在人类生存和经济发展途中一道现实而严峻的阴影。在当代生物资源严重破坏中，土地资源和森林资源蒙受其害最深。因此，保护土地资源，防止土壤退化；保护森林资源，防止森林枯竭，已经成为生态环境所面临的最严重的生态经济问题，也是我国农村社会主义现代化建设所面临的巨大挑战。因而，要把保护生物资源特别是保护土地和森林资源提到发展农村生态经济的首要战略地位上来。在一切生产建设中，都必须十分注意有效保护、合理利用和节约使用土地和森林资源。要根据它们的再生和更新规律加以科学管理，从而发挥它们在保持农村生态经济良性循环中的重要作用。

3. 解决农村能源问题是农村生态经济从不良循环向良性循环转化的根本途径。能源生态经济问题是当代世界人类社会面临的重大经济社会问题之一。能源是社会的基础结构，是经济社会发展和人民生活提高的物质基础。据有人计算，在现代化经济发展的情况下，人口每增加一倍，能源消耗量要增加六至七倍。目前我国广大农村的生活和生产用能消费水平都很低，不能满足农村生活提高和生产发展的需要。随着我国农村经济向专业化、商品化、现代化的转变，对能源的需求量将会越来越大，农村能源的供需矛盾也会日益扩大。

从现实情况来看，农村能源严重不足，是农村生态环境恶化的重要原因。长期以来，我国农村能源一直奇缺。全国农村现有8000万至1亿农户缺烧3—5个月。农民目前每年要烧掉秸秆、柴草、牲畜粪便大约在5亿吨以上。农村生产的秸秆量一半必须作肥料、饲料原料用，一半以上被烧掉，势必与农业、畜牧业和有关轻工业发生矛盾。由于大量烧掉生物有机能源，每年要损失有机质大约在2亿—3亿吨左右，同时还要损失氮、磷、钾等植物养料400万—500万吨，使大量有机物不能还田，土壤肥力日益下降，农田生态系统退化。特别是大量滥采滥伐森林难以制止，造成森林和其他植被遭受严重破坏，形成“农民砍森林，流沙吃农田”的恶性循环局面。

农村能源供需矛盾尖锐还在于农村能源消耗严重浪费所致。目前我国农村用能工具十分落后，使用效率低，旧式炉灶的热效率不到15%。农业机械型号落后，乡镇企业设备很陈旧、工艺十分落后，这些都使耗能颇大；农村房舍简陋，炉灶原始，燃烧污染严重，正在日益威胁农民健康和削弱农村生态系统的自净能力。

解决我国农村能源的出路，最主要是逐步改革不合理的农村能源结构。当前要着重抓好三个方面的措施：

第一，开发水能源，建设小水电，这是解决农村能源的一条有效途径。积极发展小水电，逐步实现农村生活和生产燃料电气化，这是发展农村经济，改善农民生活和生产条件，改善农村生态环境，提高农民生活质量的战略措施。

第二，发展沼气，这是解决农村能源的重要途径。一些地方的实践证明，发展沼气不仅可以改变农村能源紧缺状况，还可以改善农村生态环境和土壤有机质变劣状况。因为，它在解决燃料的同时，又创造了优质有机肥料沼肥还田，是解决有机肥料的重要途径。因此积极兴办沼气，把饲料、燃料和肥料结合在一起，使农业资源得到充分而合理的利用，能获最佳生态经济效益。

第三，发展“绿色能源”，营造薪炭林，也是解决农村能源的好办法。与此同时，因地制宜地结合开发太阳能、风能、地热能，使多种能源兼并使用，互相配合和补充，就能更好地解决农村能源问题。

4. 防治环境污染是农村生态经济从不良循环向良性循环转化的基本措施。目前我国环境污染已由城市、江河扩展到集镇农村，使农村生态破坏、环境质量下降。这是造成农村生态经济处于不良循环的重要原因。工农业生产造成农村污染主要有以下几个方面：

第一，城市工业排放的“三废”和未经处理的城市垃圾污染农村环境。目前大量工业废水污水未经处理，任意排放，致使农村许多江河湖泊被污染，破坏了农村水域生态系统。工业废气中有毒物随大气流动而扩散到农村，毒害森林和农作物。工业废渣和垃圾未经处理到处侵占土地和农田，污染土壤和地下水，危害农业生产。可见，防治农村污染，必须有效控制工业污染，这是改变农村生态环境的重要途径。

第二，农业生产自身污染。这主要指在农业生产过程中不合理地过量使用毒性过高的农药和化学肥料而造成的农村污染。施用农药是促进农业增产的一项有效技术措施。但是，不合理地过量使用剧毒农药，使农村自然环境中留存了总用量的75%左右没有对增产发挥作用的有机氯、有机磷等，不仅污染了土壤和水体，影响农作物的生长、人体和牲畜的安全，而且也造成耕地土壤理化性质逐步变坏，使农田生态系统遭到破坏。一些土壤生态系统乃至整个农业生态结构改变，导致土地生产率减退，影响农作物增产。因此，发展农业，保持稳产高产，必须实行技术措施和生物措施、化肥和有机肥、化学防治与生物防治相结合，才能改善农村生态环境，使农村生态经济处于良性循环状态。

第三，乡镇企业排放“三废”，危害着农村生态环境。这几年来，我国农村乡镇企业获得了迅速发展，为农村商品经济发展开辟了广阔的道路。但是，我们必须看到，乡镇企业的发展，已开始带来了我国农村的新的生态环境问题。有人粗略匡算，经济比较发达地区的农村环境污染的50%以上是乡镇工业排放“三废”造成的，这已成为破坏农村生态环境各类因素之首，使原来农村生态环境受到的“点状”污染扩大到面上。这是因为，目前我国乡镇企业主要是由采矿冶金、建材、水泥、轻纺、造纸、电镀、喷漆、印染、塑料、化肥、农药等有污染的产业组成的，这类企业占乡镇企业总数的三分之一到二分之一，个别地方高达三分之二。同时，城市转移扩散到农村的企业，几乎全部是污染型企业。这样建起一个小厂，就污染一大片。加上，乡镇企业布局混乱，生产设备陈旧，大部分乡镇企业没有环保措施。特别是，许多地方发展乡镇企业，片面追求产值产量，忽视环保和资源合理利用，实际上是走以牺牲环境资源为代价来换取农村经济的暂时繁荣，这就必然潜伏农村生态经济恶性循环的危险。对此，决不可掉以轻心。必须把消除乡镇企业对农村环境的污染、生态的破坏提到议事日程上来，在逐步实现良性生态循环的基础上，加快乡镇企业的发展，以保证乡镇企业发展朝着农村生态经济良性循环的道路持续前进。

（原载《学习与探索》1986 年第 4 期）

生态经济协调发展论的基本内容

生态经济协调发展论对于经济社会发展与自然生态环境关系的基本看法，既不同于悲观的生态经济观，又不同于乐观的生态经济观，也区别于现实论的生态经济观。

1. 从人与自然的关系来看，人类无论是作为自然的人，还是作为社会的人，都不是消极适应自然，而且在适应中不断认识自然与能动利用自然，创造自由的物质、精神文明和优美的生态环境，推动人类和人类社会向前发展。就社会生产发展的意义上来说，人类社会发展的历史，就是生产不断发展，技术不断进步，经济不断增长的历史。这是人类社会生产发展不可逆转的历史进程，问题在于人们正确认识和科学运用自然规律和社会规律，使这种历史发展进程不仅与自然界相互协调，而且要与生物圈整体联系互相协调，人、社会与自然的和谐相处，实现经济社会发展与生态环境改善的同步协调发展。

2. 生产的发展，技术的进步，经济的增长，对生态环境的影响在客观上存在着两种可能性：技术进步，经济增长，为消除污染和改善生态创造了经济技术条件，增强了解决生态环境问题的实力。因此，离开现代生产力发展所提供的物质技术基础来谈保护环境和改善生态就犹如无本之木，无源之水，是一句空话。当然，发展经济，特别是现代生产力的高速发展，加剧了资源、能源的消耗与枯竭，从而导致了环境污染与生态破坏，会带来某些不利于人类和人类社会的副作用。但是，这两种可能性变成现实性，不完全取决于生产力和科学技术的本身，在很大程度上取决于社会制度和与社会制度相适应的经济体制及其经济政策。因此，要从根本上解决当代社会的生态经济问题，一方面要铲除造成违背客观规律的经济、社会根源；另一方面要发展经济和技术，使经济与社会现代化。这就要求人们必须遵循作为整体的自然和社会这个统一客观世界运动发展的客观规律，即生态经济规律，处理好经济社会发展与生态环境改善的关系，趋利避害，正确解决它的矛盾，才能够在有力推动经济社会发展的同时，有效改善生态环境。只有这样，才能够使经济社会发展，促进生态环境改善；而改善生态环境又反过来促进经济社会发展，建立起协调互促型的现代生态经济模式，这也是现代经济社会发展模式。

3. 协调互促型的现代生态经济模式，在经济社会发展战略上，必然是生态经济协调发展战略。这个战略与上述各种发展战略的根本区别在于：经济社会必须不断发展；生态平衡必须永远保持；技术体系必须日益完善，使之既适应经济增长，又适应现代生活方式，还要生态健全，成为协调经济社会和自然生态同步进行演替的桥梁，使生态系统同经济系统、社会系统和科技系统之间相互依存，成为一个不可分割的有机整体。为此，我们必须彻底改变传统的、不完全的社会观、生产观、需求观、财富观，树立生态经济学的、现代的、完整的社会观、生产观、需求观、财富观，我们把这些概括为生态经济协调发展观。

现在，把我们关于生态经济协调发展论的基本内容，简要介绍如下：

1. 现代经济社会是一个生态经济有机整体，或者说，现代经济社会是人与自然界完成的本质的统一机体。这就是生态经济学的广义的、完整的社会观。过去，人们曾认为社会愈进步，经济愈发展，技术愈先进，人类就会愈超脱于自然界之外，经济也就会凌驾于生态之上，因而人、社会和自然界的依存关系逐渐削弱。事实恰恰相反，无论社会怎样进步，其经济发展所必需的一切物质资源，归根到底都要来自于自然界；无论技术怎样先进，人类生存与发展所进行的经济活动和繁衍，总是离不开一定的生态系统，还与一切与物质资料有关的周围的环境存在着一个互相平衡和协同发展问题。何况，随着人类生活质量的提高，经济发展需要的物质资源的种类，数量会不断增加，质量的需求也将不断提高；人类自身生活和生产对环境质量的需求也会不断提高。与此同时，人类必须通过自己的经济活动持续不断地为生态系统输入物质和能量，以激活与增强生态环境的自我更新和资源补偿具有持续供给能力，使自然界在物质循环和能量流动中不断发展。因此，理论与实践都证明，社会越进步，经济越发展，技术越先进，生物圈、技术圈和智慧圈之间就越相互依存、相互融合、相互作用，成为不可分割的经济有机整体即生态经济系统，这是一个无法逃避的客观现实。

2. 现代经济社会的人类需求是一个生态经济体系。传统的经济学只是从社会经济系统内部的物质资料的生产、交换、分配、消费等现象和过程业研究人类的物质文化的需要，而把人类自身生命、生活、生产过程中对生态环境的需要排除在人类生存和经济社会发展的需求之外，这是不全面的。其实，由自然生态系统直接供给人类自身生活与生产和社会物质生产活动的物质条件，才是人类最根本的需要。现代经济社会作为一个生态经济有机体，使人类全面需求推进一个新阶段，这正是以现代人的生态需求为显著特征的。因此，现代人的需要不仅是对物质、文化消费的需求，而且还包括对生态健全的环境以及环境补偿价值等方面的生态需求。现代经济社会发展要满足人的全面需求，实现人的全面需求是社会主义社会发展的客观要求和必然趋势。现代经济社会中人的全面需求是现代经济社会的变革与发展以及人类自身生存与发展的强大推动力，是现代生态经济系统进化与发展的内在动力。

3. 现代经济社会再生产是生态经济有机系统再生产。它不仅包括物质资料再生产和人类自身再生产，还包括自然生态系统内部物质循环和能量转化的自然生态再生产和人类智力产品的精神再生产。自然经济再生产是人口再生产、物质再生产和精神再生产的物质基础。现代社会生产力愈发达，四种再生产愈融合成为互相制约、互相作用的有机系统。

现代经济社会再生产运动过程，实质是社会经济系统和自然生态系统相互交织与统一运动的生态经济再生产运动过程。

4. 生态经济协调发展规律是现代经济社会及其再生产运动的基本规律。人类的一切经济活动都是在最大的生态系统即生物圈的广阔天地中进行的。人类及其经济活动不仅是社会经济系统的主体，而且是自然生态系统的控制者和协调者，推动着生态经济系统按照它本身所固有的规律不断运动、变化，并向前发展。因而，社会经济系统和自然生态系统之间相互平衡和协调发展，是生态经济系统进化发展的总趋势。不管经济社会形态如何，社会经济系统和自然生态系统相互平衡和协调发展都具有内在必然性，因而，它是一切经济社会形态下人类社会经济活动所共有的生态经济规律。现代经济社会条件下使这个规律获得了发生作用的广阔场所；而社会主义制度则给它充分发生作用开辟了广阔道路。

5. 现代经济社会建设必须按照生态经济协调发展规律办事，归根到底，就是要真正建设起协调互促型的现代生态经济模式，实行现代经济社会协调发展战略。现代经济发展既不能以追求利润和经济增长为基本目标，也不能追求古朴的自然环境为基本目标，而是要以生产发展、生活提高、生态改善相统一为现代经济社会发展的战略目标，将现代经济社会的持续稳定发展建立在生物圈的稳定进展演替的基础之上，由过去常常把自然界视为经济社会发展的异己而屡遭无情报复转移到人与自然、社会经济与生态和睦相处、协同发展的轨道上来。中国社会主义经济社会发展的新战略，是经济—社会—科技—生态大系统协调发展战略，并把改善人民生活环境，提高人民生活质量规定为经济社会发展的主要奋斗目标，这些标志着中国社会主义经济社会发展战略思想的根本转变。

关于生态经济协调发展理论，我们的基本论点大致如此。

我们的论点是依据马克思主义的基本原理，对当代世界上客观存在的全球问题进行科学分析，对人类社会历史发展特别是进入现代化后的世界经济社会全部因素和整个自然界因素相互作用的发展进程的具体情况进行历史分析，对不同社会制度间极端错综复杂的生态经济关系进行分析而得出来的。现在，人类已经进入把人、自然与社会作为一个统一整体基础上来揭示经济社会发展的清晰图景的新时代，我们今天不仅能够指出自然生态系统内部各个部分变化发展过程的联系，而且能够指出社会经济系统内部各个领域变化发展过程的联系；还能够从生态经济系统的总体上指出自然生态系统和社会经济系统各个部分，各个领域相互之间的联系。这样，我们就能够按照生态经济协调发展原理，把一个朝着恶性循环演变的生态经济系统，建设成一个持续、稳定、协调及适度发展的生机勃勃的、生意盎然的生态经济系统，为当代人类及其子孙后代造福。

（本文系《生态经济协调发展论》研究报告，提交给1986年在上海召开的《中国生态经济发展战略学术讨论会》；原载《刘思华可持续经济文集》，中国财政经济出版社2007年版，第368—373页）

社会主义初级阶段生态经济基本矛盾发展的总趋势

生态经济基本矛盾运动推动着生态经济不断向前发展。在当今世界人们对经济社会和自然生态发展前景的总认识，基本上可以分为三种生态经济理论观点：悲观论的生态经济观，乐观论的生态经济观，现实论的生态经济观。而中国马克思主义生态经济学派则持有协调论的生态经济观[①]。生态经济协调论认为，人无论作为自然的人，还是作为社会的人，都不是消极适应自然，而是在适应中不断认识自然与能动利用自然，创造符合自己需要的物质文明、精神文明和生态文明，推动着人类和人类社会不断向前发展。这是人类社会进步的内在要求和必然趋势。社会主义社会的发展同样必须顺应这一普遍的趋势。生态经济基本矛盾，与所有事物矛盾一样，它既有矛盾的一面又有统一的一面。从根本上来说，在现代经济社会条件下，经济社会和自然生态是相互依存、彼此促进的。二者的发展状况如何，主要取决于人及其经济活动的调控作用，来正确调节生态经济基本矛盾运动，处理好二者的发展关系，趋利避害，使现代社会生产发展不仅与自然生态系统相互协调，而且与生物圈整体联系互相协调，从而实现经济社会发展与生态环境改善的同步协调发展。因

① 参见拙作《关于生态经济协调发展论的几个问题》，《生态经济》1987 年第 6 期。

此，经济社会和自然生态的协调发展，是现代经济社会发展的必然趋势，也是我国社会主义初级阶段生态经济基本矛盾发展的总趋势。

社会主义初级阶段的主要矛盾存在和发展，推动着社会主义现代化建设的根本目的，是为了不断满足全体人民的生存、享受和发展日益增长的需要，使他们获得体力和智力的全面发展，实现“过最美好，最幸福的生活”（列宁语）。因而，在客观上要求我们发展经济，增加社会产品的同时，必须创造出最无愧于和最适合于人类本性的生态环境，为人民造福。这是社会主义现代化建设的根本宗旨，它反映了建立在社会化大生产基础上社会主义制度的本质，违背这个根本宗旨，是社会主义制度所不允许的。

在社会主义工业化、现代化的过程中建设现代化自然生态，这是我国人民根本的、长远的利益所在。社会主义劳动者作为社会和自然的真正主人，追求满足自己在现有生产力发展水平基础上的生态、物质、文化需要，这是社会主义经济优越性的体现。我国人民不仅希望改善物质生活水平，而且希望改善生态环境条件。如果人民过着优裕的物质生活，享有丰富的文化生活，而他们生存的环境质量下降，生活在那种尘雾弥漫，空气污浊，废水横流，垃圾遍地，噪声振耳，绿地消失的恶劣环境之中，到处呼吸不到新鲜空气，喝不到清洁的淡水，找不到安静休息的地方，这种连人民生存和发展的基本条件也得不到保障，怎么能谈得上是合格的社会主义呢？怎么能说人民“过最美好、最幸福的生活”呢？所以，在任何情况下，我们都要在发展经济的基础上，改善人民生存与发展的生态环境，并为子孙后代的生存和经济社会发展提供物质基础。这是广大人民的迫切愿望和根本要求，违背这种根本要求，是广大人民所不允许的。

经济社会和自然生态协调发展，这是我国人民在几十年社会主义经济建设实践中总结出来的一个重要经验，也是保护和建设生态环境工作的一条重要规律。发达国家在实现工业化、现代化过程中，走了一条“先污染后治理”的道路，当今世界上一些发展中国家也基本在走这条老路。我们是社会主义国家，从人民根本利益和社会主义制度本质的要求出发，总结了这些国家的经验教训，提出和执行了生态环境保护的基本国策、坚持经济建设、城乡建设、环境建设的同步规划、同步实步发展，实现经济效益、社会效益、环境（生态）效益的统一这是建设社会主义的根本方针，既符合我国的国情，又符合现代经济发展的客观规律，是完全正确的。这就使我们在今后的工业化，现代化的进程中避免走发达国家“先污染后治理”的老路。

前不久，邓小平同志指出，我们面临的问题有两个，就是和平与发展。而和平、改革与开放也都是为了发展。所以，发展是当代中国创造社会主义现代文明的主题。我国社会主义工业化、现代化与资本主义工业化、现代化的一个重大区别，就在于社会主义工业化、现代化不是纯粹的经济现代化，而是以此为基础的多元现代化。它的发展既包括经济发展也包括政治、文化、科技、社会的发展，还包括自然生态、环境的发展，并且经济发展必须同政治、文化、科技、社会、自然生态环境的发展相协调。因此，社会主义初级阶段的发展过程，就必然表现为经济与生态、社会与环境、人、社会与自然的协调发展过程。社会主义的现代文明，是社会主义的物质文明、精神文明、生态文明的高度统一。而社会主义主要矛盾是推动这种高度统一的强大动力。

综上所述，我国处于社会主义初级阶段，现阶段我国社会生产力发展水平低，生态经济生产力发展水平低，人口众多和生物资源短缺的基本国情，环境污染和生态破坏的严重现实，经济发展和现代化建设的长远利益，全体人民的根本利益和会主义的性质，都决定必须把有效保护和建设现代自然生态作为社会主义现代化建设的一项战略任务，努力实现经济社会和自然的协调发展，这是社会主义初级阶段生态经济基本矛盾运动与发展的总趋势。我们认识和掌握这个生态经济发展的总趋势，就其根本意义来说，就是要把我国的现代化建设转移到严格按照自然规律和经济规律办事的轨道上来，自觉地协调人们经济活动与自然生态的发展的相互关系，实现经济与生态、社会与环境、人、社会与自然的协调发展，不断提高生态经济产力发展水平，从而把我国目前较低的生产力发展水平迅速提高到现代化水平，使我国社会主义现代文明达到高度的物质文明、精神文明、生态文明的有机统一。这是社会主义历史时期的根本任务，也是社会主义初级阶段全国人民的中心任务。

（原载《广西社会科学》1988 年第 4 期）

论生态经济需求

一、生态需求在现代人类需求中的重要地位

现代经济社会是个生态经济有机整体，现代人的需求是物质文化需要和生态环境需要的生态经济综合体系。我们把它称为生态经济需求。

从人类社会经济发展的历史来看，随着世界主要资本主义国家先后实现了产业革命，用机器大工业代替了工场手工业，使人类社会生产进入了技术发展的新时期。特别是第二次世界大战以后现代生产力的巨大发展，科学技术的飞跃进步，人口的迅猛增加，人类消费的极大增长，使人类社会经济活动的需求日益扩大。而这种需求的实现是建立在大量消耗资源和能源的基础之上的，使现代经济社会出现资源短缺乃至濒临枯竭；同时人类又将自己经济活动所产生的废物还给自然界，实际上也超过了自然生态系统的吸收和净化能力的限度，使现代经济社会出现环境污染乃至环境危机。这两种生态现象使现代经济社会发展的生态需求正在急剧增长，成为现代经济社会中人的基本需求。所以，广义的生态需求是指现代人类经济活动中社会经济系统对自然生态系统的生态环境资源的需要。这是现代大规模的社会经济活动所产生的生态需求。它具体表现为三种形态：（1）人类经济活动消耗自然资源；（2）人类经济活动消耗环境质量；（3）人类自身生活和生产消耗环境质量，即人自身的生态需求。狭义的生态需求就是指人自身的生态需要。可见，现代人类

的生存和发展，既要在经济系统运行过程中实现其经济需要，又要在生态系统运行过程中实现其生态需要，还要在经济系统和生态系统相互适应、协调发展过程中实现其生态经济需要。生态经济学正是在现代经济社会是个生态经济有机整体的基础上来研究人类的社会需要，就必然把人自身的生态需求包括在人类社会经济发展的需求之内。这就突破了传统的经济学只是从经济系统内部物质资料的生产、交换、分配、消费等经济现象和经济过程来研究人类的社会需要的观点，因而是完全符合现代经济社会发展的实际情况的。

首先，现代生产力的发展改变了人们的劳动和生产条件，使人的需求范围扩大。随着现代生产力的发展，科学技术的进步，人在现代生产过程中作用的提高主要是靠其智力作用的增强。于是社会生产过程以体力劳动为主转变为以智力劳动为主。这种变化虽然相对减少了人体筋肉的能量消耗，却增加了劳动者神经能量的消耗。而这种消耗的补偿不仅要丰富多样的物质产品和精神产品，而且还要优美健全的生态环境，人们越来越需要同作为体力和智力恢复与发展源泉的生物界交往，人们对安静休息、愉快旅游和接触大自然的需要就大为增长。在现代经济社会中人的社会需求是多要素统一的生态经济综合体系，其中最基本的有三要素：一是物质需求，二是精神需求，三是生态需求。其次，现代生产力的发展，人民生活水平的提高，使人们对生活质量提出更高要求，生态需求的满足成为提高人民福利水平的重要标志。人们在物质产品等经济需求得到满足的情况下，就会付出更高的代价去谋求生态需要，获得较好的生活环境或者享受优美的生态环境，提高其生活质量。再次，现代生产力的发展，生产现代化，必然带来生活现代化。现代生活方式尤其是大城市居民的现代生活已经出现了一种脱离自然环境而过分依赖人造生活环境的倾向，这种倾向对人的体力和智力充分发展很不利。创造一个最无愧于和最适合于人类本性的良好生态环境，已比以往历史时期更加重要。再次，生态环境恶化是当代经济社会发展所面临的具有全球普遍性的尖锐问题。它在现代城市化过程中尤为突出，其中最严重的是空气和水的污染，垃圾成山，噪声喧闹，使城市居民生活质量下降，生存条件恶化。它必然引起人们对干净的空气、清洁的淡水等生态条件和良好的生态环境的需求越来越迫切。因此，现在一些发达国家的城市中，出现了“郊外空气”和“氧气”销售站；出现了销售过滤或处理过的瓶装清水，出现了野外森林浴等等。最后，由于资本主义发达国家推行生态殖民主义政策，一些富国把生态环境恶化转嫁给穷国，第三世界国家的生态系统的负载越来越重，使这些国家人民生存的生态条件遭到严重破坏，这又形成穷国人民的紧迫的生态需求。

综上所述，生态需求是现代人类的最基本的需求，它是随着现代生产力一起发展起来的，并不纯粹是自然需要，而是随着现代经济社会发展而发生变化的自然需要。正是在这个意义上说，它在本质上是一种社会需要，是对现代人类创造的物质、精神文明和生态健全的优美环境的一种依赖和渴求。因此，现代人自身消耗环境质量的生态需求比他们的经济活动消耗环境质量的生态需求更为重要。

二、生态需求三种形态的相互关系

现代人改变了自然环境，创造了现代文明，但大自然却变得“吝啬”起来，对人类永不满足的索取报以无情的惩罚，极大地威胁着现代人类的生存和发展。它突出表现在生态条件恶化，环境质量下降，使人自身的生态需求得不到应有的满足，危害着亿万人们的身心健康。大量的事实说明，人类自身生活和生产是需要一定的生态条件和环境质量的。上述第一、第二种形态的生态需求的日益增长就抑制了人们对第三种形态生态需求的满足，强化了人们对良好生态环境的需要同自然界所能提供的环境质量不能满足这种生态需求之间的矛盾。

现代人的经济活动消耗自然资源的生态需求，是随着经济的增长和生活的提高而增长的。这种需求的增长在本质上是为了实现人们日益增长的物质文化的需要和消费。它是一种经济需要，是社会需要的增长，人类社会生产发展的不可逆转性所决定的。在漫长的人类社会历史进程中，社会生产由手工业生产到现代生产，并创造出自然生态系统不能比拟的巨大生产力，发展到今天的生态经济有机系统，是历史的必然。不可否认，第一种形态的生态需求不断增长，会使人类对自然资源需求扩大与生态系统负荷过重而供给能力相对缩小之间的矛盾尖锐化，造成资源短缺、生态破坏等生态经济问题。但是，不能因此而像西方有的学者那样主张经济“零增长”或“负增长”，限制社会生产的发展，这是不符合社会生产力发展的客观规律的。问题的关键在于现代人要对这种矛盾进行科学的合理调节，使生产发展与生态系统的自然资源的供给与更新能力相适应，也就是使消耗自然资源的生态需求与生态系统自然资源再生产的实现相互适应、协调发展。

现代人的经济活动消耗自然环境的生态需求，也是随着经济的发展和生活的提高而有所增长的。第二种形态的生态需求不断增长，超过了生态系统的自净能力，导致环境污染，生态失调，生态环境质量下降，使人们对良好生态环境的需要同自然界所能提供的生态环境质量不能满足需要的矛盾尖锐化。然而，这种状况并不是完全不可避免的，更不是与第一种形态的生态需求完全成正比、同步增长的。问题的关键在于经济发展不能以牺牲生态环境为代价。何况，在现代经济社会条件下，人们可以利用现代生产力高度发展所提供的经济实力、先进科学技术和优越的社会条件，把第二种形态的生态需求限制在生态系统的净化、吸污和解毒的自净能力的生态阀值之内，使之与生态系统中自然环境再生产的实现相互适应、协调发展。只有这样，才能保持生态系统能够满足人类自身生活和生产消费生态环境的生态需求，保证人类自身生产与再生产的顺利进行，实现现代人的体力和智力的全面发展。

当今世界，第一、第二种形态的生态需求还在不断增长，呈指数增长的生态需求与生态环境负荷之间的矛盾日益尖锐，这是个无法逃避的客观现实。国外生态经济学家认为，人类对环境的一切需要的总和，即从环境里开采资源的需要和返回废物于环境的需要的总和，每年正以

5%—6%的速率增加，或者说，每13.5年就增长1倍。人类经济活动消耗自然资源和自然环境的生态需求的指数增长，并不是一匹孤单的毫无羁绊的野马，它与整个人类生命、生活、生产过程交织在一起，并共同处于一个复合系统，即生态经济系统之中。在这个系统内，生态需求具有负向反馈机能，这就是说，由于生态需求的不断增长，促使人们有意识地在生态经济系统动态发展过程中调节其平衡，实现生态经济系统向有益于经济发展和生态发展的方向变化。这是人类对自身所处的系统有深刻了解，并能运用科学技术手段推进经济发展和生态发展之间相互促进和相互协调的过程。因此，生态需求的增长不应成为经济发展、实现现代人的社会需要的桎梏，而应成为促进生态生产过程和生态生活过程以及保护自然环境方面的科技革命的强大动力，推动经济与生态、发展与环境、人、社会与自然界的协调发展，从而保证人们对第三种形态的生态需求得到应有的满足。

三、社会主义应该满足人民的生态经济需要

社会主义制度的本质决定了社会主义的一切经济活动必须把满足人民的消费需要作为直接目的。从生态经济学的观点来看，人的消费需要应该概括为生态需要、物质需要、精神需要。前者是作为为自然的人对生态系统的需求，即生态需要；后两者是作为社会的人对经济系统的需求，即经济需要。所以，社会主义制度下生态经济系统中人的需求也是生态经济需求，只不过它受社会主义制度的本质所制约。在社会主义制度下，全体人民的生态经济需要及其满足程度和实现方式是社会主义现代化建设的出发点和归宿。

把马克思主义生态经济基本原理同包括社会主义社会在内的现代经济社会发展实践结合起来，必然得出社会主义生产目的是满足全体人民生态、物质和文化的需要，这是对社会主义生产目的认识上的发展。生态经济学的社会主义生产目的理论是生态经济需求理论的核心。它从根本上为制定保护和改善自然生态环境的基本国策、经济建设和环境建设

同步发展的战略方针，以及正确处理生态经济关系等提供了科学依据。

（原载《经济研究》1988 年第 4 期）

马克思物质循环利用原理的科学性

马克思创立马克思主义经济学说，揭示资本主义经济运动的规律的时候，就以很大的注意力分析资本主义生产过程和流通过程中自然和社会相互作用的生态经济问题。他首先从理论上阐明了资本主义大机器生产条件下人和自然之间物质变换的生态关系，并以此为依据精辟地提出了社会生产和再生产的物质循环利用的真知灼见。从今天来看，至少有以下几点为我们合理利用资源，加强资源的综合研究、综合开发、综合利用，实现废物资源化提供了理论基础。

1. 生产和生活的排泄物是人与自然之间物质变换的产物，随着资本主义生产的发展，排泄物成为生态环境恶化的主要物质因素。马克思在《资本论》中首先揭示了社会生产和再生产的运动过程是人类和自然之间进行“物质变换”的过程（参见《资本论》第1卷，第201—202页）。在这一过程中，“人并没有创造物质”（引自《马克思恩格斯全集》第2卷，第59页），只能改变自然物质的形式，而“在对自身生活有用的形式上占有自然物质”（引自《资本论》第1卷，第202页）。因此，“物质变换”不止意味着改变自然物质的形态，更重要的是，以改变了形态的物质同自然进行交换，获得符合人类需要的既有使用价值又有价值的物质产品。所以，为了满足人类的需要，人们只是在“有用形式上占有自然物质”，而所余下的，则是无用形式的自然物质，但它并不是自然原有的形态，而是企业生产过程和消费过程中，或生产过程和消费过程后产生的。马克思称之为“生产排泄物”和“消费排泄物”，并说明：“生产排泄物，是指工业和农业的废料；消费排泄物则部分地指人的自然的新陈代谢所产生的排泄物，部分地指消费品消费以后残留下来的东西。”（引自《资本论》第3卷，第116页）从每个企业生产和再生产来看，一般来说，总是会产生排泄物的。所以，当时，马克思就充分注意到，由于科学技术的进步，而引起的生产和消费的不断扩大，生产和生活的排泄物也会不断增加，随之产生排泄物不断返回自然，积累于环境，成为生态环境恶化的主要物质因素。其结果正如恩格斯所描绘的那样，排泄物积累超过生态系统的自净能力，就造成“现在的空气、水和土地的污毒”，“工厂城市把一切水都变成臭气冲天的污水”，使人和自然进行物质变换的过程中，形成“新的恶性循环”（参见《马克思恩格斯选集》第3卷，第335页）。用今天的话来说，就是企业生产和生活的废弃物排放量超过生态环境系统的自净能力，而又不作处理，就会破坏人与自然之间物质变换的生态关系，导致环境污染、生态失调的生态经济恶性循环。这就决定了我们必须对废物资源进行循环利用，这是合理利用各种物质资源的客观要求。

2. 生产和生活的排泄物只是所谓的废料，通过新的生产过程可以转化为新的生产要素。马克思根据物质循环和物质转化的规律，论证了物质循环转化利用的发展过程：即在物质资料再生产过程中，排泄物的废料，人类又通过新的生产过程，改变它的形态，从而在有用的形式上再占有它。因此，马克思称排泄物只是“所谓的废料”，并指出：“所谓的废料，几乎在每一种产业中都起着重要的作用。”（引自《资本论》第3卷，第117页）所以，我们完全可以说，排泄物是一个可变的物质，通过人们的再利用，投入新的生产过程，可以“转化为同一个产业部门或另一个产业部门的新的生产要素”，“再回到生产从而消费（生产消费或个人消费）的循环中。”（引自《资本论》第3卷，第95页）原来的排泄物也就不成其为废料了，而成为既有使用价值又有价值的物质资源了。马克思还强调指出，这种物质生产过程中物质循环的再利用，“消费排泄物对农业来说最为重要”，他甚至说，“几乎所有消费品本身都可以作为消费的废料重新加入生产过程”。作为消费的废料重新加入生产过程，则它又构成新的生产运动的要素，即转化为生产资料。所以，马克思认为，在“产品本身已经加入消费之后，……只有作为这个消费的废料，作为消费过程的残余和产品，才能作为生产资料重新加入其他生产领域”（引自《马克思恩格斯全集》第26卷，第239页）。这就是马克思阐明的物质循环利用的经济原则，即前面引证过的“把一切进入生产中去的原料和辅助材料直接利用提到最高限度”，用今天的话说，就是最大限度地提高能源资源利用率；“把生产排泄物减少到最低限度”，用今天的话说，就是最大限度地减少废弃物排放量。只有这样，才能从根本上防止生态环境问题的产生。

3. 科学技术进步，为生产和生活的排泄物的循环利用提供了新的方法，开辟了新的途径。马克思指出：“科学的进步，特别是化学的进步，发现了那些废物的有用性质”，“不仅发现新的方法来利用本工业的废料，而且还利用其他工业的各种各样的废料”。他还认为，“机器的改良，使那些在原有形式上本来不能利用的物质，获得一种在新的生产中可以利用的形式”（引自《资本论》第3卷，第116页）。可见，马克思在创立马克思主义经济学说时就明确指出了科学技术进步为积极重新利用生产和生活的排泄物开辟了广阔的途径。科学技术对于这种再生产的循环利用过程的发展起着决定作用，不单是能从根本上解决生态环境问题，也是给合理利用资源，发展社会经济带来了新的前景。

4. 综合利用生产和生活的排泄物，可以变废为宝，节约资本，创造新的物质产品。马克思在《资本论》第1卷中分析资本的积累过程时指出：“化学的每一个进步不仅增加有用物质的数量和已知物质的用途，从而随着资本的增长扩大投资领域。同时，它还教人们把生产过程和消费过程中的废料投回到再生产过程的循环中去，从而无需预先支出资本，就能创造新的资本材料。”（引自《资本论》第1卷，第664页）其后，他在《资本论》第3卷中具体举出化学如何发现废物利用的例子。如利用以前几乎毫无用途的煤焦油可以制成苯胺染料即茜红染料。这就告诉我们，成为生态环境恶化的主要物质因素的排泄物，即使在资本主义制度下这些所谓无用的物质，也可以转化为有用的物质，就从一般的排泄物变成新产品或副产品了。

总之，马克思关于生产和生活排泄物循环利用的原理，是马克思主义再生产理论的有机组成部分。今天与100多年前的情况相比，发生了很大的变化，生产和生活排泄物本身（包括数量、构成、种类等），处理排泄的方法与途径以及处理中发生的问题，都比马克思所处时代要复杂得多，排泄物生态学问题要严重得多。但是，在现代经济社会条件下，综合开发、综合利用是现代生产发展和科技进步的必然趋势，是节约与合理利用物质资源的客观要求，这是毫无疑义的。

（原载刘思华：《企业生态环境优化技巧》，《管理思维经营技巧大全》第6卷，科学出版社1991年版，第515—516页）

论生态是农业发展的基础

——对当代农业发展的一个根本问题探讨

国内外农业发展实践已证明，农业是国民经济发展的基础。因而发展国民经济要以农业为基础，这是众所周知的真理。我国农业的根本出路，在于依靠科技进步，推动传统农业向现代农业转变，使传统农业生产力向现代农业生产力转变，这个转变的实现，一定要以生态为基础，农业现代化建设的发展必须与生态环境的状况相协调，这是当代农业发展的重要特征，是不以人们意志为转移的客观规律。本文拟就这个问题提出个人粗浅看法，以就教于同志们。

一、从农业的生态本质上理解生态是农业发展的基础

生态学常识告诉我们，生态就是生物与其赖以生存的环境在一定空间的有机统一：生态系统是一定空间范围内生物与其环境之周通过能量流动和物质循环，相互依存、相互作用所共同构成的基本生态功能单位。所以，我们可以用一个简明公式来概括农业生态系统 = 农业生物群落 + 农业环境条件。从这里，我们可以看出，农业生产过程，是人类利用生物群体将太阳能转化勺化学能，将无机物转化为有机物的生命活动过程。这就是说，农业生产的本质，就是人类依靠生物群体来转化环境条件的

生物生产，这是一切生产的基础，任何农业生产都不能脱离主命活动过程这个基础。因而，在“自然环境—生物—人类”相互依存、相互作用的农业生产系统中，农业生态系统，是农业生产的基础。因此，生态同农业发展之间的内在的本质的必然联系，就是在于农业生产是人类依靠生物群体来转化环境条件的有生命物质的生产，这是农业生产存在及其发展的基础，从而是农业发展的基础。

对于生态是农业发展的基础这个命题，我们必须从农业的生态本质上理解，才能正确认识生态是农业发展的基础的根本原因。生态成为农业发展的基础的原因是多方面的。但我认为，农业生产是有生命物质的生产过程，不仅参与整个生物圈中生物地球化学循环即生物地化大循环，而且最根本的是直接参与生态系统的生态循环过程，形成生态系统的营养物质循环即生物小循环。而农业以外的生产部门，主要是物质变换的无机过程，虽然参与整个生物圈中生物地化大循环，却基本上不直接参与生态系统的营养物质小循环，农业生产的这种特殊性，是生态成为农业发展基础的根本原因，这里有四层理由：

第一，农业生产的对象，是生物有机体，是利用有生命的植物，动物和微生物的生活机体进行生产。生物的生长繁衍过程，是生物有机体在一定的自然环境条件下进行的生物变化过程，这是农业生产的基础。

第二，农业生产的出发点，它是根据农业生态系统提供的自然资源和自然环境进行生产活动。生态条件不仅是农业生产的外部环境，而且是农业生产的内部要素。因此从生态条件的具体状况的实际出发，因地制宜，发展各种不同的农业产业，这是发展农业生产的基本出发点。

第三，农业生产的运动过程，它主要是生物通过光合作用和新陈代谢来生长，发育及繁殖后代的生物变化过程，这是人们控制、调节和促进生态系统的生物体生命活动过程。同时是不断提高生物的物质、能量转化效率，生产有机物产品的经济过程。因此，农业经济运行过程，是在生态系统的生态循环过程的基础上进行的。

第四，农业生产的终点，它通过社会结合的劳动来占有和支配更多的自然力，生产出符合人类生存与发展需要的各种有机物产品。由于有机物产品，尤其是其中的食物性产品，是国民经济其他生产部门不可能生产的，而又无法以它们的产品来代替的人类最基本的生活资料，所以，农业生产有机物产品的这种特殊性，不仅是农业成为国民经济发展的基础这个规律发生作用的物质前提；而且是构成生态是农业发展的基础的根本原因。因此，生态是农业发展的基础反映了人们农业经济活动和自然生态之间的必然的，内在的本质的联系，是农业生产的普遍规律，是农业发展的客观规律，它是生态经济学规律，是一种特殊的经济规律。这个规律的基本点和要求是：（1）农业是直接以生态系统作为自己生产的基础，因而农业生产系统是驯化了的生态系统，它是以生态系统为基础的。（2）农业生产是有生命物质的生产，其生产物是有机物产品，因而农业生产是以生物的生命运动为基础的。（3）农业生态系统演变进化是自然再生产过程，农业科技系统和经济系统变化发展构成经济再生产过程，农业再生产是自然再生产和经济再生产的相互交织与有机统一，并是以自然再生产为基础的。（4）农业自然再生产过程形成自然生产力或生态生产力，农业经济再生产过程形成社会生产力（包括科技生产力和经济生产力）。农业生产力是自然生产力和社会生产力的自然融合与有机统一，并是以自然生产力为基础的，所有这些，反映了生态在农业生产系统中处于特殊的重要地位，在农业发展中的基础作用，体现了农业生产的根本特征和农业发展的生态本质。

二、当代农业发展的反思与现代人类的觉醒

农业是人类社会历史上最早出现的物质生产部门，根据农业生产力发展的不同阶段，农业发展经历了原始农业、传统农业和现代农业的三个历史阶段。从历史上来考察，是自有农业生产以来，生态就是农业发展的基础，原始农业是人类使用极其简单的工具，直接从生态系统中采集、狩取、驯养以及粗耕等生产方法，获取有机物产品的生产。因而，原始农业发展完全依靠大自然的恩赐，是在基本没有改变的自然生态系

统之中，与自然界处于一种低水平的有机统一体中发展着。传统农业的特征是“铁犁牛耕”，手工工具，人畜力操作。它是经验农业，是一种自给自足的自然经济。传统农业发展过程中，虽然出现过一些地区生态环境遭受破坏，农业生态失调，但从总体上看，农业经济与农业生态的发展关系基本上是协调的，农业经济循环过程和农业生态循环过程基本上是相互适应的。因而，传统农业发展是建立在比较稳固的生态基础之上的。世界农业发展到19世纪后期的近代农业，和20世纪40年代后的现代农业的石油农业阶段，都是建立在依靠大量消耗资源和能量的基础上，贪婪地向自然生态系统索取自然力，来实现单纯的农业经济增长，必然导致石油农业陷入生态经济恶性循环的困境之中，尤其是发达国家用石油农业的那套方式来实行高度工业化，就必然使人们滥用自然资源，越来越多的物质不断地从地下采出来或由地表取走，造成生物资源过度消耗，植被破坏，水土流失，土壤有机质下降，土地塌陷等，使现代经济社会出现农业资源短缺乃至濒临枯竭，这就是生态学家所说的生态耗竭现象。与此同时，人们又任意排放废弃物，越来越多的污染物和以废物形式的物质流失到自然环境中去，实际上已经超过生态环境系统的吸收和净化能力的限度，使现代经济社会出现环境污染乃至环境危机，农业生态环境日益恶化，这就是生态学家所说的生态滞留现象。这两种生态现象的存在和发展，造成严重的生态灾害，现代农业经济活动的需求增长超过自然生态环境的承载力所产生的严重生态赤字，既影响当代农业发展，又危害未来农业发展，因此，当今世界农业的自然资源正在衰竭，环境正在恶化，生态条件正在退化，已成为发达国家和发展中国家共同关心的日益突出的重大问题，已成为当代经济社会发展面临的具有全球普遍性的尖锐问题。因此，不论是发达国家发展现代农业生产力，还是发展中国家由传统农业生产力向现代农业生产力转变，实现农业现代化，都必须建立在不断增强农业生态系统的生态功能的基础之上，总体上看，农业经济与农业生态的发展关系基本上是协调的，农业经济循环过程和农业生态循环过程基本上是相互适应的。因而，传统农业发展是建立在比较稳固的生态基础之上的。

世界农业发展到19世纪后期的近代农业，和20世纪40年代后的现代农业的石油农业阶段，都是建立在依靠大量消耗资源和能量的基础上，贪婪地向自然生态系统索取自然力，来实现单纯的农业经济增长，必然导致石油农业陷入生态经济恶性循环的困境之中，尤其是发达国家用石油农业的那套方式来实行高度工业化，就必然使人们滥用自然资源，越来越多的物质不断地从地下采出来或由地表取走，造成生物资源过度消耗，植被破坏，水土流失，土壤有机质下降，土地塌陷等，使现代经济社会出现农业资源短缺乃至濒临枯竭，这就是生态学家所说的生态耗竭现象。与此同时，人们又任意排放废弃物，越来越多的污染物和以废物形式的物质流失到自然环境中去，实际上已经超过生态环境系统的吸收和净化能力的限度，使现代经济社会出现环境污染乃至环境危机，农业生态环境日益恶化，这就是生态学家所说的生世界农业发展到19世纪后期的近代农业，和20世纪40年代后的现代农业的石油农业阶段，都是建立在依靠大量消耗资源和能量的基础上，贪婪地向自然生态系统索取自然力，来实现单纯的农业经济增长，必然导致石油农业陷入生态经济恶性循环的困境之中，尤其是发达国家用石油农业的那套方式来实行高度工业化，就必然使人们滥用自然资源，越来越多的物质不断地从地下采出来或由地表取走，造成生物资源过度消耗，植被破坏，水土流失，土壤有机质下降，土地塌陷等，使现代经济社会出现农业资源短缺乃至濒临枯竭，这就是生态学家所说的生态耗竭现象。与此同时，人们又任意排放废弃物，越来越多的污染物和以废物形式的物质流失到自然环境中去，实际上已经超过生态环境系统的吸收和净化能力的限度，使现代经济社会出现环境污染乃至环境危机，农业生态环境日益恶化，这就是生态学家所说的生态滞留现象。这两种生态现象的存在和发展，造成严重的生态灾害，现代农业经济活动的需求增长超过自然生态环境的承载力所产生的严重生态赤字，既影响当代农业发展，又危害未来农业发展，因此，当今世界农业的自然资源正在衰竭，环境正在恶化，生态条件正在退化，已成为发达国家和发展中国家共同关心的日益突出的重大问题，已成为当代经济社会发展面临的具有全球普遍性的尖锐问题。因此，不论是发达国家发展现代农业生产力，还是发展中国家由传统农业生产力向现代农业生产力转变，实现农业现代化，都必须建立在不断增强农业生态系统的生态功能的基础之上，都要以生态为基础，这是不以人们意志为转移的客观现实。现在，我们从理性上认识了生态是农业发展的基础这一客观规律，是现代人的一种反思的结果，是现代人类的一种觉醒，也是探索以生态为基础的新的农业生产模式初步实践的产物。

现阶段我国农业处于由传统农业和现代农业转变的历史时期，从宏观来看，进入20世纪70年代以来，尤其是80年代中期后，我国农业发展已经陷入生态条件退化和生态赤字严重的困境之中，生态耗竭现象的存在与发展，形成了以耕地为中心的农业自然资源承载力处于超负荷的临界状态；生态滞留现象的存在与发展，形成了以农村为中心的水土流失、土地沙化、地力下降、水质恶化、森林植被减少，为特征的生态破坏相当严重，这突出有：(1) 耕地数量减少，人均占有量下降；耕地有机质含量减少，土壤肥力下降，水土流失面积逐步扩大，中低产田面积不断上升，耕地危机日益突出。(2) 农业淡水资源短缺，水体污染逐步扩大，水质下降，供需矛盾尖锐，农业水荒不断发生。(3) 森林资源总量过少，覆盖率低，森林资源结构不合理，质量愈来愈差，供需矛盾尖锐，可采森林资源赤字较多。(4) 草原面积不断减少，草原沙化、退化、碱化面积继续扩大，草原赤字正在继续增长。总之，我国的耕地生态系统、淡水生态系统、森林生态系统、草原生态系统这几种构成农业和整个经济社会发展的主要基础的自然资源系统承载力已处于临界状态，使我国人与自然之间物质变换的生态基础比较脆弱，如果联系我国人口来考察，那么，人口急剧增长和农业不断发展对农业自然资源的需求，与农业自然生态系统供给能力相对下降的矛盾就更尖锐了。我国人口不断增加的趋势同农业自然生态系统负荷能力正在下降的态势反向运动，这将就会形成我国农业自然资源和人口逆向发展的生态危机。所以说，我国农业发展已经陷入一种“生态赤字”日益加重的困境之中。正如湖北省80多位农业专家、教授1991年致函《光明日报》所指出的，我国农业“生态赤字”已使农业投入报酬递减、增产难度和成本加大，直接阻碍着农业的持续、稳定、协调发展，农业“生态赤字”不仅直接阻碍当今农业发展，而且影响未来农业发展，这种严峻的事实，有力证明了生态是农业发展的基础的规律的客观存在，它从反面教育我们要正确认识它的作用，人们不能违背它，只能掌握它并自觉地用它来进行农业现代化建设。

三、当代中国农业现代化建设的理论原则

上面，我们通过对农业发展的历史考察，就可以看出，生态在农业发展中的特殊地位和重要作用，人类在一个很长的历史时期内没有自觉地认识它，在传统农业阶段，人们虽然能从经验上感觉到生态在农业发展中的重要性，但没有上升为理论，作为发展农业的指导思想。在现代农业形成与发展过程中，现代人类把农业生态与农业经济的发展关系推向严重对立状况，生态是农业发展基础这个客观规律的客观必然性。在作为一种盲目的力量惩罚了现代人之后，才迫使人们认识到生态是农业发展的基础这个规律，并把它的基本点和要求上升为生态经济学的理论原则，就形成农业发展要以生态为基础的思想，它的主要内容是：农业是以生物的生命活动为基础的生态经济产业部门；农业生产系统是以生态系统为基础的生态经济系统；农业再生产力是以自然再生产为基础的生态经济再生产；农业生产力是以生态生产力为基础的生态经济生产力。

农业发展要以生态为基础的思想的根本意义，就在于确定生态在农业的产生及其发展中的特殊地位和重大作用；规定农业的生态和经济之间以及农业生态和整个社会经济之间的生态经济关系，并根据生态是农业发展基础规律的客观要求，正确认识和妥善处理这种生态经济关系，尽快发展农业生态经济生产力，从而提高农业综合生产力水平，实现农业的持续稳定协调发展。

有人说，随着农业现代生产力的发展，农业对生态环境的依赖关系就会愈来愈弱。生态在农业发展的基础作用就会越来越小。很明显，这是一种传统认识。其实，社会越发展，经济越发展，科技越进步，生物圈、技术圈和经济圈之间就越相互依存、相互融合，成为不可分割的生态经济有机整体。而农业是个典型的生态经济有机整体，必然是农业越现代化，它与生态系统的依存关系就越密切，发展现代农业也就越要以生态为基础。

我们的这种认识，不是人为的主观臆造，而是当代农业发展的客观事实的反映，当代世界许多国家农业现代化的实践表明，农业现代化程度越高，农业发展生态化趋势越明显。例如，美国的农业在当今世界上是现代化程度最高的农业；而美国现代农业发展过程中所造成的生态经济问题是非常严重的，因而，加强农业的生态基础就成建设农业生态系统的根本方向。美国农业部官员提出：“政府的政策支持发展有机农业，因为它是克服现代农业引起的危机的根本途径，是一切农业发展的必由之路。”这里所说的“有机农业”也就是目前农业生态建设，现代农业生态化的一种途径，所以，有的学者认为：“现代化程度最高的美国农业的出路都是如此，其他各国农业在生态上如何建设就可想而知了。”所以，当代农业发展生态化趋势是历史的必然，不可抗拒的时代潮流。一些发达国家已经走上了农业发展要以生态为基础的生态化之路，我国农业也必须走上这条正确道路。我们适应这种必然趋势，提出农业发展要以生态为基础的理论原则，为实现以生态为基础发展农业的现代化道路提供坚实的生态经济学理论基础，并使它成为我国农业现代化建设指导思想和战略方针。

四、发展农业生产力的战略方针

我们以生态是农业发展基础的规律为科技依据，以农业发展要以生态为基础的思想为理论基础，提出以生态为基础发展农业的方针。这个方针就是要把生态发展放在农业发展的首要地位，正确地处理农业发展的生态和经济的关系，使二者相互适应、彼此平衡、共同发展，农业的经济系统和生态系统之间的物质能量的变换，不仅要适合经济发展的需要，而且要适应生态发展的需要；农业和整个国民经济发展对农业生态系统的环境资源的需求增长，必须同农业生态系统的供给能力和再生能力相适应，农业和农村以至整个社会生产和生活的废弃物排放量的增长，必须同农业生态系统的吸收能力和同化能力相适应，将农业发展建立在自然资源和自然环境的承载力所允许的阈值的牢固基础之上。因此，这个方针的基本要求是在发展农业过程中把节约使用资源、有效保护环境、大力建设自然，实现农业生态系统的最优化，列入农业现代化的重要内容，真正成为实现农业现代化的一项根本任务。为此，在农业现代化建设中发展经济必须与发展生态同时并举，物质文明建设必须与生态文明建设同步进行，农业现代化必须与农业生态化协同发展，从而建立以生态健全为发展基础的农业，保证农业的经济和生态在良性循环中协调发展，以加速农业生产力的发展。

在当今世界发达国家和越来越多的发展中国家都把依靠科技进步发展农业作为一项国策。在我国，把它形象地概括为“科技兴农”的基本国策，并成为发展农业的根本方针，构成发展农业基本思路的重要内容，即“一靠政策、二靠科技、三靠投入”的著名的“三靠”方针，这已深入人心，变成人们的实际行动，这是一方面。另一方面，早在1983年末召开的第二次全国环境保护会议明确提出了生态环境保护是现代化建设中的一项战略任务，是一项基本国策，确立了保护生态环境在经济社会发展中应有的战略地位。但是，保护生态环境的基本国策在农业领域中没有具体化，这就是说，保护农业生态环境，没有形成为发展农业的根本方针，构成为发展农业基本思路的基本内容，在方针政策上没有确立生态在农业发展中应有的战略地位，使保护农业生态环境在人们心目中只是个抽象的口号而已。正因为这样，一些领导农业现代化建设的人们，只重视物质生产，轻视生态环境生产；只追求经济价值，忽视生态价值；只有经济发展战略，没有生态发展战略。从广大农民来看，目前我国农业经济落后，农民不富裕，人们首先是要发展经济，解决吃、住、穿等问题，无力保护和建设生态环境，尤其是许多农民为生存与发展而搞掠夺式经营，大吃生态老本，只要能致富，管它生态破不破坏，管它环境污染不污染，使人们患上可怕的“生态短视症”，破坏生态的短期行为常常发生，到处可见，因此，要使保护生态环境，加强生态文明建设，真正成为广大干部和农民自己的切身事业和实际行动，就必须在方针政策上确立生态在农业发展中的战略地位。

在我看来，发展我国农业，一定要靠政策，靠投入，这是毫无疑义的。但是，经过20世纪80年代的农业发展，今后发展农业生产力，加速我国传统农业向现代农业的转变过程，更重要的是要靠科技和生态。80年代以来，国内外的生态学家，生态经济学家、农学家鉴于现代经济社会的发展和当代生态环境变化的趋势，普遍认为当代人类社会生产已经进入生态时代，更确切地说21世纪应是生态文明建设的世纪。在我国社会主义初级阶段，以生态为基础发展农业，就其实质来说是生态文明建设，是社会主义现代文明的重要内容和组成部分。所以，今后发展我国农业的基本思想，应该由“三靠”方针，改为“一靠政策、二靠科技、三靠投入、四靠生态”的“四靠”方针，这是我国发展农业的根本方针和基本思路的完善和发展。

（原载《中南财经大学学报》1992年增刊）

现代经济发展模式在本质上是现代生态经济发展模式

适应现代市场经济要求，重新构造的现代经济发展模式的基本特征是：(1) 经济发展主要依靠科技进步和科学管理在经济增长中贡献率的增长，形成集约经营型特征；(2) 经济运行表现为对技术、资源、劳动最佳组合和结构优化，形成结构协调型特征；(3) 经济规模的扩大是以降低物力、财力、人力的投入与消耗为其发展的重要手段，形成内涵扩大再生产特征；(4) 经济发展建立在合理开发与充分利用资源，极大提高资源转化率，形成资源节约型特征；(5) 经济发展注重质量，优质产品日益增多，质量水平不断上升，形成质量增进型特征；(6) 经济发展诸要素中科技进步越来越成为主导因素，整个经济的科技水平普遍提高，形成科技先导型特征。这些特征集中到一点，就形成了效率与效益提高型的经济发展模式。它体现了现代经济是效益经济的本质特征，充分反映了现代市场经济必然是效益经济的固有属性。

现代经济发展模式作为一种效益型的现代发展模式，决不是传统经济学所说的单纯经济效益，而是现代经济学所说的经济活动的效益，即它应该包括经济效益、社会效益和生态（环境）效益三个方面。现代经济发展必须实现经济、社会、生态三大效益的有机统一，这是发展现代经济和企业生产、经营、发展必须遵循的基本原则。我们建立现代经济发展模式，必须按照生态经济规律的客观要求，使投入生产过程的资源少，产出符合社会需要的产品多，返回自然环境的排泄物少，实现三大效益的有机统一，走出一条投入少、消耗低、产出多、质量优、污染轻、生态好的生态经济效益高的新路子。这样，现代经济发展模式还是一种生态型集约发展模式，这是它的一个重要特征。

传统经济发展模式是以生态与经济相脱离为特征的。它导致了我国长期以来经济高速增长是以牺牲生态环境为巨大代价的。所以，我们肯定地说，传统经济发展模式是一种资源消耗高、资源利用率低、废弃物排放多、生态环境污染与破坏重的发展模式，不仅经济效益低，而且生态效益差，社会效益不理想。因而它实质上是生态与经济消长互损型的传统经济发展模式，即传统生态经济发展模式。而现代经济发展模式的经济与生态特征，就决定它是一种资源消耗低、资源利用率高、废弃物排放小、环境污染轻、生态保护好的发展模式，不仅经济效益高，而且生态与社会效益也好。因而它实质上是生态与经济协调互促型的现代经济发展模式，即现代生态经济发展模式。

党的十三大告诫我们："必须清醒地认识到，技术落后管理落后，靠消耗大量资源来发展经济，是没有出路的。"在推进传统计划经济体制向现代市场经济体制转变过程中，必须走一条实现集约化和实现生态化有机结合的经济发展道路，由此形成协调互促型的现代生态经济发展模式。这是因为：

1. 现代经济的发展必须与生态环境的状况相协调，这是现代经济发展的重要特征。因而，在当今世界，许多国家经济现代化过程中，伴随着现代经济发展生态化的趋势，使现代经济朝着集约化和生态化有机结合的方向发展，实现经济与生态一体化。这是历史的必然。生态经济学告诉我们：生态时代的现代发展，不仅越来越依靠科技进步的支撑，而且越来越依靠生态环境改善的支撑。那种仍用资源的浪费、环境的污染、生态的破坏的办法，换取现代市场经济的暂时繁荣，是与生态时代的历史潮流相悖的。我国经济发展必须适应这种历史的大趋势，要坚定地走现代经济生态化之路，应该建设符合生态经济一体化趋势的现代市场经济和与之相适应的现代经济发展模式，这就是协调互促型的现代生态经济发展模式。

2. 在生态经济发展与经济发展模式的关系上有三种选择：一种选择是沿用发达国家所采用过的“低收入低污染—高收入高污染—高收入低污染”的发展模式，即“先污染后治理”的生态与经济代价沉重的发展模式。一种选择是边发展经济，边治理环境，这种模式既不放弃发展经济来保护生态环境，又不以牺牲生态环境来实现经济发展。但在实际工作中会碰到一些难以解决好的经济问题，有其局限性，尤其是会降低经济增长速度，也不可取。唯有走经济发展与生态环境相协调的经济发展道路，建立起生态与经济效益统一协调互促型的发展模式，才是单纯经济效益型模式转变为生态经济效益型模式的最佳选择，这是传统经济发展模式向现代经济发展模式转换的必然选择。

3. 我国社会主义现代化建设是在人口增长过快，资源相对紧缺，生态基础脆弱的环境下进行。党的十四大以后，现代化建设步入经济高速增长的新阶段，虽然显示出中国经济发展的蓬勃生机和巨大活力，但也随之存在着环境污染和生态破坏蔓延趋势，生态环境恶化局面明显加剧。这几年来，不仅年年财政赤字，而且每年生态赤字达 860 亿元之多，这既是制约宏观经济效益提高的重要因素，又是宏观经济效益低下的重要表现，并已成为未来民族生存与发展的最大危机。因而生态经济基本矛盾在我国市场经济发展过程中显得十分尖锐和更加完出。在这种情况下，发展现代市场经济，必须把“经济有效性及生态安全性两个变量应摆在首位”，“即把生存与发展放在首位”。这就决定了防治污染，保护环境，改善生态，建设自然，是现代经济建设的一项战略任务，是现代市场经济运行的一个战略目标。我们探索一条投入少、消耗低、产出多、质量优、污染轻、生态好的生态经济效益高的经济发展道路，形成生产增长、生态改善、生活提高相统一的协调互促型的现代生态经济发展模式，则是实现这种战略任务和战略目标的根本途径，除此之外，别无出路。

4. 我国自然资源丰富，这是事实。但是，人均可利用资源占有量却很少，尤其是生物资源更少，几项重要的国土资源人均占有量都大大低于世界平均水平。这体现了我国是一个资源制约型国家。现在，我们所面临的突出问题是：（1）自然资源有限（不可更新资源尤其如此）；（2）盲目掠夺式开发自然资源，利用不合理与很不充分，利用率很低，浪费极大；（3）经济活动对自然资源的需求量与日俱增，供需矛盾尖锐；（4）某些自然资源正在衰竭，而呈锐减趋势，承载能力下降。我国环境资源系统的主要生物资源承载力已接近超负荷的临界状态，一些有限自然资源已进入了承载力的临界点。因此，我们完全可以肯定地说，我国经济社会发展面临着自然资源短缺的严峻挑战。同时，越是在经济高速增长的情况下，维持自然资源稳定持续的“增殖”能力和供给能力就越发重要。所以，发展现代市场经济必须实行节约型的资源战略，合理开发、充分利用和有效保护资源，尽快改变过去那种高消耗资源的国民经济系统，形成低消耗资源的国民经济系统，促进经济发展模式由资源浪费型向资源节约型转换。这是由消长互损型的传统生态经济发展模式转换成协调互促型的现代生态经济发展模式的现实选择，也是别无替代的选择。

（原载《中南财经政法大学学报》1994年第1期）

生态经济优先发展论

——在全国（武汉）首届生态农业优秀论文评奖大会上的学术报告（提要）

在中国社会主义生态理论生产与发展过程中，经济社会与生态环境协调发展问题始终处于核心的地位。可以说，自20世纪80年代以来，我国生态经济学术活动及论著，都集中论述生态经济协调发展理论，探索中国现代经济社会条件下生态经济协调发展的道路。

“这一理论的建立和发展，是我国10年来生态经济学的建设的一项重要成就，也是我国生态经济学以至整个经济学理论发展上具有重大意义的大事。从此它给我国经济社会的发展提供了一种崭新的指导思想”。现在，我国现代经济社会发展已经进入社会主义市场经济发展的新时期，实现生态环境与经济社会的协调发展应该是指导我国社会主义市场经济发展的一个最基本的指导思想。为此，首先必须扩展生态经济协调发展理论，确立生态经济优先的观点。这是中国现代生态经济系统中的生态经济与市场经济相互作用统一运动的内在要求，是实现社会主义市场经济条件下生态经济协调发展的客观需要。这个问题也是在市场经济条件下加强生态农业建设的理论基础。

一、传统市场经济与“先发展后治理”的传统发展观

在资本主义经济发展历史上，随着工场手工业向机器大工业的过渡，西方发达国家按照亚当·斯密的“看不见的手”的信条建立和发展完全自由竞争的市场经济，以适应资本主义工业化的客观要求。我们称之为传统市场经济。传统市场经济的极大发展，推动了机器生产力的飞跃发展，创造了辉煌的工业文明。但是，西方发达国家当初发展市场经济，进行工业化的历史条件，决定了传统市场经济是把发展经济建立在依靠大量消耗资源的基础上，来换取经济高速增长的，它是一条以牺牲生态环境为代价实现工业化的发展道路。这条发展道路是通过完全自由竞争的市场机制作用达到所谓资源合理配置，实则是以自然资源的极大浪费和生态环境的巨大破坏来实现工业化的。这样，资本主义工业化的实现，以至现代化的发展，就给现代人类带来了两个严重恶果：一是自然资源衰竭与短缺；二是生态环境污染与破坏，导致生态环境恶化成为现代经济社会发展面临的全球性的尖锐问题。所以，历史事实表明，传统市场经济，在生态环境领域里市场的失效，造成外部不经济，又障碍资源配置的优化，必然是一条“先发展后治理”的发展道路。

在西方发达国家发展市场经济走过“先发展后治理”的弯路之后，20世纪60年代以来的一些新兴的工业化国家和地区的经济起飞阶段也步其后尘，现在许多发展中国家又在重蹈覆辙；而我国的生态环境问题的产生与发展，实质上是沿袭了西方资本主义工业化走过的“先发展后治理”的老路。这些，就容易遮住一些人的眼光，把现象当做本质，以此得出“先发展后治理”是工业化、现代化的发展规律的结论。在我国学术界，尤其是经济工作领导者中一些人也认为“先发展后治理”是工业化、现代化建设的普遍规律，当今中国也不例外。这就把“先发展后治理”看成为社会主义现代化的发展规律。因此，他们主张在中国目前现代经济还比较落后的情况下，首先是迅速发展经济问题，不是什么保护环境，建设生态问题；只要把经济搞上去了，有了经济实力，再回过

头来治理环境也能创造一个良好的生态环境。这种发展观是要我们继续重走西方发达国家发展市场经济走过的“先发展后治理”的老路，是与现代经济社会的时代潮流相悖的。

现代经济社会发展的实践表明，“先污染后治理”的发展道路，不是现在世界上发展中国家工业化、现代化的发展规律，更不是当代中国社会主义工业化、现代化的发展规律。关于这个问题，著名环境学家曲格平曾作过深刻论述，我赞同他的观点。在这里，我要强调指出的是，传统市场经济发展模式的一个重要的指导思想，就是“先污染后治理”的传统发展观。这种发展观的增长理论是把资源的供给和环境的吸污看成是无限的，把人当成是自然的主宰、自然是异己的力量和被征服的对象。当今，现代经济和生态环境面临的困境正是这种传统发展观和传统市场经济的产物。尽管当今世界各国，不论是发达国家还是发展中国家，在发展现代市场经济中，都在追求生态经济协调发展，期望及早从生态经济矛盾的困惑中解脱出来。

二、现代市场经济条件下的两种发展观

当今，人类历史发展进入世纪之交，现代经济社会发展进入一个新时代。在这个巨大变革的历史时代里，具有显著的时代特征：一方面必须走现代市场经济发展道路，是当今世界发展的大趋势；另一方面必须实行持续发展战略，走生态经济协调发展道路，是当今世界发展的大潮流。从现代经济社会整体发展的角度看，或者说从现代生态经济系统发展的角度看，它们二者在发展方向上是完全一致的，都是现代生产力发展的历史必然，统一于现代经济社会发展实践的基础上。当然，它们之间不仅有统一性，还有矛盾性。因此，如何使二者有机结合起来，实现协调统一，却存在着两种不同的发展观：一是在发展的前提下保护与改善生态环境，实质上是经济发展优先的战略思想和指导方针；二是在保护与改善生态环境的前提下发展经济，实质上是生态发展优先的现代的战略思想和指导方针，这是发展市场经济、走持续协调发展道路的两种

不同的指导思想与战略方针。

在现代经济社会条件下，现代生产力发展的客观要求，不是现代经济社会发展适应市场经济的运行；而是市场经济的运行必须适应现代经济社会的发展。现代经济的发展必须与环境的状况相协调，这是当代经济社会发展的重要特征此。因此，按理说，在现代市场经济条件下，在发展市场经济中把生态环境保护、建设与管理作为自己的一项首要任务，不仅有必要，而且有可能。然而，当代世界经济发展的事实表明，各国政府在实施持续发展战略，探索处理与协调人口、资源、生态与经济的发展关系时，仍然是把发展经济放在优先的位置。这种经济优先的发展观，实质是“先发展后治理”传统发展观在当代经济社会条件下的现代表现。这是当今全球生态环境恶化、生态与经济逆向发展尚未根本扭转的重要思想根源。

针对世界各国实施持续发展战略中的市场经济优先的思想与实践，国内外一些科学家以历史责任感和科学敏感，提出了新的发展观。按照这种新发展，实施持续发展战略，首先要遵循生态经济发展规律，在这个基础上提出了按照现代市场经济发展规律办事。这就必须树立生态经济优先发展的观念，即生态优先，促进与保证经济发展的指导思想与战略方针。

自20世纪80年代中期以来，随着持续发展战略思想的形成与确立，对于如何实施持续发展战略。国外有的学者就明确提出：“当我们乐观地宣布经济发展和环境保护可以同时并举时，我们必须加上这样一个条件，即必须将生态圈的保护放在首位。经济发展必须放在第二位，必须有严格的生态标准为指导。”一位日本学者在论述实行持续发展战略时指出：“持续发展应该是在保护环境的范围内发展经济，而不是在发展经济的前提下保护环境。”我国学者也指出：“在90年代，环境作用将决定而不是服从经济发展趋势，环境将是贯穿于整个90年代及其以后的主导问题，并将日益主宰企业的生产和经济活动。”因此，“一切都将围绕改善生态环境而发展，核心问题是要实现人和自然的和谐，经济与生态环境的协调发展。”1989年，我在研究发展企业生产力的双重作用时就认为，自从人类社会生产进入机器大工业生产以来，生产力的发展既使得社会物质财富极大增长，又使得环境和生态在破坏，自然物质财富不断减少。因此，“发展生产力要在保护生态环境的条件下进行，使它的消极后果尽可能减少到最低程度”，“企业现代化建设必须在保护和改善生态环境的前提下进行，才能保证企业经营顺利发展，促进企业生产力的不断提高”。

从以上引证，我们可以看出一个基本思想，就是生态经济优先发展论。这个新观念，反映了当今人们对经济社会与生态环境之间的发展关系及对现代市场经济发展的认识的深化，体现了现代人对传统发展观和市场经济优先论的一种反思，预示着生态经济优先的原则与实践必将成为发展现代市场经济的必然选择，是现代经济社会持续协调发展的最佳选择。

三、生态经济优先发展的理论基础与实质

第一，生态经济优先论，是对坚持持续发展思想的发展，是生态经济协调发展理论的完善。著名的由世界环境与发展委员会撰写的《我们共同的未来》一书，提出了持续发展思想，被联合国所采纳。持续发展思想和协调发展理论是完全一致的。我国也在走实行持续发展战略，走生态经济协调发展之路。现代经济社会的现实生活越来越表明，实行持续发展战略，走生态经济协调发展之路，就必须坚持两个根本前提，这也是生态经济优先发展论这个命题的基本点：一是必须坚持在不危及后代人需要的前提下，解决当代人发展与后代人发展的协调关系；二是必须坚持在保护生态环境承受能力可以支撑的前提下，解决当代经济社会发展与生态环境状况的协调关系，从而将现代经济社会发展建立在生态系统良性循环的牢固基础上，实现生态经济持续协调发展。因此，生态经济优先论就把持续发展思想与协调发展理论有机统一起来，使二者深化与完善，为在经济社会发展中确立生态环境优先发展的战略地位提供

了决策依据。

第二，从根本上说，生态经济优先是由生态环境是经济社会发展的基础所决定的。生态经济学认为，生态环境是经济社会发展的基础，这是人类社会发展的普遍规律。现代市场经济发展要以生态为基础，理所当然地要把保持生态系统良性循环摆在优先发展的战略地位，从而保证生态经济协调发展。这是实现现代经济社会持续发展的关键。

第三，在现代经济系统中经济系统运行与发展，是在生态系统运行与发展的基础之上进行的。因而，生态系统是第一性的，是起决定作用的。当今环境与发展正在形成一种新型的关系，现代人类由征服掠夺环境到保护建设生态环境的变革时期，环境变迁、生态发展将日益决定现代经济发展的模式、方向及其趋势。现在，越来越多的人认为，“今后决定人类生存与发展的首要因素是生态环境，所以，在现代化建设中必须把生存与发展放在首位”。

第四，生态经济优先发展论是我们对生态规律和经济规律统一性认识深化的表现。长期以来，我们研究经济理论，严重忽视自然规律和经济规律的统一性，把两者截然分裂开来，甚至对立起来。其实，一切经济规律究其物质根源来说，最终归结到自然规律，最主要的是生态规律。“可以说经济规律是以自然规律为前提的，例如，农林牧三业的关系，是由自然界的生态平衡规律决定的”。在我看来，在现代生态经济系统的运行与发展中，生态规律是经济规律充分发挥作用的前提与基础，人们的一切经济活动都应该首先遵循生态规律。我们提出生态经济优先发展论体现了发展现代市场不仅要遵循市场经济规律，而且首先要遵循自然生态规律。这是以马克思在《德意志意识形态》中论述的自然界对人类的“优先地位”的光辉思想为理论基础的。

综上所述，生态经济优先发展论的实质，就是要把社会主义市场经济发展转移到严格按照生态经济规律办事的轨道上来，自觉地协调人们经济活动与生态环境的发展关系，把保持生态系统良性循环放在现代经济社会发展的首要地位。一切都应当围绕着改善生态环境而发展，使市场经济发展建立在生态环境资源的承载力所允许界限的牢固基础之上，达到有益于生态环境的经济社会发展。因此，要求我们建设社会主义市场经济体制，既要集中力量发展经济，又要把生态建设放在优先发展的战略地位，真正做到发展经济必须与发展生态同时并举，经济建设必须与生态建设同步进行，国民经济现代化必须万国民经济生态化协同发展，实现市场经济条件下的生态与经济在良性循环中协调发展，促进现代生产力的健康、迅速发展。

四、生态经济优先发展的实践基础及其历史必然性

保护与改善生态环境，走出生态经济恶性循环的困境，推进人类社会由征服掠夺生态环境到保护建设生态环境的大转变，就成为当代人类的神圣历史使命，是现代经济社会发展的重大而紧迫的战略任务。目前，一场继农业革命和工业革命之后的生态革命，寻求生态经济协调发展的历史潮流，正在席卷全球，极大地冲击着现代人类社会的生产方式、生活方式、思维方式，触及当代经济社会发展的各个领域。这就是生态经济优先发展的实践基础及其客观必然性，具体说来，主要有以下几个方面。

第一，从现代人类的觉醒到生存与发展的中心问题。斯德哥尔摩首次人类环境会议，向全世界发出了“只有一个地球”的强烈呼声，发表的《斯德哥尔摩人类环境宣言》的庄严宣告，是现代人类的生态环境意识形成的标志，是当代人类觉醒的宣言书。从此，保护和改善生态环境开始受到全人类的重视。联合国为纪念首次人类环境会议召开20周年，在巴西首都里约热内卢举行了“环境与发展大会”（以下简称“环发大会”），大会宣告：“人类处于普受关注的可持续发展问题的中心。”这次大会之后，世界各种国际组织、各国政府直至各地政府，都越来越多地把生态环境作为现代人类生存与发展的一项中心内容，即同发展现代市场经济一样在现代经济社会生活的各个部门和各领域成为决策和实施工作的中心问题。

第二，实行持续发展战略，走生态环境与经济社会相协调的发展道路，实质上是生态经济优先的发展道路。可以说，持续发展是20世纪90年代以至21世纪世界各国正确处理与协调人口、资源、生态与经济的发展关系的共同发展战略，已成为世界经济社会发展与生态环境保护事业的主导潮流。全人类正在为实现生态经济协调发展采取全球范围的共同行动，正在形成势不可挡的时代洪流。

第三，绿色浪潮与生态革命正在为生态经济的优先发展开辟广阔的现实道路。现在全球生态环境恶化，人类“需要进行一场环境革命”来拯救人类的命运。环境革命或生态革命是现代生产力发展进入一个新阶段的历史必然。一个生态环境保护的绿色浪潮正在冲击着人类生存与发展的各个方面。随之而来的是一场广泛而深刻的生态革命。目前，绿色浪潮正在世界各国蓬勃兴起，触及现代经济社会生活的各个领域。这主要有：绿色运动纵深发展，绿色政治逐渐强化，绿色组织成锐大，绿色外交异常活跃，绿色计划纷纷出台，绿色战略相继实施，绿色科技备受青睐，绿色产业方兴未艾，绿色产品日益增多，绿色市场深受欢迎，绿色银行不断出现，绿色教育蓬勃兴起，绿色法律作用加强，绿色观念空前增强，尤其是绿色消费运动的迅速发展，使全球正日渐形成一种保护环境、改善生态、崇尚自然的生活风尚，等等。总之，绿色浪潮正以不可挡之势，推进生态革命高潮到来，创建人与自然和谐统一，生态与经济协调发展的现代文明。可见，生态革命的实质，是人类由征服掠夺生态环境到保护建设生态环境的大转变，使人类历史发展步入现代文明的崭新时期，这就是生态时代，从而为把生态文明建设摆在优先发展的战略地位，开辟了广阔的现实道路。

第四，以生态文明建设为根本内容的生态经济建设，使生态产业的优先发展到来，成为生态时代的大趋势。随着生态的时代到来，防治污染、保护环境、改善生态、建设自然，已成为当今经济社会发展的最强音，有力地推动着现代文明由工业向更高级的生态文明过渡。当今世界的经济发展生态化趋势，是现代生产技术体系和现代国民经济体系变革的实质与方向。因此，依靠市场大力发展生态产业即生态农业、生态林业、生态工业、环保产业等，并把它们摆在优先发展的战略地位，不仅是现代文明由工业文明进入更高级的生态文明的必然进程；而且是现代市场经济与生态经济协调发展的必由之路，从而为生态经济优先提供了坚实的实践基础。

五、发展社会主义市场经济，必须把生态经济放在优先发展的战略地位

实行保护生态系统良性循环的发展战略，把经济有效性和生态安全性有机统一的生态发展摆在首位，这除了是生态时代的客观要求及所有发展现代生产力的国家共同具有的原因之外，从我国来看，还有一些特殊的原因。所以，1992 年联合国环发大会后，党中央和国务院批准的我国环境与发展的 10 条对策中，首要一条就是实行持续发展战略，走生态经济协调发展道路。

然而，在当今中国的现实生活中，实行持续发展战略，走生态经济协调发展道路没有真正成为全社会的自觉行动，经济社会的各个部门和各个领域还没有真正把生态环境保护与建设摆在现代化建设的优先地位。正如有些同志所说的："在中国的现行经济发展阶段，各种急迫的社会问题，如就业不足、住房短缺造成重大社会压力，使得社会公众和政府不得不把解决这些问题放在优先的地位，环境问题受到挤压，不得不居于较后的地位。"现在，我国发展社会主义市场经济，随着经济高速增长和人口不断增加，生态环境问题会愈来愈突出，会成为现代化建设的最基本制约因素，将生态经济放在优先发展的战略地位就愈来愈迫切。这就使我国的发展陷入高速度发展经济和优先改善生态两难选择的困境之中，这是一个严重的现实问题。因此，在实际工作中对经济优先发展和生态优先之间作出抉择，不仅仅是个理论问题，更多地是个实践问题。从我国目前的实际情况来看，要确立生态经济优先发展的战略地位，必须认真解决以下几个方面的矛盾：

第一，理论与实践的矛盾。有一位外国学者在一书中曾写道：“一个敏锐的瑞典观察家发现，中国在环境理论知识方面达到令人印象深刻的程度”，而在环境控制的实际措施方面，他认为“还处在二次大战以前的水平”。因而，目前我国经济发展基本上仍沿用以大量掠夺、消耗资源和粗放经营为特征的传统发展战略与模式，生态环境恶化的形势仍然非常严峻，前景令人担忧。

第二，实践与实践的矛盾。在过去的10多年，中国的现代化建设，也确实是在保护生态环境的基本国策和持续发展略思想的指导下进行的，生态经济协调发展正在从理论的宏伟殿堂走向实践的广阔天地，使生态经济优先发展理论具有坚实基础。但是，我们必须看到，生态经济意识还远远没有上升一种自觉的民族意识，多数单位和部门还没有真正把生态经建设摆在首要地位。这就使得治理建设赶不上污染破坏，生态环境质量下降，生态经济恶性循环在许多地方尚未根本扭转，生态经济发展仍然异常艰难。

第三，基本国策与具体经济政策的矛盾，把保护生态环境作为治国之策，这就确立了生态环境保护与建设事业优先发的战略地位。但是，一些经济部门制定具体经济政策和确定发展经济决策，不遵循生态经济规律，在许多情况下，直接或间接鼓励掠夺资源、浪费资源、污染环境、破坏生态。因而保护生态环境的基本国策和持续协调发展的战略方针，在一些领导现代化的人们的心目中只是个抽象的口号而已，极大妨碍了基本国策和战略方针的实施效力。

第四，环境政策的制定与实施的矛盾。我国制定了一系列符合中国国策的环境政策，并已形成了比较完整的环境政策体系。但是，正像有的专家所指出的，“就我国目前的环境政策而言，可谓应有尽有，但实行的效果非常差”。我们实施生态环境政策的能力较弱，实施严重滞后，导致基本国策和战略方针难以落实。

造成上述矛盾现象的原因是复杂的：既有现实的，又有历史的；既有主观的，又有客观的。当然，最主要的是现实的、主观的原因。这意味着当今中国发展市场经济和生态经济的多重矛盾的解决，只能取决于我们中华民族的正确选择，科学地探索生存与发展的正确道路。舍此别无他途。我们中华民族具有极强的生存与发展能力，她的智慧和力量在世界是无与伦比的。面对今后生存与发展的多重危机，是能够走出一条社会主义市场经济条件下生态经济持续协调发展的光辉道路的。这是发展现代市场经济的必然选择，是实现工业化、现代化的最佳途径。因此，我们有充分理由相信，生态经济优先发展论必将成为人们的共识，中国的社会主义现代化建设在生态经济优先发展的原则的指导下，必将大力推进现代经济迅速发展，实现社会主义市场经济条件下的生态经济协调发展，把我国建设成为“富强民主文明的社会主义现代化国家”。这是我们迈向 21 世纪举世无双的伟大业绩。让我们高举迈向 21 世纪的伟大旗帜，去迎接中华民族屹立于世界发达民族之林的光辉前景吧！

（原载《当代中国生态农业研究文集》，武汉大学出版社 1994 年版）

农业生态经济基础论

——农业保护战略的理论依据

按照生态经济学的观点，农业生产系统是农业生态系统和农业经济系统（包括技术系统）相互融合的生态经济复合系统。无论是传统农业，还是现代农业，都是自然生态和社会经济互相依存、相互结合、相互转化、相互作用的生态经济有机整体。农业生态经济有机体中的生态系统，使农业具有自然生态特性，体现着农业的自然属性与生态本质；农业生态经济有机体中的经济系统，使农业具有社会经济特性，体现着农业的社会属性与经济本质。因此，作为整体的农业生态经济系统，则是自然属性和社会属性的有机统一体，正是生态本质和经济本质的有机统一，才构成农业的本质，即生态经济本质。没有自然生态特性，或者没有社会经济特性，都使农业不成其为农业。所以，只强调农业的社会属性与经济本质，而忽视农业的自然属性与生态本质，或者反之，都不可能正确认识农业的本质。

既然农业的本质是它的生态本质和经济本质内在统一的生态经济本质，那么，它就必然决定了“农业是基础”既是由农业生态本质所决定的，又是由农业的经济本质所决定的。所以，只讲“农业是基础”的原因在于农业的社会属性与经济本质，或者只讲是由农业的自然属性与生态本质所决定的，都不能科学地揭示“农业是基础”的真实原因，也不能全面地反映农业基础作用的全部面貌。于是，生态经济学把农业的自然属性和社会属性统一起来，从农业的生态本质和经济本质的有机联系中揭示“农业是基础”，从而克服了生态与经济相脱离的传统农业基础论的缺陷，建立起生态与经济相统一的现代农业基础论，这就是农业生态经济基础论。

农业是个典型的生态经济系统，就在于它是地球上最大的、最完整的生态经济系统。这是因为，农业生产是有生命物质的生产过程，不仅参入整个生物圈中生物地球化学循环即生物地化大循环，而且最根本的是直接参入生态系统的生态循环过程，形成生态系统的营养物质循环即生物小循环。而农业以外的生产部门，主要是物质变换的无机过程，虽然参与整个生物圈中生物地化大循环，却基本上不直接参入或较少参入生态系统的营养物质小循环，因而均是不完全的生态系统。正因为农业是最完整的生态经济系统，所以，农业生产与再生产是最完全的生态经济再生产。它是自然环境、农业生物和人类劳动相互结合、相互作用而构成的两个相互交织的再生产过程：一方面是农业生物与自然环境之间的能量转化和物质转换的生产过程，这是农业生态经济系统的自然再生产或生态再生产，它为人类生存和生活及社会生产提供生态产品；另一方面是通过人类劳动，运用技术、经济等手段对生物有机体的生命运动加以人工干预，生产出符合人类生存与生活和经济社会发展所需要的有机物产品，即通常所说的农产品，这是农业生态经济系统的经济再生产。这两种再生产相互交织形成农业生态经济再生产，其实际运行过程，则是以人与自然的生态关系为基础的自然界内部的生物和非生物的关系、社会与自然的关系、国民经济各部门间的关系、生产力与生产关系间的关系错综复杂的运动过程。这个运动过程的总概括，就是生态关系、生产力和生产关系三者通过物质循环、能量流动、价值增值、信息传递相互作用而形成统一整体的生态经济运动发展过程。而“农业是基础”的规律，正是反映农业生产与再生产运动中生态再生产和经济再生产相互交织和统一运动的一种社会再生产运动的规律，即是体现农业生态经济系统中的生态关系、生产力和生产关系相互作用与统一运动的生态经济规律。由此，我们可以得出结论说，“农业是基础”的规律，既是反映生产力运动的经济规律的范畴，又是体现生产关系发展的经济规律的范畴，更是体现生态经济运动和发展的生态经济规律的范畴。

无论是马克思，还是毛泽东的农业是国民经济基础的理论，实际上是农业经济基础论。它只是对农业经济系统而言的，不涉及农业经济系统和生态系统的相互关系以及农业生态系统和整个国民经济的相互关系。在现代经济社会发展的领域，维系人类生存和经济社会发展的农业生产系统，它的生态经济基本矛盾由过去不明显甚至被掩盖，发展到现在日趋明显甚至达到尖锐程度；何况，当年马克思针对农业而言的经济再生产和自然再生产相互交织的农业生态经济再生产，经过一百多年来的社会生产力发展，人、社会与自然的相互关系在现代经济社会条件下，这种自然再生产和经济再生产相互交织而融合在一起的状况，已经存在于整个社会再生产过程之中。这样，我们就可以把马克思当年舍象掉的自然资源和自然环境再生产纳入现代农业及其整个国民经济再生产运动过程之中，研究农业生态经济系统对人类生存和经济社会发展的基础地位和重大作用。从而很清楚看到，这无非有两大方面：一是农业经济再生产为人类生存和经济社会发展提供经济产品，形成人类生存与发展的经济基础（即是人们通常说的农业提供粮食、原料、劳动力、资金、市场、创汇等贡献）；二是农业生态再生产为人类生存和经济社会发展提供生态产品，形成人类生存与发展的生态基础（即是农业为人类生存提供优美环境，从而成为提供良好环境产品的社会最大的公益部门）。前者是农业的经济贡献，后者是农业的生态贡献。在农业生态经济再生产过程中，这两个方面没有逻辑先后和时间先后的区分，只是农业生态经济有机整体的两个侧面，一个统一体内部的差别。因此，我们必须把农业基础论延伸和扩展到农业生态系统中去，建立起农业生态基础论，形成农业生态经济基础论。所以，“农业是基础”应该是农业经济系统生产的经济产品和生态系统生产的生态产品的综合表现，是农业的经济基础和生态基础的有机统一体；而农业的基础作用应该是农业的经济贡献和生态贡献的有机统一体。正是在这个意义上说，农业基础论实质上是农业生态经济基础论。它是农业生态基础论和经济基础论的有机统一观。这是马克思主义农业基础理论随着实践的发是而不断丰富和发展的重要表现。

农业生态经济基础理论从根本上为全面加强农业的基础地位也提供了新的认识工具、为认真地执行保护和改善生态环境的基本国策、使农业经济建设与资源环境相协调提供了新的理论基础，为正确地制定和实施农业保护战略，走农业可持续发展道路，使我国在世纪之交实现从歧视、挤压、掠夺农业的“抽农养工”战略，向重视、补偿、扶持农业的“护农兴国”战略转变，提供了新的科学依据。

1. 农业生态经济基础论揭示了我国现代社会主义的历史阶段，尤其是由传统计划经济体制向现代市场经济体制转变时期，“农业是基础”的生态经济规律发生作用的重要形式，就是要求人们经济社会活动必须补偿、保护和扶持农业，推行“护农兴国”发展战略，这是我国农业及整个国民经济现代化的一种客观的历史必然性。

近年来，不少论著从农业既是高风险（自然、市场、政策风险）的基础产业，又是社会效益高而自身经济效益低的弱质产业和农业在国民经济发展中的特殊地位，来论证社会主义市场经济条件下国家必须实行农业保护政策。在笔者看来，这些归根到底是由农业的自然属性和生态本质所决定的，是农业生产为经济再生产和自然再生产相互交织的生态经济再生产这个根本特征的具体表现。这个根本特征不仅使农业成为社会效益高而自身经济效益低的高风险、基础性的弱质产业，而且使农业成为生态效益大而自身经济收益少的高风险、公益性的生态经济产业。生态经济学理论告诉我们，农业生态经济系统中的生态再生产所生产的生态产品，即生态性农产品尤其是自然环境的各种生态因子及它们的有机整体的生态环境质量，是一种纯公共产品。它满足人们生命、生活和社会生产的生态需求，不像经济性农产品那样通过市场竞争形成市场价格，而是由农业生态系统直接供给社会及其成员消费。所以，这类生态性农业产品具有全民共享性、非竞争性。过去，这种生态产品是按其固有自然生态规律，没有人类劳动的参与，也可以自发地生产出来，这就是人们通常所说的“大自然的恩赐”。于是，长期以来，人类经济活动消耗环境质量的生态需求和人类自身生活与生产消耗环境质量的生态需求，都是免费获得满足的。现在则不行，不仅要按其固有的自然生态规律，还要或多或少投入一定量的人类劳动，改善农业生态条件，才能再生产出达到维持生态环境具有人类生存和经济社会发展所需要的使用价值。否则，在农业生态经济再生产中，就会出现农业生产力并不随着农业社会生产力的提高而提高，反而由于这种提高仅仅补偿甚至补偿不了自然生产力的下降而下降。问题还在于，农业生态再生产的实现问题，又基本上难以通过市场竞争在物质上和价值上得到补偿。这种特殊性就决定了必须由社会和国家给予相应的补偿，使农业生态经济再生产顺利进行，从而保持和增强农业生态再生产的自生能力和自净能力，巩固农业的生态基础。

基于以上认识，笔者认为，农业既是经济上的弱质产业又是生态上的公益产业，这两方面就决定了农业在市场经济条件下竞争能力很弱，在市场竞争中往往处于不利地位。这是由它是人类生存和经济社会发展的生态经济基础地位所决定的。因此，要切实维护农业的生态经济基础，增强农业驾驭市场经济的能力，社会和国家就必须对农业给予必要补偿、保护和强力扶持，实行农业保护战略与政策。这是“农业是基础”这个生态经济规律发生作用的必然趋势，也是现代市场经济健康运行与持续发展的客观需要。

2. 环顾当今世界，不论是发达国家还是新兴工业化国家，甚至一些发展中国家，几乎都对农业实施了程度不同、方式有别的保护和扶持。这充分表明，农业是人类生存和经济社会发展的生态经济基础的客观规律性。

众所周知，在历史上，发达资本主义国家是通过传统市场经济，任由那只“看不见的手”去剥夺农业（包括农业生态环境资源），奠定了工业化的基础。这是工业剥夺农业以推进工业化的阶段。在资本主义工业化实现后，现代市场经济的发展，再不能听任那只“看不见的手”去支配，特别是继续剥夺农业生态环境，否则，农业就会走向衰退，农业生态经济基础就有被摧毁的危险，从而极大地威胁整个现代市场经济大厦的安全，于是发达国家通过政府有效干预，对农业加以保护和扶持，以加速农业及其整个国民经济现代化进程。这就是工业及整个国民经济反哺农业的阶段。可见，发达国家实行从剥夺农业向保护农业的战略转变，其经济原因是现代市场经济发展的内在要求和客观需要。然而，发达国家的实际情况，并不仅仅如此，还往往从生态政治学的角度制定农业发展目标，如保证粮食安全、提高和稳定农业收入，还有最重要的是维护包括人在内的生态系统稳定协调发展，改善农业生态环境质量以满足国民对优美生态环境越来越高的生态需求等。这是发达国家近几十年来实行补偿、保护和扶持农业政策的生态原因。不言而喻，“农业是基础”这一生态经济规律早已在发达国家获得了发生作用的广阔场所。

综观资本主义发展的历史进程，我们完全可以看出这样一种带规律性的历史逻辑：资本主义实现工业化和现代化发展的历史过程，是资本主义市场经济由传统市场经济发育到现代市场经济的发展过程，也是资本主义发展由剥夺农业向保护农业的转变过程，还是资本主义发展沿着“先污染后治理”的曲折进展过程。因此，市场经济越发展，工业化程度越高，现代经济发展生态化越明显，就越需要加强对农业的补偿、保护和扶持。这是历史已经证明的现代经济社会发展的客观规律。现在，我国处于工业化中期并处于从传统计划经济体制向现代市场经济体制转变的关键时期，农业生态环境的污染与破坏接近发达国家20世纪五六十年代的严重时期。因此，我国在选择战略转变的时机上，“不是更迟一些，而应稍早一些”。我们认为，如果参照发达国家的历史经验教训和新兴工业化国家及某些发展中国家实行保护农业的现实情况，应该说，20世纪末和21世纪初应该是我国补偿、保护和扶持农业在市场竞争中获得平等地位加快发展的关键时期。所以，现在已到了该从“抽农养工”向“护农兴国”的历史性转变的时候了。

3. 现阶段我国农业处于传统农业向现代农业转变的历史时期。然而，不尽如人意的是这些年来这个转变较为缓慢。这是由于我国农业基础薄弱，单靠它自身积累，是不可能实现这个转变的。现在是通过发展农业市场经济来加快从传统农业向现代农业转变的关键时期，由此就提出了实施与这个转变相适应的国家农业发展政策的重要性和紧迫性。

我国农业生产人与自然之间物质变换的生态基础非常脆弱，同时，我国农业生产的物质技术条件落后，因而农业生产人与自然之间物质变换的经济基础也很脆弱，这两方面决定了我国农业生态经济基础非常不稳，农业发展后劲严重不足。按照生态经济学观点，农业越现代化，它与农业生态系统的依存关系越密切，发展现代农业就越要以生态为基础，农业生态经济基础也就越需要加强。现在，我国学术界许多学者越来越认识到，农业现代化的内涵不仅包括技术、经济、社会的含义；而且包括生态环境的含义。实现农业现代化的过程，应该是推进生态文明的进程。它既是农业现代化的重要内容，也是农业可持续发展的基本条件。否则，就不可能有农业可持续发展，也就谈不上农业现代化。可是，目前我国农业发展已经陷入生态条件退化和生态赤字严重的困境之中，生态耗竭现象的存在与发展，形成了以耕地为中心的农业自然资源正在衰竭，尤其我国农业生态环境资源系统的主要生物资源承载力已接近超负荷的临界状态，使一些有限自然资源已进入了承载力的临界点。生态滞留现象的存在和发展，形成了以农村为中心的水土流失、土地沙化、水质污染、植被破坏为特征的生态严重恶化，并在不断加剧。所以，我国农业发展面临的生态经济形势十分严峻，农业的资源紧缺、环境污染、生态恶化，正在动摇中华民族生存与发展的基础。如再不实行国家农业政策的历史性转变，仍然单靠农业自身的剩余求发展，来推进传统农业向现代农业的转变，不但会继续延缓这个转变，进一步扩大工业与农业发展速度的差距、城乡居民收入的差距、发达地区与欠发达地区经济发展的差距，从而极大威胁整个国家经济大厦的安全乃至整个政治局势的稳定；而且将会出现生态危机，使农业生态基础走向崩溃，导致中华民族面临空前的生态经济灾难。这绝不是危言耸听。

历史和现实都表明，我国农业发展已经被“抽农养工”发展战略逼进到了一个必须作出历史抉择的重要关头，是继续推行挤压和掠夺农业政策来支撑工业及整个国民经济高速增长呢？还是制订和实施保护扶持农业政策来推进传统农业向现代农业的转变以加速整个国民经济现代化的进程呢？这是摆在我们面前的两种选择，是关系农业及整个国民经济现代化的两种命运问题。既然，“抽农养工”发展战略已难以为继，我们必须明智而及时放弃挤压和掠夺农业的政策，也不能实行那种单纯农工“各自自养”的政策，一定要坚定地实施补偿、保护和扶持农业的“护农兴国”发展战略，加强农业生态经济基础。这是加速实现传统农业向现代农业转变的最佳选择，是我国走出一条符合国情、农情的农业可持续发展道路的迫切需要。

4. 农业生态经济基础理论还突出指明了在我国现阶段“农业是基础”这一生态经济规律发生作用的主要特点，一是它的完整性，二是它的全民性。以此为依据制定的“护农兴国”发展战略，就是完整的农业生态经济保护战略，它实质上是广义的农业保护战略。

所谓完整性，是指“农业是基础”这一生态经济规律的作用，要求人们经济活动必须保护农业生态经济基础的完整性，把农业的经济系统和生态系统作为一个有机整体给予保护和扶持。按照这一生态经济规律指导现代化建设，所追求的目标既不是单纯的保护农业经济基础，也不是单纯保护农业生态基础；而是真正做到扶持农业经济发展必须与扶持农业生态发展同时并举，实现农业的经济基础和生态基础共同繁荣与协调发展，使农业生态经济基础日益巩固。那种单纯的经济保护战略是不完全的、狭义的农业保护论。用它指导我国现代化建设，必然会继续牺牲农业生态环境资源换取市场经济的短期繁荣，加深由传统农业向现代农业转变过程中农业生态经济系统的经济功能不断增强，而它的生态功能却日益削弱的逆向运动，使本来就已经很脆弱的农业经济生态基础更加不协调与生态经济矛盾更加尖锐，必将会受到“农业是基础”这一生态经济规律的无情惩罚。这是毫无疑义的。

所谓全民性，是指以农业生态经济基础为依据制定的农业保护战略的实质，决不仅仅是工业剩余回归农业、工业反哺农业的问题，而是整个国民经济（包括农业）、全社会成员（包括农民），都应该补偿、保护和扶持农业。这是因为，“农业是基础”这一生态经济规律，规定着农业与工业之间、农业与整个国民经济之间、农业与全社会之间的生态经济关系，而以此为依据的农业保护战略，正确地反映这种生态经济关系，要求人们按照这一生态经济规律办事，处理好这种生态经济关系，就是整个国家、全社会和全体人民都必须高度重视发展农业、认真保护农业、切实加强农业。所以，笔者认为，社会主义市场经济条件下农业保护问题，从根本上说，是在实现工业化和推进现代化的进程中，全面加强农业生态经济基础，促进农业与工业、农业与整个国民经济、农业与全社会及其它们与农业生态环境资源相互适应与协调发展，确保农业市场经济稳定健全持续发展，充分发挥农业生态经济基础作用而采取的一系列补偿、保护和扶持农业的政策与措施的总和。这种广义农业保护战略决不是什么对农业的无偿支援和对农民的恩赐；而是如实体现了整个国家、全社会和全体人民的共同利益和根本利益，使“农业是基础”这一生态经济规律找到了自己充分发生作用的最恰当的形式。

由上可知，实施“护农兴国”的广义农业保护战略，一定要真正地、实际地、全心全意地加强农业生态经济基础。那种“口号农业”、“口头农业”必须坚决禁止；那种“农业地位在一片重视声中削弱，农民收入在一片提高声中降低，农业生产资料在一片限价声中猛涨，农业生态在一片保护声中破坏”的不良现象必须迅速纠正。再者，过去在“抽农养工”的发展战略下，人们偏重农业的“产品贡献”和“要素贡献”，对“市场贡献”则重视不够，并无视其“生态贡献”。今后，我们要继续重视农业的“产品贡献”，即保证满足全社会对经济性农产品的日益增长也要重视农业的“创汇贡献”和“储蓄贡献”；更要高度重视农业的“市场贡献”和“生态贡献”，有效地保证满足全社会对生态性农产品的日益增长需要，尤其是全体人民对农业生态环境质量的要求越来越高的生态需要。这些是实施广义农业保护战略的基本目标，实现这种目标的过程，就是农业生态经济相协调的可持续发展的过程。这是21世纪我国农业发展的康庄大道。

（原载《经济研究》1996年第6期）

体制、技术和生态三种创新

在现代经济社会条件下，影响社会总资本增值、可持续发展的因素很多，分析起来又很复杂。但在诸因素中去直接的、长期的、主要的作用因素，应该是劳动、资本、技术、生态。这些因素是通过体制创新、技术创新三种创新相互作用与相互推动着社会总资本存量增值，确保经济及整个社会可持续发展。

1. 制度创新是经济可持续发展的基本保证。所谓制度创新就是指能够使创新者获得追加利益的现存经济体制及其运行机制的变革，从而产生一种更有效益的制度的变迁过程。制度创新之所以能够推动经济增长就在于：一个效率较高的制度的建立，能够减少交易成本，减少个人收益与社会效益之间的差异，激励个人和组织从事生产活动，使劳动资本、技术等因素得以发挥其功能，从而极大提高生产效率和实现经济增长。这种制度创新理论，无论是对历史上的美国、英国、荷兰等发达国家的经济增长，还是对当今中国近十几年来的经济增长的实践，都有很强的解释力。近十几年来，我国经济增长这么快，主要就是由于实行经济体制改革，进行制度创新，即变革现存计划经济体制及其运行机制，建立现代市场经济体制及其运行机制。这就说明了制度创新对经济增长有很大的推动作用，正是从这个意义上，我们认为，在一定意义上可以说制度创新是实现经济可持续发展的基本保证。

还要指出的是，从可持续发展来说，能够保证经济可持续性的经济制度，不仅仅是指物质生产领域的经济体制及其运行机制的变革，而且包括精神生产、人类自身生产和生态生产等领域的体制及其运行机制的变革，使之都纳入社会主义市场经济的总体制之中。只有这样，才能真正实现物质再生产、精神再生产、人类自身再生产和生态再生产的相互适应与协调发展，才能促进物质资本、人力资本、生态资本共同增值，从而确保经济可持续发展。

2. 技术创新是经济可持续发展的主要动力。从经济学的观点来看，技术创新不仅仅是指技术系统本身的创新，更主要是把科技成果引入生产过程所导致的生产要素的重新组合，并使它转化为能在市场上销售的商品或工艺的全过程。它包括市场调查、研究开发、工程设计、试制和生产过程、规模生产、技术扩散、市场营销等环节的全过程。科技与经济一体化的完整过程，也是新技术与经济发展的有效结合与协调发展，它是一种经济行为，在本质上是经济创新。只有在预期收益超过预期成本时，技术创新才得以实现。所以，技术创新的根本目的是推动科技发明创新成果在生产中的应用，促进新市场的开拓，提高生产效率和效益，取得经济收益的最大化，实现经济持续增长。

科学技术是知识形态的生产力，即是潜在的生产力，它只有通过技术创新及其扩散而进入生产过程，使它和生产紧密结合，才会转化为现实的直接生产力。因此，技术创新是科学技术进入社会生产与再生产运动的基本方式，也是科技进步促进经济社会发展的基本途径。技术创新不断出现，就不断引起社会生产与再生产的扩大与发展，推动经济可持续发展。从实践上看，科技进步与创新确实已成为现代经济发展的主要因素，在发达国家经济增长中起了决定性作用，已成为经济持续发展的主要支柱。而技术创新则能够不断地、长期地推动经济发展，成为经济可持续发展的主要动力。

3. 生态创新是实现经济可持续发展的不竭源泉。生态创新是指包括生态系统本身的变革，创造新的人工生态系统和经济社会系统生态化，即社会生产、分配、流通、消费再生产各个环节生态化过程。这是生态与经济一体化的完整过程。它的内涵有以下几个方面：

第一，生态创新是人们有目的改变人与环境的生态关系，建立高质量、高水平的良性循环的生态环境系统，使生态环境系统愈来愈社会化，越来越显示其经济社会的特点和功能。在当代，人类符合自然规律要求的经济活动，虽能够按照预期的目标去改变自身与环境的生态关系，即不仅改变无生命的环境，而且改变生命有机体，还能改变生物与环境的生态关系，使生态系统的生命系统和环境系统的结构和功能更好适应经济社会的发展需要。

第二，人类的经济活动，在自然规律和经济规律的指导下，不仅是能够改变自然生态，而且能够创造新的自然界，引起环境变迁，使大自然不断增添它原来没有的东西，即将原来纯粹的自然界或称第一自然界越来越多地变成“人工的自然界”或称第二自然界。这样，一个个人工生态系统遍布大地，使人类赖以存在的生态环境，不断地由简单到复杂、由低级到高级地进化与发展。

第三，生态创新还越来越是经济社会生态化运动，已成为现代经济发展的正确方向。这就是社会生产、分配、流通、消费的再生产各个环节愈来愈生态化，越来越显示其生态环境的特点和功能。在当代，人类利用现代科学技术，广泛采用清洁工艺、少废无废工艺、生态工艺，进行无公害生产，并能使用“无废料化设备”装备国民经济各部门，在更大范围和更大规模上使社会生产过程生态化；大力发展绿色产业、绿色市场、绿色营销；实施绿色战略，开拓绿色科技，建立绿色银行；加强绿色教育、发挥绿色法律的作用，推动绿色消费运动的迅速发展等都是生态革命即生态创新的内容。

第四，人类社会发展到今天，现代经济社会生产与再生产所需要的一切物质和能量，归根到底还是来自生态环境系统的自然物质和自然能量，使之发生形态的变化、生产出适合人们需要的各种经济产品。因此，生态创新的本质特征就是研究生态环境系统和经济社会系统之间的物质循环与能量转化的关系，创造更多的物质和能量，促进生态与经济良性循环，实现生态环境与经济社会的有机结合与协调发展，确保现代经济及整个社会的可持续发展。因而，生态创新的根本目标是要增加生态环境系统运转的生态资本，增强生态环境系统的转化功能，提高自然物质和经济物质转化效率，从而提高生态环境系统适应现代经济发展的供给能力及其对现代经济社会发展的支撑能力。因此，生态创新是实现现代经济与生态环境有机统一与协调发展的基本途径，是推动现代经济及整个社会可持续发展最重要的驱动力。

4. 三种创新相互作用推动着现代经济可持续发展。我们把生态创新纳入现代经济健康发展和可持续发展理论模式，就很自然提出了制度创新、技术创新和生态创新各自在这个模式中的地位与作用问题，并运用它建立制度、技术、生态创新的三位一体的可持续经济运行理论。在这个三位一体的有机统一体中，三种创新相互作用与相互推动着现代经济健康发展与可持续发展，这是现代经济运行与发展的客观规律。这个规律准确地揭示了现代经济运动过程中的制度演变—科技进步—生态改善之间的必然的、内在的、本质的联系，它不仅强调了制度在现代经济运行与发展的保障作用和科技的主导作用，而且突出了生态在现代经济健康和可持续发展的基础作用。对此，有必要作以下几点说明：

第一，马克思主义基本原理告诉我们，制度属于社会关系的范畴，技术属于生产力的范畴。这就从哲学高度上解决了当代科技进步与技术创新和经济发展的辩证关系，揭示了科学技术对当代生产力发展和社会经济发展第一位的变革作用。根据科学技术对现代生产力发展的第一变革作用的理论，我们完全可以说，技术创新较之制度创新对现代经济增长与发展具有第一位的推动作用，有更深层次的重要意义。所以，从长期来看，技术创新会推动制度创新，制度创新保障技术创新的功能得以发挥与实现，成为推动现代生产力发展和实现经济可持续发展的主要源泉。

第二，现代经济的发展必须与生态环境的状况相协调，这是现代经济发展的重要特征。在当代，现代文明正在开辟生态文明的新时代。生态时代的经济发展，不仅要有高效率的现代市场经济体制作保证，而且越来越依靠科学技术进步和生态环境改善的支撑。因此，现在许多国家经济现代化过程中，伴随着现代经济发展生态化的趋势，朝着实现生态与经济一体化的方向发展。所以，加强现代发展的生态基础，把现代经济发展建立在生态环境良性循环基础上的必要性和迫切性已超过经济发展史上的任何时期。在这种历史条件下，制度、技术、生态这三种创新之间不是为主为辅的关系，而是相互联系、相互制约、相互作用、相互推动的关系，其中生态创新同制度技术创新相比，至少是同等重要的，在某种意义上比制度和技术创新更为重要，更为基础。这突出表现在科学技术绿化的趋势已成为现代科技进步的根本方向，建立符合生态与经济一体化的现代市场经济体制，使这种经济体制在运行过程中能够确保经济发展与生态发展相协调，已成为建设现代市场经济体制的必然趋势和客观要求。

第三，从我国现实经济生活来看，在工农业领域里，农业的集约化与生态化即生态农业（国际上叫持续农业），是现代农业的发展方向。工业的集约化与生态化即生态工业是现代工业的发展方向。而发展生态工业，创建生态与经济相协调的可持续发展的现代工业新模式；发展生态农业，创建生态与经济相协调的可持续发展的现代农业新模式，既是一场新的工农业革命，又是一场生态革命。这就是说，生态工业建设和生态农业建设，是生态创新在现代经济发展过程中的典型形态，也是生态创新在工农业领域里的实现形式。然而，加快工业农业现代化的进程，走生态工业和生态农业的发展之路，都要深化工农业的改革，真正解决好产权制度，形成有效组织和依靠科技进步，因此，继续进行工农业的制度创新和技术创新，才能推动工农业现代化的逐步实现。可见，三种创新缺一不可，没有任何一种创新，都不能构成实现中国现代化的充分条件。所以，我们必须坚持三种创新一齐抓，并发挥它们之间的相互推动作用，这就为我国现代经济及整个社会的健康发展和可持续发展开辟了广阔道路。

（原载《经济研究》1997 年第 3 期）

物质、人力、生态三种资本相互转化与相互增殖

可持续经济发展，顾名思义包含二层意义：一是要经济发展；二是经济可持续。所以从财富的角度来理解可持续经济发展，就是社会的总财富随着时间推移有所增加，至少不减少，也就是保护社会总资本存量的非减性，那么这种经济发展可以认为是可持续的。因此，从社会总体上，保持总资本存量非减或有所增殖，这是可持续经济发展的必要前提，也是社会总体可持续发展的必要前提。但这只是必要条件，并不是充分条件。因为，这里所说的社会总资本是指包括人们通常所说的经济资本即实物资本或物质资本、人力资本和生态资本的总和。其中，强调生态资本存量保持非减或有所增殖方才构成可持续经济发展的充分条件。因此，要从根本上解决人口、经济、社会和资源、环境、生态之间协调发展，保持生态、经济、社会的可持续性，必须确立三种资本相互转化与相互增殖的基础上保持社会总资本存量增加的观点。

1. 三种资本的划分是现代经济学发展上一次质的飞跃。长期以来，传统经济学只是从社会经济系统内部的物质资料生产与再生产的经济现象和过程来研究人类社会经济运动的规律性，把经济发展过程看成纯粹是由社会经济系统本身的规律支配的，而不受那些支配着自然生态系统进化和发展规律所制约的封闭体系，不重视经济活动和自然界环境之间

的相互影响，因而将生态发展过程排除在社会再生产运动过程之外。这种传统的、狭义的、不完全的经济发展观，突出表现在它没有把人类社会经济体系看成是建立在生态系统基础之上，把人们经济活动和生态环境作为有机整体来研究社会资本运动及其规律性；而是将社会再生产过程看成是和生态资本运动过程毫不相关的、甚至对立的纯粹的经济资本运动过程。因而生态资本运动过程就被排除在社会总资本运动过程之外。

和传统经济学相比较，作为现代经济学的生态经济学最基本的特征，就是它把自然生态系统包括进来，把作为人类公共财富的自然生态纳入经济学研究的范围，从而把现代经济运动看成是经济系统和生态系统作为有机整体来研究经济运动的规律性。20 世纪 80 年代后期以来，对于生态与经济协调发展问题研究扩大了许多原有的概念，提出可持续经济发展。从探讨生态与经济一般的协调发展关系，深入到研究不考虑生态的经济带来极不经济的后果，尤其是脱离生态资本运动的社会总资本运动带来的非可持续性的恶果。这是生态经济学理论研究的重大转变。现在，可持续发展经济学把生态资本作为社会总资本的重要内容，纳入社会总资本运动研究的范围，确立三种资本相互转化与相应增殖的基础上保持社会总资本存量随时间推移有所增加的理论。这是可持续发展经济学对生态经济学理论的新发展。

传统的经济增长和经济发展理论，也是把国民财富增长的主要因素看成为物质资本积累，甚至不少人把它看做是唯一源泉。虽然说也有一些西方经济学家看到，决定经济增长的因素，不仅是经济因素，而且有非经济因素，除物质资本外，还有技术创新、人力资本、自然因素等。尤其是柯林·克拉克认为，物质资本积累只是经济增长诸多因素中的一个因素，而且不是一个关键因素。他（1937）曾明确指出：“我相信，种种情况已经摧毁了一个至今流行甚广的观点，即经济增长速度主要取决于资本能够积累的速度。”但是，从总的来看，西方经济学家长期以来是崇尚“物质至上”，把物质资本的作用估计过高。因此，从 18 世纪中叶以后，物质资本决定论在传统经济增长理论中处于主导地位。直到 20

世纪50年代末以后，由于现代生产力的巨大发展，科学技术的飞速进步，使经济增长的传统因素作用逐渐削弱，而其他社会性因素的影响不断增加，特别是具有较高知识水平的高质量劳动力的作用日趋突出，使西方经济学家不得不开始同忽视活劳动作用的传统经济增长理论决裂，从物质资本决定论，转向重视人力资本，甚至提出了人力资本决定论的观点。其中以美国著名经济学家舒尔茨为创始人的人力资本学派，论证了人力资本在现代经济增长中的决定性作用，较为系统地阐述了人力资本的形成、特征、投资和收益等问题，为人力资本理论的形成作出了重大贡献。人力资本学说所提出的人力资本是现代经济增长的主要源泉和决定性因素的理论，使经济增长理论实现了由“物”到“人”的转变，是传统经济增长理论向现代经济发展理论转变的重要标志。

与此同时，20世纪60年代末期以来，现代人类面临着严峻的生态环境恶化的全球性尖锐问题，其中资源和环境等生态问题已构成现代经济发展的最基本的制约因素。尤其是20世纪80年代以来，全球生态危机标志着传统工业化发展模式已经走到尽头，今后人类的经济活动，发展现代生产力，必须走以生态生产力为基础与经济生产力相适应的协调发展之路。因此，现代经济发展必须与自然生态发展的状况相协调，已成为当代经济发展的重要特征。这就使国内外一些经济学家认识到生态资本或环境资本对现代经济发展和人类社会可持续发展的重要意义，从不同角度阐述了生态资本是现代经济可持续发展的最基本制约因素和基础性决定作用，从而形成了社会总资本由物质资本、人力资本和生态资本三种资本构成的可持续发展资本理论模式。这是现代经济发展理论随着实践发展而发展的重要表现。

如果说，人力资本理论突破了社会资本就是物质资本的传统资本理论模式，是理论上的一种前进。但这种进步仍然没有克服传统经济学只是从社会经济体系内部物质资料生产与再生产的经济现象与经济过程来研究资本运动及其规律的缺陷。而生态资本理论的提出并把它纳入社会总资本之中，形成可持续经济发展资本理论，则是将人们经济活动和自然生态环境作为一个有机整体来研究社会总资本运动及其规律性，这就完全克服传统经济学缺乏生态观念，基本上不考虑经济增长、社会进步与生态环境发展之间的协调关系的根本缺陷，正确地、如实地反映了现代经济运动的实际状况和社会再生产运动的真实全貌。这是现代经济理论发展史上的一次深刻革命，它为21世纪现代经济社会的可持续发展奠定了坚实的理论基础。

2. 三种资本的基本内容及其相互转移。

(1) 物质资本是通过人在经济活动的投资由人类创造的社会物质财富。从它的实物形态来看，物质资本的形成大致分为三个方面：对机器设备、库存及工厂的经营投资，居民住房建筑投资，对道路、机场和城市与农村的其他基础设施的公共投资等。

(2) 人力资本是通过人们经济社会活动的投资所形成的人的素质的提高，即对人力的投资所形成的人力资本，主要表现在：一是体现在劳动者身上，以劳动者的数量和质量表示的资本；二是人力资源的质量表现劳动者的知识、智力、技能、经验、健康、组织、管理水平及综合各种生产要素、创新技术的能力等；三是人力投资的产物，人力资本的积累和投资主要依赖五个方面的支出：教育支出、保健支出、劳动力流动及其家属迁徙的支出、在职工人的培训费用支出、为提高劳动生产率而支付的科研和技术推广费用支出。其中教育投资是人力投资的核心，它对现代经济发展具有极其深远的影响。所以人力资本理论把人力资源视为一切资源中最重要的资源，看作现代增长与经济发展的主要源泉和决定性因素，成为一国乃至世界经济增长的持久动力。

(3) 生态资本是存在于自然界可用于人类社会活动的自然资产，但这样说并不能理解为人们通常所说的自然资产是“大自然的恩赐”。这是因为，在现代生态系统中的生态环境已经不是“天然的自然”，而是“人化的自然”。那种没有经过人类劳动改变的“天然的自然”，在当代的世界里可以说已经是为数不多了。因此，只有或多或少投入一定量的人类劳动，才能再生产出达到维持生态环境具有人类生存和经济社会发展所需要的使用价值，这样，在多数情况下，生态资本实质上是人造自然资产。所以，生态资本主要包括四个方面：能够直接进入当前社会生产与再生产过程的资源环境，即自然资源的总量（可更新的和不可更新的）和环境消纳并转化废物的能力（环境的自净能力）；自然资源（及环境）的质量变化和再生量变化即生态潜力；生态环境质量，这是指生态系统的水环境质量、大气环境质量等各种生态因子为人类生命和社会生产消费所必需的环境资源；生态系统作为一个整体的使用价值，这是呈现出来的各环境要素的总体状态对人类社会生存与发展的有用性，如美丽的风景向人们提供美感、娱乐休息、以至满足人类精神文明和道德需求等生态服务功能。那代经济社会越发展，人类就越要求优美生态环境质量，生态系统的整体有用性也就越来越重要。因而生态资本存量的增加在现代经济社会发展中的作用就日益重要。

生态经济再生产理论告诉我们：不管经济社会形态如何，任何社会生产与再生产所需要的物质和能量，无一不是直接或间接来源于生态环境系统。因此，经济社会系统的社会物质财富来源于自然生态财富。在商品经济条件下，社会生产与再生产，是人类经济活动将自然物质变换成适合人们需要的经济物质，这既是物质财富不断形成和增加的自然过程，又是价值不断形成和增殖的社会过程。所以，人类经济活动把生态资本变换成物质资本，增强人类经济社会生存发展的经济基础，才能使社会生产与再生产得以维持并不断发展。然而，物质资本不断增加，就要消耗生态资本，生态环境质量也会下降，尤其是枯竭性的资源存量就会减少。但是，这些生态资本存量的减少，可能还没有全部为人类生产与生活所消费掉。这就是说所消耗生态资本的一部分可能以利润或投资转化为物质资本积累起来了。这种积累包括用于职工培训、技术革新、科学研究等方面的智力投资，形成人力资本；或用于提高资源利用效率方面的经营投资，形成物质资本；或用于恢复维护生态环境具有人类生存和经济社会发展所需要的使用价值的投资，转化生态资本，以及用于替代石油、森林等人造自然资产如水能、风能开发和人工森林营造方面。

还有，在现代经济社会条件，人力资本已成为现代经济增长的主要源泉，推动物质财富的不断增长；同时，人力资本用于生态环境建设，对于改善生态环境质量，恢复和维护生态资本存量起着重大作用。很明显，三种资本之间是可以相互替代转化的。

3. 三种资本共同增殖是可持续经济发展的最佳模式。走可持续发展道路是全人类的共同选择，但由于各国的国情和发展背景各有差异，可持续经济发展模式就有所不同，因而三类资本组合的状态也各不相同。从发展中国家来说，基本上都是在经济基础薄弱、科学技术水平低的条件下进行工业化和现代化建设的。在正常情况下，一些国家必然大力发展经济，推动科技进步，尽快增加物质资本和人力资本的积累，这是毫无疑义的。尤其是像我国这样的发展中社会主义大国，确立了社会主义市场经济体制模式，使我国进入经济快速、持续增长的历史时期，因而将长期面临人口、资源、环境与经济发展的巨大压力和尖锐矛盾。为了有效解决这种矛盾，我们党和国家制定和实行两个根本转变战略、科教兴国战略与可持续发展战略，作为实现我国跨世纪建设蓝图的基本国策与关键措施。实行两个根本转变的直接目标是驱动经济增长，加快经济发展，增强经济实力；实施科教兴国就是要切实地把我国现代化转移到依靠科技进步和劳动者素质提高的轨道上，增加发展的科技支撑能力；实施可持续发展战略的首要任务，就是合理分配和利用资源，保护与改善生态环境，增强发展的生态支撑能力。因此，认真实施这三大战略，从发展目标和发展趋势来看，应该说是能够保证三种资本共同增殖的。但是，由于种种因素的制约，我国在一个较长的时期内，三类资本组合状态，可能会出现以下几种情况：

(1) 物质资本（km）增殖，人力资本（kh）增加，生态资本（kn）增殖，这样三种资本共同增殖就会使总资本（k）的存量随时间保持一定的增长，即实现了经济可持续发展及社会总体的可持续发展。所以，社会总资本存量可表示为：$k' = km' + kh' + kn'$，［′］表示资本增加，［-′］表示资本减少。这是三种资本组合的理想模式和最佳形态，也是我们经济活动所追求的高强度经济可持续性。

（2）物质资本增长，人力资本增加，生态资本持平，社会总资本存量也是随时间有所增长，也可以实现经济可持续发展和社总体的可持续发展。所以，社会总资本存量可表示为：$k' = km' + kh' + kn$，这是三种资本组合的低级形态，是我们经济活动所必须达到的三类资本组合的目标模式，可以称为弱强度经济可持续性。

（3）物质资本增长，人力资本增加，而生态资本减少，但前二者增加量多于后者减少量，那么，社会总资本存量是增加的，至少不减少，保持总量持平或增加，可以表示为：k'或 $k = km' + kh' + kn^{-\prime}$，这是三类资本组合的失调形态，是我们经济活动要尽力防止和避免的不能确保可持续性的状态。然而，有些西方学者认为，生态资本转换为物质资本，使社会总量资本持平或增加，可以实现可持续发展，并称为“弱可持续性”。我们不赞同这种观点。因为，社会总资本持平或增加，这只是可持续发展的必要条件，并不是充分条件。有人说得好：“财富总量在替代意义上的持衡或增加并不等于可持续发展，或者更确切地说，并不能确保可持续发展。”（潘家华，1996）因此，我们必须加上保持生态资本的非减性，才构成可持续发展的充分条件。这里至少有两个不可改变的客观事实：第一，生态的不可逆转性是普遍存在的，因而许多自然资产的开发利用都具有不可逆转性，如物种消失、湿地开发对原有生态系统的破坏、环境功能发生了不可恢复的损害等，这就使得物质资本和人力资本的增值，在实际上不可能补偿这类自然资产的减少。因此，我们的经济活动就应该尽量避免对生态资本存量的不可逆转性的破坏。同时，生态的不可逆转性还使某些至关重要的生态资本无法或至少是很困难通过建立其他资本形成来补偿。第二，从世界经济发展的历史经验教训来看，发达国家工业化的实现，一方面给现代人类创造了巨大物质财富和这些国家劳动者素质的极大提高；另一方面却给人类社会带来了资源枯竭和环境污染的严重生态恶果，使全球性生态资本急剧减少，造成当代人类靠挪用后代人的生态资本过活。然而，从发达国家的社会总资本来说，却是在不断增加，至少没有下降，但是，这种靠牺牲生态环境为代价的经济社会发展道路，是不可持续性的，或至少是持续性不够的，因而才产生了可持续发展思想和战略。现在，人们对人类进入工业文明时期以来所走过的道路进行认真反思，明智地选择了可持续发展战略和道路，其核心问题就是使社会总资本持平或增加的条件下，保持生态资本的非减性，力争达到三类资本共同增值，从而确保经济社会的可持续发展。

（原载《经济研究》1997 年第 3 期）

绿色经济将成为21世纪现代经济发展的主导潮流

一、绿色消费将成为21世纪人类消费的主流消费

现代生产力的发展，现代生活水平的提高，使人们对生存和生活质量提出了更高要求，生态需求即绿色需求的满足就作为提高生活福利水平的重要内容，使当代人对生态需求的满足超过以往任何历史时期。这就为绿色消费又被称之为可持续消费提供了社会需求基础。随着世界各国生态环境意识的提高，人们的思维方式、价值观念、消费心理及其消费行为都发生巨大变化，日渐形成一种保护环境、崇尚自然的生活风尚与消费模式，逐步成为人们选择商品的价值取向和时代潮流。因此，绿色消费是指消费者为了满足生产和生活的需要，在考虑购物时不仅考虑商品质量和售价，还要考虑该产品在生产与消费过程中对生态环境和人体健康是否有污染，产生生态与经济负效应，进而选择、购买和消耗符合生态环境标准的绿色产品。据1990年欧共体的调查表明，57%的荷兰人和82%的德国人在超市购物时会考虑环境因素，77%美国消费者表示，企业的环保形象也影响他们购买欲；英国的购物者大约有半数以上，是根据对环境是否有利来选择商品。据加拿大消费者协会1992年的调查显示，94%的消费者表示在选购商品时会考虑环境因素，并有许多消费者表示宁愿多付10%的钱，购买于环境无害的产品。在日本对家庭主妇

的调查中，91.67%的消费者对绿色食品感兴趣，觉得有安全性的占88.37%。最近几年来，在我国也出现生态食品备受青睐、生态服装渐成新潮、生态居室悄然兴起的生态消费热潮，表明中国人的消费趋向由崇洋崇名逐渐向追求自然回归。总之，当今尤其是20世纪90年代以来，以保护生态环境为宗旨的绿色消费风起云涌，以不可遏止之势席卷全球。

随着绿色消费运动的发展，人们对绿色产品的需求日益增长，甚至在奥地利、瑞典、瑞士、英国和德国等对绿色食品的需求大有超过其本国生产和供应能力的趋势，其供求矛盾已日趋明显。因此，有些国家编制绿色消费指南，指导消费者购物，利用消费者的绿色需求形成巨大的绿色消费趋势，引导消费者通过自己的购买力，刺激绿色产品和绿色产业的发展，扩大绿色消费市场。可以断言，21世纪，人类更加注重生存环境的改善和衣、食、住、用、行的生态安全性的保障，绿色消费将会成为下个世纪人类消费的主导潮流，深刻影响着当代中国和世界各国经济社会生活各个领域的发展进程。这是毫无疑义的。

二、绿色产品将成为21世纪市场的主导产品

绿色消费浪潮不仅为绿色产品市场形成与发展提供了广阔前景；而且引导生产厂家生产和制造符合生态环境标准的绿色产品，导致生产领域的彻底革命。世界各国的生产厂家和零售商们为了满足公众的绿色消费需求，纷纷推出形形色色的绿色产品，使绿色产业可望成为21世纪的主导产业。

绿色消费浪潮触及现代生活的衣、食、住、用、行等各个方面，使世界各国企业尤其是发达国家生产厂家和零售商们清醒认识到，开发绿色产品不仅有利于保护生态环境，为企业树立良好的绿色形象；而且企业的发展开拓了新领域，带来了新的赢利机会和市场竞争优势。于是，许多发达国家和发展中国家厂商大力开发节约能源、节约资源、无污染或污染很少、可再生的绿色产品。现在，各国企业纷纷推出绿色产品，使各种生态产品进入公众家庭。人们常说的有：绿色纺织品与生态服装、

绿色食品与生态饮料、绿色建筑与生态住宅、绿色纸、绿色电视机、绿色洗衣机、绿色电脑、绿色冰箱、生态化妆瓶、生态药瓶、绿色玩具、绿色照相机、绿色汽车、绿色包装等绿色产品走俏市场，正在世界各地盛行；甚至低噪音、低污染、低油耗的绿色飞机，已成为飞机工业的发展方向，使世界民航步入绿色飞机的时代。在此，我们以绿色汽车为例作些具体论证。绿色汽车是指尽量减少汽油不产生污染和使用电动的汽车。当前绿色汽车的开发已经引起各国政府的重视。世界各大汽车公司也都在争相地研制。汽车绿色化或生态化，已成为世界各国实施可持续发展战略的一个重要内容与途径。汽车的生态化过程实际上是减少对石油依赖的能源多样化过程。美国、日本、意大利等国的汽车公司正在开发生产液化石油气、电力、天然气、氢气、甲醇和乙醇等作燃料的轿车和卡车。日本在开发以太阳能为动力的绿色汽车。法国政府要求到1999年全国电动汽车的保有量达到10万辆。美国政府还推出以环保为主要目的“超级汽车”计划，吸引了美国通用、福特等三大汽车公司。现在，汽车制造业绿色设计已成时尚。欧美一些大的汽车公司正在改变汽车生产方式，提高汽车的可拆卸率。据德国宝马公司估计，到20世纪末，仅欧洲每年内退出使用而需要“扔掉”的汽车就达200万辆。其中，德国所有的汽车厂家都开办了拆车试验基地，而宝马公司汽车回收率已达80%。美国是世界上最有效的汽车回收国，每辆车75%的零部件都可重新利用，全国有1.2万家汽车零件回收商，每年营业额达几十亿美元。德国宝马公司和大众汽车公司以及美国的克莱斯勒公司计划在20世纪末汽车回收率达到85%。这些事实表明，绿色汽车驶向21世纪，21世纪人类步入绿色汽车的时代。

目前发达国家绿色产品消费比例大大高于发展中国家，尤其是发达国家对绿色食品的需求迅速增长，每年以20%的速度递增，预计到2000年，其消费量将是现在的5倍。据估计，在当今市场上绿色产品虽然仅占5%至10%，在全部产品中比重还不大；但有专家预言，到21世纪初，世界范围内所达生产的产品将是100%的可以拆卸和翻新的绿色产品，21 世纪市场的产品将全部是绿色产品，届时人类生活在绿色产品的时代。这是现代经济社会发展的必然趋势。

三、绿色市场是未来市场的主导市场

从全球范围来看，世界尤其是发达国家绿色产品市场已经基本形成，它包括环保产品开发、信息服务在内的防治污染、回收资源、节约能源等方面形成了一个庞大的绿色市场。据不完全统计，绿色技术与产品市场的规模 1992 年已达 2500 亿美元，1994 年猛增到 4080 亿美元，1995 年增为 4270 亿美元，到 20 世纪末可望突破 6000 亿美元。

不言而喻，发达国家在世界绿色市场占有明显的优势。在 20 世纪 80 年代末，北美绿色产品贸易额高达 1060 亿美元，西欧约 1000 亿美元；而亚太地区仅 300 亿美元。1995 年美国、西欧、日本绿色市场规模达 3720 亿美元，而拉丁美洲、除日本外的亚洲其他地区、中东、非洲则为 300 亿美元。例如，德国依靠环境技术发展起来的新兴市场价值每年可达 400 亿马克，在全球环保设备贸易中德国占 21%，出口额达 350 亿马克，超过钢铁业的出口。随着发达国家生态环境质量的提高，原有绿色技术与产品的国内市场需求不足就会急需向发展中国家寻求出口机会，因此，发达国家特别是美国、德国、日本为取得绿色技术和产品的制高点和占领他国绿色市场进行了激烈的争夺战，尤其在争夺中国、东南亚、拉美的绿色市场上，都使出了浑身的解数。美国总统克林顿明确提出，环保产业应享受出口免税，以期占领国际市场。为此，美国政府公布了一项促进环保技术的出口战略，旨在加强同欧洲和日本在环保技术市场上的竞争地位，向亚洲、拉丁美洲的发展中国家销售和推广美国的环保技术。欧盟经济决策部门也在税收、贷款、出口政策上对绿色产品实行倾斜。

从以上事实完全可以看出，目前，以占领世界绿色产品市场为目标，争夺环保技术制高点为中心的市场竞争已经开始。未来的国际市场竞争中，绿色产品市场将占据优势，而非绿色产品市场将处于劣势。这是必

然的。21世纪将是绿色市场的天下，谁拥有绿色技术与产品，谁就能占领国际市场，就能把握绿色市场竞争的主动权。所以，发展绿色技术与产品，开辟绿色市场，是21世纪现代企业可持续发展的历史潮流与必然趋势。

四、绿色营销将成为世界市场营销的主导潮流

绿色消费运动正在创造一个绿色销售的新时代，导致市场营销观念的巨大变革，使绿色营销应运而生。绿色营销从狭义上讲指的是改变长期以来市场营销与生态环境保护相脱离为特征的传统市场营销方式，从营销这个连接生产与消费的中间环节入手，把生产厂家、商场、购物公众三者经济利益和保护生态环境协调起来，实现市场营销和生态环境保护相结合的一种市场营销方式。而广义的绿色营销不仅是一种市场营销方式，还包括企业生产经营管理过程和产品消费过程，都必须保护生态环境，即是对产品“从摇篮到坟墓”的全程绿化控制，最终实现可持续发展。可见，绿色营销是现代企业市场营销的新阶段。

实行绿色营销战略，实际上是向消费者提供更多的绿色产品及绿色标志产品，使“绿标”成为一种有效的符合购物公众购物欲的销售手段，创造和维护良好的企业绿色形象。绿色标志，又称环境标志或生态标志，是一种产品的证明性商标，它由政府管理部门或公共或民间团体依据一定的生态环境标准，向有关申请者颁发其产品或服务符合特定要求的一种特定标志。它表明该产品或服务不仅优质而且在研制、生产、使用和处理过程中符合特定的生态环境要求。世界绿色标志制度产生后得到迅速发展，现在已有20多个发达国家和10个多发展中国家实施这一制度。最早实行绿色产品认证的国家是原西德，1977年西德政府就开始这项工作，向核定的绿色产品名为“蓝色天使”的环境标志，目前德国绿色标志产品已有7500多种，占据全部商品的30%。1988年加拿大实施“环境选择计划”，到现在已有环境标志产品800多种；1989年日本实施生态标志计划，到现在已有绿色标志产品2500多种；1991年法

国、瑞士、芬兰、澳大利亚等国开始实行绿色产品认证；1992 年欧共体协议，在欧共体内实行统一绿色产品认证，发放统一的生态标志。发展中国家制定与实施绿色标志制度的有：印度的生态标志制度、韩国的生态标志制度、新加坡的绿色标志制度；巴西、哥伦比亚、智利、埃及的绿色标志制度。1994 年我国环境标志产品认证工作开始。与此同时，国际标准化组织（ISO）于 1993 年建立了环境管理技术委员会，促进环境手段和制度、环境审计、环境标志、环境评价、生命周期评估概念及定义的国际标准化，并于 1996 年正式颁布了 ISO14000 环境管理体系标准，引起世界各国的高度重视，被誉为“通向世界市场新的通行证”。据资料显示，截至 1996 年底，日本企业通过 ISO14000 认证的有 143 家，预计 1999 年底通过这一认证的企业将达到 3800 家；到 2000 年，日本所有重要产品都必须符合国际绿色认证的要求。英国现有 261 家、到 1999 年底可达 52000 家。我国是从 1993 年开始实行环境标志制度的。截至 1996 年底，共有 32 个企业 107 个型号的产品获得绿色标志；27 个企业开展了环境管理体系（ISO14000）认证试点工作，仅有 4 家企业通过了 ISO14000 认证。估计到 1999 年底也只有 500 家左右。因此提高我国企业绿色标志的认证意识，加快我国企业 ISO14000 的认证，势在必行。这是获得绿色标志产品、推行绿色营销战略、占领国际市场的必由之路。

（原载《1997 年全国首届企业可持续发展研讨会论文集》，《刘思华选集》，广西人民出版社 2001 年版，第 709—715 页）

发展绿色经济　推进三重转变

当今世界正处于世纪之交的巨大变革时期。它有三个主要标志，即人类文明形式由工业文明向生态文明的转变，世界经济形式由资源经济向知识经济的转变，社会经济发展道路由非持续发展向可持续发展的转变。这些称之为人类生存与发展的“三重转变”。这是21世纪现代经济社会发展的历史趋势与时代潮流。湖北省顺应这种趋势与潮流，在全国较早制定建设绿色经济大省的发展战略，使湖北省不仅找到了直接培植21世纪经济发展的增长点，而且找到了加强生态文明（即绿色文明）建设和实施可持续发展战略的最佳结合点。这样，湖北省全面实施建设绿色经济大省雄伟工程，就很有可能超越工业文明即传统工业化的某些阶段，直接转向文明建设和发展知识经济实现三重转变的同步运动，走出一条适合湖北省情的工业化、生态化与知识化相互协调的可持续发展道路。因此，把湖北省建设成为绿色经济大省是推进三重转变的明智之举。不仅关系湖北省现代化建设的繁荣昌盛，而且影响全国，甚至具有国际意义。

一、绿色经济与三重转变是21世纪发展的历史潮流

1. 人类正在进入生态时代，人类文明形式正在由工业文明向生态文明转变，这是人类发展绿色经济，建设生态文明的一个伟大实践。人类生存与发展经历了几种不同的文明形式。农业革命使人类经济社会发展

从攫取性经济过渡到生产性经济，把人类从完全受自然的支配而神化和供奉自然的依附状态中解放出来，实现了人类社会由直接消费资源环境到开发利用资源环境的根本转变，创造了灿烂的农业文明。工业革命使人类经济社会发展从工场手工业经济过渡到机器大工业经济，把人类改造、征服、探索自然推向了人与自然严重对立、经济完全分离的生态状况，实现了人类社会由开发利用资源环境到征服接受资源环境的根本转变，创造了辉煌的工业文明。工业文明发展到20世纪下半叶，它的自我否定因素也在急剧生长，已经陷入难以自拔的危机之中，正在从兴盛走向衰落。人类亦需要进行一场环境革命，为生态文明建设开辟广阔的现实道路。它将使人类经济社会发展由非持续性的不可再生性经济过渡到可持续性的再生性经济。把人类保护环境、改善生态、建设自然推向一个崭新的发展时代，实现人类由征服掠夺生态环境资源，到保护建设生态环境资源的大转变，创造比农业和工业文明更加灿烂辉煌的生态文明，又叫环境文明或绿色文明，成为未来经济社会发展的起主导作用的文明形式。因此，21世纪是生态文明建设的世纪，将是重建人与自然和谐统一，生态与经济协调持续发展的生态时代。这是21世纪人类开创地球新环境的一个战略任务，是21世纪可持续经济发展的一个鲜明特征。

所谓生态文明，其核心是人类经济活动与社会发展必须保持在地球资源环境的承载力的极限以内，将现代经济社会发展建立在生态环境良性循环的牢固基础之上，为人类生存与发展提供一个可持续利用的资源环境基础。因此，生态文明时代的本质特征，就是把现代经济社会发展切实转移到良性的生态循环和经济循环的轨道上来，使人、社会与自然重新成为有机统一体，实现生态与经济相互协调与可持续发展。这是人类生存与发展的伟大转变。它已成为全世界普遍关注的中心议题，全人类正在为实现这个大转变而采取全球范围的共同行动，正在形成势不可挡的时代洪流。

2. 人类正在进入可持续发展时代，社会经济发展道路正在由非持续发展道路向可持续发展道路转变，这是人类推进非持续发展经济向可持续发展经济的一个重大创造。

生态危机的全球征候引起人类对自身生存发展危机的严肃反思，深刻认识到工业文明的发展道路，是一条掠夺浪费资源的发展道路。现代经济发展再也不能继续沿着这条“黑色道路”走下去，必须抛弃传统工业化和现代化的经济发展道路，探索可持续经济发展的绿色道路，这就是要首先解决当代经济发展中普遍存在着的非持续发展经济问题，使之转移到可持续发展经济的健康运行轨道上来，把现代经济发展的生态代价和社会成本减少到最低限度，建立起一个真正的可持续发展的经济。

这条道路在本质上是生态文明的发展观与实现观。它具有三个明显特点：一是必须坚持在生态环境承受能力可以支撑的前提下，解决当代经济社会和生态发展的协调关系；二是必须坚持在不危及后代人需要的前提下，解决当代经济发展的协调关系；三是必须坚持在不危害全人类整体经济发展的前提下，解决当代不同国家、不同地区以及各国内部各地和各种经济发展的协调关系，从而真正把现代经济发展建立在节约资源、增强环境支撑能力、生态良性循环的基础之上，使人类经济活动和发展行为保持在地球资源环境的承载力和极限之内，才能确保非持续经济发展向可持续经济发展转变，最终达到经济可持续发展。

不论发达国家还是发展中国家，实施可持续发展战略的关键，就是要抛弃“高投入、高消耗、高消费、高污染”的非持续经济发展模式，创建“低投入、低消耗、无污染、适度消费”的可持续经济发展模式。它的基本目标：一是要解决国际社会及其各国内部分配资源和占有财富的不公问题，实现地球有限资源环境最佳配置，达到资源环境在代内和代际公平地配置，极大地提高资源环境配置效率。二是要解决合理地、充分地、节约地利用资源，从而实现资源的可持续利用，达到以最小的资源环境损失取得最大的经济发展，极大的提高资源环境的利用效率。只有这样，经济增长与经济发展才能保持在地球资源环境的承载力的限度之内，使生态潜力的积蓄速度超过经济潜力的增长速度，保障经济发展具有可持续性。

3. 人类正在进入知识经济时代，世界经济形态正在由资源经济（或物质经济）向知识经济（或智力经济）转变。知识经济是一种直接依赖知识和信息的生产、传播、分配和使用（消费）的经济。它的兴起与发展，为人类解决资源危机找到了根本出路。知识经济的兴起与发展，还为人类走出环境危机的困境提供了根本保障。正是由于知识经济不是以自然资源而是以智力资源为主要依托，从而改变了自然资源的“大量索取、大量投入、大量消耗、大量废弃”的利用模式与生产方式。

二、大力推进三重转变，促进绿色经济发展

1. 分阶段、有步骤地加强生态环境建设，在生态文明的框架下加快实现工业化的进程，形成中国工业化和生态化渗透发展的大格局。

(1) 要充分认识我国工业文明建设确实使资源环境所承受的生态压力接近极限。改革开放的20年是工业快速发展的20年。随着人口持续增长和经济高速增长及工业化迅速推进，使我国进入一个空前规模的资源损耗、环境污染和生态破坏的阶段。因此，跨世纪的中国生态环境问题，就总体而言，它仍然朝着恶化的万向发展，生态危机严重威胁中华民族的生存与发展，它将是21世纪前期中国经济发展的主要危险。人口、资源、环境已成为制约中国经济发展的长期起作用的三个基本因素。我们必须要清醒地看到中国生态环境形势是十分严峻的。

(2) 由于中国工业化快速发展时期，正是世界生态环境保护不断高涨和可持续发展思想战略形成与推行的时期，中国人民与中国政府适应世界生态环境运动和可持续发展浪潮的历史潮流，在实现国民经济总值年平均接近10%的高速增长和工业化快速发展的同时，坚持实行控制人口和环境的“二项基本国策”，坚持贯彻经济、社会、环境协调发展的根本方针，并制定和实施了一系列加强环境保护生态建设的政策、法律和措施，从而减轻了资源消耗和人口增加对生态环境的巨大压力，较好地遏制了资源短缺、环境污染和生态破坏的程度，使生态环境质量基本避免了同经济高速增长相应恶化的局面。

(3) 全国生态环境建设规划的制定和实施，标志着我国现代化建设进入工业文明建设与生态文明建设同步进行与协调发展的历史时期。经过一代代人长期地、持续地奋斗，努力建设，就可能将华夏大地建设成为山川秀美的大园林。我们党和国家领导人反复强调：人口、资源、环境三大基本国策并提，并制定了具有长期指导作用的全国生态环境建设规划，纳入国家和社会发展计划。

(4) 全面实施全国生态环境建设规划，大力推进工业文明向生态文明的转变。从现在起到21世纪中叶，我国生态环境建设各个阶段的奋斗目标是：近期目标，从现在起至2010年，坚决控制住人为因素产生新的水土流失，努力遏制荒漠化的发展；中期目标，2011—2030的20年间，力争使国生态环境明显改观：远期目标，2031—2050年的20年间，全国建立起基本适应可持续发展的良性生态系统，使全国生态环境有很大改观，大部分地区基本实现山川秀美。这样，华夏文明就基本实现由工业文明向生态文明的转变。为了实现我国生态环境建设的近中期奋斗目标，大力推进工业文明向生态文明的过渡，必须贯彻执行10条指导原则和方针：第一，坚持经济社会与环境保护、生态建设相统一。第二，坚持预防为主，防治结合，标本兼治，综合治理，经济建设、城乡建设与生态环境建设要同步规划、同步实施、同步发展的方针。第三，坚持资源开发与节约并举，把节约放在首位，在保护中开发，在开发中保护。第四，坚持依靠科技进步推进环境保护和治理。第五，坚持统筹规划，突出重点，量力而行，有步骤地进行生态环境治理和建设。第六，坚持严格执行环境保护和生态建设责任制。第七，坚持运用政府调控与市场相结合的机制保护生态环境。第八，坚持依法保护环境建设。第九，坚持加强全社会的环保宣传和教育。第十，坚持开展环境与发展方面的国际交流与合作。

2. 分层次有重点地实施可持续发展战略，坚持以现代经济可持续发展为中心的发展经济与发展生态同时并举，推进经济建设同人口、资源、环境的协调发展，形成中国现代经济的生态与可持续化融合发展的大格局。

(1) 当代中国的现代经济发展，既取决于社会主义基本制度同现代市场经济之间的紧密结合与成功协调，又取决于现代市场经济发展同生态环境发展之间紧密结合与成功协调。因此，我们要正确地把社会主义基本制度完善、现代市场经济发展和生态环境改善三者紧密结合起来，实现其有机统一与协调发展。这是具有中国特色的可持续经济发展道路的本质特征。

(2) 21 世纪中国走可持续经济发展道路的根本目标，是要解决经济发展及工业化进程中出现的非持续发展经济问题，使我国经济真正成为经济发展的生态代价和社会成本最低的经济。为此，推进我国非持续经济发展向可持续经济发展转变的主要目标应该是：实现有效益、有质量的经济发展，建立生态与经济相协调的可持续发展的经济体系；实现经济与人口、科技、社会的协调发展，提供建立可持续发展社会体系的强大经济实力系统；实现经济发展与生态发展同向运动，建立促进恢复与改善生态环境良性循环的可持续生态系统；建立中国经济与世界浪潮相适应的，并与国际贸易和金融可持续发展形式相联系的国际经济体系；建立适应与保障我国经济可持续发展的管理体系。这些是具有中国特色的可持续经济发展道路的战略目标。

(3) 我们要正确认识和妥善处理经济建设和人口、资源、环境的发展关系，逐步把我国经济发展建立在生态环境良性循环的基础上，使以发展经济为中心和控制人口、节约资源、保护环境有机结合起来，实现四位一体的高度统一与协调发展，是走有中国特色的可持续经济发展道路的中心环节。

(4) 我国社会主义经济发展道路问题，实质是社会主义市场经济发展道路的问题，它主要是正确处理经济发展战略，经济体制和经济发展模式的相互关系问题，必须坚定地推进经济发展战略、经济体制和经济发展模式的三重转轨，才能走出一条既有较高速度又有较好效益的经济发展道路。这是探索有中国特色的可持续经济发展道路的基本思路。

（5）我们要正确地把实现经济体制和经济增长方式的根本转变和实施可持续经济发展战略紧密结合起来，必须使生态环境保护建设真正成为社会主义市场经济发展自身具有的内在因素和重要特征，是现代市场经济的有机组成部分，政府有必要且有可能在此领域发挥中心作用。这就是既要充分发挥市场对资源配置的基础性作用，又要加强宏观调控，使政府配置生态环境资源既要最大限度地克服“市场失灵”，又要尽可能地减少“政府失灵”，以实现生态环境资源优化配置，从而走出一条现代市场经济发展与生态环境建设协调持续发展的新路子。

（6）我们要正确地把实施科教兴国战略与发展知识经济和可持续经济发展战略紧密结合起来，构建知识创新和技术创新有机统一的国家创新体系，从而充分发挥科技和知识经济对可持续发展的支撑和推动作用，提高经济发展和保护自然资源与改善生态环境的科技含量，使国民经济逐步转移到主要依靠科技进步和劳动者素质提高轨道上来，这是实现经济可持续发展的关键所在。

（7）21 世纪人类需要走“多节制”的发展道路，首先要节制生育，还要节制消费，重点要节制使用一切有限资源，进而达到节制一切不利于人类可持续发展的经济社会活动和发展行为，建立节约型经济社会。中国更要如此。我们要以建立可持续发展的节约型经济为中心，实行全面节约的战略，坚持资源开发与节约并举，把节约放在首位。在生产、建设、流通、消费等各个领域，都必须节水、节地、节能、节粮，千方百计减少资源的占用与消耗，大幅度提高资源、能源和原材料的利用率，努力减少直至消灭生产过程的污染。与此同时，要切实推进我国产业结构优化与升级，建立起三次产业和生态产业、知识产业协调发展的五次产业结构模式。只有这样，才能尽快改变中国目前经济发展基本上是以大量消耗资源能源和粗放经营为特征的传统发展模式。这是经济发展转入可持续经济发展轨道的战略重点。

（8）实行现代企业制度，确立企业追求内部经济性和外部经济性的双重经营战略和企业发展目标，形成有利于节约资源、降低消耗、增加效益、改善环境的企业经营机制。强化企业生态环境责任，促使企业在不侵犯社会的生态环境权益的前提下进行生产经营活动。实行绿色管理，实现生产经营管理和生态环境管理的有机统一，推动企业朝着绿化趋势的方向发展。这是可持续发展经济运行与发展的微观基础。

(9) 发展社会主义市场经济，必须建立起与之相适应的国民经济核算体系，将生态环境资源的固有价值和经济活动造成的生态损耗列入核算内容。尤其是在产品的成本核算中，要进行生态成本核算，建立起适应市场经济与生态环境协调统一的社会再生产价值运动和国民经济核算体系，从根本上保护生态潜力，促使人们要以生态资本的利息为生，而不要吃生态老本。这是增强可持续经济发展能力，实现经济可持续发展的治本之道。

(10) 加强全体人民尤其是强化各级领导干部和决策者的可持续经济发展教育，提高中华民族的生态经济和可持续发展意识，这是顺利推进我国经济发展走入可持续经济发展道路的根本问题，尤其是极大地提高教育界、科技界和各级政府的领导者、决策者、管理者在实施可持续经济发展战略与建立可持续经济发展模式中的能力和作用，对走出一条有中国特色的可持续经济发展道路具有决定性意义。在探索这个道路的进程中，我们必须高度重视并大力加强可持续经济发展领域的法制建设，切实把可持续发展经济运行纳入法治轨道上来，使公众的可持续经济发展法制观念增强，才能充分发挥社会主义制度的优越性，依靠群众，造福人民，这是走出一条具有中国特色的可持续经济发展道路的思想保证和组织保证，具有深远的战略意义。

3. 分区域有选择地发展知识经济，实施农业、工业和知识“三元经济”并行发展战略，推进我国经济形态的转变，形成21世纪中国经济发展生态化、可持续化与知识化协调发展的大格局。

(1) 当代中国绝不能走发达国家先实现工业化后走上知识经济的路子。从全球范围来看，知识经济目前主要存在于西欧、北美等已实现工业化而进入后工业化的经济发达国家。从世界经济形态的巨大变革来看，知识经济作为一种适应世界现代经济发展的新型的经济形态的曙光已经出现在地平线上，这是无法回避的客观事实，正在形成一种国际运动与历史潮流。人类进入21世纪，知识经济必将逐步成为世界经济发展的主导经济形态。毫无疑义，世界经济正在经历着经济形态的历史性转变。因此，知识经济的来临，则是21世纪中国经济发展面临的又一个真正挑战。

(2) 知识经济的兴起与发展，为中国实现经济的跨越发展提供了良好的契机。知识经济带来的不仅是挑战，更重要的是机遇。它为中国在21世纪大发展提供了千载难逢的良机。它表现在多方面，但集中到一点，就是它增添了工业化与现代化的新内容，提高了工业化与现代化的质量与效率，引导工业化与现代化朝着生态化方向发展，加快工业化与现代化的进程，使我国现代经济发展能跨越传统工业化与现代化的某些阶段，直接进入知识经济阶段，这是一方面。另一方面，我们还要清楚地看到，中国经过50年的社会主义建设，尤其是改革开放20年经济建设的迅速发展，为迎接知识经济的挑战准备了必要条件，使中国已经具有了发展知识经济的一定基础。从国际经济来看，发展知识经济要具备的基本条件是“四个必须”：一是必须建立在工业经济充分发展的基础上；二是必须以智力资源为主要依托；三是必须以较高的社会知识化水平为基础；四是必须有相对强大的知识和科技创新能力。在我国发达地区或比较发达地区初步具有了这“四个必须”的基本条件。因此，从我国的国情出发，采取“沉着准备、积极发展、努力追赶”的十二字方针和工业化、国民经济信息化与知识化、高新技术发展同时并举的方针，从总体上打好基础，创造条件，分区域有选择地逐步发展知识经济。所谓分区域，就是在某些经济发达的地区率先实施知识经济发展战略，在某些经济比较发达的地区有选择地、有重点地发展知识产业，在欠发达的地区先发展“准备知识；经济”，逐步过渡到发展知识经济。所谓有选择地发展知识经济，是指选择信息产业和其他知识密集型高新技术产业为发展重点，并用一种超越的方式，直接培植知识经济的增长点，使之成为推动我国经济发展的重要支柱产业和主导产业。

（3）迎接知识经济的挑战，抓住这一历史机遇，在21世纪逐步推进中国经济形态的历史性转变，笔者基本赞同李京文先生在《迎接知识经济新时代》一书中提出的实施10个并举的具体方针：一是在经济发展模式（确切地说这里的“模式”应改为“形态”——笔者注）上，工业化与信息化并举，物质（工业）经济与知识（智力——笔者注）经济并举；二是在经济增长的方式上，支柱产业、新兴产业量的扩张与整体经济科技进步实现质的提高并举；三是在技术发展模式上，自主研究开发与有重点地引进吸收国外先进技术并举；四是在产业发展模式上，积极实现高新技术产业化、加速发展高技术产业与用高新技术改造提高传统产业并举；五是在市场发展模式上，全方位开辟国际市场与促进国内市场成长，更多依靠内需并举；六是在对外开放上，积极与国际经济接轨和注意国家经济（还应加上生态或环境——笔者注）安全并举等等。

（原载《湖北21世纪经济发展研究文集》，中国地质大学出版社1999年版）

绿色工业与绿色企业

从微观层次来说，可持续工业发展模式的实现形式，就是绿色工厂即绿色企业又叫生态企业①。它是一个国家可持续工业系统的基础单元和细胞。

1995年，我给《市场经济与企业行为》一书作序时曾写道："按照马克思主义观点，生产要素总是在企业里结合起来，才能进行社会生产，才有社会经济运行与发展。这样，企业既是人与自然之间的物质变换的实际发生地，是生产力的直接承担者；又是人与人的相互交换劳动的实际发源地，是生产关系的直接体现者。这两方面的物质变换过程，就是企业和社会的生产、交换、分配、消费的有机统一运动过程。由此决定企业作为经济社会运行的核心主体，其行为既表现为实现生产力运行与发展的客观过程，又表现为实现生产关系进步与完善的现实载体。"现在，当我们从可持续发展理论和实践的角度来认识现代企业运行与发展时，就必然得出这样一个科学结论：在现代市场经济条件下，现代企业作为社会经济运行的核心主体，其经营活动与发展行为既表现为现代市场经济发展的微观主体，又表现为可持续发展的微观主体，两者应该是有机统一体。绿色企业正是这种有机统一体的实现形态，是实现企业可持续发展的最佳选择，是可持续发展的理想模式。所以，可断言，绿色

① 本书所说的企业专指工业企业。

企业是现代企业发展的正确方向和必然趋势。

1. 绿色企业必将成为21世纪现代企业发展的主导潮流。这是因为，现代生产力的发展，现代生活水平的提高，使人们对生存和生活质量提出了更高要求，生态需求即绿色需求的满足作为提高生活福利水平的重要内容，使当代人对生态需求的满足超过以往任何历史时期。这就为绿色消费又被称之为可持续消费提出了社会需求基础。随着世界各国生态环境意识的提高，人们的思维方式、价值观念、消费心理及其消费行为都发生巨大变化，日渐形成一种保护环境、崇尚自然的生活风尚与消费模式，逐步成为人们选择商品的价值取向与时代潮流。可以断言，21世纪，人类更加注重生存环境的改善和衣、食、住、用、行安全性的保障，绿色消费将会成为21世纪人类消费的主导潮流，深刻影响着当代中国和世界各国经济社会生活各个领域的发展进程。这是毫无疑义的。

绿色消费浪潮不仅为绿色产品市场形成与发展提出了广阔前景；而且引导生产厂家生产和制造符合生态环境标准的绿色产品，导致生产领域的彻底革命。世界各国的生产厂家和零售商们为了满足公众的绿色消费需求，纷纷推出形形色色的绿色产品，使绿色产业可望成为21世纪的主导产品。因此，绿色市场将是21世纪市场的主导市场。目前，以占领世界绿色产品市场为目标，争夺环保技术制高点为中心的市场竞争已经开始。未来的国际市场竞争中，绿色产品市场将占据优势，而非绿色产品市场将处于劣势。21世纪将是绿色市场的天下，谁拥有绿色技术与产品，谁就能占领国际市场，就能把握绿色市场竞争的主动权。所以，发展绿色技术与产品，开辟绿色市场，是21世纪可持续工业发展的历史潮流与现代企业可持续发展的必然趋势。

2. 绿色企业是21世纪现代企业的最佳定位。在我国经济体制改革以前，多数人认为，企业，尤其是全民所有制企业，只是社会生产的一个单纯的劳动组成形式，即基层生产单位，而不承认企业是社会生产的一个经济主体。经过经济体制改革，企业作为一种制度或组织则是现代市场经济的微观主体，是具有独立地位的经济法人，是个实实在在的经济实体。这是人们对企业本质在认识上的一次飞跃。在这个基础上，人们还看到，无论是坐落在农村，还是坐落在城市的工厂、农场、矿山等企业，都是"人化了的自然界"的体现，是以人为主体的生物群体在开发和利用各种类型的自然生态系统的基础上形成的生物与环境的结合体。因此，企业是以人为主体、以高度人工化的物质环境为客体的人工生态系统，是自然生态和社会经济一体化的生态经济有机整体的基础单元和细胞。它不仅是经济实体，而且是生态经济实体：它不仅是现代市场经济的微观主体，而且是可持续发展的微观主体。这是我们对现代企业本质认识一次质的飞跃。

所谓绿色企业，是指按照生态学和生态经济学原理，建立生态型生产经营管理体系，实行清洁生产，发展无毒无害生产工艺和综合利用技术，组织生态化的物质生产过程或服务过程，使整个企业技术工艺过程和经营管理过程生态化，变现代企业物质生产过程或服务过程为自然生态过程或纳入自然生态过程，形成生态生产和生态生活的企业化生态格局，使投入生产过程的各种自然资源和原料能源得到最优利用，极大提高资源能源利用率，减少乃至消除废弃物，形成一个投入少、消耗低、质量高、无污染而又符合生态环境标准的产品的生态经济有机整体，实现企业生态经济良性循环与可持续发展。可见，绿色企业是合理的、充分的、节约的利用资源，企业产品或服务在生产和消费过程中对生态环境和人体健康的负效应最小化乃至无害化及其废弃物多层次综合再生利用的企业生产方式。它是一种可持续工业发展模式，是可持续工业生态系统的基础单元。因此，绿色企业体现了企业生产技术体系和企业经济现代化的实质与方向，必然成为现代企业发展的理想模式与最佳选择，也是实现我国企业发展战略和两个根本转变的必由之路。

3．绿色企业是企业实现经济体制转变的目标模式。近年来，我国经济学术界有个共识，认为企业改革就是改变国有企业传统体制，建立现代企业制度，构建以公有制为基础的社会主义市场经济的微观主体，使企业成为独立的法人实体和市场主体，走向市场，投身市场竞争，真正围绕市场“团团转”。企业问题，归根到底是个市场的问题。从纯经济学的观点来看，这种认识把现代企业仅仅看成是个经济系统，纯粹的经济实体，无疑是正确的。但是，这种看法缺乏生态观念，基本上不考虑现代经济的发展与生态环境发展相互协调这个现代经济发展的重要特征，因而，它难以全面反映现代企业生态经济系统健康运行与可持续发展的客观规律性。所以，我国企业尤其是国有企业改制转机的目标模式，不仅要建立与社会主义市场经济相适应的现代企业制度，成为发展现代市场经济的微观主体；而且要建立与现代生态环境相协调的现代企业制度，成为实现可持续发展的微观主体，从而形成生态与经济一体化的绿色企业发展模式。

首先，从实践上看，当今世界现代市场经济和现代企业发展的实践愈来愈表明，今后的企业竞争、市场竞争不仅是产品质量、商品价格、服务水平、促销手段等方面的竞争，而且是生态环境保护与建设的竞争，企业的绿色形象的竞争。谁在企业绿化方面取得优势，谁就能在21世纪竞争中掌握主动权，处于领先地位。正如杜邦公司总裁伍拉德所说，要使公司继续生存下去，就要在环境保护方面胜过他人。因此，我国国有企业改制转机，改变国有企业传统体制，建立现代企业制度，全面参与市场竞争，就必须大力开发绿色产品与技术，推行绿色营销，占领绿色市场，在消费者心中尽早树立起自己的绿色形象，正是现代企业自身发展的外在与内在要求的必然趋势。

其次，目前现实来看，现代市场经济是高度开放性经济，企业独立自主地走向市场，全面地参与市场竞争，不仅要开拓国内市场，投身国内市场竞争；而且要开拓国际市场，投身国际市场竞争。然而，当今世界国际贸易开始步入绿色时代，在世界贸易组织逐步取消全球多边自由贸易关税壁垒的情况下，环境标准等技术要求已成为一些国家新的贸易保护武器。因而，那些不符合环境标准的产品，不准买卖，已成为国际贸易的一条基本原则。如今，已有许多国家宣布，没有绿色标志商品的进口，将在数量和价格上受到限制。这就是当前国际市场上出现的新非关税壁垒——绿色壁垒。它成为主要贸易壁垒，并是发达国家限制发展中国家发展的重要借口。这就给我国企业对外贸易，开拓国际市场，带来了严峻的挑战。1997 年 2 月举行的联合国贸易发展会议上的一份统计资料表明，因不符合环境要求，我国每年有 74 亿多美元的出口商品受到不利影响。据不完全统计，若不及时采取措施，我国数百个品种、50 多亿美元的出口产品将因保护臭氧层的有关国际公约而被禁止生产和销售；40 多亿美元的出口产品将因主要贸易对象国实施环境标志而面临市场难入问题。我国农产品的出口因主要贸易对象国的环境法规和标准日益严格而农药残留量和其他有害物质超标而日益受阻。可以说，目前我国企业已经面临严重的出口危机。在这种国际贸易环境下，如果我国企业改制转机仍然是建立市场化与生态化相分离的现代企业制度与经营机制，不能实现现代市场经济的微观主体和可持续发展的微观主体的成功结合与有机统一，不仅难以维持我国市场的健康运行与可持续发展，而且在国际贸易中将会处于不利地位，难以在国际市场竞争中取胜。所以，为了在国际国内市场竞争中取胜，我国企业改制转机，建立现代企业制度，必须走企业可持续发展之路，构建生态与经济一体化的绿色企业发展模式，才能使我国现代企业在国际市场竞争中具有强大的生命力和竞争力，立于不败之地。

再次，从长远发展来看，我国现代企业实施《中国 21 世纪议程》，只有建立市场化与生态化相协调的现代企业制度与经营机制，才能适应 21 世纪未来市场的绿色趋势。如前所说，绿色产品将逐渐成未来市场的主导产品，因而绿色市场也将成为未来市场的主导市场。《中国 21 世纪议程》明确指出："对人体和环境无害的绿色产品亦将随着可持续发展进程的深入，日益成为今后产品生产的主导方向。"因此，与其说，绿色企业是未来企业发展的主导潮流，还不如说，未来企业围绕绿色市场这个主导市场"团团转"，才是问题的实质。在这个问题上，与其被迫地干，不如自觉地干；与其晚干，不如早干。我们应当从现在起就自觉地把握这个主导方向，大力开发绿色技术和产品，创建生态与经济一体化的绿色发展模式，使企业逐渐成为可持续工业发展的微观主体，这是当代中国走向世界，走向未来，在21世纪更大发展的必由之路。

4. 绿色企业是我国企业转变经济增长方式的最佳选择。随着现代经济发展生态化的趋势，不仅使现代经济朝着市场化和生态化有机结合的方向发展；而且使现代经济朝着集约化和生态化有机结合的方向发展。因此，创建符合生态与经济一体化的现代市场经济体制和与之相适应的绿色企业发展模式，不仅是我国企业实现经济体制转变的战略目标，而且是我国企业转换经济增长方式的最佳选择。

（原载《绿色经济论》，中国财政经济出版社 2001 年版，第 408—413 页）

人类文明发展的转型与绿色经济兴起*

人类生存与发展经历了几种不同的文明形式。农业革命使人类经济社会发展从攫取性经济过渡到生产性经济，把人类从完全受自然的支配而神化和供奉自然的依附状态中解放出来，实现了人类社会由直接消费资源环境到开发利用资源环境的根本转变，创造了灿烂的农业文明。工业革命使人类经济社会发展从工场手工业经济过渡到机器大工业经济，把人类改造、征服、掠夺自然推向了人与自然严重对立、生态与经济完全分离的状态，实现了人类社会由开发利用资源环境到征服掠夺资源环境的根本转变，创造了辉煌的工业文明。工业文明发展到20世纪下半叶，它的自我否定因素也在急剧生长，已经陷入难以自拔的生态危机之中，正在从兴盛走向衰落。人类亦需要进行了一场环境革命与绿色浪潮，为生态文明建设开辟广阔的现实道路。它将使人类经济社会发展由非持续性的不可再生性经济过渡到可持续性的再生性经济，把人类保护环境、改善生态、建设自然推向一个崭新发展的时代，实现人类由征服掠夺生态环境资源到保护建设生态环境资源的大转变，创造比农业和工业文明更加灿烂辉煌的生态文明，又叫环境文明或绿色文明，成为未来经济社会发展起主导作用的文明形式。因此，21世纪是生态文明建设世纪，将是重建人与自然和谐统一、成为生态与经济协调持续发展的生态时代。

这是21世纪人类开创地球之大的一个战略任务，是21世纪可持续经济发展的一个鲜明特征。这是因为：

1. 工业文明的发展观，是一种经济无限增长观。它无视人类只有一个地球，完全否认地球资源环境的有限性，根本不考虑资源环境对经济增长的制约性。因此，工业文明发展观的理论前提是自然资源的供给能力是无限的，经济增长和物质财富的无限增长所依赖的自然资源存量是无穷尽的，因而对它的索取可以不受限制；自然环境的自净能力是无限性的，人类生产和生活的废弃物排放所需要的自然环境也是无穷尽的，因而对它的利用也可以不受限制。建立在这个理论基础之上的工业文明，必然相信物质财富可以无限增长，必然毫无节制追求经济的无限增长，消费和人口的无限增加。这种无限增长随着工业文明发展至今，生态环境所承受的生态压力日益接近极限，在某些方面甚至超越了地球的承载力的极限，使地球的有限性与经济增长的无限性的矛盾日益尖锐，人类生存与发展的空间日益狭小，当今人类不可避免地陷入生态灾难的漩涡。正如马克思早在130多年前所指出的："文明如果是自发地发展，而不是自觉地发展，则留给自己的是荒漠。"马克思的这句名言精辟地揭示了人类文明与生态环境之间的发展关系。目前人与自然的尖锐对立、经济与生态的极不协调，生态形势非常严峻。为了把人类从生态恶化的深渊之中拯救出来，使人类文明得以持续下去，人类必须优化与自然的关系，从自发走向自觉，创造一种新的现代文明，这就是以人与自然和谐统一与共同生息、生态与经济协调发展与共同繁荣为特征的生态文明。

所谓生态文明，其核心是人类经济活动与社会发展必须保持在地球资源环境的承载力的极限以内，将现代经济社会发展建立在生态环境良性循环的牢固基础之上，为人类生存与发展提供一个可持续利用的资源环境基础。因此，生态文明时代的本质特征，就是把现代经济社会运行与发展切实转移到良性的生态循环和经济循环的轨道上来，使人、社会与自然重新成为有机统一体，实现生态与经济相互协调与可持续发展。这是人类生存与发展的伟大转变。它已成为全世界普遍关注的中心议题，全人类正在为实现这个大转变而采取全球范围的共同行动，正在形成势不可挡的时代洪流。

2. 工业文明的实现观，是以掠夺资源环境和牺牲生态环境为代价换取工业化的实现与现代化的发展。根据工业文明发展观的理论前提，工业文明实现观给人类创造工业文明、实现工业化提供了两个基本的实现条件，即人类不仅可以把自然界当做取之不尽的无偿恩赐资源的“供奉者”；而且可以把自然界当做装之不满的无偿使用环境的“垃圾桶”。于是，人类凭借创造的技术圈和智慧圈同生物圈对垒，采取为所欲为地破坏地球生态系统的两个重大行动：一是在追求经济的无限增长过程中进行掠夺性开发，大肆索取自然资源，甚至任意挥霍浪费自然资源也在所不惜。有的学者尖锐地指出：“在几百年的时间内，工业文明就将地球上几十亿年形成的化石燃料消耗一空，犹如一个败家子，一夜之间赌光了自己家族几代人积累下来的亿万资财。”二是将社会生产和人类生活的废弃物毫无顾忌地倾泻于自然环境之中，使生命和生态过程有害物质日益增多，引起生物圈内部结构的变化，产生“工业黑化”现象。正如有的学者所指出的：“现在工业污染是世界环境破坏的最重要方面，所谓能源危机和资源危机主要由工业过程引起，所有当代全球性环境问题都同工业文明的发展相关。”在世界工业化进程中，先是发达国家工业化，利用地球有限的资源环境去实现他们少数国家的工业文明，从而预先享用了地球，也是最早造成生态环境破坏。后是发展中国家工业化，一方面不得不与发达国家一起承受发达国家工业文明造成的资源枯竭、环境污染和生态退化的苦果；另一方面不得不沿袭发达国家创建工业文明的老路，采取杀鸡取卵、竭泽而渔的发展行为。这样，近 300 年来的工业文明对地球资源环境的索取、掠夺、污染，使生态环境恶化、资源极大浪费与严重衰竭，尤其 20 世纪的 100 年来，工业文明的高度发展造成的生态环境资源系统的破坏与损害，超过了人类历史上所有的总和，使全球都在用生态赤字维持当今人类的生存。正因如此，人们把工业文明称之为“黑色文明”。

历史和现实已经充分表明，工业文明的人类经济活动与发展行为，确实违反了生态绝对法则，使工业文明发展尤其现代经济发展的生态代价和社会成本超过了人们从中得到的正效益，而付出的极高代价实在是太惨重了。其核心问题是工业文明对现代经济社会发展的生态基础的根本性破坏，导致工业文明发展过程中种种危机日益加深，标志着工业文明已经走到尽头。因此，工业文明发展到当今，从总体上看，它基本上完成了历史使命。而它的高度发展却使一种新的人类文明已脱胎于它（正像工业文明脱胎于农业文明一样），这就是生态文明。生态文明不是对工业文明的否定性替代，而是扬弃式发展。它综合了农业文明和工业文明的优点，与以往一切人类文明相比是质的飞跃，是较农业文明和工业文明更先进、更高级、更伟大的现代文明。它使人类从“黑色文明”走向绿色文明不仅预示着现代文明模式的根本性转变，而且标志着现代文明发展已走上生态经济相互协调和可持续发展的新道路。这是人类文明发展史上划时代的里程碑。

3. 在工业文明的当代，生态文明的兴起与发展，已成为现代经济发展的大趋势。保护与改善生态环境，走出生态经济恶性循环的工业文明困境，推进人类文明由征服掠夺生态环境到保护建设生态环境的大转变，即由工业文明向生态文明的大转变，已成为当代人类的神圣历史使命，是现代经济社会发展的重大而紧迫的战略任务。从 1972 年斯德哥尔摩联合国首次人类环境会议，到 1992 年里约热内卢联合国环境与发展大会的 20 年间，全人类保护地球生态环境的行动，由环境保护思想与运动，发展到可持续发展的生态文明从思想和理论走向人民群众的伟大实践，给人类带来了绿色文明的新希望。目前，一场农业革命和工业革命之后的生态革命，即现代经济社会发展的生态化趋势，已成为历史潮流正在席卷全球，极大地冲击着现代人类社会生产方式、生活方式、思维方式，触及当代经济社会发展的各个领域。尤其是绿色变革浪潮与绿色经济兴起，使 21 世纪必将成为绿色文明世纪。其中有两点值得我们高度重视。

第一，绿色浪潮在世界各国蓬勃兴起，触及现代社会经济生活的各个领域。这主要有：绿色运动纵深发展，绿色政治正在强化，绿色组织空前壮大，绿色外交异常活跃，绿色计划纷纷出台，绿色战略相继实施，绿色科技备受青睐，绿色产品日益增多，绿色企业逐渐成长，绿色设计悄然兴起，绿色投资极大增长，绿色营销方兴未艾，绿色市场深受欢迎，绿色管理已成为时尚，绿色银行不断出现，绿色教育蓬勃兴起，绿色文化迅速发展，绿色法律作用加强，绿色观念空前增强；尤其是绿色消费潮流不断高涨，全球正日渐形成一种节约资源、保护环境、改善生态、崇尚自然的生活风尚，等等。可见，世界绿色变革浪潮和绿色经济兴起，正以不可挡之势，推进生态文明建设高潮的到来，为21世纪生态文明的发展，使人类由地球之小通向地球之大开辟了广阔的前景。

第二，以生态文明建设为核心内容的生态经济建设，使包括环保产业在内的生态产业，成为绿色经济发展的必由之路。所谓生态文明建设，是根据人类同自然环境进行物质变换的生态关系和人与人之间的经济关系的矛盾运动，在开发利用自然的同时，保护自然，建设现代生态环境，提高生态环境质量，使现代经济社会发展建立在生态系统良性循环基础之上，有效解决人类经济社会活动对生态环境的需求同自然生态环境系统的供给之间的矛盾，以既保证满足当代人福利增长的生态需要，又能够提供保障后代人发展能力的资源环境条件，为现代经济社会可持续发展提供良性循环的生态基础。因此，生态经济建设是现代经济社会发展不可逾越的历史阶段。世界各国都必须把生态经济建设放在优先发展的战略地位，而生态经济建设则是以生态文明建设为核心内容展开的。它调整了现代文明建设的战略重点，把解决人、社会与自然之间的尖锐矛盾，实现生态与经济的协调持续发展，开创地球之大，作为现代经济发展的根本方向。例如世界农业发展的集约化与生态化，即生态农业的兴起与发展，是生态文明思想与实践在农业经济领域里的集中表现，已成为现代农业的发展方向；工业发展的集约化与生态化即生态工业的兴起与发展，是生态文明思想与实践在工业经济领域里的集中表现，已成为现代工业的发展方向；又如企业发展的集约化与生态化，即生态工业的兴起与发展，是生态文明思想与实践在微观经济领域里的集中表现，已成为现代企业的发展方向；再如科技发展的生态化与产业化，即绿色科技的兴起与发展，这是生态文明思想与实践在科学技术领域里的集中表现，已成为现代科技进步与创新的根本方向，充分体现现代科技围绕着保护改善与建设生态环境而发展。还有中国、前苏联、美国、北非五国等兴建世界八大生态工程，它体现了人类重建地球生态系统的明智之举，是人类创建生态文明的伟大实践。总之，当今世界经济社会发展的生态化趋势，是现代生产技术体系和现代国民经济体系变革的实质与方向。因而，生态文明的兴起与发展，正在遏制工业文明的种种危机的全面加深，阻止生态灾难的负效应的全面蔓延，有力推动着现代文明从工业文明向生态文明的大转变，把现代经济社会发展推进到一个崭新、协调、繁荣的生态时代。

（原载《绿色经济论》，中国财政经济出版社 2001 年版，第 44—50 页）

发展绿色经济的理论与实践探索*

目前，绿色浪潮席卷全球，绿色经济已成为21世纪现代经济发展的大趋势。我国已有10多个省提出建设生态省或类似的提法，尤其是海南省、吉林省、黑龙江省、福建省制定和实施建设绿色经济强省的发展战略，并初步形成绿色经济主体框架，已在加快建设生态省、发展绿色经济的步伐。我国学术界为了适应这种时代的发展和社会的需要，发表和出版了不少绿色经济论著。我于2001年1月出版的《绿色经济论——经济发展理论变革与中国经济再造》一书，比较系统地论述了绿色经济的重大理论问题和实践问题。现在。根据读者提出的一些问题和我国绿色经济发展新的实践，本文就10个重要问题，作进一步论述，与大家交流。

一、绿色经济兴起的时代背景

绿色经济在我国迅速崛起，是历史的必然，是时代的需要。我们应该从时代的要求来理解和探索。20世纪人类发展取得多方面的伟大成就，但其中最主要的两点：一是现代科学技术的飞跃进步，一是世界经济市场化正在形成全球的现代市场经济制度。这是20世纪人类取得的两项辉煌的成就。然而，值得高度重视的是，现代科技进步和现代市场经

* 本文系作者2002年10月在湖北省绿色经济发展战略研讨会的学术报告。

济发展在创造高度发达的物质文明的同时，又使两者具有“反自然”的性质，摧毁了人类自身赖以存在的生态环境，甚至可以说正在毁灭赖以生存的地球生态体系，将使现代经济成为自我毁灭的经济。它突出表现在当今世界发展面临着两大危机：外在自然的极大破坏，即生态危机；内在自然的严重失落，即生存危机，归根到底是人与自然发展关系的生态危机！我们完全可以说，当今世界确实存在着威胁全人类和地球上其他生命的全球生态危机。正如联合国环境规划署《2000 年全球环境展望》指出的：“生态环境存在全面危机。”它是 20 世纪人类遭受的巨大灾难，并成为 21 世纪世界发展的最大危险。这是绿色经济兴起、绿色经济学产生的直接导因。

不容置疑，20 世纪是人类发展的辉煌成就与巨大灾难并存的世纪，它的基本特点是经济学的巨大胜利，生态学的严重失败。人类利用现代科技进步和现代市场经济体制，造就了一个以生态与经济的分离和对立为根本特征的不可持续发展的经济。正如美国著名学者 R. 布朗先生所说的，我们从 20 世纪接受下来的经济，是个使地球自然资本迅速耗竭的毁灭环境的经济，是 21 世纪无法可持续发展的经济。因此，我们可以断言，当今世界现代经济运行与发展，已经从人造资本是经济发展限制因素的时代，进入到以日益稀缺的自然资本即生态资本是经济发展限制因素的时代。我国是个有 13 亿人口的发展中国家，经过 50 年的经济建设，经济规模日益扩大，人民生存空间却在缩小，50 年内人均生存空间已被压缩到原来的 1/5，使我国的经济系统的运行与发展，正在从物质资本是经济发展的制约因素的时代，进入生态资本取代其地位的时代。这就决定了发展绿色经济是符合中国国情的必然选择，是实施可持续发展战略、建设生态文明的客观基础和根本问题。

当前绿色经济正在世界各国蓬勃发展，是一个非常值得重视、探索和研究的重大课题。绿色经济发展是人类文明时代由工业文明时代进入生态文明时代的必然进程，是当今世界和当代中国实现生态经济社会健康运行与可持续发展的最佳形式。它体现了经济发展现代化的实质与方向，并成为21世纪现代经济发展的理想模式。因此，我们必须从拯救人类和拯救地球的高度，从推进工业文明向生态文明转变的高度，从实践江泽民同志在“七一”重要讲话中提出的“努力开创生产发展、生活富裕和生态良好的文明发展道路”的高度，从加快非持续发展经济模式向可持续发展经济模式转换的高度，充分认识发展绿色经济的客观必然性、现实必要性、极端重要性和迫切性。

二、绿色经济理念的本质内涵

我曾在《绿色经济论》一书中提出：“绿色经济是可持续经济的实现形态和形象概括。它的本质是以生态经济协调发展为核心的可持续发展经济。”在此，对这个绿色经济的新概念，我再次强调以下几点内涵：

第一，可持续发展经济学认为，生态经济是一个能够维系生态永续不衰的经济，或者说是一个生态可持续发展的经济，即是一个能够与生态系统有机结合与协调发展的经济。而绿色经济能够充分表达生态学的真理，将经济归属于生态理念，使生态与经济从相互分离走向有机结合与协调发展，不仅寻求当代经济与生态环境相协调的发展的途径，而且要使人们的经济活动与发展行为在不危害后代人的资源环境需要的前提下，寻求满足当代人对资源环境需要的发展途径，以解决当代经济和后代经济发展的协调关系，把现代经济发展建立在生态良性循环的基础上，真正形成生态与经济一体化的现代经济，实现经济发展和可持续性的有机统一，这是绿色经济的核心内容。所以，我们说绿色经济本质上是生态经济协调可持续发展的经济。

第二，绿色经济是生态经济可持续发展的最佳模式，实质上是一种生态经济可持续发展模式，换言之，它是可持续经济发展模式。历史和现实都充分表明，现代经济不能可持续发展的深刻根源，就在于现存的资源消耗型、环境污染型与生态毁灭型的传统经济发展模式。这种现代经济发展模式已难以为继，必须与其彻底决裂，构建生态经济协调可持续发展的绿色经济发展模式。这是21世纪现代经济发展的最佳模式。在

21世纪的知识经济与可持续发展经济的新时代里，绿色经济是以生态经济为基础、知识经济为主导的可持续经济发展模式。这种全新的现代经济发展模式是要实现人们经济活动从高耗资源、高污染环境与高损生态的非持续发展经济到资源消耗最少化、环境污染最轻化与生态损害最小化的可持续发展经济的根本转变，达到生态经济协调可持续发展。绿色经济作为现代经济运行与发展的最佳模式的最高层次含义就在于此。因此，建立在生态良性循环基础上的生态经济协调可持续发展，就成为绿色经济发展模式的本质特征，其他特征都是从不同角度表现和补充这个本质特征。

第三，绿色经济是经济建设和生态建设相互融合的有机统一体。从经济形态上看，绿色经济是一个经济标识，是经济发展的一种现实状态，它包含并体现着经济建设。从生态形态上看，绿色经济是一个生态标识，是生态发展的一种现实状态，它包含并体现着生态建设。因此，绿色经济建设，在本质上是生态经济建设，是可持续发展经济建设，就其的实质内容而言，既是通过生态建设而进行的经济建设，又是通过经济建设而进行的生态建设，是两者内在统一与协调发展的可持续发展经济建设。现在，我国现代化建设已经开始进入大规模生态建设和大规模经济建设同步进行与协调发展的历史时期，绿色经济建设就必然成为大规模生态建设和大规模经济建设紧密结合的切入点和协调发展的结合部，推动我国现代化建设朝着生态经济与可持续发展经济建设的方向发展。

三、绿色经济建设的根本目标

中国绿色经济建设的战略目标，包括两个层次的目标。首先从实现社会主义的根本任务来说，解放和发展先进生产力，应该是经济生产力与生态生产力的有机统一与协调发展。因此，保护自然生产力，解放和发展生态生产力，应该是实现社会主义根本任务的重要内容。我在1994年出版的《当代中国的绿色道路》一书，就论证了中国生产力发展的绿色道路，首次提出了生态经济生产力的新概念。它可以称之为绿色生产力。在21世纪，发展先进生产力，必须全力抓住和认真解放生态经济矛盾这个绿色经济发展的主要矛盾。因而，保护自然生产力，解放和发展绿色生产力，才能把21世纪中国经济发展建立在生态良性循环的基础上，使经济发展的可持续性得到有效保障。这是21世纪中国绿色经济建设的根本任务。

其次，从21世纪中国现代经济运行的根本目标来看，就是把21世纪中国经济发展的生态代价和经济成本降低到最小限度，力求以最小的生态与经济代价换取最大的经济发展。这是因为，工业革命以来，人类以极高的生态代价和经济成本换取经济高速增长与物质财富急剧增加，使现代经济走上了一条生态不可持续发展的道路，把工业文明引入了绝境，才产生了可持续发展理论与实践要求。当代中国改革开放20年，保持经济高速增长，经济发展取得伟大成就，也是付出了沉重的生态与经济代价，既付出了巨大的生态成本，又付出了高昂的经济成本。据报道，1997年中国国民生产总值为7.48万亿元，而未计入成本的对资源与环境的浪费破坏为：森林资源4.76万亿元，淡水资源3.81万亿元，土地资源3.73万亿元，草原资源1.54万亿元，自然灾害2.24万亿元，环境污染5.46万亿元，合计是21.54万亿元。生态成本超过GDP两倍多。即使我们扣掉许多项目，说生态损失相当于GDP，应当是不算夸张①。最近20年来，我国已经进入了一个空前的资源耗竭、环境污染、生态破坏的阶段，根据略估计，我国每年经济发展过程中资源浪费、环境污染、生态破坏造成的经济损失至少占GNP的10%以上。例如据世界银行1998年测算，我国仅水、大气污染造成的经济损失达540亿美元，占同期GNP的8%；水土流失每年平均造成的经济损失达1000亿元以上；每年因荒漠化造成的经济损失为540亿元；每年因缺水影响工业产值达2300亿元；每年因出口遭遇绿色壁垒经济损失大约500亿元到600亿元；每年因自然生态灾害造成的直接经济损失占同期GNP的3%—6%，占全球

① 参见《光明日报》2002年7月27日。

自然生态灾害总损失的1/4。其中，我国西部每年仅因生态破坏，造成的直接经济损失高达1500亿元，占当地同期国内生产总值13%。上述两种代价可以统一称之为生态经济代价即生态经济成本。从外在现象来看，这种生态经济成本是我国现存的经济运行中形成的外部成本，是市场经济发展的外部不经济的主要表现。而从内在本质来看，这种生态经济成本则是人们经济活动不尊重生态法则甚至违反生态学真理，必然造成的人与自然尖锐冲突的生态惩罚即生态代价；必然造成的生态与经济极不协调的经济惩罚即经济代价。现在，发展绿色经济就是寻求人们经济活动得以按照生态法则为框架，寻求市场经济运行得以反映生态学真理，有效地解决市场经济发展中存在的巨大的生态代价和经济成本的非持续发展经济问题，真正转移到可持续发展经济的健康运行轨道上来，把现代经济发展的生态经济代价减少到最低限度，使绿色经济成为经济发展的生态代价和经济成本最低的经济。这是发展绿色经济的根本目标。

四、发展绿色经济的基本原则

发展绿色经济，推进现代经济的“绿色转变”，走出一条中国特色的绿色经济建设之路，实现中国经济可持续发展，至少要坚持贯彻几条基本原则：（1）生态目标、经济目标、社会目标有机统一的原则；（2）生态利益、经济利益、社会利益相互结合的原则；（3）生态效益、经济效益、社会效益整体统一的原则；（4）市场利润、技术效率、生态安全成功协调的原则；（5）制度创新、技术创新、生态创新相互推动的原则；（6）物质文明、精神文明、生态文明相互促进的原则。按照这些原则，构建中国现代经济发展的现代化、市场化与生态化、可持续化协调发展的运行机制与实现形式，必将引起21世纪中国现代经济发展的全方位的深刻变革，是中国经济再造的伟大革命。它既是一场经济革命，又是一场生态革命。通过这场生态经济革命，使21世纪的社会主义中国成为一个绿色经济强国。

五、绿色经济发展的体制创新

世界市场经济发展已经历了几百年的历史，发达国家市场经济已由传统市场经济发育到现代市场经济，而我国则由传统计划经济直接建立社会主义市场经济即中国特色的现代市场经济。不论是前者还是后者，现存的市场经济存在着一个共同的缺陷，就是以生态与经济相脱离为特征，其理论范式是建立在纯经济学基础上的。因而，目前流行全球的市场经济都是受市场利润原则所左右，往往不遵守生态学原理，尤其是不计算各种经济活动的环境成本和生态代价。这种生态上的巨大缺陷，已经酿成一个恶果："为我们造就了一种与地球生态系统很不合拍的亦扭曲了的经济——一种正在戕害其自然支持系统的经济。"① 对此，我们还可以这样深究，如果说，过去的传统计划经济衰败于不让计划经济运行表达经济学原理，那么可以说，当今的现代市场经济则有可能崩溃于不让市场经济运行表达生态学原理。因此，我们将现存的市场力量为导向的市场经济转变成以生态法则为导向的市场经济，使之成为遵循生态学规律的现代市场经济制度。可见，我在这里所说的制度创新，主要不是指纯经济学意义上的制度创新，而是指可持续发展经济学意义上的制度创新，即是绿色制度创新。为此必须强调几点：一是绿色制度创新的实质，是制度创新的生态化即绿化过程，使生态因素内化于制度创新过程，并进行生态经济一体化的新的组合。二是绿色制度创新的目标模式，是建立与绿色经济发展相适应的生态化与市场化有机统一的现代市场制度，这就是生态经济一体化的生态市场经济制度。在中国社会主义市场经济条件下，绿色经济发展既取决于社会主义基本制度同现代市场经济的紧密结合与成功协调，又取决于现代市场经济同生态环境发展的紧密结合与成功协调。由此，只有建立生态市场经济制度，才能真正走出一条中国特色的绿色经济发展道路。三是绿色制度创新的基本内容，是由四个

① R. 布朗著：《生态经济》，东方出版社 2002 年版，第 84 页。

方面构成：（1）建立绿色产权制度，这是发展绿色经济的根本制度；（2）建立绿色经营制度，即形成绿色经营机制；（3）建立绿色管理制度，即形成生态经济与可持续发展管理制度；（4）构建生态环境制度，四者相互渗透、相互制约、依次递进、相互作用最终建立起生态经济一体化的生态市场经济制度。

六、发展绿色经济的运行机制

发展绿色经济，建立生态经济一体化的生态市场经济制度，必须形成与之相应的、比较完善的绿色经济运行机制体系。它主要包括绿色经济运行目标机制、绿色经济动力机制、绿色经济要素优化配置机制、绿色经济激励机制、绿色经济决策机制、绿色经济协调机制等。随着我国社会主义市场经济体制的建立，客观上要求我们必须转换我国经济运行机制，建立适应现代市场经济发展的经济运行机制模式。然而，过去计划经济体制下的经济运行机制向市场经济体制下的经济运行机制的转变，仍然是以生态与经济相脱离为特征的，使我们经济运行机制在本质上是一种不可持续性的单向挤压与掠夺机制，形成经济的挤压力日益增强与生态的支撑力不断削弱的逆向运动，因而我国经济与生态的矛盾十分突出。这种经济运行机制很难适应绿色经济发展。正因如此，我们发展绿色经济，构建生态市场经济制度，就很自然选择经济与生态机制内在统一的生态经济可持续发展的复合机制，成为创建中国特色的绿色经济运行机制模式题中应有之义。

理论和实践表明，创建中国特色的绿色经济运行机制模式，关键在于寻求经济发展和生态环境相互适应与协调发展的内在机制，构建现代经济和生态环境联动运转与最佳结合的互动协调机制。这种绿色经济运行机制模式就是经济机制和生态机制内在统一的生态经济可持续发展的复合机制。当前转换现存的市场经济运行机制，建立新的生态市场经济运行机制，要抓好几项重要工作：（1）构建经济建设和生态建设同步进行与联动运转的互动机制；（2）构建发展经济和发展生态同时并举与联动运动的发展机制；(3) 建立生态化和市场化有机统一的绿色经济发展的动力机制、连接机制、协调机制、保障机制、效益实现机制和合理评价机制；(4) 寻求经济发展与生态环境改善互动机制的运作方式及其经济有效性与生态安全性最佳结合的实现形式；(5) 确立生态经济可持续发展复合机制优化思路，不仅要实现国家宏观调控机制的运行方式和微观经济运行机制的运作方式的整合运转与全面协调；而且要同生态经济一体化的经济体制与经济发展模式的形成达到内在统一与全面协调。

七、绿色经济发展的技术创新

一般来说，技术创新尤其是绿色技术创新，能够保障经济发展不破坏它所赖以生存与发展的生态环境基础使之具有可持续性，推动经济发展走上绿色经济建设之路。因此，这里所说的绿色经济发展的技术创新，主要是指绿色技术创新，又叫生态技术创新。生态技术是21世纪新的技术形式，是对生态环境无害的技术，是一种生态环境安全的技术。因而，生态技术本质上是可持续技术形式。所谓绿色技术创新，是指在从事各种经济活动中通过现代科技的生态化来研究开发生产生态产品所导致的生产要素重新组合，从而形成清洁生产甚至无废物污染的生产技术系统，并使它转化为能在市场上销售的绿色产品或绿色工艺的全过程。生态技术创新是可以改变以“高投入、高消耗、高污染”的不可持续发展模式。建立起生态经济一体化的绿色经济发展模式。它就必然成为现代科技进步与创新的新方向，更是现代企业技术创新的新方向。因此，我们必须努力提高生态技术创新能力，推进非持续技术向可持续的根本转变，这是绿色经济发展的必由之路。

推进传统的非持续技术经济范式向绿色的可持续技术经济范式的根本转变，是21世纪绿色技术创新的战略任务。传统的非持续技术经济范式的根本缺陷是科技与经济相脱离，形成科技与经济两张皮；科技与生态相对立，形成科技与生态两张皮。要从根本上解决这两个两张皮的问题，唯一出路是创造新的技术形式，建立新的技术经济范式，这就是大力开发生态技术，优先推行生态技术创新，创建生态技术经济范式，即绿色技术经济范式，已成为世界现代经济发展的国际潮流。更是实现我国生态经济协调可持续发展的根本途径。

在现阶段，大力发展绿色技术，开展绿色技术创新，主要包括两个方面：一是末端技术，这是人们常说的“三废”治理的环保技术；二是污染预防技术，这是现在人们所说的清洁生产的生态技术。从两者比较而言，后者优于前者，能够较好的实现科技与经济、科技与生态的内在统一与协调发展。所以，从严格的科学意义上说，末端技术是一种准绿色技术，而污染预防技术，才是完全的绿色技术。绿色技术创新大致可以分为三种类型：（1）可持续性工艺技术创新，即是绿色工艺技术创新；（2）可持续性设备技术创新，即是绿色设备技术创新；（3）可持续性产品技术创新，即绿色产品创新。

八、绿色经济发展的生态创新

时至今日，传统经济学的创新理论，仍然主要是以制度创新和技术创新两大内容为基础的创新理论体系，这是一种生态与经济分离与对立的创新理论模式。毫无疑问，它是很不符合生态经济社会健康运行和可持续发展的客观要求，尤其不适应发展绿色经济的客观需要。对此，刘思华在5年前就提出了生态创新的新理念，论证了制度、技术、生态三种创新有机统一的可持续经济发展的创新理论模式，实现了长期以来缺乏生态创新观念的创新理论向生态经济一体化的创新理论的深刻变革。

所谓生态创新，简言之，它是指包括生态系统本身的变革、创造的人工生态系统和经济社会系统生态化即社会生产、分配、流通、消费再生产各个环节生态化过程。因此，生态创新的实质是指人类经济活动消除生态危机，促进生态与经济良性循环过程中，在更大范围和更大规模上使社会生产和再生产生态化过程，并是实现资源开发利用，环境防治保护和生态恢复重建的绿化过程。更确切地说，这是通过人类劳动创造生态经济结构合理与功能完整的、有很高生态生产力的人工生态系统和生态化的经济社会系统的生态经济变革过程。这是生态经济一体化的完整过程。由此我们完全可以看出，生态创新理论的提出，在理论和实践上至少解决了两个世纪难题：一是在经济发展理论上否定了“先污染后治理”是工业化、现代化建设的普遍规律的结论，解决了传统经济学人类开发利用资源环境与发展经济必然会破坏生态环境即要以牺牲生态环境为代价的理论难题。二是构建三种创新有机统一的可持续发展经济运行机制和发展模式，并发挥三者相互推动作用，这就解决了为实现大规模生态建设和大规模经济建设同步运动与协调发展开辟广阔道路的实践难题。

发展绿色经济，不但要积极推进制度创新和有效加强技术创新；而且要大力地、普遍地开展生态创新。绿色经济本身就是创经济，它的根本标志不是传统经济学意义上的制度创新和技术创新，而是可持续发展经济学意义上的绿色制度创新和绿色技术创新，这两者构成生态创新的重要内容，但其核心问题还是生态系统本身的变革与创新，提高生态环境资源系统适应现代经济发展的供给能力及其保障现代经济社会发展的支撑能力。这就决定了生态创新的根本目标是要增加生态环境资源系统的生态资本存量，尤其是当今生态危机的核心问题是生态“赤字”增加，生态资本存量正在急剧减少，而这种减少的速度还与物质福利增长成比例地增长。按照现在利用和减少的速度计算，地球的生态资本储备到本世纪末将会所剩无几。因此，通过生态创新使生态资本存量在经济发展过程中不至于下降或大量损失，保证后一代人至少能获得与前一代人同样的生态资本和经济福利。我国有的省市县发展绿色经济正在探索解决这个重大问题的基本途径。这就是构建三种创新有机统一的可持续发展经济运行机制和发展模式，必须把着眼点放在绿色（生态）资本运营上，使绿色资本的有效运行和物质资本人力资本的有效运作紧密结合与最佳效益，促进绿色资本存量的增加和质量的提高，以达到生态创新的根本目标，确保经济发展和可持续性的有机统一。这个宝贵经验值得认真总结与推广。

九、发展绿色经济的产业形式

21世纪世界产业经济发展的巨大变革与产业结构演变的全方位变化，归根到底是产业结构的软化和绿化，即是产业结构知识化与生态化及其相互协调与融合发展，这是21世纪世界产业革命及其产业调整浪潮的实质与方向。产业结构绿化，是组织生态化的物质生产和知识生产过程或服务过程，使整个社会生产技术工艺过程和经营管理过程生态化，变社会生产或服务过程为自然生态过程或纳入自然生态过程。因此，产业结构绿化的本质，是产业经济的生态化与生态的产业经济化的一体化，这就充分体现绿色经济的生态与生态经济本质。正因如此，发展绿色经济的核心问题，就是走绿色经济产业化经营之路，大力培育绿色产业即生态产业，它是生态创新的产业形式。生态产业可以从狭义和广义两个方面来理解。所谓狭义的生态产业是指在保护环境、改善生态、建设自然的生产建设活动中，从事生产、创造生态环境产品或生态环境收益的产业总称，其中主要是指传统意义上的环保产业。广义的生态产业，不仅包括传统意义上的环保产业，还包括一切直接或间接与生态环境建设、保护、管理有关的部门和产业的集合。于是广义的生态产业应该包括生态环境技术生产部门、直接生态环境保护与建设部门和间接生态环境保护与建设部门。一般来说，绿色经济产业化的经营方式与组织形式的绿色产业应该是属于广义的生态产业。

中国绿色经济联盟工程推出绿色产业的样板项目——绿色经济产业园区和绿色产业示范基地，成为全国生态创新和生态资本运营的“试验田”，将对全国的绿色经济发展起到无可估量的示范效应。在这里，有几个问题值得重视：一是绿色经济产业划分的标准与测算问题，福建省专家用三次产业划分的角度对该省绿色经济发展的现状进行计量测算，分别测算出三次产业中的绿色经济、准绿色经济与非绿色经济的总量与比重，其初步结果是：2000 年第一产业总产出为 1037.27 亿元，其中绿色经济总量为 589.74 亿元；准绿色经济总量为 329.82 亿元，非绿色经济总量为 121.71 亿元；第一产业中绿色经济占 56.86%；第二产业中绿色经济占 25.71%；第三产业中绿色经济占 85%；2000 年全省总产值中绿色经济占 37.6%。这是一个有待我们在实践中认真研究和深入探索的新问题。二是现代产业经济及整个国民经济的绿化，可以归纳为两大方面：一方面是直接从事生态生产与再生产形成的生态产业，这就是创造生态环境产品或生态环境收益的产业迅速崛起，应当成为新的经济增长点，发育成为主导产业；另一方面是要加快传统的第一、第二、第三产业和现代知识产业的绿化步伐，用生态化改造现行的产业经济及其整个国民经济，这是产业结构调整转换与优化升级的一项战略任务，更是建设生态省市县产业结构调整转换与优化升级的迫切任务。三是发展绿色经济必须把绿色经济产业化经营和“生态立省市县”发展战略紧密结合起来，大力发展准生态产业，如生态农业、生态工业、生态建筑业、生态商业、生态旅游业、生态信息业等，在生态经济建设的整体上，推进绿色经济发展和绿色经济产业化经营的内在统一与融合发展，就一定能够把我国绿色经济发展提高到新水平。

十、绿色经济运行的微观主体

当我们从可持续发展理论和实践的角度来认识现代企业运行与发展时，就必然得出这样一个科学结论：在现代市场经济条件下，现代企业作为经济社会运行的核心主体，其生产经营活动与发展行为既表现为现代市场经济发展的微观主体，又表现为可持续经济发展的微观主体，应该是两者有机统一体——可持续发展经济的微观主体。因此，从实施可持续发展战略的行为主体来说，关键是企业。同样道理，更确切地说，在生态市场经济条件下，现代企业作为经济社会运行的核心主体，其生产经营活动与发展行为既表现为生态市场经济运行的微观主体，又表现为现代生态环境保护建设与管理的实施主体，应该是两者有机统一体——生态市场经济运行的微观主体。因此，从生态市场经济运行的行为主体来说，关键还是企业。这在客观上要求我们发展绿色经济，必须从根本上确立现代企业（包括农业现代化建设的农户）是生态市场经济运行与发展的主体地位，成为生态市场经济运行与发展的微观主体。

绿色企业是现代企业作为生态市场经济运行与发展的主体地位的实现形态，因而创建绿色企业是绿色经济发展的内在要求。所谓绿色企业又叫生态企业，简言之，就是合理的、充分的、节约的利用资源，企业产品或服务在生产和消费过程中对生态环境和人体健康的负效应是最小化乃至无害化及其废弃物多层次综合再生利用达到无害化的企业生产方式。这是现代企业生产经营全过程的绿化，是一种可持续企业发展模式，是实现现代企业可持续发展的必然选择。可以断言，绿色企业是反映了现代企业发展的正确方向，是21世纪现代企业的最佳定位，必将成为21世纪现代企业和绿色经济发展的主导潮流。正是从这个意义上说，21世纪绿色经济建设之路，实际上是绿色企业建设之路。

现代企业推进绿色转变，走绿色企业建设之路，其基本内容与主要标志有：（1）实施绿色战略，把生态安全或环境安全列为企业发展战略的最高目标与战略重点；（2）开发绿色产品，不仅是21世纪企业产品生产的主导方向，而且成为实现企业经济发展的新增长点；（3）奉行绿色设计，这是开发绿色产品、创办绿色企业的首要环节；（4）采用绿色技术，推进有害生态环境的企业生产技术向无害并能保护建设生态环境的企业生产技术的根本转变；（5）进行绿色制造，也就是绿色生产，在本质上是清洁生产；（6）建立绿色核算制度，其根本问题是建立绿色会计和绿色审计制度；（7）建设绿色文化或生态文化，塑造绿色企业形象；（8）开展绿色教育，提高企业职工的生态环境道德和可持续发展意识；（9）推行绿色营销，提供绿色服务；（10）实行绿色管理，制定绿色规章制度，形成比较完善的企业内部绿色管理机制。这些都体现了绿色企业的生态与生态经济本质，从中我们可清楚看出，它们是现代企业生产经营管理全过程的绿化，并从企业整体上进行生态改造与生态升华，创造新的企业生态经济系统，实现现代企业生态经济协调可持续发展。

（原载《刘思华文集》，湖北人民出版社 2003 年版，第 607—620 页）

替代型农业模式与绿色农业

农业发展模式主要是指农业发展的基本类型与运行格局及其实现方式，其体现了农业生产力发展过程。农业经济增长方式即农业生产模式既是农业发展模式的基础和决定环节，又是农业发展模式的具体形式与现实形态。现代农业发展至今已有200年的历史，这是世界农业迅速发展时期。尤其是到了20世纪60年代至70年代，高度工业化农业发展到现代工业化农业的鼎盛时期，大大提高了农业生产力。

从生态经济学的角度，即从协调农业经济与生态环境的发展关系——这个充分体现现代农业机制的本质关系及其特征的角度来看，可以把世界现代农业生产模式抽象化为两种基本类型：

1. 生态经济非协调型的农业生产模式。在世界农业现代化进程中，尤其是西方发达国家实现高度工业化模式的农业，主要是依靠以石油为动力的大规模机械化作为发展现代农业的基本方式与发展途径。这是一种依赖大量的工业产品（化肥、农药、杀虫剂、机械、燃料、灌溉电力等无机能量）从农业外部投入，用高耗能量来换取高产量的农业生产方式与增长模式。由此人们把这种现代农业称为石油农业，又叫现代常规农业。

2．生态经济协调型的农业生产模式。随着石油农业发展进入鼎盛时期，它危害生态环境及其经济和技术上的弱点，造成农业经济与生态环境极不协调，这必然促使人们寻找新的农业生产方式，来克服石油农业模式的负效应，以致采用新的现代化农业生产方式代替石油农业模式。于是从20世纪60年代以来，形成了各种各样的现代农业发展模式思潮，世界各国不同程度地试行了多种多样的新的农业生产模式，其中较有影响的有有机农业、生物农业、生物动力农业、低投入农业、自然农业、生态农业等，人们把这些农业生产方式称为替代型农业模式。到了90年代，替代型农业发展使现代农业生产模式进入了可持续农业即绿色农业时期。国际社会普遍认为，绿色农业是继石油农业之后的最科学的现代农业发展模式。

上述各种农业生产模式虽然不完全相同，但有个根本性的共同点，就是它们都要求改变单纯追求农业经济增长、忽视改善农业生态环境的石油农业模式的弊端，探索生态与经济协调发展的现代农业生产模式。所以，我们认为各种替代型农业模式，尤其是中国的生态农业模式和国际持续农业模式，能够充分体现现代农业机制的本质关系和发展规律，是与生态经济相协调的、可持续发展的、农业增长模式的实现形态。

从当今世界农业发展的总体看，现阶段世界农业正处于由生态经济非协调型农业增长模式向协调型农业增长模式的转变过程中。这是现代农业发展史上的历史性转变。实现这一转变的唯一途径，就是走现代农业可持续发展之路，发展持续农业，建立绿色农业，完成现代农业发展模式的伟大变革。这是当代人类发展现代农业的历史使命。

农业可持续发展，也称可持续农业，即绿色农业。即“采取某种使用和维护自然资源基础的方式，并实行技术变革和体制性改革，以确保当代人类及其后代对农产品的需求不断得到满足”。这种可持续的发展（包括农业、林业和渔业）能维护土地、水和动植物的遗传资源，是一种环境不退化、技术上应用适当、经济上能维持下去及社会可接受的农业生产方式，是一种生态健全、技术先进、经济合理、社会公正的理想农业发展模式。根据20世纪以来农业现代化建设的经验与教训，探索21世纪农业现代化发展的新特点与新趋势，农业现代化含义应当包括农业现代化的技术、经济、制度、生态、社会等方面的含义。

绿色农业的内容有：(1) 增加产品与就业，不断提高食品质量以满足人口增长的需要，并注意产品的安全性、多样性、营养性以及合理的价格水平；(2) 不断提高农业生产率及土地、资金、投入、能源和资源的利用率；(3) 有效地持续一个良好的环境，保持物质、资源、养分等良性循环的农业生产系统；(4) 永续地维持各种自然资源开发、再生的能力；(5) 农业与其他产业适宜配置与合理分布，科学的规模约束。

绿色农业的战略目标 (1) 积极增加粮食生产，既要考虑自力更生和自给自足的基本原则，又要考虑适当调剂与储备，稳定粮食供应和使贫困者有获得粮食的机会，妥善解决粮食问题，保障粮食安全；(2) 促进农村综合发展，开展多种经营，实行生产、加工、供销综合经营，扩大农村劳动力的就业机会，增加农民收入，特别要努力消除农村贫困的状况；(3) 合理利用、保护和改善自然资源，创造良好的生态环境，以利于人类生存与发展的长远利益。

绿色农业的基本特征有：(1) 持续性，即在不排斥合理使用工业投入物的前提下，更为注意自然和生物系统中的能量转移，以维持一个良好的生态环境和养分系统，是一种自我维持型、长期性的农业发展模式。(2) 稳定性，即提高生产率以增加农产品，保证全社会农产品的需求，增加就业机会，以解决人口和新增劳动力的需要；增加农业人口尤其是小农的收入，以消除农村贫困化；增加农业资本积累，以便持久地保持资源开发和环境保护的能力。(3) 公正性，即在追求稳定增长目标的同时，还十分强调权利分配和贸易条件的公正性。这包括发达国家应对发展中国家予以支持；改进国际贸易规则，放宽发达国家对发展中国家的贸易限制，确保国际市场价格水平；确立农业生产者、工业部门和消费者之间公平的交换条件；明确而公平地分配有关土地和其他自然资源的法律权利和义务，为小农和资源少的农民（包括妇女）提供土地、接受教育培训，并获得使用技术和农贸的机会。(4) 协调性，即强调农业生产与生态环境的协调，它包括两种协调关系：一是农业与工业的协调，既要求排除工业集中引起的环境污染，又要求合理使用工业投入物而排除对农用水土的侵蚀；二是农业生产过程中用地与养地的协调，既要求增加土地的有机质积累、植树造林、涵养水源，又要开展多样化种植、扩大套种、复种面积、杜绝粗放和掠夺式经营、防止土地的滥用和过度利用。(5) 综合性，即有三层涵义：一是综合利用自然资源；二是使用综合技术，利用常规技术和高新技术所组成的综合配套技术；三是建立起农业经营的综合结构，走综合发展的道路。

1. 绿色农业是以“生态为基础，科技为主导”的新型现代农业发展模式。当今人类社会正在进入知识经济时代。知识经济是一种可持续发展的经济。正因如此，我们完全可以断言，知识经济时代也就是生态经济时代。可持续发展经济具有两重性，它既是生态经济，又是知识经济。这样21世纪现代经济应该是以“生态经济为基础，知识经济为主导”的可持续发展经济即绿色经济。生态与生态创新是生态经济的核心内涵之一，科技与科技创新是知识经济的核心内涵之一。因此，生态化与知识化是现代农业发展的两大基本趋势，由此决定了绿色农业应该是以“生态为基础，科技为主导”的新型现代农业模式，这是不以人们意志为转移的现代农业发展的必然进程。

世界农业发展的历史表明，传统农业是建立在生态合理性基础上的经验农业；石油农业作为现代工业化农业的典型形态，在其发展过程中违反了农业的生态本质，从而否定了农业发展的生态基础，导致了生态良性循环为基础的绿色农业（可持续农业）的产生与发展。因此，生态是农业发展的基础，这是农业发展的普遍规律。这一规律决定了现代农业必须是以生态为基础的农业。科学技术是现代农业的支柱，是现代农业发展的动力，这是现代农业发展的客观规律，这一规律决定了现代农业又必须是以科技为主导的农业。

2. 绿色农业是现代农业发展的新阶段。绿色农业（可持续农业）的理论与实践告诉我们，可持续农业囊括了各种替代型农业模式的长处，不是对石油农业模式的否定性替代，而是扬弃式发展。在发展中国家的传统农业向现代农业转变过程中，绿色农业（可持续农业）还吸取了传统农业的合理成份，还给农业生产力本来面目，进而刷新了现代农业发展模式的含义，是生态化与集约化内在统一的农业增长与经济方式的最佳模式，标志着世界现代农业发展进入了一个新阶段。

中国绿色（生态）农业的概念于1981年首次提出。它不同于西方的生态农业，不是西方生态农业的简单引入，而是借鉴了国外替代农业的各种形式，有着浓厚的传统有机农业的背景和基础并具有自己独特的发展过程。中国绿色（生态）农业是依照生态学原理和生态经济规律，在系统科学的思想和方法指导下，融现代科学技术与传统农业技术精华于一体而建立起来的生态合理、良性循环的可持续发展的农业体系。中国绿色（生态）农业把经济、社会和生态效益统一起来，既代表中国农业发展的新途径，又将生态系统原理应用到农业中去，构成一种低投入、高产出的农业生产手段。

目前我国农业处于由非持续农业发展模式向绿色农业（可持续农业）发展模式的转变时期，是继续改造传统农业、变革类似的石油农业、发展生态农业，从而跃过西方发达国家已经走过的现代常规农业发展阶段，直接进入绿色农业这个现代农业发展阶段的新时期。

（原载《绿色经济导论》，同心出版社2004年版，第5—9页）

重视绿色产业经济学研究

2000年6月,《生态经济》杂志发表了我撰写的《创建五次产业分类法，推动21世纪中国产业结构的战略性调整》一文，引起一些同行专家学者的重视。因而，生态产业，又叫环境产业或绿色产业，就成为我研究绿色经济的重要课题之一。马林教授主持的国家社会科学基金项目《内蒙古绿色产业体系与经济可持续发展经济研究》完成了研究报告，他请我为这本研究报告形成的专著作一序言，我十分乐意接受这个任务。因为发展绿色经济与绿色产业的理论与实践探索，恰好是我近年来着重思考的经济可持续发展的理论与实践的重大问题。

20世纪80年代以来，我国学术界对产业经济问题的研究取得了很大发展，呈现一派繁荣景象。但总的看来，基本上是在纯经济学的范围内进行研究，都只是就产业经济系统内部的物质资料生产与再生产的经济现象和过程来研究产业经济运行与发展的规律性；而将生态环境系统和经济社会系统作为一个有机整体的基础上研究产业经济运行与发展的规律性，尤其探索绿色产业与经济可持续发展的客观规律，则显得很薄弱。这不能不说是我国产业经济学研究的一个不足之处。另一方面，20世纪90年代以来，我国学术界对可持续发展问题的研究取得了很大成绩，也是呈现一派繁荣景象。然而，就省市自治区可持续发展即地方可持续发展的研究，大都集中在地方可持续发展的依据原则、目标、指标、对策与措施等方面，而对实施地方经济可持续发展的核心问题，产业可持续发展尤其绿色产业的可持续发展模式与道路，都显得不足，这不能不说是我国地方持续发展研究的一个不足之处。由马林教授主编的《内蒙古绿色产业体系与经济可持续发展研究》一书，可以说是这两方面有机结合的综合研究，正是在这个意义上说，它是一部拓荒之作，在一定程度上弥补了上述不足的缺陷，这对促进中国绿色产业经济学的形成将会发挥积极作用。

该书以全面的、协调的、可持续的科学发展观为指导，以发展绿色经济为基调，以经济可持续发展为主线，比较系统地阐述了绿色产业体系与内蒙经济可持续发展的相互关系，提出了构建内蒙古绿色产业体系的总体框架、基本原则、实现途径及其政策措施。正如作者指出的：“构建绿色产业体系，既符合内蒙古区情，也符合国家产业政策导向，更符合西部大开发的总体战略部署，不仅会对内蒙古经济可持续发展起到极大的带动作用，而且对全国的经济可持续发展也将做出重要贡献。”因此，绿色产业及其体系的构建，应该说不仅是内蒙古经济发展思路的重大战略调整，而且是我国西部地区乃至全国经济发展思路的重大战略调整。正是从这个意义上说，马林教授的这部著作无论从我国绿色经济思想的发展史，还是从我国经济可持续发展的推进过程去考察，都具有重要意义。所以，我们应该重视和加强绿色产业经济学的研究。对此，我借此机会谈几点想法。

一、知识化与生态化是21世纪现代经济及现代产业经济发展的两大趋势

在世纪之交的几年间，我在一些论著中反复阐述当今世界正处于一个巨大变革时期。它有三个主要标志，即现代文明形式由工业文明向生态文明的转变，现代经济形态由物质经济向知识经济的转变，现代经济发展道路由非持续发展向可持续发展的转变。我们把它称之为现代经济发展的“三重转变”。这是新世纪现代经济发展的必然趋势与时代洪流。现在，世界各国正在为推进三重转变采取全球范围内的行动，使三重转

变的浪潮席卷全球，一个新时代正在三重转变的推动下来临了。因此，我们要站在新时代发展的前沿，最充分地适应新时代发展的要求，就必须要对21世纪的新时代问题进行认真研究。从现代文明形式的角度来看时代，当今人类即将走出征服、掠夺自然，以牺牲生态环境为代价求得生存与发展的工业文明时代，正在步入保护、建设自然，以重建人与自然和谐统一的共同生息与共同繁荣的生态文明时代，从现代经济形态的角度来看时代，现代经济发展已开始由以物质资源尤其是以稀缺自然资源为主要依托的物质经济时代，正在转向以信息、知识、智力资源为主要依托的知识经济时代。从现代经济发展模式及道路的角度来看时代，现代经济发展已开始由生态与经济极不协调的不可持续发展经济时代，正在走向生态与经济相互协调的可持续发展经济时代。由此我们可以得出一个合乎逻辑的结论：在21世纪现代经济发展的新时代，知识化与生态化是现代经济及现代产业经济发展的两大趋势，也是21世纪的可持续发展经济的两个基本特征。综观当今世界经济发展和全球产业经济的巨大变革，21世纪的现代经济及现代产业发展具有两个新特点：一是世界经济发展的知识化（包括信息化在内），这是现代经济及现代产业经济发展的大趋势；二是世界经济发展的生态化，也是现代经济及现代产业经济发展的大趋势。两大新趋势的有机统一，则是21世纪现代经济及现代产业经济发展的希望所在。在21世纪人类进入信息经济为代表的知识经济和可持续发展经济的时代，现代经济既是生态经济，也是知识经济。它们在本质上是可持续发展经济。我们完全可以说，21世纪的现代经济是以生态经济为基础，知识经济为主导的可持续发展经济。因此，现代经济及现代产业经济发展的知识化与生态化，就构成为可持续发展经济的两个基本特征。

二、经济全球化与国际化的本质是全球产业结构的转型与升级

20世纪90年代以来以信息经济为代表的知识经济崛起，使现代经济形态由传统的工业经济向现代的知识经济转变，其集中体现在现代产

业经济正由以物质经济为主的经济发展模式向以智力经济为主的经济发展模式转换。即由过去主要依靠自然资源、人力和设备投入为主的阶段，进入到以信息、知识和技术为主的阶段，生产手段则由动力机、传动机和工作机为主，转变为计算机、传播机和信息处理机为主。因而产业经济发展的重心是从物质生产部门向非物质生产部门转移，使脑力劳动、信息与知识产业在现代经济活动中日益占据主导地位；以信息经济为代表的知识经济兴起，使信息技术产业在产业经济发展中起主导作用，并成为整个国民经济快速、持续、稳定发展的物质基础和强大动力。现代信息技术是现代高科技群的核心、先导技术与关键技术，它不但渗透到各种高新科技领域，是促进各种高新科技产业形成和发展的基础，而且渗透到一切传统产业中，使传统产业重新获得生机和活力，适应现代经济发展的要求；以信息经济为代表的知识经济兴起，必然引起产业经济发展所需劳动者由大众劳动型向精英劳动型的转变。在知识经济条件下知识、技术密集型产业将逐步取代资源、劳动密集型产业，成为创造社会财富的主要形式，这就要求劳动者具有更高的科技知识与能力，增加对高素质劳动者的需求，劳动者队伍中从事传统产业的蓝领工人所占比重不断下降，而从事管理、研究、技术开发、信息资源、智业服务等新兴产业的白领工人所占比重越来越大。美国经济学家把这种现象概括为从大众劳动向精英劳动的转变，这是知识经济时代与工业经济时代对劳动力需求的根本区别。以信息经济为代表的知识经济兴起，加快经济全球化，促使世界范围内的产业经济结构调整与产业升级。这就是在产业经济及整个国民经济发展中劳动密集型和资金、资源密集型产业的主导地位及决定作用正在日益被知识与技术密集型产业所取代；产业结构正在由硬件产业结构时代向软件化产业结构时代转变。因此，从根本上说产业结构软化即知识化是产业经济的知识化与知识的产业经济化一体化，是知识诸如信息、科技、管理等软资源已成为产业结构优化升级的核心资源，是产业经济发展的主导因素。产业结构知识化现象发生在所有的产业部门，是全部产业经济及其整个国民经济的知识化。知识经济是国际化的、全球化的经济，它不再局限于一个地区或一个国家范围内，而是形成“无国界的经济实体”，因而经济全球化与国际化的本质是世界范围内产业革命的新变革和产业结构的转型与升级。

三、产业结构的知识化与生态化是21世纪新产业革命的实质与方向

现代产业经济发展的巨大变革归根到底是产业结构的软化与绿化，即产业结构的知识化与生态化及其相互协调与融合发展，这是21世纪世界产业革命及其产业转型浪潮的实质与方向。

现代产业经济发展的巨大变革和现代产业结构演变的全方位变化，归根到底是现代产业经济发展的知识化与生态化，即是产业结构的知识化与生态化及其相互协调与融合发展。所谓现代产业结构软化即知识化，主要是在社会生产和再生产过程中体力劳动和物质资源的投入相对减少，物质资源的作用相对降低，或退居次要地位；而脑力劳动即智力资源和科学技术的投入相对增多，知识资源的作用相对上升，并占据主导地位。当然，从根本上看，现代产业结构的知识化，是产业经济的知识化与知识的产业经济化的一体化，就形成了知识经济一体化的结晶——知识产业。这是现代产业发展的主导因素。所谓现代产业结构绿化即生态化，是指在社会生产与再生产过程中投入资源能源少，各种资源利用率高；产出的产品或服务多而废物最少，污染最轻，甚至无环境污染或生态破坏，使产业经济发展建立在生态环境良性循环的基础上，从而实现环境保护和生态建设的产业化，即是生态环境发展的产业经济化。从根本上说，现代产业结构生态化，是产业经济的生态化与生态的产业经济的一体化，形成生态经济一体化的结晶——生态产业，又叫绿色产业。它是生态环境从传统经济发展的外在因素转化为现代经济发展的内在因素。因此，现代产业结构知识化与生态化并行不悖，并达到相互促进与协调发展，这是21世纪现代经济可持续发展的客观进程。

知识化与生态化是21世纪现代经济及现代产业经济发展的两大趋势，这根源于现代科技进步的知识化与生态化。当今世界以信息技术革

命为中心的、以生态技术革命为基础的现代科技革命，不仅使现代科技革命出现了信息化的新趋势，推动着现代经济的信息化和信息的现代经济化，而且使现代科技革命出现了生态化的新趋势，推动着现代经济的生态化和生态的现代经济化。事实上，当今世界上许多国家尤其是发达国家经济社会现代化进程中，现代科技革命是现代生产力发展的第一变革作用，不仅越来越朝着实现国民经济知识化的方向发展，而且越来越朝着实现国民经济生态化的方向发展。这样产业结构调整转型与优化升级的过程，实质上是产业知识化与知识产业化和产业生态化与生态产业化的相互协调、融合发展的过程，这是现代科技进步和现代生产力发展的必然结果，是不可逆转的时代洪流。

四、加强绿色产业经济问题研究是可持续经济发展研究的一个重大课题

21 世纪现代产业结构绿化现象发生在所有产业部门，是全部产业经济及其整个国民经济的绿化，它可归纳为两个方面：一是生态产业的兴起，即是完全基于生态生产与再生产所形成的生态产业，它包括生态建设产业、环境保护产业及其资源产业，但在资源产业中一部分行业是专门从事自然资源保护与治理的，这可以划入环境保护产业，一部分行业是专门从事自然资源再生与增殖的，这可以划入生态建设产业。从这个意义上看，生态产业是生态建设产业和环境保护产业的统一体，它不仅是当今世界经济发展的基础产业，在全部产业经济及整个国民经济中这类绿色产业的比重将不断增加，非绿色产业的比重也将随之下降，而且是 21 世纪最典型的新兴产业，并逐步成长为主导产业。二是传统的第一、第二、第三产业和现代知识产业的绿化趋势将日益加强，用生态化改造与优化全部产业经济及其整个国民经济，这是 21 世纪产业结构调整转型与优化升级的一项战略任务。这些产业绿化的关键是发展绿色产品，对产品“从摇篮到坟墓”的全程绿化控制，这是包括生产、加工、运输、消费的全过程对生态环境无污染、无破坏或污染最轻、生态破坏很

少的绿色产品。当今世界许多国家尤其是发达国家，引导生产厂家生产符合生产环境标准的绿色产品，导致生产领域的彻底革命，世界各国的生产厂家和零售商为了满足公众的绿色消费需求，纷纷推出形形色色的绿色产品。因此，可以预言，21 世纪的未来市场将是绿色产品占据优势，非绿色产品将处于劣势，届时世界市场的产品将全部进入绿色产品的时代。

当今世界，无论是发达国家还是发展中国家，绿色产业正在崛起；用生态化改造与优化第一、第二、第三产业和知识产业的绿化趋势日益明显，这两者构成了绿色产业经济体系，是绿色产业经济学研究的对象与范围，也是可持续经济发展理论研究的一个重大课题，值得我们高度重视。

科学研究的特点是求实创新，探索未知。马林教授主编的《内蒙古绿色产业体系与经济可持续发展研究》一书，尽管书中有些论述还有待深化，某些观点需要进步探索，但毕竟在绿色产业经济学领域内开了一个很好的头，全书言之有据、论证有力、立论新颖、结构严谨，深感有一股强烈的创新、开拓和求实精神，作为一家之言，是难能可贵的。我衷心地希望作者在现有基础上继续研究，为绿色产业经济学的产生与形成作出新的贡献。

（原为《内蒙古绿色产业论》的序言，内蒙古大学出版社 2004 年版，并载《生态经济通讯》2004 年第 4 期）

澄清生态经济与循环经济研究的两个重要理论问题

——2006年中国生态经济学创新与发展研讨会开幕式上的讲话

今天，我们在湖北大学举行2006年中国生态经济学创新与发展研讨会暨生态经济教育委员会“十一五”工作会议。首先感谢湖北大学商学院为成功举办这次会议所做的大量工作和辛勤劳动。我会“十一五”时期的工作任务主要有三个方面：（1）中国生态经济学的创新；（2）绿色产业经济学的构建；（3）生态马克思主义经济学的创立。我们这次会议，就是讨论和落实这三项任务。它们的完成，在理论上，将会推动中国新兴、边缘经济科学和马克思主义经济学的创新与发展；在实践上，将会促进科学发展观的全面落实和加快社会主义和谐社会建设。现针对目前生态经济与循环经济理论研究中存在的问题，谈两点看法，供大家参考。

一、生态经济协调发展理论，不是美国经济学家肯尼思·鲍尔丁的首创，而是中国学者集体的伟大创造

进入21世纪以来，我国一些循环经济研究者（包括有的院士），在他们的论著中说：美国经济学家肯尼思·鲍尔丁在他的《一门科学——生态经济学》的重要论文中，开创性地提出了生态经济协调发展的理论，尤其是一本由生态学家主编的《生态经济学》教科书中说，该论文“明确阐述生态经济学研究对象，首次提出了生态经济协调理论”。这是不符合世界生态经济学理论发展的历史事实的，是一种学术误传。

我国最早研究肯尼思·鲍尔丁的《一门科学——生态经济学》的重要论文的程福祜先生，1983 年在《经济研究》发表一篇在国内国际具有权威性的论文——《生态经济学源流》，文中肯定了鲍尔丁首次提出了生态经济学的新命题；但是，他在这篇论文中，只是“对利用市场机制控制人口和调节消费品的分配、资源的合理开发和利用，环境污染以及用国民生产总值衡量人类福利的缺陷等方面作了论述”，而没有提出或论述生态经济学的核心范畴和基本理论，当然，就没有提出或论述生态经济协调发展理论。

从我国生态经济学产生和发展的历史进程来看，20 世纪 70 年代末期到 80 年代前期，我国经济科学和自然科学的一些学者分别从各自学科的角度论述经济社会必须同生态环境协调发展问题。1984 年 4 月，在北京召开的全国生态经济科学讨论会暨中国生态经济学会成立大会上，当时的国务院副总理万里在中南海怀仁堂接见了会议代表，并做了重要讲话，强调用生态与经济协调发展的观点指导我国社会主义经济建设的重要性。1985 年 11 月，我组织的全国（桂林）生态经济学大纲讨论会，根据会议代表意见，我归纳和起草了我国第一份集中集体智慧的生态经济学大纲，它充分体现了以生态与经济协调发展为指导思想。在会议结束时，我同我国生态经济学会第一批理论骨干时正新、马传栋、王全新、姜学民、王干梅等人组成研究小组，从生态经济学的基础理论上，深入研究经济社会必须同生态环境协调发展问题，并于 1986 年 5 月写成 3．6 万字的研究报告，它揭示和论证了生态经济协调发展规律。我按照全文的中心思想和基本内容，把我国学者提出的社会经济与自然生态协调发展的新观点，首次概括为生态经济协调发展论的新原理，故用《生态经济协调发展论》做研究报告的题目。我在研究报告的第一部分结尾时强调指出："这篇文章，就是力图对当代人类面临的生态经济问题作出马克思主义的回答，提出'生态经济协调发展论'这一生态经济学的新原理，以期给现代人的社会经济活动提供新的认识工具。"本报告提交1986年11月在上海召开的《全国第二次生态经济科学研讨会》，会议接受了报告的基本观点，正如会议纪要指出的："决策者、计划综合部门和各级干部，都应当认识生态经济协调发展的客观规律。"1991年初，在北京召开的全国10年生态与环境经济理论回顾与发展研讨会上，代表们一致认为："我国生态经济学的核心问题，是生态经济协调发展。"我在会议总结中指出；当代中国生态经济协调发展理论，是我国学者集体的伟大创造。"这次会议的历史功绩，就在于充分肯定和高度评价了我国学者创立的生态经济协调发展学说。"①

二、马克思恩格斯的经济学哲学理论体系，不言而喻地包含了循环经济的意蕴，因此，循环经济的思想萌芽最早可以追溯到马克思经济学说，而不仅仅是鲍尔丁的"地球宇宙飞船理论"

只要是读过马克思的《资本论》和恩格斯的《自然辩证法》的人，都会看到马克思恩格斯揭示了自然和社会有机整体运动的基本形式是物质循环运动，尤其是恩格斯在《自然辩证法》中提出了物质运动永远循环的理论。他说："整个自然界……从原生生物到人，都处于永恒的产生和消灭中，处于不断的流动中，处于无休止的运动和变化中"，"是在永恒的流动和循环中运动着"。这就为当今的循环经济理论奠定了哲学基础。马克思在《资本论》中提出了物质循环的理论，揭示了社会再生产过程中人与自然之间物质变换和物质循环的内在统一，从而提出了物质循环利用思想，强调了物质循环的生态利用原则。马克思在《资本论》中专门用了一节来讨论"生产排泄物的利用"问题，论述了物质循环利

① 刘思华著：《当代中国的绿色道路》，湖北人民出版社1994年版，第281页。

用的生态经济原则："把一切进入生产中去的原料和辅助材料的直接利用提到最高限度"①，用今天的话说，就是最大限度地提高资源利用率；"把生产排泄物减少到最低限度"（出处同上），用今天的话说，就是最大限度地减少废弃物排放量。这两个"限度"，也就是今天发展循环经济的两个生态经济原则。总之，马克思恩格斯在他们的一些重要著作中，特别是《资本论》和《自然辩证法》中，提出的物质变换理论、物质循环理论和物质循环的生态利用原则，都包含了循环经济的意义，为当今发展循环经济提供了最基本的理论基础和科学依据。正是在这个意义上说，马克思经济学说开创了循环经济研究的先河。这些问题，应该是现代循环经济理论所要探讨的重要内容。

当然，从循环经济思想史来看，鲍尔丁的所谓"宇宙飞船经济理论"，应当属于专门论述循环经济思想的早期代表。按照"宇宙飞船经济理论"，人类活动必须建立既不会使资源枯竭，又不会造成污染的、能循环使用各种物质的循环经济，以代替过去的"单程经济"。在此，还有个问题至今还没有得到解决。这就是鲍尔丁循环经济思想中是否明确地提出了"循环经济"这个新概念，并对它的本质内涵作了界定，无论是过去，还是现在，其研究者们，都没有提供可靠的学术史料加以论证。近年来出版的几本循环经济著作，谈到这个问题，都是作者的主观推断，没有说服力。

近几年来，我国出版的一些有影响的循环经济专著和论文集，以及一些权威报刊发表的论述循环经济的长文，都是在鲍尔丁等人那里找理论渊源与科学依据，却没有在马克思恩格斯那里寻求理论渊源与科学依据。这种理论现象反映了马克思恩格斯的物质变换理论与物质循环理论及物质循环的生态利用原则被遗忘了，就必然得出循环经济思想萌芽最早是鲍尔丁提出的"宇宙飞船理论"的不科学的结论。

我曾在1991年由科学出版社出版的《企业生态环境优化技巧》一书

① 《马克思恩格斯全集》第25卷，人民出版社1974年版，第118页。

中，以“马克思物质循环利用原理的科学性”为题，论述了这个原则是马克思经济学说对治理环境污染和保护生态环境途径探索的最直接的贡献，是马克思主义生产理论的有机组成部分。现在看来，远远不止如此。在国际上，马克思恩格斯的物质变换理论和物质循环理论，“常常被直接用于解释重要的环境理论和政策”，“有很多人把其看做是现代循环经济和废弃物回收再利用思想的理论基础”。例如，日本学者岩佐茂就直接把马克思的物质变换理论与现代物质循环再利用思想联系起来，认为：“循环再利用思想可区分为广义和狭义：狭义的循环再利用指循环经济，而广义的循环再利用就是人与自然的物质变换本身。”① 事实的确如此，尽管当年马克思恩格斯没有明确提出循环经济的概念，但他们的循环经济思想与原则，同当今循环经济的理念与实践是不谋而合的。因此，以胡锦涛为总书记的党中央高度重视发展循环经济、建立资源节约型、环境友好型经济社会，正是马克思恩格斯物质循环的生态经济发展观的题中之义，是马克思主义发展观的创新与发展。

（原载《可持续发展研究》2006 年第 4 期）

① 韩立新：《马克思的物质代谢概念与环境保护思想》，《哲学研究》2002 年第 2 期。

马克思对于物质循环与生态利用的开创性探索

马克思恩格斯在揭示资本主义经济运动规律时，从理论上论述了资本主义生产与再生产过程中物质变换与物质循环的相互转化关系，开创性探索了保护生态环境、减少环境污染和物质循环的生态利用的基本途径等问题，使我们完全能够从马克思的物质变换尤其是物质变换裂缝理论与物质循环利用原理中，找到一些生态经济循环的基本思想。

一、物质变换裂缝对物质循环与转换过程的破坏

1. 人、社会与自然之间的物质变换过程中出现裂缝违背了物质循环与转化规律。马克思在《资本论》中指出：“大土地所有制使农业人口减少到不断下降的最低限度，而在他们的对面，则造成不断增长的拥挤在大城市中的工业人口。由此产生了各种条件，这些条件在社会的以及由生活的自然规律决定的物质变换的过程中造成了一个无法弥补的裂缝，于是就造成了地力的浪费，并且这种浪费通过商业而远及国外（李比希）。”[①] 他还在《资本论》第1卷就提出：“资本主义生产使它汇集在各大中心的城市人口越来越占优势，这样一来，它一方面聚集着社会的历史动力，另一方面又破坏着人和土地之间的物质变换，也就是使人以衣

① 《马克思恩格斯全集》第25卷，人民出版社1974年版，第916页。

食形式消费掉的土地的组成部分不能回到土地，从而破坏土地持久肥力的永恒的自然条件。这样，它同时就破坏城市工人的身体健康和农村工人的精神生活。但是资本主义生产在破坏这种物质变换的纯粹自发形成的状况的同时，又强制地把这种物质变换作为调节社会生产规律，并在一种同人的充分发展相适合的形式上系统地建立起来。"①

恩格斯同马克思一样，也十分关注资本主义生产方式下人、社会与自然之间的物质变换过程中出现的裂缝问题。在他看来，这种裂缝既是资本主义社会的社会物质变换违背了自然规律（即物质循环与转化规律），又是自然规律对人及社会的惩罚，是一种生态经济恶性循环。恩格斯在《自然辩证法》中描绘了人类劳动活动对自然界的破坏突出表现为破坏了人、社会与自然之间正常的物质变换过程，极大阻碍了经济循环和生态循环之间正常运转与转化，从而导致的森林破坏、水源枯竭、水土流失、土地沙漠化、洪水灾害的生态经济恶性循环图景。恩格斯说："美索不达米亚、希腊、亚细亚以及其他各地的居民，为了想得到耕地，毁灭了森林……这些地方今天竟因此成为不毛之地"，"使这些地方失了森林，也失去水分的积聚中心和贮藏库。阿尔卑斯山的意大利人，在山南坡把在山北坡得到精心保护地那同一种枞林砍光用尽时没有预料到，这样一来，他们就把本区的高山牧畜业的根基毁掉。……使山泉在一年中的大部分时间内枯竭了，同时在雨季又使更加凶猛的洪水泻到平原上。"② 恩格斯还认为，人类经济活动片面地追求最高利润，就会破坏人与自然界的物质变换关系，进而成为破坏经济循环和生态循环正常运转与转化的重要因素。他指出："西班牙的种植场主曾在古巴焚烧山坡上的森林，以为木灰作为肥料足够最能盈利的咖啡树施用一个世纪之久，至于后来热带的倾盆大雨竟冲毁毫无掩护的沃土而只留下赤裸裸的岩石。"③ 这些，在恩格斯看来，都不过是人类"过分陶醉于我们人类对自

① 《马克思恩格斯全集》第23卷，人民出版社1972年版，第552页。
② 《马克思恩格斯选集》第4卷，人民出版社1995年版，第383页。
③ 《马克思恩格斯选集》第4卷，人民出版社1995年版，第386页。

然界的胜利。对于每次这样的胜利，自然界都对我们进行报复”[①]。他还告诫说“人靠科学和创造性天才征服了自然力，那么自然力也对人进行了报复”[②]。因此，恩格斯要求我们在与自然界进行物质变换的时候，每走一步都要记住：要“学会更加正确地理解自然规律”；要“学会认识我们对自然界的习惯过程所作的干预所引起的较近或较远的后果”；要学会支配至少是我们最普遍的“生产行为所引起的较远的自然影响”；要学会预见和调节我们经济活动的“较远的社会影响”[③]。在这里，恩格斯所说的“自然影响”确实是包含了自然界内部的物质变换及生态循环意义；“社会影响”确实是包含了人类社会的内部的物质变换及经济循环意义。因此，恩格斯上述教导不言而喻地具有社会生产与再生产过程中人与自然之间物质变换与物质循环的生态经济意义。因此，在任何生产方式下，人类经济活动与自然界进行物质变换，都应当严格的、永远的遵循物质循环与转化的生态经济规律，以真正避免人、社会与自然之间物质变换过程中出现裂缝现象，实现生态经济的良性循环。

2. 物质变换裂缝对物质循环运动的严重影响威胁着人、社会与自然的可持续发展。在马克思的论述中，用物质变换裂缝思想揭露了资本主义生产方式下人与自然物质变换的严重不可持续性，表现为给人类发展带来了严重的生态环境问题即自然、人、社会的异化。福斯特研究了马克思的物质变换裂缝理论后说：“以物质交换的普遍性（指自然界中的物质等量交换）为基础，资本主义经济条件下的经济形式交换等量只是一个异化的表达方式。”这句话揭示了资本主义的物质变换的社会形式不适合于人与自然间的物质变换，即资本主义物质变换的社会内涵同它的自然内涵相矛盾，前者是后者的异化表达。而正是这种异化表达了导致资本主义条件下的自然和社会物质变换间的异化及自然的异化。“正是这种自然自身的异化及其人与自然之间物质变换的劳动异化，对作为整体

① 《马克思恩格斯选集》第4卷，人民出版社1995年版，第383页。
② 《马克思恩格斯选集》第3卷，人民出版社1995年版，第225页。
③ 《马克思恩格斯选集》第4卷，人民出版社1995年版，第384页。

的自然和社会这个统一的生态经济社会有机体系的可持续发展构成严重威胁。马克思在揭露资本主义经济条件下物质变换过程中对土地、森林、矿产等自然资源的滥用和破坏时，阐明了这种裂缝既造成人自身自然的异化，又造成人身外自然的异化。马克思在比较小、大两种土地所有制同滥用和破坏土地自然力的关系时说："前者（指小土地所有制——引者注）更多地滥用和破坏劳动力，即人类的自然力，而后者（指大土地所有制——引者注）更直接地滥用和破坏土地的自然力，那末，在以后的发展进程中，二者会携手并进，因为农村的产业制度也使劳动者精力衰竭，而工业和商业则为农业提供各种手段，使土地日益贫瘠。"①马克思这个论述明白无误告诉我们，资本主义生产经营割裂了人、社会与自然之间的正常物质变换过程，不论表现在对土地自然力的滥用和破坏，使自然（土地）生态系统恶性循环，而且表现在对人类的自然力的滥用和破坏，使人身生态系统恶性循环，是关系到人自身的心身健康和生命安全的重大问题。因此，资本主义生产方式下物质变换裂缝，最终导致的人与自然的异化及自然的异化，应当包括人自身自然的异化和人身外自然即外部自然的异化，都是对自然和人、社会可持续发展的严重威胁。下面，我们进一步探讨一下马克思恩格斯这两个方面的思想。

首先，社会生产和社会生活的排泄物是人与自然之间物质变换的产物，也是经济循环和生态循环出现裂缝的产物。社会生产和再生产过程中，一方面是不断从生态系统的自然生产"取出"自然物质，"投入"经济再生产过程中加工成满足人们需要的物质产品；另一方面还不断地把它"产出"的各种生产和生活排泄物"投入"自然环境之中，利用生态系统的净化机能参与自然再生产。这件被赋予了属人的自然物质形式，对于社会经济系统的经济循环来说，则是一种"无用形式"的自然物质，是社会生产过程和社会消费过程后产生的。马克思在《资本论》第3卷中专门写了"生产排泄物的利用"来阐述他的物质循环利用思想。

① 《马克思恩格斯全集》第25卷，人民出版社1974年版，第917页。

他说："我们所说的生产排泄物，是指工业和农业的废料；消费排泄物则部分地指人的自然的新陈代谢所产生的排泄物，部分地指消费品消费以后残留下来的东西。因此，化学工业在小规模生产时损失掉的副产品，制造机器时废弃的但又作为原料进入铁的生产的铁屑等等，是生产排泄物。人的自然排泄物和破衣碎布等等，是消费排泄物。"① 在马克思看来，随着资本主义生产与再生产规模不断扩大，人口的快速增长和过分集中，生产和生活的排泄物也不断增加，由于资本主义生产经营使社会生产与再生产的人与自然物质变换过程中出现裂缝，排泄物不断返回自然界，积累于自然生态环境系统之中，破坏了系统正常的生态循环，正如恩格斯所指出的那样，排泄物积累超过了自然生态系统的自净能力，就造成"空气、水和土地的污毒"，"工厂城市把一切水都变成臭气冲天的污水"，破坏了经济循环和生态循环正常运转与转化，尤其是破坏了正常的生态结构，形成"新的恶性循环"②。用今天的话来说，社会生产和生活的废弃物排放量超过自然生态系统的自净能力，生态循环受阻，导致环境污染、生态失调的生态经济恶性循环。因此，要使生态循环和经济循环在生态经济系统中进行良性循环，就必须消除物质循环中的污染物，化废弃物为原料、变害为利。但是资本主义的物质变换的社会形式不适合于人与自然之间的物质变换，不可能按照物质循环与转化规律办事，正如马克思指出："在利用这种排泄物方面，资本主义经济浪费很大；例如，在伦敦，450 万人的粪便，就没有什么好的处理方法，只好花很多钱来污染泰晤士河。"③

其次，在资本主义生产方式下，人与自然之间物质变换过程中出现的裂缝所导致的人和自然的异化，首先是表现为破坏了人身生态的正常循环，使人自身的自然异化。在此，仅从《资本论》中，马克思对资本主义制度的无情揭露略述三点：一是马克思揭露资本主义剥夺劳动者的

① 《马克思恩格斯全集》第 25 卷，人民出版社 1974 年版，第 116 页。

② 《马克思恩格斯选集》第 3 卷，人民出版社 1995 年版，第 646 页。

③ 《马克思恩格斯全集》第 25 卷，人民出版社 1974 年版，第 116—117 页。

必要的生产与工作条件，使工人处于不利于身心健康和生命安全的生产环境。马克思认为，资本家为了追求最大利润，极力在不变资本使用上节约，这种生产条件的节约的范围很广，它包括“使工人挤在一个狭窄的有害健康的场所，用资本家的话来说，这叫做节约建筑物；把危险的机器塞进同一些场所而不安装安全设备；对于那些按其性质来说有害健康的生产过程，或对于像采矿业中那样有危险的生产过程，不采取任何预防措施；等等。更不用说缺乏一切对工人来说能使生产过程合人性、舒适或至少可以忍受的设备了”[①]。马克思在《资本论》第1卷中大量地揭露了资本主义工厂中十分恶劣的生产环境，并指出这种生产环境直接危害着工人的自身健康和生命安全。他说：“在这里我们只提一下进行工厂劳动的物质条件。人为的高温，充满原料碎屑的空气，震耳欲聋的喧嚣等等，都同样地损害着人的一切感官，更不用说在密集的机器中间所冒的生命危险了。这些机器像四季更迭那样规则地发布自己的工业伤亡公报。”[②] 在《资本论》第3卷中，马克思还指出：“即使是真正的工厂也缺乏保障工人安全、舒适和健康的一切措施。”[③]

二是马克思揭露了资本主义剥夺了劳动者维持生命体必要的生活条件，使工人处于不利于人身健康和生命安全的生活环境。马克思认为，资本主义生产对生产条件的节约同时就是掠夺工人的生存条件和生活条件，这是因为生产条件的节约“在资本手中却同时变成了对工人在劳动时的生活条件系统的掠夺，也就是对空间、空气、阳光以及对保护工人在生产过程中人身安全和健康的设备系统的掠夺，至于工人的福利设施就根本谈不上了”[④]。他还引用一位医生的话写道：“毫无疑问，伤害病持续和蔓延的原因，是人们住得过于拥挤和住房肮脏不堪。工人常住的房子都在偏街陋巷和大院里，从光线、空气、空间、清洁各方面情况，

① 《马克思恩格斯全集》第25卷，人民出版社1974年版，第102页。
② 《马克思恩格斯全集》第23卷，人民出版社1972年版，第466页。
③ 《马克思恩格斯全集》第25卷，人民出版社1974年版，第105页。
④ 《马克思恩格斯全集》第23卷，人民出版社1972年版，第467页。

简直是不完善和不卫生的真正典型，是任何一个文明国家的耻辱。男人、妇女、儿童夜晚混睡在一起。男人们上白班和上夜班的你来我往，川流不息，以致床铺难得有变冷的时候。这些住房供水不良，厕所更坏，肮脏，不通风，成了传染病的发源地。"①

三是马克思揭露了资本主义经济条件下人与自然之间物质变换裂缝，极大地损害工人的生命和健康，严重破坏了人生命体的正常生态循环。他说，资本主义生产靠牺牲工人而实现的劳动条件的节约，"结果是生命、肢体和健康遭到损害，关于这方面的统计展示出一幅令人不寒而栗的景象"。资本主义剥削的"这种草菅人命的情况，绝大部分是由于煤矿主的无耻贪婪造成的"②。资本主义生产"对人、对活劳动的浪费，却大大超过任何别的生产方式，它不仅浪费血和肉，而且也浪费神经和大脑"，这实际上是"由劳动的这种直接社会性质造成的"③。当然，从人生命体的新陈代谢来说，人自身的自然的正常生态循环，正像马克思所说的"如果没有劳动时间的缩短和特别的预防措施成为补偿，也是造成生命和健康浪费的原因"④。

最后，笔者要强调指出的是，上述三个方面在恩格斯的《自然辩证法》、《论住宅问题》、《英国工人阶级状况》等著作中都有许多精辟论述，尤其《英国工人阶级状况》一书是一部用泪和血控诉了资本主义制度下劳动者生命和健康的牺牲，而形成的人自身自然的异化及人、社会与自然之间物质变换关系的异化，是对资本主义本质的深刻批判。如果撇开资本主义人与自然之间物质变换的社会形式，按照物质循环与转化规律的要求，任何社会生产与再生产过程中出现物质变换裂缝，废弃物通过食物链进行富集，当它进入动物和人体后，对生命体的危害性极大。因此，要使生态循环和经济循环在生态经济系统实现有机统一与良性循

① 《马克思恩格斯全集》第23卷，人民出版社1972年版，第726页。
② 《马克思恩格斯全集》第25卷，人民出版社1974年版，第104页。
③ 《马克思恩格斯全集》第25卷，人民出版社1974年版，第105页。
④ 《马克思恩格斯全集》第25卷，人民出版社1974年版，第108页。

环，就必须有效消除物质循环过程中的污染物质，化废弃物为原料。马克思物质循环思想的根本之点，就是强调需要对废弃物进行“分解”和“再利用”，这就是马克思的物质循环的生态利用原则。

二、物质循环的生态利用原则

马克思在《资本论》中专门用了一节来讨论“生产排泄物的利用”问题，这就提出了物质循环的生态利用原则，不言而喻地包含了生态经济循环的意义。按照物质循环与转化规律的要求，消除物质循环与转化过程中的污染物质，化废弃物为原料，实现废物资源化，这是消除物质变换裂缝，减少环境污染和生态破坏，促进生态经济良性循环的根本途径。这是马克思恩格斯物质循环的生态原则的基本思想。正是在这个意义上说，马克思开创了物质资源的综合利用与循环经济研究的先河。

1. 工农业生产的生态化。这是马克思恩格斯的物质循环的生态利用原则的内蕴之意，是经济生态化的思想先声。马克思认为，消费排泄物来源于两个方面：一是“人的自然的新陈代谢所产生的排泄物”；二是“消费品消费以后残留下来的东西”，这两种消费排泄物如不加以处理，就成为破坏经济循环和生态循环正常运转与转化的重要因素。如果人们进行废物利用，那么，“消费排泄物对农业来说最为重要”①。在这里，马克思所说的“最为重要”是指消费排泄物的利用，为农业生产提供更多的有机肥，可以保持与改良土壤，提高其地力，并保护生态环境。因此，它确实包含了马克思生态农业的思想萌芽。工业生产的排泄物的生态利用，最根本的是发展生态工业，实现工业生产的生态化，这是消灭生态经济恶性循环的基本途径。对此，马克思恩格斯也提出了初步设想。他们认为，由于资本主义大机器工业主要集中于城市，造成城市工业污染，破坏了生态经济的良性循环，“要消灭这种新的恶性循环，要消灭这

① 《马克思恩格斯全集》第25卷，人民出版社1974年版，第116页。

个不断重新产生的现代工业的矛盾，又只有消灭工业的资本主义性质才有可能。只有按照一个统一的大计划协调地配置自己的生产力的那种社会，才能使工业在全国分别最适合于它自身的发展和其他生产要素的保持或发展。”① 恩格斯的这段论述，规定了发展工业应当遵循人与自然的物质变换和物质循环与转化的客观规律，按照最适合于其他生产要素的保持或发展的原则，特别是最适合于作为生产要素的劳动资料中的物质资料和物质条件的保持或发展的原则。这实际上就包含了当今发展生态工业及循环经济的根本观点与基本构想②。

2. 依靠科技进步，通过新的生产过程可以转化为新的生产要素。马克思根据物质循环和物质转化的规律，论证了物质循环转化利用的发展过程：即在物质资料再生产过程中，排泄物的废料，人类又通过新的生产过程，改变它的形态，从而在有用的形式上再占有它。因此，依据马克思恩格斯的物质循环与转化思想，真正的废物是不存在的，只是社会生产过程中才会产生所谓无用的、有害的，而在自然生态系统中本来没有的物质形式。所以，马克思称生产和生活的排泄物只是“所谓的废料”，并指出：“所谓的废料，几乎在每一种产业中都起着重要的作用。”③ 这就十分明白地告诉我们，排泄物是一个可变的物质，通过人们的再利用，投入新的生产过程，可以“转化为同一个产业部门或另一个产业部门的新的生产要素”，“再回到生产从而消费（生产消费或个人消费）的循环中”④，原来的排泄物也就不成其为废料了，而成为既有使用价值又有价值的物质资源了。废物转化为新的生产要素，不仅利用该行业的废物，而且可以利用其他行业的废物。正如马克思所指出的：“化学工业提供了废物利用的最显著的例子。它不仅发现新的方法来利用本工业的废料，而且还利用其他工业的各种各样的废料，例如，把以前几乎

① 《马克思恩格斯选集》第3卷，人民出版社1995年版，第646页。
② 解保军：《马克思自然观的生态哲学意蕴》，黑龙江人民出版社2002年版，第18页。
③ 《马克思恩格斯全集》第25卷，人民出版社1974年版，第117页。
④ 《马克思恩格斯全集》第25卷，人民出版社1974年版，第95页。

毫无用处的煤焦油，变为苯胺染料，茜红染料（茜素），近来甚至可以把它变成药品。”①

马克思强调指出，这种物质生产过程中物质循环的生态利用，不仅对农业是最为重要的，他还甚至说，“几乎所有消费品本身都可以作为消费的废料重新加入生产过程”。作为消费的废料重新加入生产过程，则它又构成新的生产运动的要素，即转化为具有价值的物质产品。的确如此。例如，应用科学技术改良机器和工艺，对废毛和破烂毛织物进行再加工，“已成为约克郡毛纺织工业的一个重要部门的再生呢绒业”，又如，“人们使用经过改良的机器，能够把这种本来几乎毫无价值的材料，制成有多种用途的丝织品。”② 所以，马克思认为，在“产品本身已经加入消费之后，……只有作为这个消费的废料，作为消费过程的残余和产品，才能作为生产资料重新加入其他生产领域”③。这就是马克思阐明的物质循环利用的生态经济原则，即“把一切进入生产中去的原料和辅助材料的直接利用提到最高限度”④，用今天的话说，就是最大限度地提高能源资源利用率；“把生产排泄物减少到最低限度”⑤，用今天的话说，就是最大限度地减少废弃物排放量。只有这样，才能从根本上防止生态环境问题的产生。在这里，我们清楚地看到，马克思所说的“两个限度”同我们现在所说的以物质资源利用最大化和废弃物最小化为主线的循环经济是不谋而合的。

3. 科学技术进步，为生产和生活的排泄物的循环利用提供了新的形式和新的方法，开辟了新的途径。马克思指出：“机器的改良，使那些在原有形式上本来不能利用的物质，获得了一种在新的生产中可以利用的形式；科学的进步，特别是化学的进步，发现了那些废物的有用性

① 《马克思恩格斯全集》第25卷，人民出版社1974年版，第118页。
② 《马克思恩格斯全集》第25卷，人民出版社1974年版，第118页。
③ 《马克思恩格斯全集》第26卷，人民出版社1974年版，第239页。
④ 《马克思恩格斯全集》第25卷，人民出版社1974年版，第118页。
⑤ 《马克思恩格斯全集》第25卷，人民出版社1974年版，第118页。

质。”[①] 可见，马克思在创立马克思主义经济学说时就明确指出了科学技术进步为积极重新利用生产和生活的排泄物开辟了广阔的途径。科学技术对于这种再生产的循环利用过程的发展起着决定作用，不单是能够有效地解决生态环境问题，也是给合理利用资源，发展经济带来了新的前景。马克思还认为，废物的减少，主要“取决于所使用的机器和工具的质量”，“还要取决于原料本身的质量。而原料的质量又部分地取决于生产原料的采掘工业和农业的发展（即本来意义上的文明进步），部分地取决于原料在进入制造厂以前所经历的过程的发达程度。”[②] 从这里我们可以看出，马克思物质循环的生态利用思想在很大程度上已经超越了时代的局限，不管社会形态如何，社会生产要有效地减少总废物的产生，并能够保护生态环境，必须依靠科学技术进步，尤其依靠人类文明进步，提高工业和农业生产的生态化的发达程度。

4. 综合利用生产和生活的排泄物，实现废物资源化，可以变废为宝，节约资本，创造新的物质产品。马克思在《资本论》第1卷中分析资本的积累过程时指出：“化学的每一个进步不仅增加有用物质的数量和已知物质的用途，从而随着资本的增长扩大投资领域。同时，它还教人们把生产过程和消费过程中的废料投回到再生产过程的循环中去，从而无需预先支出资本，就能创造新的资本材料。”[③] 其后，他在《资本论》第3卷中具体举出化学如何发现废物利用的例子。这就告诉我们，成为生态环境恶化的主要物质因素的排泄物，即使在资本主义制度下，依靠科学技术对这些所谓无用的物质进行物质循环的生态综合利用，也可以转化为有用的物质，就从一般的排泄物变成新产品或副产品了。马克思的这些真知灼见，实际上已经触摸到对物质资源进行深度与广度开发和综合利用与循环再利用，并建立物质循环体系和废物资源化体系，及其所形成的各个企业的生产要素合理配置和综合发展问题。用当今的话说，

① 《马克思恩格斯全集》第25卷，人民出版社1974年版，第117页。
② 《马克思恩格斯全集》第25卷，人民出版社1974年版，第119页。
③ 《马克思恩格斯全集》第23卷，人民出版社1972年版，第664页。

就是涉及建设生态工业园区，发展循环经济问题。

（原载《生态马克思主义经济学原理》，人民出版社 2006 年版，第 310—317 页）

马克思恩格斯物质循环理论的当代意义

马克思恩格斯关于物质循环及废物循环利用的原理，是马克思主义再生产理论的有机组成部分。今天与一百多年前的情况相比，发生了很大的变化，尤其是生产和生活排泄物本身（包括数量、构成、种类等），处理排泄物的方法与途径以及处理中发生的问题，都比马克思所处时代要复杂得多，排泄物生态学问题要严重很多。但是，在当代经济社会条件下对物质资源进行深度与广度开发，实现废物资源综合利用，是现代生产发展和科学进步的必然趋势，是节约与合理利用物质资源的客观要求，这是毫无疑义的。

马克思恩格斯的物质循环及废物循环的生态利用原理的最大的现实的实践意义，就在于它跟当今人类社会生产与再生产紧密相关。这个原理的现代含义集中到一点，就是发展循环经济及废物循环再利用（又叫“生态利用”），促进现代生态经济系统的良性循环，实现“生态—经济—社会”有机整体的可持续发展。正如胡锦涛主席所说：“积极发展循环经济，实现自然生态系统和社会经济系统的良性循环，为子孙后代留下充足的发展条件和发展空间。”①

① 胡锦涛：《在中央人口资源环境工作座谈会上的讲话》，《光明日报》2004年4月5日。

一、综合利用与废物循环再利用

根据马克思恩格斯物质循环的生态利用原则，废物循环不仅是指社会生产中的废弃物的再利用，实现废物资源化；而且还指社会生活中的废弃物的再利用，实现废物资源化，这两种废物的生态利用，就是综合利用，对物质资源进行深度与广度开发。因此，发展循环经济和开展综合利用，都是我国21世纪实现经济发展与生态环境改善，达到社会主义生态经济良性循环的必由之路。

1. 综合利用与废物循环再利用是现代生产发展和科技进步的必然趋势。什么是综合利用？早在12世纪我国南宋哲学家朱熹就提出了“天无弃物”的论断。按照马克思的观点，从自然界的物质循环与转化规律意义上看，在一定条件下，废与不废是可以互相转化的，弃之为害，用之为宝。因此，依笔者之见，综合利用应有广义和狭义之分。广义的综合利用，是指对社会生产过程中的劳动对象的使用价值和社会生活过程中的消费资料的使用价值，从多方面充分与有效利用，其生态经济实质是合理利用各种物质资源，最大限度提高利用率，实现经济系统与生态系统之间的物质转换和能量流动的良性循环。狭义的综合利用，是指对本企业、本部门或其他企业、其他部门生产过程中的所谓“废料”，进行循环再利用，尽可能实现“废物”资源化，使整个社会物质生产中的废弃物减少到最低限度，从而促进经济系统与生态系统之间的物质转换和能量流动的生态经济关系不断发展，良性循环。这里所讲的综合利用，既是广义的综合利用，又是狭义的综合利用，但主要还是论述狭义的综合利用，即企业废物资源综合利用，它应当包括综合开发（开采）、综合回收、综合加工、综合经营、综合管理等。所以，综合利用是我国人民“人尽其才、地尽其利、物尽其用”这一传统美德在现代经济社会中的生动体现。实现企业现代化的过程中，各种工矿企业、交运企业、废旧物资回收企业与部门以及农场，都必须大力开展综合利用，变无用为有用，变废为宝，变害为利，为社会创造更多的物质财富。这是现代生产发展和科技进步的必然趋势。

第一，随着现代经济的迅速发展，现代生产力的不断提高，社会生产对资源需求不断增长，使人类社会经济活动与资源有限的矛盾日益尖锐。这突出表现在世界上各种可供开采的资源日益减少，造成各种生态系统的资源相对短缺，出现了能源、原材料以及水资源的危机。就拿对矿物资源的开发和利用来说，由于20世纪40年代以来的世界经济结构发生了重大变化，工业生产的巨大增长，使能源、资源和金属矿物资源，不断从环境中消失。现在，全世界越来越多的各种矿物从土壤岩圈中被挖出和加工，使有些矿物资源已接近枯竭。我们既要看到随着现代经济的发展和科学技术的进步，不断发现和利用新的矿物资源；又要充分看到地球上各种矿藏的富矿正在迅速被开采和减少的趋势。因而，资源短缺已成为我国现代化建设最突出的客观制约条件。所以，要通过综合利用，实现废物资源化来合理开发和充分利用我国现有的矿产资源、水资源和地质环境资源。这不仅是我国工业化、现代化建设的必然趋势，而且是以较少的资源消耗获得较多的社会财富，是实现我国工业化、现代化的必经之途。

第二，随着现代生产力的发展，不仅向生产的广度进军，而且更重要的是向生产的深度进军，即向自然深度进军。这就是由过去以外延为主的生态经济再生产转向以内涵为主的生态经济再生产，因而对资源利用必然要实现由过去主要采取外延式的数量型扩大利用方式，转变为主要采取内涵式的质量型扩大利用方式，即提高对资源的利用效率和综合利用水平。其中一个重要问题，就是当代科技进步，会不断地创造无污染的发展现代化生产与保护生态环境相得益彰的一体化技术。因而目前国内外正在兴起“无废料工艺”、“无污染工艺”，使粗放经营的生态经济系统变为集约经营的生态经济系统。而开展综合利用，实现废物资源化的过程，也就是将粗放经营的单一利用资源的生态经济系统，转变成为集约经营的综合利用资源的生态经济系统的过程。这一过程是人们按照使生态经济的物质合理转换和能量合理流动的原理，设计出集约化的、多次利用的资源型的生产流程，形成一个合理的食物链（网）和投入产出链（网）或加工链（网），不但使上一个生产环节生产出的初级产品，能在下一些生产环节中进行深加工，以综合利用资源和不断增长其价值；而且使上一个生产环节产出的废料加以处理后能成为下一个生产环节的原料，将废物资源化，使整个社会生产和再生产既能产出更多的符合社会需要的物质产品，又能将废弃物减少到最低限度，甚至无废料排出。

第三，现代化科学技术的巨大进步，极大增强了人们认识和发现废物资源的各种有用的性质，而且还为充分利用资源，实现废物资源化找到有效的利用方式。综观人类社会发展史，从一定意义上说，整个人类文明就是建立在发现资源和不断采用有效方式利用资源的基础上的，是一部开发和利用资源的历史。这个历史长河，始终是与科学技术的发展紧密联系在一起的。人类对资源的开发和利用，在很大程度上要受人类认识和利用自然的能力的限制。由于现代科学技术的巨大进步，极大增强了人们认识和利用自然的能力，发现了许多资源新的有用性质，并找到充分有效利用资源的方式，因而，使过去认为对人类文明无用之物变成为有用之物。所以，我们完全可以说，人类社会生产的发展史就是一部不断变无用之物为有用之物的历史。现代生产发展和科技进步的实践证明，包括化学、物理学、生物学在内的各种科学技术的进步，尤其是新能源、新材料及信息技术等方面出现的革命，对使"人们把生产过程和消费过程中的废料投回到再生产的循环中去"，提供了越来越多的科学技术依据。例如过去被作为废渣大量排放到环境中的很多共生矿金属、稀土元素、炉渣等，现在随着科技的巨大进步，都被重新投入再生产的循环中去了，成为新的生产要素，生产出了大量的有色金属、合金钢、稀土新材料和水泥等物质产品，这不仅充分有效地利用资源，而且有效地治理环境污染，提高了再生产过程的生态环境效益。这是现代化科学技术进步的必然结果。

2. 综合利用与废物循环再利用，是实现企业经济与生态环境协调发展的客观要求。

第一，物资资源本身的构成和性质，决定了合理利用物质资源必须通过综合利用，实现废物资源化。一是很多物质资源不是由某种物质成分单一形成而是同其他物质成分共生形成的。这突出表现在矿物资源上。我国的矿物资源具有伴生性的特征，在金属矿中往往含有多种金属成分，一个矿区往往又是以一种矿物资源为主，同时伴生着其他有用金属成分，有的多达20余种。例如，在一些重金属矿中含有金、银、钴、锑、铊、钼、钛等，含量有的达到工业矿床的品位，有的甚至超过许多倍。所以，在重金属熔渣中提取和回收各种金属的价值，有的甚至超过主金属本身的价值。又如某些化工物质资源中也含有多种金属成分，硫铁矿渣除含有大量铁外，还含有许多稀有的贵重金属；钙镁磷肥生产，排出一种镍磷残渣，就含有高品位的镍、钴和铜等。可是，过去，我国的冶炼企业生产，通常冶炼只是提取其中一种主要金属成分，而其他金属则随熔渣排出，作为废渣弃之，因而伴生矿回收率很低，有的甚至只是单一的利用一种使用价值，其他共生的多种金属成分作为废渣白白排放掉，既浪费了资源，又造成环境污染。随着采、选、冶技术的发展，对伴生矿物资源的利用技术日益提高，大力开展冶炼矿渣的综合利用，就能够对矿物资源单一使用价值利用，变为多种使用价值的利用，做到节约资源和防止环境污染。

二是某些物质资源往往不是由一种物质元素组成的，而是由许多物质元素组成的，因而，具有多种用途。例如高炉渣、化铁炉渣、铁合金炉渣等冶炼渣，这些废物资源是由与水泥类似的硅酸三钙、硅酸二钙、铁铝酸盐等活性矿物元素组成，具有水硬胶凝性，把热熔的高炉、化铁炉、铁合金炉渣用高压水水淬磨细后作水泥的混合料，可生产矿渣酸盐水泥；把钢渣水淬或粉化破碎选出废钢磨细后，可生产无熟料和少熟料钢渣水泥如钢渣、矿渣、水泥、钢渣沸石水泥等。又如粉煤灰的主要成分是二氧化硅、二氧化二铝，除与土壤的化学成分相似外，还由少量的三氧化二铁、氧化钾、五氧化二磷和微量的钼、硼、镍等元素组成。它们能为植物提供良好的养分。粉煤灰比重小于土壤，属砂质，对改良土壤结构有利，渗入粉煤灰后的土壤，空隙增多，能提高表土温度和蓄水保墒能力。所以，粉煤灰可直接用于农田改良土壤和生产肥料。

三是每一种物质资源都具有物理、化学和生物等不同性质，可以作各种不同的用途，其经济价值也大不一样。如炼油厂的副产品之一的芳烃，既可以作为燃料混入汽油烧掉，也可以制成对二甲苯，作为生产涤纶的原料，后者的经济价值是前者3—4倍。还可根据某种物质资源的理化特性，将一次利用变为多次利用和循环利用。例如塑料废渣可以回收起来加热加压成型，可得再生塑料；将废塑渣经粉碎、微波溶解、加热分解，然后冷却，可提取石油燃料。又如，提高我国工业水重复利用率，做到循环利用和一水多用，就能做到节约用水，有效缓解水资源的供需矛盾，减少污水排放量。

四是在很多物质资源之间，有许多东西具有相同的使用价值或经济效用，因而可以互相补充互相代替。这里讲的代用是指用废物资源代替原有的原料制造产品。例如，利用钢渣代替石灰石作钢铁冶炼的熔剂。钢渣的氧化钙含量一般为40%—50%，比石灰石略低。但我们把热熔的钢渣用高压水淬，或把低于700℃的热渣喷水进行自身粉化，还可以把冷渣用破碎机破碎分级，按不同粒度要求直接用于烧结、高炉、化铁炉、转炉代替石为石（石灰）熔剂，既节约了石灰石资源、又节省了石灰石分解所消耗的能源，还回收了钢渣中的废钢及其他有益元素。又如用高炉渣可以代替砂、石作滤料，处理废水；作吸收剂，回收水面石油制品等。

第二，综合利用，实现废物资源化，是发展我国现代经济的客观需要，也是现代企业发展的一项紧迫任务。这是因为，目前我国企业生态经济系统的综合生产能力还很低，突出表现为资源综合利用水平低，废物资源化生产能力低。这是目前我国微观经济有效供给能力低、社会生产力发展水平低的一个重要标志。我国能源综合利用率、工业用水的重复利用率、城市的重复利用率，我国铁矿最终开采利用率、综合利用率、煤矿石的利用率、粉煤灰的利用率、全国火电厂排出的粉煤灰的综合利用率，林业采伐、造材和加工剩余物利用率，我国的废旧物资回收利率等都很低。再生资源浪费严重。我国城市生活垃圾生产量每年达1.5亿吨之多，现在已有200多个城市处在垃圾包围之中。尤其是电子垃圾日益增多。从2003年开始，我国进入到电子产品报废的高峰期，每年至少有500万台电视机、400万台冰箱、600万台洗衣机、7000万部手机报废。因此，解决电子垃圾问题，首先要源头减量，减少报废，重点还要回收再利用和无害化处理。因此，在我国新型工业化过程中，必须提高企业生态经济系统的综合生产能力，大力开展综合利用，实现废物资源化，提高综合利用的水平。这是加快我国现代化建设的客观需要，已成为我国现代企业发展的一项紧要任务。扩大企业生产和再生产，我国应当首先考虑综合利用，实行废物资源化，提高综合利用水平，才能使物质资源达到最大的利用限度，使废弃物减少到最低限度，促进企业综合生态环境良性协调发展。

第三，企业生产和再生产的经济活动，是人们变自然物为社会财富的活动过程，也是人与自然之间的物质变换的生态经济过程；同时也是创造良好生态环境满足自身生态需要的活动过程。这一过程，就是人们生产物质资料满足自身物质文化需要的活动过程。所以，企业经济活动只有不断实现人们这两个方面的满足，才是完整意义上的经济活动，才算真正造福于人民、造福于社会的经济活动。而综合利用，实现废物资源化是促进人与自然之间物质变换过程中保证实现人们上述两个方面的满足的一个根本途径。尤其是现阶段企业生产“三废”污染环境与破坏生态，已成为一个突出的生态经济问题。在这种情况下，大力开展综合利用，实现废物资源化，是节约物质消耗；有效利用资源，促进生态发展；降低生产成本，促进经济；减少废物量，消除污染，改善环境质量，实现企业经济与生态环境协调发展的一项有效措施。无可非议，开展综合利用，实现废物资源化是企业的重要经济活动。我国许多企业把治理“三废”，发展综合利用作为企业经济建设的大事来抓，并定为企业职工的行为规范，取得了重大的成绩，积累了有效的经验。在这个基础上，创建生态企业，发展循环经济。

二、发展循环经济是马克思物质循环观的题中之义

物质变换与物质循环思想、物质循环的生态利用原则，构成了马克思的物质循环观，而今我国大力发展循环经济，正是这一马克思主义生态经济观的题中之义。这是因为，马克思的物质循环观为发展循环经济提供了最基本的理论基础和科学依据。然而，近两年来，我国出版的几本有影响的循环经济专著和论文集，以及一些权威报刊发表的论述循环经济的长文，都是在鲍尔丁等人那里去找理论依据，却没有在马克思那里寻求理论渊源。这种理论现象反映了马克思恩格斯的物质变换与物质循环理论被遗忘了。与此相反的是，在国际上马克思的物质变换概念在当代理论研究和环保实践中，“常常被直接用于解释重要的环境理论和政策”，“有很多人把其看做是现代循环经济和废弃物回收再利用思想的理论基础”。例如，日本学者岩佐茂就直接把马克思的物质变换理论与现代循环再利用思想联系起来，认为：“循环再利用思想可区分为广义和狭义：狭义的循环再利用指循环经济，而广义的循环再利用就是人与自然的物质变换本身。”① 事实的确如此，尽管当年马克思没有明确提出循环经济概念，但从当今我国学者所论述的循环经济理念和国内外发展循环经济实践来看，我们今天似乎看到了，马克思恩格斯物质变换与物质循环理论和循环经济的生态经济理念与实践在根本上是想通的，并具有高度的一致性，这是毫无疑义的。

1. 循环经济的本质内涵与基本特征是对生态经济本质最充分的体现。近两年来我国出版的几部循环经济专著和论文集中，数十位作者有一个共识，这就是“循环经济本质是一种生态经济”。这与笔者的看法是一致的。对循环经济的本质内涵界定为生态经济，是符合马克思恩格斯生态经济与物质循环思想的，也是符合中国化马克思主义生态经济协

① 韩立新：《马克思的物质代谢概念与环境保护思想》，《哲学研究》2002 年第 2 期。

调可持续发展理论的。在此，我作几点论证。

第一，循环经济的核心理念与基本理论属于生态经济范畴。循环经济是在严格遵循生态学规律主要是自然界的物质循环（包括能量流动）与转化规律的基础上，重构社会经济体系，把过去那种经济系统与生态系统相分离的、经济循环与生态循环相脱节的经济体系，和谐协调地纳入自然生态系统的物质循环过程之中，使人类经济活动与自然生态环境的各种物质资源要素融合成为一个密不可分的有机整体，有效克服过去经济体系中只有经济物质循环，没有生态循环的根本缺陷，达到社会生产与再生产过程中的经济循环和生态循环的有机统一，实现生态经济的良性循环。因此，循环经济的核心理论是社会经济系统归属于自然生态系统，使经济系统和谐协调地纳入自然生态系统的物质循环运动之中，形成经济物质循环和自然物质循环的有机统一的生态经济良性循环，建立一种新型的、双方物质循环的经济体系，这就是循环经济。它在本质上是一种生态经济体系（即系统）。只有建立这种生态与经济一体化的现代生态经济系统，才能从根本上解决经济社会发展和生态环境改善的根本对立与尖锐冲突，实现两者“双赢”的生态经济协调发展模式。因此，循环经济是一种经济社会与生态环境协调可持续发展的新理念。而生态经济学理论的核心理念正是如此，即生态经济协调可持续发展在这里得到本质体现。

第二，循环经济的基本理论是人类对难以为继的传统经济发展不可持续性反思后的创新，首先是对于人与自然发展关系重新认识的理论创新的结果。有的学者说得好：“更为重要的乃是创造一种将人类与自然界融合在一起的视野，从而确立一种新的生态观念。而这种新生态观念显然必须以与外界自然的终极同一性为其基本内核。”[①] 因此循环经济的理念与实践，正是人与自然和谐发展观的体现，是克服了传统经济理论把人与自然、生态与经济人为割裂与对立的根本弊端，把整个经济系统看

① 张坤主编：《循环经济理论与实践》，中国环境科学出版社2003年版，第41页。

成是地球生态系统的一个组成部分，而融合在自然生态系统的物质能量循环过程之中，使经济系统和生态系统形成相互依存、相互制约、相互作用的生态经济有机整体。这在经济系统运行与发展中，表现为将清洁生产、资源综合利用、生态设计和可持续消费等融合为一体，并将人与自然和谐发展、生态与经济协调发展的观念转化为相应的运行机制，促使大量开采、大量生产、大量消费、大量废弃的传统经济体系转向物质资源的合理配置、节约使用、不断循环利用和良性循环的经济体系，使社会经济系统和自然生态系统的良性循环，从而将经济系统运行与发展的良性循环，牢固地建立在良性循环的自然生态系统的坚实基础之上，真正实现社会经济系统和自然生态系统相和谐、相协调的可持续发展。因此，循环经济为传统经济不可持续发展转向可持续发展提供了生态经济理论范式。

第三，循环经济的基本特征，就是把社会生产与再生产的经济体系的运行与发展，切实转移到良性的生态循环和经济循环的轨道上来，实现经济活动的生态化，即社会生产与再生产的全过程、全方位的生态化。众所周知，知识化（软化）和生态化（绿化）是21世纪现代经济及现代产业发展的两大趋势。这根源于现代科技进步的知识化和生态化。当今世界以信息技术革命为中心的、以生态技术革命为基础的现代技术革命，不仅使现代科技革命出现了信息化的新趋势，推动着现代经济的信息化和信息的现代经济化，而且使现代科技革命出现了生态化的新趋势，推动着现代经济的生态化和生态的现化经济化。事实上，当今世界上许多国家尤其是发达国家经济社会现代化进程中，不仅越来越朝着实现国民经济及产业经济知识化的方向发展，而且越来越朝着实现国民经济及产业经济生态化的方向发展。循环经济正是反映了知识化和生态化的相互协调与融合发展的新趋势。它是按照生态规律利用自然资源和环境容量，形成不断循环的良性循环的循环机制，使人们的经济活动及整个经济系统和谐协调地纳入自然生态系统的物质循环过程，实现经济活动的知识化转向和经济活动的生态化转向，不仅提高物质资源利用率，而且提高环境资源的配置效率，最大限度地减少经济活动中的物质资源消耗和排泄物，提升经济运行质量效益，并维护生态环境良性循环。在这里，经济活动的生态化比其知识化来说，是良性循环的经济系统的基础，更为根本。因此，循环经济强调在经济运行与发展过程中用智力资源替代物质资源，实现经济活动的知识化；更强调以环境无害化技术为手段，以提高生态效率为核心，使物质资源消耗的减量化、再利用、再循环与资源化，以环境友好的方式利用经济物质资源和生态环境资源，实现经济活动的生态化。因此，通过经济活动的生态化，实现社会经济系统和自然生态系统的良性循环即生态经济良性循环，就成为循环经济的首要的根本的特征。我们可以说，没有经济活动的生态化，没有生态经济良性循环，就没有循环经济可言。循环经济其他特征，如物质资源消耗的减量化、废物再利用与再循环、自然资源的节约、保护和循环利用等，都是从不同角度表现和反映这个基本特征。

这里就当前学术界谈及较多的特征作点补充。生态与经济一体化的循环经济与生态与经济相分离的传统经济截然不同之处，在于传统经济系统的内部是一些相互不发生关系的线性物质流的叠加，其能量的利用是低效且单向的，这不仅导致进入和流出这些系统的有效物质和能量，远远大于系统内部相互交流的物质和能量流，而且导致了进入系统的有效物质和能量，远远高于通过生产系统而获得的有效的物质和能量，未参与相互交流、在生产系统未得到充分利用的物质和能量，则成为废物，从而大大提高生态环境的熵值，形成经济活动的“高开采、高投入、低利用、高排放”的低效特征。循环经济把经济活动组成为“资源—产品—消费—再生资源”的反馈式非线性经济，这是物质反复流动的生态经济良性循环过程，它要求在各生产系统内部及不同生产部门之间，以互联的方式进行物质和能量的变换、转化与传递，最大限度地利用进入系统的物质能量，使所有的物质能量在这个不断进行的经济循环过程中，得到最大的、合理的、持久的利用，并在生态循环过程中得到不断的循环，从而使经济活动对自然资源的消耗和生态环境的破坏等不良影响，降到尽可能低的程度，形成经济活动的“低开采、低投入、高利用、低排放甚至零排放”的高效特征。

第四，循环经济是一种生态环境与经济社会协调发展的现代经济发展模式，在本质上是现代生态经济发展模式。循环经济倡导的是一种与生态环境和谐协调的现代经济发展模式，这是目前学术界的共识。这是因为它是建立在物质资源不断循环利用基础上的、把清洁生产、资源综合利用、生态设计、可持续消费和再生资源融为一体，是一种促进人与自然、生态与经济的和谐与协调的现代经济发展模式。因此，循环经济模式能够做到三个有机统一与协调发展：一是经济循环与生态循环的有机统一与协调发展；二是经济有效性和生态安全性的有机统一与协调发展；三是经济社会效益与生态环境效益的有机统一与协调发展。这个现代生态经济发展模式可以从两个侧面来看：一是从资源环境方面来看：循环经济是实现生态可持续发展的最佳资源利用模式，这就是按照物质循环与转化规律，用物质资源循环利用的思想，改变传统的社会生产与再生产方式，把“资源—产品—污染排放”的单向物质循环的传统资源利用模式，重构组成“资源—产品—再生资源”的双方物质循环和“低开采、高利用、低排放与零排放”的资源循环利用模式。二是从社会生产方面来看：循环经济是实现经济可持续发展的最佳经济运行模式，这就是传统经济系统中的运行模式是“资源—产品—废弃物”的单向运行模式；而循环经济的物质循环是“资源—生产—流通—消费—再生资源”的不断循环运动的经济运行模式，这是一种按照自然生态物质循环方式运行的经济运行模式。当然，在这里的“生产”、“流通”、“消费”与传统经济的涵义也不尽相同，它们都进行生态化转向。

第五，正确认识循环经济并作出准确地理论概括。进入21世纪以来，循环经济在我国兴起，学术界一致认为它是一种新的经济发展模式、新的经济发展方式，或者说是一种新的物质资料生产方式；也有一些学者尤其环保权威人士认为不仅如此，还“是一种新型的、先进的经济形态”[①]，“是建立在人类存在条件和福利平等基础上的以全体社会成员生活福利最大化为目标的一种新的经济形态”，甚至说“循环经济必将会成为未来人类社会一种新的经济形态”[②]。这就告诉我们，循环经济同21世纪现代经济形态完全是一回事，也就是说，循环经济是21世纪现代社会发展的最高层次的经济形态。然而，人们难以理解的是，作出这种理论概括的同志，又把循环经济界定为在本质上是一种生态经济的理论基础之上的，使人感到似乎有点矛盾。在这里有几点值得研究：

一是循环经济同生态经济在理论上是不是同一层次的问题。既然，包括认为循环经济是新的经济形态在内，大家一致界定它本质是一种生态经济，那么，循环经济就不应当是比生态经济更高层的理论范畴，而是生态经济的一种表现形式或实现形式。我基本上赞同季昆森同志的见解，他说：“循环经济本质上是一种生态经济，是生态经济现阶段的实现形态。”[③] 对此，我们可以说，在工业社会向生态社会转型的相当长的历史时期内，循环经济是生态经济的最重要的、最主要的现实形态。

二是循环经济是人们经济活动模仿自然生态系统，按照自然界的物质循环（包括能量流动）与转换规律构建成的一种现代生态经济系统，它在本质上是现代生态经济发展模式，是对18世纪工业革命以来所形成的经济社会和生态环境相分离为根本特征的传统经济发展模式的根本性变革。这种根本变革不仅是经济发展方式的根本性变革，更是物质资料生产方式的根本性变革，实质上是在技术范式革命的基础上，实现人、社会、自然的和谐发展，它代表着一种全新的技术范式，是一种全新的生产力发展形态。因而循环经济的真谛应当是一种新型的人、社会与自然之间物质变换方式[④]。只有这样认识问题，才是抓住了循环经济的要

---

① 毛如柏、冯之浚主编：《论循环经济》，经济科学出版社2003年版，第7页。

② 解振华：《关于循环经济理论与政策的几点思考》，《光明日报》2003年11月3日。

③ 季昆森：《循环经济原理与应用》，安徽科学技术出版社2004年版，第25页。

④ 毛如柏、冯之浚主编：《论循环经济》，经济科学出版社2003年版，第144页。

害。这是因为，社会生产过程中人与自然之间的物质变换是自然生态环境由经济运行的外在因素转化为内在因素的现实基础，循环经济就使这种转化的可能性变成现实性。因此，循环经济是生态环境内因论的实践模式。

三是我们强调和突出循环经济是一种新型的、先进的物质变换方式，在实践中就会促进目前高投入、高消耗、高排放、不协调、难循环、低效率的经济增长方式的根本转变，建立起低投入、低消耗、低排放、和谐协调、良性循环、高效率的可持续发展经济模式；在理论上就会把发展循环经济建立在马克思主义物质变换与物质循环的理论基础上，并在循环经济发展实践中创新和发展马克思主义生态经济理论。

2. 发展循环经济是中国化马克思主义生态经济协调可持续发展理论的一个重要论点。以江泽民同志为核心的党的第三代领导集体十分重视发展循环经济。江泽民同志在 2002 年 10 月 16 日全球环境基金第二届成员国大会讲话中指出："合理利用资源，保护环境，是世界可持续发展的必然要求，以浪费资源和牺牲环境为代价，发展就不可能持续进行。自然资源并非取之不尽、用之不竭，而人类社会发展的需求却不断增长，如果这两方面关系处理不当，必然导致生态的恶化，严重威胁人类的生存和发展。只有走以最有效利用资源和保护环境为基础的循环经济之路，可持续发展才能得到实现。"① 朱镕基同志在 2002 年 11 月 15 日会见中国环境与发展国际合作委员会中外委员时也指出："环境保护是可持续发展的基础，也是可持续发展的重要支柱之一。中国在致力于发展经济的同时，把可持续发展作为国家的一项基本战略，把保护环境作为一项长期坚持的基本国策，努力实现经济效益、社会效益和环境效益的统一。中国政府将把发展循环经济放在突出位置，使环境保护和经济建设相互促进。"② 在 2003 年 3 月召开的十届全国人大一次会议上的政府工作报告

① 江泽民：《在全球环境基金第二届成员国大会上的讲话》，《人民日报》2002 年 10 月 17 日。
② 朱镕基：《会见中国环发国际合作委员会中外委员的讲话》，《人民日报》2002 年 11 月 16 日。

中，他强调："要支持发展环保产业和循环经济"①。

其后，以胡锦涛同志为总书记的党中央按照"三个代表"的重要思想，把发展循环经济不仅作为实施可持续发展战略、实现经济社会与生态环境协调发展的最佳选择，而且是树立和落实科学发展观，全面建设小康社会的重大举措。胡锦涛同志在2003年3月9日召开的中央人口资源环境工作座谈会上强调："要加快转变经济增长方式，将循环经济的发展理念贯穿到区域经济发展、城乡建设和产品生产之中，使资源得到最有效的利用。最大限度减少废弃物排放，逐步使生态步入良性循环。"在2003年11月27日中央经济工作会议上还指出："要突出抓好节约能源、节约原材料和节约用水工作，积极开展利用新能源，搞好重要资源的综合利用，大力发展循环经济。要淘汰消耗高、污染严重的落后设备，支持研发和推广使用先进高效的节能、节水设备和器具，增强节约意识，加快建设节约型社会。"在2004年3月10日中央人口资源环境工作座谈会上，胡锦涛同志再一次强调指出："经济发展需要数量的增长，但不能把经济发展简单地等同于数量的增长。要充分运用我国的体制资源、人力资源、自然资源、资本资源、技术资源以及国外资源等方面的有利条件和有利因素，推动经济发展不断迈上新台阶。同时，发展又必须是可持续的，这样我们才能保证实现我国发展的长期奋斗目标。这就要求我们在推进发展中充分考虑资源和环境的承受力，统筹考虑当前发展和未来发展的需要，既积极实现当前发展的目标，又为未来的发展创造有利条件，积极发展循环经济，实现自然生态系统和社会经济系统的良性循环，为子孙后代留下充足的发展条件和发展空间……循环经济和生态省建设开始起步，人民群众环境保护意识明显增强。"②

温家宝同志在2003年11月27日中央经济工作会议上指出："发展循环经济，抓好清洁生产，促进资源节约和综合利用。"2004年2月21日在省部级主要领导干部"树立和落实科学发展观"专题研究班结业式

① 朱镕基：《十届全国人大一次会议上的政府工作报告》，《人民日报》2003年3月15日。
② 胡锦涛：《在中央人口资源环境工作座谈会上的讲话》，《光明日报》2004年4月5日。

上他强调："要大力发展循环经济，在经济建设中充分利用资源，提高资源利用效率，减少环境污染。在全社会进一步树立节约资源、保护环境的意识，形成有利于节约资源、减少污染的生产模式和消费方式，建设资源节约型和生态保护型社会。"在2004年3月5日十届全国人大二次会议上的政府工作报告中，温家宝同志提出要依法发展经济，他说："加大执法力度，强化生态环境监管，严格控制主要污染物排放，抓紧解决严重威胁人民群众健康安全的环境污染问题。大力发展循环经济和清洁生产。依法保护和合理利用国土资源。加强水资源保护和节约利用。"特别是在2004年3月10日中央人口资源环境工作座谈会上，温家宝同志讲话的第三部分就是"重点抓好节约利用资源，大力发展循环经济"。他再次强调："发展循环经济，可以提高资源利用效率，降低废弃物排放，提高经济效益。这是许多发达国家的成功做法，也是我国应对环境资源压力的必然选择。要研究制定鼓励废物回收和资源再生利用的政策法规。开展清洁生产，加强工业废石、废渣、废液、废水和废旧工业品的二次开发利用，建立一批循环经济型企业。建立城乡废旧物资和再生资源回收利用系统，提高资源循环利用率和无害化处理率。"①

上面所引证的我们党和国家领导人的这些论述，深刻地揭示循环经济的本质、特征、内容和发展循环经济的目的、意义、作用，体现了我们党和国家对社会经济和自然生态的物质循环与转化规律的深刻认识，是根据当代发展新的实际经验丰富和发展马克思主义生态经济理论。因此，我们完全可以说，发展循环经济是我国21世纪增长方式从粗放型向集约型转变、走新型工业化道路的必由之路。它为我国社会主义生态经济协调发展与良性循环开辟了现实的、广阔的光明道路。2005年7月2日，国务院发布了《关于加快发展循环经济的若干意见》，强调指出："必须大力发展循环经济，按照'减量化、再利用、资源化'原则，采取各种有效措施，以尽可能少的资源消耗和尽可能小的环境代价，取得

---

① 温家宝：转引自季昆森：《循环经济原理与应用》，安徽科学技术出版社2004年版，第95—96页。

最大的经济产出和最少的废物排放，实现经济、环境和社会效益相统一，建设资源节约型和环境友好型社会。”

（原载《生态马克思主义经济学原理》，人民出版社 2006 年版，第 317—329 页）

发展低碳经济与创新低碳经济理论的几个问题

当今世界，绿色经济发展已经成为现代经济发展的重要特征和基本趋势。因而世界越来越多的国家把发展低碳经济，推进低碳发展，作为本国应对多重危机、谋求经济可持续发展的战略选择。现在，全球发展绿色、低碳经济的潮流正在改变着工业文明的生产方式和生活方式，即当代人类生存与发展方式及其世界科技、贸易格局和经济社会发展形态，这已成为21世纪全球性的时代课题，需要我们深入研究。

一、历史机遇与严重挑战

进入21世纪之后，英国率先发起了“低碳革命”。2009年夏，英国制定了《英国低碳工业战略》，并发布了国家战略文件《英国低碳转换计划》，把低碳经济作为英国后危机发展的一个重大战略。2010年初，瑞士达沃斯论坛呼吁发展低碳经济、低碳产业，建设低碳社会、低碳城市；再加上西方国家的“碳关税”、“碳标签”等措施，逐步步入实践阶段，可以说，低碳经济与低碳发展的浪潮席卷全球，使人感到世界经济进入了一个低碳时代。对此，也有学者认为这是西方发达国家设置的“低碳陷阱”。2010年8月11日，太原日报以“新起点、新高度、新跨越”为题发表了“中国生态经济建设2010太原论坛”侧记，第一个问题的标题，就是“低碳经济是阴谋?”当然，专家们也承认，“对低碳经济的正面响应还是占有主导地位”。这就是说，发展低碳经济既使我国面临着发展的严重挑战，又提供了发展的历史机遇。“太原论坛”是全国生态经济教育委员会召开的，由我主持并发表了《绿色经济太原宣言》，从生态马克思主义经济学理论的角度阐述了绿色经济、低碳经济兴起的历史必然性、时代迫切性、现实重要性和实践紧迫性。“低碳陷阱”论只是为我们提出了一个警告，要对西方发达国家打压、限制发展中国家的经济发展保持高度的警惕，特别是对碳排放、“碳关税”、“碳标签”背后的政治博弈、思想斗争、经济竞争保持足够的警惕。

大力发展绿色经济、低碳经济，推进绿色、低碳发展，这是拯救地球、拯救人类的必然选择，也是我国加快经济结构调整与经济发展方式转变、推进工业文明向生态文明转变的战略抉择。正如李克强同志在“推动绿色发展促进世界经济健康复苏和可持续发展”的演讲中所指出的：减少碳排放，增加碳汇，发展绿色经济，“这不仅是中国加快经济结构调整和发展方式转变的自主行动，是我们应对全球气候变化的必要措施；而且也是中国这样一个有13亿人口的大国破解能源资源瓶颈制约难题，实现和平发展和现代化的客观要求和必然选择”①。

历史事实充分表明，资本主义工业革命以来，西方发达国家工业文明发展所走的是一条高碳高熵高代价的黑色经济发展道路，它不仅造成当今发展中国家实现工业化、现代化所必需的碳排放空间严重不足；而且导致生态资本过度损耗，人类的“自然家底”有被掏空的危机。于是，以高碳能源为基础的工业文明也将随之衰退乃至崩溃。使高度发达的工业文明的经济结构、经济模式与发展方式走上了无法可持续发展的“不归路”。中国特色社会主义发展绝对不能沿袭西方发达国家开辟的这条毁灭地球、毁灭人类的高碳经济发展道路，必须努力探索生态文明发展的低碳低熵低代价的绿色经济发展道路。我们必须抓住这一发展机遇，

① 李克强：《在绿色经济与应对气候变化国际合作会议开幕式上的演讲》，《光明日报》2010年5月10日。

做社会主义低碳文明与低熵文明的先行者，为世界经济发展和人类文明进步做出更大贡献。

西方发达国家是在实现了工业化之后，经济社会发展进入后工业文明才提出发展低碳经济，构建低碳文明。而我国则是在处于工业化中后期阶段，大规模、高速度地建设工业文明的过程中，高碳高熵高代价的经济发展方式没有转变的情况下，就提出建设生态文明，继而积极发展低碳经济，并使构建低碳文明成为建设生态文明的突破口。因此，我国发展阶段的特征，尤其是今日中国还是一个经济总量大国、人口大国、资源小国、生态弱国、生态经济穷国（即人均生态财富和人均经济财富很少）的基本国情，决定了我国在发展低碳经济，走低碳发展之路方面要比发达国家面临更为严峻的挑战。从国家层面的宏观经济到产业、区域发展的中观经济，直至企业发展的微观经济，都面临低碳化挑战；甚至可以说，发展中国特色社会主义的整个社会生产和社会生活面临低碳化挑战，都需要按照建设社会主义生态文明与绿色经济的方向、目标与要求，进行低碳再造与绿色转型，走出一条符合我国国情、有中国特色的低碳低熵低代价的绿色经济发展道路。

二、低碳经济的绿色属性与低碳文明的历史定位

2003年英国政府发表能源白皮书首次提出低碳经济的新概念，并指出其本质内涵。据此，国内外学者从各自研究视角对低碳经济进行解说，文字表述有所不同。有的学者认为低碳经济实质上是最大限度地减少煤炭和石油等高碳能源消耗的经济。有的学者认为低碳经济本质上属于碳中性经济，它要求经济活动低碳化；有的还认为作为一种新的经济模式，低碳经济本质是通过提高能源效率、转变能源结构、发展低碳技术、产品及服务，确保经济稳定持续增长的同时削减温室气体的排放量，等等。这些解说都要表达一个相同的本质内涵：它是以低能耗、低排放、低污染为基本特征的经济，其核心是要通过技术创新，尽可能最大限度地减少温室气体排放，使生产和消费活动朝着低碳化方向发展，实现经济社会的清洁发展、绿色发展与可持续发展。因此，低碳经济是高碳文明发展时代向低碳文明发展时代演化的一种新的经济发展模式。

低碳经济作为新的经济发展模式的创新选择，就在于它是对工业文明的黑色经济发展模式的否定和扬弃，创造出生态文明的绿色经济发展模式。付允、马永欢、刘怡君等在《低碳经济的发展模式研究》一文中写道："低碳经济发展模式就是以低能耗、低污染、低排放，高效能、高效率、高效益为基础，以低碳发展为发展方向、以节能减排为发展方式、以碳中和技术为发展方法的绿色经济发展模式。"[①] 因此，我们应该说低碳经济本质上是绿色经济，是绿色经济发展模式的一种现实的、最基本的实现形态。正如胡锦涛所指出："绿色发展，就是要发展环境友好型产业，降低能耗和物耗，保护和修复生态环境，发展循环经济和低碳技术，使经济社会发展与自然相协调。"[②] 我在《生态文明与绿色低碳经济发展论丛》总序中指出："我们所要发展的绿色经济是广义的绿色经济，不仅是指广义的绿色产业，而且包括低碳经济、循环经济、清洁能源与可再生能源经济、碳汇经济以及其他节约能源资源与保护生态环境的经济等。"经国务院批准的，以"绿色经济、互利共赢"为主题的2010中国绿色产业和绿色经济高科技国际博览会，将全面展示当前世界范围内绿色产业和绿色经济领域的最新成果，"引导中国企业向清洁能源、节能减排、环境保护、低碳技术、循环经济等绿色经济的重点领域转移，为国际国内企业开辟新的合作领域"[③]。这表明，在我国经济发展实践中，低碳经济已构成绿色经济的重点领域与基本内容。因此，低碳经济与低碳发展是绿色经济与绿色发展的范畴。

发展低碳经济，推进低碳发展的过程，也就是铸造低碳文明的过程。工业文明的经济形态是工业经济形态，这是一种高碳黑色经济体系，鲜

---

① 付允、马永欢、刘怡君等：《低碳经济的发展模式研究》，《中国人口·资源与环境》2008年第3期。

② 胡锦涛：《在中国科学院第十五次院士大会、中国工程院第十次院士大会上的讲话》，《光明日报》2010年6月8日。

③ 李鑫桀：《绿博会：展示绿色产业新成果》，《光明日报》2010年8月12日。

明地体现了工业文明是一种高碳文明，形成工业文明的一个本质属性与基本特征，生态文明是继农业文明和工业文明之后的全新的最高的文明形态。它的经济形态就是生态经济形态，其实现形态和形象概括，就是绿色经济形态。它的经济形态就是生态经济形态，其实现形态和形象概括，就是绿色经济形态。绿色经济形态鲜明地体现了生态文明是一种低碳文明，形成生态文明的一个本质属性与基本特征。现阶段人类文明发展正在由工业文明向生态文明转变，发展低碳经济，建设低碳文明，不仅要克服工业文明的黑色经济与高碳文明的各种弊端，而且要超越工业文明，铸造现代文明的新形态，即成为生态文明形态的重要组成部分。因此，从学理层面上说，低碳文明在本质上是生态和谐、经济和谐、社会和谐一体化的生态文明社会经济形态。这就揭示了低碳文明的生态文明属性及其历史地位。由于工业文明的高碳经济观和高碳文明观已经根深蒂固地渗透在人们的思想观念和日常生活之中，因此，对生态文明与低碳文明的追求与构建，既是意义深远的思想观念的革故鼎新过程，又是艰难曲折的实践发展过程。

三、创新低碳经济发展理论的问题

2003 年英国政府提出低碳经济的新观点，作为政府文件主要是从实际工作来界定它的内涵，只是一种生态经济现象的描述，并没有作理论诠释。当时，中国学术界正处于研究循环经济的热潮，对它没有引起足够重视。其后，虽然有的学者把它引入我国，但主要是概念观念引进，国际经验介绍和应用研究，基础理论研究很薄弱，使中国“低碳革命”理论准备不足。近年来，发展低碳经济，走低碳发展之路，成为我国学术界的研究热点，并纳入了国家战略决策之中。因此，有些学者提出，力争三至五年内建立起中国低碳经济理论体系，并为创建国际低碳经济理论体系作出贡献。我很赞同这个研究目标。我在中国生态经济建设 2010 年太原论坛开幕词中说过，绿色经济理论与绿色发展学说，不是引进的西方绿色经济发展思想，而是中国学界和政界的马克思主义自主创立的科学发展的新学说。我们要努力创建中国特色、中国风格、中国气派的生态文明与绿色经济发展学说，它包括了低碳文明与低碳经济发展学说。在此，略说几点看法。

第一，关于低碳经济与低碳发展的理论基础问题。上面我们论证了低碳经济与低碳发展的绿色经济与绿色发展属性。因而，低碳经济发展理论，在本质上是绿色经济发展理论。但是，从论述发展低碳经济的理论基础来说，这种理性认知还不够。国内外学者有一个共识，发展低碳经济，应对气候变化，是要实现经济社会与生态环境相协调的可持续发展，实现全球可持续发展。按照这个发展目标，寻求它的理论基础，我们应当把发展低碳经济纳入生态经济协调可持续发展的理论框架。我曾经提出："绿色经济是可持续经济的实现形态和形象概括，它的本质是以生态经济协调发展为核心的可持续发展经济。"① 对绿色经济的这个新界定，肯定了绿色经济的生态经济属性，揭示绿色经济的可持续经济的科学内涵与本质特征，使它成为生态经济协调可持续发展的新概括。而低碳经济的绿色经济属性，就决定它不仅是一种生态经济，而且反映它是可持续发展经济，还是生态经济协调可持续发展的新表现。因此，发展低碳经济，推进现代经济低碳转变，走出一条中国特色低碳经济发展之路，是中国经济再造的生态革命，实现中国生态环境与经济社会相协调的可持续发展。所以我们完全可以说，低碳经济发展理论，与其说是一种现代经济发展理论，还不如说它是一种生态经济发展理论，更是一种可持续经济发展理论，是生态经济协调可持续发展理论的新发展。

第二，关于重新界定低碳经济概念问题。这些年来，国内外学者对低碳经济作了各种定义和解说，虽然文字表述各有差异，但基本精神是诠释英国政府能源白皮书中提出的概念。这个概念的核心内容就是"三低"。我国有些学者，在同一文中"三低"的排序不同，一会是"低能耗、低污染、低排放"，一会则是"低能耗、低排放、低污染"。因此，

① 刘思华：《绿色经济论》，中国财政经济出版社2001年版，第3页。

有些实际工作者就提出质疑，每个“低”都有特定含义，“三低”如何排序总得有个理性认知和理论含义；同时，“三低”作为低碳经济的基本特征，与其他生态经济协调可持续发展的具体模式，即绿色经济发展具体模式，也是以“三低”为基本特征的新经济发展模式，它们区别何在？因此，我们必须运用生态经济协调可持续发展理论对低碳经济概念重新界定。

低碳经济发展理论既然是一种生态经济协调可持续发展理论，就应该把它纳入可持续发展经济学的理论框架。对此，我的学生方时姣按照我的这个思路，对低碳经济重新界定，将其基本内涵和外延表述为：“低碳经济是经济发展的碳排放量、生态环境代价及社会经济成本最低的经济，是一种能够改善地球生态环境自我调节能力的可持续性很强的经济。低碳经济有两个基本点：其一，它是包括生产、交换、分配、消费在内的社会再生产全过程的经济活动低碳化，把二氧化碳（CO_2）排放量尽可能减少到最低限度乃至零排放，获得最大的生态经济效益；其二，它是包括生产、交换、分配、消费在内的社会再生产过程的能源消费生态化，形成低碳能源和无碳能源的国民经济体系，保证生态经济社会有机整体的清洁发展、绿色发展、可持续发展。”① 这个新界定，准确地概括了低碳经济的科学内涵、本质特征与核心理论；鲜明地反映了生态经济和谐协调可持续发展，深刻地揭示了低碳经济发展和这种发展的可持续性的内在统一。因此，低碳经济发展理论是可持续性经济发展理论在21世纪新发展的突出表现。

第三，关于高碳文明、工业文明，与低碳文明、生态文明的发展关系问题。人类文明发展和经济发展已经进入生态文明和绿色经济时代。生态经济学和可持续发展经济学是工业文明走向生态文明的时代产物，是人与自然和谐统一、生态与经济协调持续发展的生态文明时代的必然的理论表现。这是低碳经济与低碳发展的时代特征与理论特征。因此，

① 方时姣：《也谈发展低碳经济》，《光明日报》2009年5月19日。

发展低碳经济，建设低碳文明，推进低碳发展，就必须科学认识和正确处理走新型工业化道路同探索中国特色的低碳发展道路、建设发达工业文明同建设包括低碳文明在内的生态文明的关系问题，这是当今中国发展的一个重大理论与实践难题。发展低碳经济的关键所在，实质上就是对现代经济运行与发展进行一场深刻能源经济的生态革命。工业文明的能源基础，是以化石燃料为核心的不可再生能源，因而工业文明时代的现代经济，是碳基能源经济，是不可持续发展的高碳经济，形成高碳文明，这是工业文明的基本形式和重要表现。生态文明的能源基础，是以非化石燃料为核心的可再生能源，因而，生态文明时代的现代经济是低碳无碳能源经济，是可持续发展的低碳经济，形成低碳文明。这是生态文明的基本形式和重要表现。而走新型工业化道路在本质上是建设发达的工业文明，尤其新型工业化的能源结构中化石能源仍占主导地位，这就决定了新型工业文明的经济还是一种高碳经济与高碳文明。因此，发展低碳经济，建设低碳文明，走低碳发展之道，必须将走新型工业化道路综合为生态文明发展道路的内在环节，加快新型工业化的绿色低碳转型，实现一种工业化同生态化、低碳化同时进行与有机结合跨越式低碳发展，体现着工业文明与高碳文明向生态文明与低碳文明的绿色转型，努力走出一条绿色工业化、绿色城镇化、绿色市场化和绿色信息化的绿色低碳发展道路。

第四，关于低碳经济发展战略与运行机制问题。首先，我们要深刻认识低碳经济发展代表着21世纪世界经济发展和中国战略发展的方向，必须明确低碳经济发展的基本原则、战略方向、战略目标。发展低碳经济，推进低碳发展，就是高碳经济向低碳经济的转变，是加快经济发展方式转变的本质要求与根本途径。只有这样，才能最终形成低碳发展的经济社会形态，即是低碳文明形态。按照这个战略方向与目标，把低碳经济发展理念融入到企业、产业、区域、国家发展战略之中，融入“两型社会”建设和整个社会生活之中，坚持生态效益、经济效益、社会效益最佳统一的原则，加快我国经济社会发展的绿色低碳转型，实现低碳经济发展的战略目标。同时，发展低碳经济，使我国经济发展面临着新的经济运行挑战即低碳运行挑战，这主要有：碳规则、碳交易、碳金融、碳关税、碳技术等五大挑战，其核心是低碳市场运行挑战。因此，我们要创新现代市场经济理论，建立新的低碳交易市场机制理论，这种绿色（生态）市场经济还包括低碳租赁市场、低碳信贷市场、低碳旅游市场在内的低碳交易市场机制理论，以适应低碳交易市场发展的客观需要。

（原载《当代经济研究》2010 年第 11 期）